W0261246

FORTSCHRITTE DER CHEMIE ORGANISCHER NATURSTOFFE

PROGRESS IN THE CHEMISTRY OF ORGANIC NATURAL PRODUCTS

PROGRÈS DANS LA CHIMIE DES SUBSTANCES ORGANIQUES NATURELLES

HERAUSGEGEBEN VON   EDITED BY   RÉDIGÉ PAR

L. ZECHMEISTER
CALIFORNIA INSTITUTE OF TECHNOLOGY, PASADENA

VIERZEHNTER BAND
FOURTEENTH VOLUME   QUATORZIÈME VOLUME

VERFASSER   AUTHORS   AUTEURS

N. BARSEL · A. J. BIRCH · F. BOHLMANN · H. BROCKMANN
H. BROWN · J. D. CHANLEY · H. J. MANNHARDT · R. A. MORTON
G. A. J. PITT · H. SOBOTKA · CH. TAMM

MIT 38 ABBILDUNGEN   WITH 38 ILLUSTRATIONS   AVEC 38 ILLUSTRATIONS

WIEN · SPRINGER-VERLAG · 1957

Inhaltsverzeichnis.
Contents. — Table des matières.

Neuere Ergebnisse auf dem Gebiete der glykosidischen Herzgifte: Zucker und Glykoside. Von CH. TAMM, Organisch-chemische Anstalt der Universität Basel

Photodynamisch wirksame Pflanzenfarbstoffe. Von HANS BROCKMANN,

Biosynthetic Relations of Some Natural Phenolic and Enolic Compounds.

By A. J. Birch, Department of Organic Chemistry, The University of Manchester 186

The Aminochromes.

By Harry Sobotka, Norman Barsel and J. D. Chanley, Department of Chemistry, Mount Sinai Hospital, and International Hormones, Inc., New York 217

Visual Pigments. By R. A. MORTON and G. A. J. PITT, Department of Biochemistry, The University of Liverpool 244

Acetylenverbindungen im Pflanzenreich.

Von **F. Bohlmann** und **H. J. Mannhardt**, Braunschweig.

Mit 5 Abbildungen.

Inhaltsübersicht.

I. Einleitung.

Die Erkenntnis, daß in der belebten Natur Stoffe mit Acetylenbindung vorkommen, ist verhältnismäßig jungen Datums. Bis vor 10 Jahren waren erst wenige derartige Verbindungen aufgeklärt worden: die Taririnsäure (1902) (*16, 19*), das Carlinaoxyd (1933) (*72*), der Lachnophyllumester (1935) (*164*) und der Matricariaester (1941) (*152*).

Etwa ab 1950 wurden dann von mehreren Arbeitskreisen die wichtigsten Grundlagen der Polyin-Chemie von der synthetischen Seite her geschaffen (Literatur auf S. 9). Daraus ergaben sich wichtige Gesetzmäßigkeiten für die Lichtabsorption der Polyine und Polyin-ene, die für die Konstitutionsaufklärung neuer, natürlich vorkommender Polyine sehr wertvoll waren.

Die letzten Jahre brachten dann die überraschende Entdeckung, daß Acetylenverbindungen in der Pflanzenwelt eine ganz erhebliche Verbreitung haben. Die Zahl der aus höheren und niederen Pflanzen isolierten Acetylene beträgt heute bereits mehr als 50, wobei die Untersuchungen bisher erst einen verschwindenden Bruchteil aller Pflanzen erfaßt haben.

Der Grund für die so spät erfolgte Entdeckung der natürlichen Acetylene liegt darin, daß diese Stoffe meistens nur in geringen Konzentrationen auftreten. Zudem sind sie in reiner Form häufig sehr instabil und machen darum besonders schonende Methoden für ihre Isolierung notwendig. Es bleibe allerdings nicht unerwähnt, daß in früheren Jahren bei den Chemikern eine gewisse Aversion gegen die Vorstellung von Pflanzeninhaltsstoffen mit Acetylenstruktur bestanden hat; es wird weiter unten gezeigt, daß eine ganze Anzahl der in den letzten Jahren als Acetylenverbindungen charakterisierten Stoffe schon früher beschrieben worden ist, ohne daß die durch die Untersuchungsergebnisse nahegelegte Möglichkeit einer Formulierung mit Kohlenstoff-Dreifachbindung in Betracht gezogen wurde.

Ob die natürlichen Acetylenverbindungen innerhalb der Pflanzenphysiologie eine bestimmte Aufgabe haben oder ob sich uns hier nur eine spielerische Laune der Natur offenbart, ist bis heute völlig ungeklärt. Die große Verschiedenheit in bezug auf chemische Struktur und Vorkommen der Naturstoffe, die wegen ihres zufälligen gemeinsamen Kennzeichens der Acetylenbindung in diesem Aufsatz ihren Platz finden müssen, läßt es aussichtslos erscheinen, einen „biologischen Generalnenner" für ihr Vorhandensein zu finden. Die folgenden Ausführungen müssen sich daher auf die Beschreibung von Entdeckung, Isolierung, Konstitutionsaufklärung, Eigenschaften und Synthese der bisher aus Pflanzen isolierten Acetylenverbindungen beschränken.

Zusammenfassende Berichte über natürliche Acetylenverbindungen sind bisher nur in geringer Zahl erschienen: über die Polyacetylenverbindungen brachte BOHLMANN (*30*) eine Übersicht; SÖRENSEN (*149*) berichtete über die aus Compositen isolierten Acetylenverbindungen; von ANCHEL erschien eine Zusammenfassung über die aus Pilzen isolierten Polyine (*6*). Während der Abfassung dieses Artikels erschienen Zusammenfassungen über natürlich vorkommende Polyine von WAILES (*162a*) und von BU'LOCK (*45a*).

II. Vorkommen und Isolierung.

Etwas mehr als die Hälfte der bisher aufgefundenen natürlichen Acetylenverbindungen wurde aus höheren Pflanzen (Angiospermen) isoliert. Die Verbindungen finden sich hier oft als Bestandteile der ätherischen Öle, die in manchen Fällen durch Wasserdampfdestillation, meist durch Extraktion mit organischen Lösungsmitteln aus der Pflanze gewonnen werden. Einige der so gewonnenen Öle haben eine so hohe Konzentration an Acetylenverbindungen, daß schon beim Abkühlen Kristallisation eintritt und die Isolierung in reiner Form kaum weitere Schwierigkeit bereitet. Meist erfordern die Pflanzenextrakte jedoch mühsamere Aufarbeitungsverfahren. Namentlich wenn ein Gemisch mehrerer chemisch ähnlicher Verbindungen vorliegt, kann sich die Auftrennung schwierig gestalten, zumal sich unter den hochkonjugierten Acetylenen verschiedene finden, die geringe Kristallisationstendenz mit hoher Polymerisationsneigung verbinden. Sorgfältige Chromatographie ist in diesen Fällen das einzige brauchbare Verfahren zur Reindarstellung der Substanzen.

Von den bisher isolierten Acetylenen aus Angiospermen entstammt der weitaus größte Teil der Familie Compositae, die von Sörensen und Mitarbeitern (*149*) eingehend untersucht wurde. Nur in untergeordnetem Maße wurden Acetylene von anderen Familien gestellt. Die Ursache dieser Einseitigkeit dürfte weniger darin zu suchen sein, daß andere Pflanzenfamilien frei von Acetylenverbindungen sind, als darin, daß bisher überhaupt nur bei Compositen planmäßig .nach Acetylenen gesucht wurde. Die Entdeckung von Acetylenen außerhalb der Korbblütler-Familie trägt bisher mehr oder weniger Zufallscharakter.

Eine kleine Gruppe natürlicher Acetylenverbindungen wird von einigen geradkettigen C_{18}-Fettsäuren gebildet, die mit Glycerin verestert, Bestandteil des Fettes oder fetten Öls der Samen einiger tropischer Bäume bilden. Der Gehalt der Öle an den Acetylenfettsäuren ist bisweilen erstaunlich hoch, in manchen Fällen über 80%. Die bisher als Quelle dieser Verbindungen bekannt gewordenen Pflanzen gehören den verschiedensten Familien an. Die Isolierung erfolgt nach den gebräuchlichen Methoden der Fettchemie: Tieftemperatur-Kristallisation und fraktionierte Destillation der Methylester im Vakuum; erst neuerdings werden auch Verteilungsmethoden zur Reinisolierung herangezogen.

Die dritte Gruppe natürlicher Acetylene entstammt niederen Pflanzen. Aus den Kulturflüssigkeiten verschiedener Basidiomyceten-Arten und einer Actinomycete konnten Verbindungen isoliert werden, die sich bei der näheren Untersuchung als Acetylene zu erkennen gaben. Ihre Entdeckung erfolgte im Zuge der planmäßigen Suche nach Antibiotica. Viele der hier isolierten Acetylene zeigen antibiotische Wirksamkeit. Ihre Isolierung aus den Kulturlösungen erfolgte durch Extraktion und anschließende Reinigung, meist durch Gegenstromverteilung. Die Reindarstellung war hier oft mit erheblichen Schwierigkeiten verbunden, denn gerade in dieser Gruppe finden sich außerordentlich instabile Verbindungen.

III. Methoden der Konstitutionsaufklärung.

Die meisten der in den letzten Jahren aufgefundenen natürlichen Acetylene verdanken ihre Entdeckung ihrer überaus charakteristischen UV.-Absorption. In vielen Fällen konnte damit bereits bei der Entdeckung einer Verbindung der ihr zugrunde liegende Chromophor identifiziert werden. Die weitere Aufklärung erfolgte mittels üblicher chemischer Methoden. Bei unkonjugierten Acetylenen versagt naturgemäß das ultraviolett-spektroskopische (UV.) Identifizierungsverfahren. Hier kommt allein der chemische Weg zur Aufklärung in Frage. In allen

Fällen kann die Ultrarot-Spektroskopie (IR.) ein willkommenes Hilfsmittel bei der Identifizierung sein.

1. Chemische Methoden.

Nachdem für die Strukturaufklärung der meisten natürlichen Acetylenverbindungen die UV.-Spektroskopie zum wichtigsten Werkzeug geworden ist, sind nur noch wenige chemische Reaktionen zur endgültigen Identifizierung in Gebrauch. Als wichtigste ist die *Perhydrierung* zu nennen, die in den meisten Fällen zu bekannten gesättigten aliphatischen Verbindungen führt. Bisweilen erfordert die Hydrierung gewisse Vorsichtsmaßnahmen: Hydroxylgruppen, die benachbart zu Doppel- oder Dreifachbindungen stehen, werden bei Verwendung von Platinkatalysatoren leicht eliminiert. Palladiumkatalysatoren bewirken schonendere Hydrierung und sind in diesem Falle vorzuziehen.

Neben der Perhydrierung ist für konjugierte En-ine die *partielle Hydrierung* der C≡C-Dreifachbindung empfehlenswert. Die entstehende Polyen-Verbindung zeigt bisweilen ein charakteristischeres UV.-Spektrum als die Ausgangsverbindung, was dann von Nutzen sein kann, wenn das Spektrum der Ausgangssubstanz wegen Fehlens ähnlicher bekannter Spektren nicht zu deuten ist und die Gesamtzahl der konjugierten Mehrfachbindungen bestimmt werden soll.

Ein Abbau der unbekannten Verbindung wird gewöhnlich durch *Ozonisierung* vorgenommen. Die Spaltung der Ozonide führt man tunlichst reduktiv durch, um aus den Bruchstücken (Aldehyde bzw. Säuren) die Stellung von Doppel- bzw. Dreifachbindungen zu klären. In En-inen ist auch die partielle Spaltung der Doppelbindungen unter Erhaltung der Dreifachbindungen eine angebrachte Reaktion, die durch *Epoxydierung* der Doppelbindung mit Persäure, Spaltung des Epoxyds zum Glykol und anschließende Spaltung des Glykols mit Bleitetraacetat oder Perjodsäure erreicht wird. Das in der vorletzten Stufe gebildete Glykol gibt bisweilen die Möglichkeit, die Konfiguration der ursprünglichen Doppelbindung zu klären, da die Epoxydspaltung sterisch einheitlich verläuft. Ein erythro-Diol beweist *trans-*, ein threo-Diol *cis*-Doppelbindung. Weiter bietet das Glykol ebenso wie das Epoxyd noch die Möglichkeit, durch spektrale Untersuchung den reinen Polyin-chromophor, unbeeinflußt von konjugierten Doppelbindungen, zu identifizieren.

Die früher geübte oxydative Aufspaltung der Mehrfachbindungen mit Kaliumpermanganat, Chromsäure oder Salpetersäure tritt heute gegenüber der schonenderen Ozon- oder Persäurespaltung zurück.

Von historischem Interesse ist der *Alkaliabbau* der Dreifachbindungen unter Erhaltung der Doppelbindungen. Hier bilden sich primär durch Hydratisierung der Dreifachbindungen β-Polyketone, die alsdann durch eine Säurespaltung Abbau erleiden.

Enthält eine Verbindung neben Dreifachbindungen mehrere Doppelbindungen, so kann die Bildung des *Maleinsäureanhydrid-Adduktes* eine weitere Identifizierung erlauben. Zur Bildung eines Adduktes müssen mindestens zwei Doppelbindungen in Konjugation stehen. Die Leichtigkeit der Adduktbildung gibt einen Hinweis auf die Konfiguration der Doppelbindungen: *trans*-Verbindungen addieren um ein Vielfaches schneller als *cis*-Verbindungen. Weiter ergibt das Absorptionsspektrum des Adduktes die Struktur des Restchromophors (Ausgangschromophor abzüglich zweier Doppelbindungen).

Eine endständige Acetylengruppe wird durch die Bildung des charakteristischen Cupro-, Silber- oder Quecksilber*salzes* nachgewiesen.

Allengruppierungen im Molekül bewirken, soweit bisher bekannt, eine extreme Instabilität gegen Alkali. Verbindungen dieser Art sind an ihrer optischen Aktivität kenntlich. Die Allenstruktur ist im IR.-Spektrum deutlich zu erkennen, im UV. bewirkt sie eventuell durch Unterbrechung der Konjugation eine Verschleierung des Umfangs ungesättigter Systeme.

2. Die Ultraviolettspektren.

Wie schon eingangs erwähnt, ist die UV.-Spektroskopie zur wichtigsten Untersuchungsmethode bei der Erforschung der natürlich vorkommenden Acetylenverbindungen geworden (vgl. *30, 32*).

Das UV.-Spektrum einer konjugierten Polyin- oder Polyin-en-Kette hat eine gewisse Ähnlichkeit mit dem eines reinen Polyens und zeigt wie dieses mehrere, allerdings wesentlich schärfere Maxima. Eine Unterscheidung zwischen Polyin- und Polyenspektrum ist leicht möglich durch Bestimmung der Bandenabstände. Die Wellenzahldifferenz zweier Banden beträgt bei Polyenen rund 1500, bei Polyinen rund 2000 cm^{-1} (*83*). Polyen-ine zeigen den gleichen Bandenabstand wie Polyine, jedoch muß die Kette dazu mindestens zwei konjugierte Dreifachbindungen enthalten.

Polyine und Polyin-ene zeigen zwei deutlich gegeneinander abgesetzte Bandengruppen, von denen allerdings bei kurzen Chromophoren die kürzerwellige Gruppe häufig unterhalb des Meßbereichs der üblichen Spektrographen liegt. Mit zunehmender Länge des chromophoren Systems rücken beide Bandengruppen zu längeren Wellen hin. Über die Lage und die Höhe der Maxima bei den einzelnen Chromophoren unterrichtet die *Tabelle 1*.

Die aus Tabelle 1 zu entnehmenden Maxima werden durch Alkylsubstitution geringfügig verändert. Beim Ersatz einer C=C-Bindung durch einen Phenylring werden die Maxima beider Bandengruppen um zirka 5—10 mμ ins Langwellige verschoben. Der Ersatz einer C=C-Bindung durch eine Ester- oder Säuregruppe ändert die Maxima der langwelligen Gruppe nur wenig, während die kurzwelligen Maxima um etwa

Tabelle 1. UV.-Maxima von Polyin-enen: R—$(CH{=}CH)_n$—$(C{\equiv}C)_{n'}$—$(CH{=}CH)_{n''}$—R; λ_{max} in mμ ($\varepsilon \times 10^{-3}$).

n	n'	n''	1. Bandengruppe					2. Bandengruppe			
1	1	0	223 (15)								
1	1	1	275 (16)	266 (20)							
2	0	0	255 (0,2)	240 (0,4)	230 (0,3)						
2	1	0	280 (11)	264 (14)	251 (10)	238 (5)	230 (2)				
2	1	1	311 (17)	292 (20)	276 (14)	261 (8)		244 (23)	235 (30)	230 (31)	
2	2	1	337 (29)	316 (40)	296 (30)	281 (17)		267 (29)	252 (33)		
2	3	0	336 (65)	319 (63)	303 (39)	287 (17)		252 (22)	242 (13)		
2	2	2	359 (43)	334 (45)	312 (32)			290 (33)	276 (34)	254 (28)	
2	3	1	354 (42)	330 (57)	310 (36)			274 (27)	264 (32)		
2	3	3	405 (55)	374 (60)	355 (51)						
2	4	4	435 (65)	400 (76)	379 (74)	342 (47)	326 (47)				
3	0	0	307 (0,1)	286 (0,2)	269 (0,2)	255 (0,2)	240 (0,1)	210 (150)			
3	1	0	330 (11)	308 (17)	290 (13)	273 (7)	258 (4)	242 (110)	231 (81)		
3	1	1	353 (19)	328 (27)	308 (20)	289 (11)		266 (59)	253 (71)	245 (70)	235 (45)
3	2	0	348 (34)	325 (42)	305 (28)	289 (16)		268 (110)	258 (60)	246 (27)	
3	2	1	369 (29)	342 (39)	330 (20)	320 (30)	309 (20)	289 (81)	273 (96)	242 (66)	235 (49)
4	0	0	355 (0,1)	330 (0,2)	308 (0,2)	287 (0,2)		238 (280)	228 (200)	215 (90)	
4	1	0	377 (—)	350 (—)	326 (—)	306 (—)					
4	1	1	396 (7)	366 (14)	341 (12)	318 (8)		294 (75)	274 (100)	260 (70)	245 (50)
5	0	0	394 (0,15)	364 (0,25)	339 (0,25)	313 (0,15)		265 (440)	251 (310)	239 (125)	228 (34)
5	1	0	410 (—)	378 (—)	349 (—)	327 (—)	308 (—)	286 (—)	265 (—)		
5	1	1	433 (8)	398 (15)	367 (13)	342 (10)		312 (94)	297 (145)	280 (123)	270 (105)
6	0	0	430 (0,1)	395 (0,2)	367 (0,2)	360 (1)	336 (0,9)	288 (500)	272 (350)	258 (140)	246 (45)
7	0	0	453 (0,3)	415 (0,6)	384 (0,6)	357 (0,6)		310 (530)	292 (395)	277 (160)	263 (50)

10 mμ nach kürzeren Wellen verschoben werden. Eine zweite Carbonylgruppe am anderen Ende des chromophoren Systems ist praktisch ganz ohne Einfluß auf das Spektrum. Eine konjugierte Nitrilgruppe entspricht weitgehend einer C≡C-Bindung, die Struktur der Spektren entspricht vollkommen der der entsprechenden reinen Polyine bzw. Polyin-ene; allerdings ist die Lage der Banden um zirka 10 mμ ins Kurzwellige verschoben.

3. Die Ultrarot- und Ramanspektren.

Nachdem sich die IR.-Spektroskopie in den letzten 20 Jahren durch die Entwicklung von automatisch registrierenden Spektrographen ihren Platz in den chemischen Laboratorien erobert hat, ist sie auch in großem Maße als Hilfsmittel bei der Strukturaufklärung von Naturstoffen herangezogen worden. Im speziellen Fall der Untersuchung natürlicher Acetylene ist ihre Bedeutung allerdings gering geblieben, da ihr hier nicht solch eine präzise Aussagekraft zu eigen ist wie der UV.-Spektroskopie. Das gleiche gilt für die Ramanspektroskopie.

Immerhin hat sich in manchen Fällen eine Untersuchung von Schwingungsspektren als nützlich erwiesen, beispielsweise bei der Untersuchung des Carlinaoxyds (*119*), bei der die Auffindung der C≡C-Valenzschwingung die endgültige Bestätigung der Struktur brachte. Heute liegt die Hauptbedeutung weniger darin, die Valenzschwingung der Dreifachbindung (im Bereich von 2100—2300 cm^{-1}) festzustellen, als in konjugierten En-inen die Konfiguration der Doppelbindung zu untersuchen, die durch die Lage der CH-Deformations-Schwingungsbanden kenntlich wird (CH=CH [*trans*] : 950—1000 cm^{-1}; CH=CH [*cis*] : 680—750 cm^{-1}). Außerdem lassen sich Vinylgruppen durch die Doppelbande bei zirka 990 und 930—900 cm^{-1} leicht erkennen. Auch läßt sich zuweilen aus der Extinktion von Schwingungsbanden eine Aussage über UV.-spektroskopisch nicht entscheidbare Molekülstrukturen treffen (*36, 55, 56*).

Bedeutung hat die IR.-Spektroskopie dann noch zur Identifizierung von *kumulierten* Doppelbindungssystemen. Die den Allenen zukommende Schwingungsbande im Bereich von 1900—2000 cm^{-1} tritt praktisch immer sehr deutlich in Erscheinung und bildet das sicherste Erkennungsmerkmal dieser Gruppierung, die UV.-spektroskopisch nicht klar erfaßt wird.

4. Weitere physikalische Untersuchungsmethoden.

Außer den beschriebenen spektroskopischen Methoden werden nur selten andere physikalische Verfahren zur Untersuchung natürlicher Acetylene herangezogen. Bisweilen wurde ein Identitätsnachweis von einem Syntheseprodukt mit einer natürlichen Acetylenverbindung durch Vergleich der nach Debye-Scherrer aufgenommenen Röntgenogramme geführt, doch bringt dieses Verfahren praktisch nur eine letzte Erhärtung einer bereits anderweitig stark gesicherten Identität.

Konjugierte Acetylenverbindungen weisen ebenso wie die Polyene eine Exaltation der *Molrefraktion* auf. Durch die im nahen Ultraviolett liegenden Absorptionsbanden wird auch eine Erhöhung der *Moldispersion* bewirkt (*22*). Die leicht durchführbare Messung von Refraktion und Dispersion kann somit die qualitative Bestätigung einer vermuteten Acetylenstruktur bringen. Quantitative Untersuchungen der auftretenden Exaltationen sind bisher allerdings nur bei olefinischen Verbindungen durchgeführt worden (*148*).

Bei der Untersuchung von En-in-carbonsäuren hat sich die Messung des p_K-Wertes zur Klärung der Stellung ungesättigter Systeme als brauchbar erwiesen (*48*). Säuren, bei denen die Carboxylgruppe in Konjugation zu einer Dreifachbindung steht, unterscheiden sich nämlich in der Dissoziationskonstanten charakteristisch von den Säuren, bei denen sie neben einer Doppelbindung steht.

Überschlägig läßt sich sagen, daß der p_K-Wert von α,β-Acetylensäuren im Bereich von 1,7—2,7 liegt, der von α,β-Äthylensäuren bei 3,7—4,2. Weitere Konjugationen in γ-Stellung scheinen nur geringen Einfluß auf den p_K-Wert zu haben.

IV. Synthetische Methoden.

Bei den bereits in großer Zahl durchgeführten Synthesen natürlich vorkommender Polyine haben sich einige Reaktionen besonders bewährt. Wohl die wichtigste Methode zum Aufbau der meistens unsymmetrischen natürlichen Polyine ist die gemischte oxydative Verknüpfung von zwei Acetylenverbindungen mit Hilfe von Cuprochlorid und Sauerstoff (*32, 123, 163*):

$$R{-}(C \equiv C)_n H \;+\; H(C \equiv C)_{n'}{-}R'$$

$$\mathrm{Cu_2Cl_2} \big\downarrow \mathrm{O_2}$$

$$R{-}(C \equiv C)_{2n}{-}R \;+\; R{-}(C \equiv C)_{n+n'}{-}R' \;+\; R'{-}(C \equiv C)_{2n'}{-}R'$$

Das jeweils entstehende Gemisch von drei verschiedenen Polyinen läßt sich im allgemeinen chromatographisch trennen.

In jüngster Zeit hat sich bei den sehr verbreiteten Polyin-enen die neue elegante WITTIG-Reaktion (*165*) außerordentlich bewährt. Die Methode gestattet die Ankondensation einer ungesättigten Kette unter sehr milden Bedingungen. Durch Umsetzung eines Polyin-en-aldehyds mit einem Phosphor-Ylen* gelangt man in guter Ausbeute zu den entsprechenden Polyin-enen, z. B.:

---

* Phosphor-Ylene sind Verbindungen mit einer doppelten bzw. semipolaren Phosphor-kohlenstoffbindung:

$$\diagdown\!\!{-}P = C\diagup \quad \longleftrightarrow \quad {-}\overset{\oplus}{P}{-}\overset{\ominus}{\bar{C}}\diagup$$

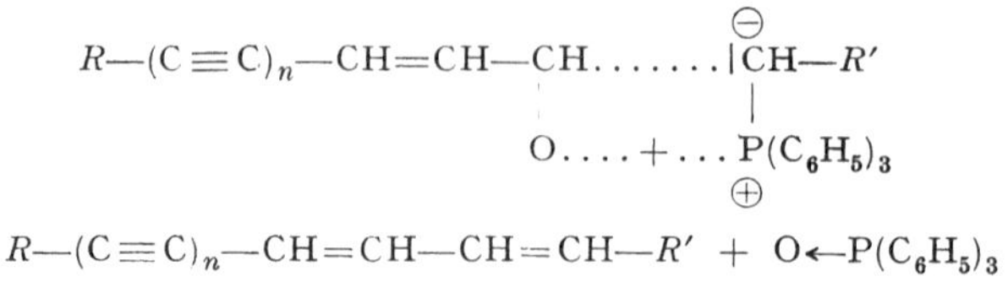

$$R—(C \equiv C)_n—CH=CH—CH\ldots\ldots \overset{\ominus}{|}CH—R'$$
$$O\ldots+\ldots P(C_6H_5)_3$$
$$\oplus$$
$$R—(C \equiv C)_n—CH=CH—CH=CH—R' \;+\; O{\leftarrow}P(C_6H_5)_3$$

Im übrigen werden die in der Acetylenchemie üblichen Reaktionen verwandt. Es sei hier auf die bereits vorhandenen ausgezeichneten Zusammenfassungen verwiesen (*123, 163*).

V. Einzelne Verbindungen.

1. Acetylenverbindungen aus höheren Pflanzen (Angiospermen).

a) Carlinaoxyd.

1889 begann Semmler (*139*) mit der Untersuchung des aus *Carlina acaulis* L. (Fam. Compositae) durch Wasserdampfdestillation gewonnenen ätherischen Öls. Aus diesem Öl ließ sich durch Vakuumdestillation ein Sesquiterpen-Kohlenwasserstoff, das Carlinen, abtrennen (*139*), weiter enthielt das Öl in geringer Menge Palmitinsäure. Der Hauptanteil bestand aus einer flüssigen Verbindung, für die die Elementaranalyse die Summenformel $C_{13}H_{10}O$ ergab und der Semmler den Namen Carlinaoxyd beilegte (*140*). Durch Behandeln des Carlinaoxyds mit Natrium und Alkohol erhielt Semmler ein Tetrahydroderivat, das er als 1-Phenyl-3-α-furylpropan (I) identifizierte und dessen Formel er durch Synthese bewies (*140*).

Semmler mußte somit, um zur Formel des Carlinaoxyds selbst zu kommen, in die Formel (I) das Äquivalent von zwei Doppelbindungen einführen. Dafür gab es die Möglichkeit (II), (III) oder (IV).

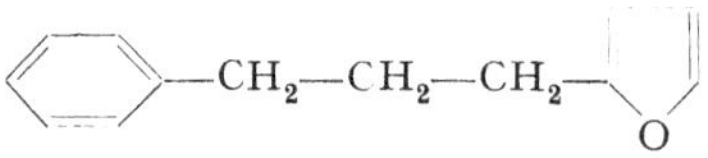

(I.) 1-Phenyl-3-α-furyl-propan. 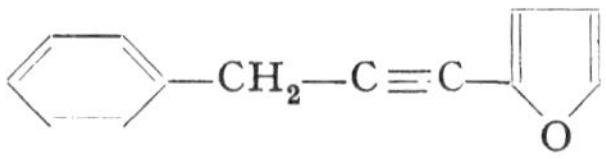   (II.) Carlinaoxyd.

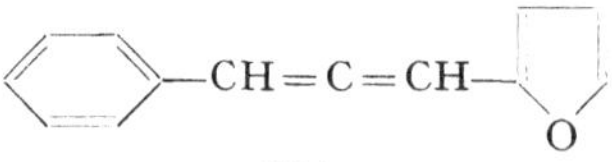

(III.) 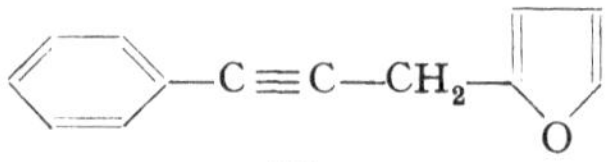   (IV.)

Er entschied sich gefühlsmäßig für die Formel (III) und schrieb (*140*): „Es ist von Haus aus sehr unwahrscheinlich, daß eine acetylenartige Verbindung vorliegt, sondern wir werden es mit der Verbindung (III) zu tun haben. Für diese Auffassung spricht auch die Molekularrefraktion des Carlinaoxyds …"

Synthetische Versuche von Semmler und Ascher (*141*) zur Darstellung von (III) blieben ohne Erfolg.

1933 zeigten GILMAN, VAN ESS und BURTNER (72) in einer erneuten Untersuchung des Carlinaoxyds, daß SEMMLERS Formulierung falsch war und nur die Formel (II) in Frage kam. Sie synthetisierten weiterhin die Verbindung (IV) und zeigten die Nichtidentität von (IV) mit natürlichem Carlinaoxyd. Die endgültige Sicherung der Formel (II) brachten dann PFAU, PICTET, PLATTNER und SUSZ (119). Einmal fanden sie im Ramanspektrum bei 2235 cm^{-1} die für eine Dreifachbindung typische Bande, zum zweiten führten sie die Synthese von (II) durch. Den Verlauf dieser Synthese (119) zeigt *Formelübersicht 1*. Eine zweite Synthese des Carlinaoxyds führte PAUL (118) durch (*Formelübersicht 2*).

$$\text{(V.)}\quad \longrightarrow[\text{furyl}]{}-CH=CH_2 \xrightarrow[-2\,HBr]{Br_2} \text{(VI.)}\ -C\equiv CH \xrightarrow[ClCH_2-\text{Ph}]{C_2H_5MgBr} \text{(II.)}$$

Formelübersicht 1.

$$\text{(VII.)}\ -CHO + BrMgCH_2-CH_2-\text{Ph}\ \text{(VIII.)} \rightarrow \text{(IX.)}\ -\underset{OH}{CH}-CH_2-CH_2-\text{Ph} \rightarrow$$

$$\xrightarrow{-H_2O}\ \text{(X.)}\ -CH=CH-CH_2-\text{Ph} \xrightarrow[-2\,HBr]{Br_2} \text{(II.)}$$

Formelübersicht 2.

Carlinaoxyd: Kp.$_{20}$ 167—168°; λ_{max}: 250 mμ (ε : 18000) (130).

Die Wurzel von *Carlina acaulis* spielte in der Volksmedizin seit alters her eine bedeutende Rolle. Ihr wurde gegen die verschiedensten Krankheiten eine heilende Wirkung zugeschrieben. Über die pharmakologische Wirksamkeit von Carlinaoxyd liegen einige Untersuchungen vor (130). Wurzelextrakte von *C. acaulis* zeigen eine starke bakteriostatische Wirkung auf alle gram-positiven Bakterien, insbesondere gegen Keime der Typhus-, Paratyphus- und Ruhrgruppe. Schon bei einer Verdünnung 1 : 200000 ist bei *Staphylococcus aureus* eine deutliche Wachstumshemmung zu erkennen. Testversuche mit synthetischem Carlinaoxyd zeigten, daß dieses der wirksame Bestandteil des Extrakts ist. Allerdings hat sich die Verbindung im Tierversuch als stark toxisch erwiesen (130).

b) Lachnophyllumester und Matricariaester.

Diese beiden stark ungesättigten C$_{10}$-Säuremethylester haben im Rahmen der natürlichen Acetylenverbindungen eine besondere historische Bedeutung. Sie waren es nämlich, die den Anstoß zur Erforschung dieser Körperklasse überhaupt gegeben haben. Ihre strukturelle Verwandtschaft und ihr häufiges gemeinsames Vorkommen rechtfertigt ihre gemeinsame Besprechung.

1935 erhielten Wiljams, Smirnow und Golmow (*164*) aus dem ätherischen Öl der innerasiatischen Composite *Lachnophyllum gossypinum* Bge. beim Abkühlen eine kristalline Verbindung, der sie aus dem Ergebnis der Hydrierung, die zu Caprinsäuremethylester führte, der Salpetersäure-Oxydation und des Alkaliabbaus die Formel (XI) zuschrieben.

$$CH_3\!-\!CH_2\!-\!CH_2\!-\!C\equiv C\!-\!C\equiv C\!-\!CH=CH\!-\!COOCH_3$$
$$cis$$

(XI.) Lachnophyllumester.

Die bei $32°$ schmelzenden Kristalle zeigen Maxima bei $224,5$; 276; $291,3$; $309,4\,m\mu$ (ε: $35\,400$, 9500, $14\,400$, $15\,800$) (in Hexan) (*151*).

Sörensen und Stene (*152*) untersuchten 1941 das ätherische Öl der in nordischen Ländern häufigen Composite *Matricaria inodora* L. Auch aus diesem Öl schieden sich leicht Kristalle ab, für die durch Hydrierung zu Caprinsäuremethylester und Alkaliabbau, sowie durch Synthese des *trans*-Isomeren (*42*) die Formel (XII) gesichert wurde.

$$CH_3\!-\!CH=CH\!-\!C\equiv C\!-\!C\equiv C\!-\!CH=CH\!-\!COOCH_3$$
$$cis \qquad\qquad\qquad cis$$

(XII.) Matricariaester.

Schmelzp. $37°$; λ_{max}: 232; 246; 259; (301); 314; $336\,m\mu$ (ε: $22\,200$, $25\,380$, $23\,060$, $12\,490$, $15\,540$, $12\,900$) (in Hexan) (*91*).

Die beiden Ester sind wahrscheinlich schon Jahrzehnte vor ihrer genauen Untersuchung beobachtet worden. So hat beispielsweise Rabak (*121, 122*) schon 1905 berichtet, daß das ätherische Öl der Wurzeln von *Erigeron canadensis* beim Abkühlen Kristalle ausscheidet. Unsere heutigen Kenntnisse gestatten uns die Annahme, daß diese Kristalle Matricariaester waren.

Beide Ester haben in der Compositen-Familie eine außerordentlich weite Verbreitung. Über das Vorkommen des Matricariaesters orientiert *Tabelle 2* (*92*).

Der Lachnophyllumester tritt fast immer mit dem Matricariaester vergesellschaftet auf und ist hauptsächlich in Erigeron-Arten aufgefunden worden. *Tabelle 3* (*161*) zeigt das prozentuale Verhältnis der beiden Ester in den einzelnen Teilen von einigen Erigeron-Arten. Auffallend ist die stark wechselnde Zusammensetzung des Estergemisches in den einzelnen Pflanzenteilen.

Über die Sonderstellung von *Erigeron khorassanicus* Boss. vgl. S. 61.

Die beiden Ester werden in dem ätherischen Öl der genannten Pflanzen von einer Reihe weiterer Stoffe begleitet. In erster Linie sind hier Terpene und verwandte Verbindungen zu nennen. So enthält das Öl von *Lachno-*

Tabelle 2. Vorkommen von Matricariaester in den verschiedenen Zweigen der Compositae-Familie (*92*).

Vernonieae	*Eupatorieae*	*Astereae*	*Inuleae*
?	—	In 40 Arten von: Erigeron, Aster, Amellus, Felicia, Grindelia, Solidago, Brachycome, Townsendia	Ammobium alatum
Heliantheae	*Helenieae*	*Anthemideae*	*Senecioeae*
—	Gaillardia aristata	Matricaria caucasicum M. inodora M. oreades	—
Calenduleae Dimorphotheca aurantiacus	*Arctotideae*	*Cynareae* Saussurea alpina	*Mutirieae* ?	*Cichorieae* —

Tabelle 3. Verhältnis von Matricariaester zu Lachnophyllumester in Genus Erigeron (*161*).

	Blüten	Blätter	Wurzeln
Sektion Euerigeron A. GR.			
E. aurantiacus	100 : 0	100 : 0	48 : 52
E. Coulterii PORTER et COULT.	100 : 0	27 : 73	100 : 0
E. compositus PURSH	43 : 57	42 : 58	39 : 61
E. glabellus NUTT.	100 : 0	100 : 0	100 : 0
E. glaucus KER.	100 : 0	53 : 47	17 : 83
E. polymorphus SCOP.	61 : 39	50 : 50	100 : 0
E. uniflorus L. s. s.	2 : 98	2 : 98	45 : 55
Sektion Olygotrichium CRONQ.			
E. philadelphicus L.	100 : 0	100 : 0	100 : 0
Sektion Phalacroloma CRONQ.			
E. annus PERS.	8 : 92	31 : 69	48 : 52
Sektion Trimorphaea CASS.			
E. atticus VILL.	100 : 0	100 : 0	59 : 41
E. eriocephalus REGEL et SMELII.	4 : 96	7 : 93	24 : 76
Sektion Caenotus NUTT.			
E. canadensis L. s. s.	49 : 51	56 : 44	100 : 0
E. montevidensis BAKER	5 : 95	33 : 67	100 : 0
Sektion Conyzastrum BOISS.			
E. khorassanicus BOISS.	—	—	—

phyllum gossypinum 58% β-Pinen und Camphen (*164*), das Öl von *Matricaria inodora* „natürliches Farnesen" (*23*). Einige Varietäten von *Amellus strigosus* enthalten als bemerkenswerten Bestandteil ihres Öls das *Cosmen* (XIII) (*145*), das als aliphatischer Terpenkohlenwasserstoff mit vier konjugierten Doppelbindungen als das einfachste „Carotinoid" angesehen werden kann.

$$CH_2{=}C{-}CH{=}CH{-}CH{=}C{-}CH{=}CH_2$$
$$\mid \qquad\qquad\qquad \mid$$
$$CH_3 \qquad\qquad\qquad CH_3$$

(XIII.) Cosmen.

Außer mit den genannten Begleitstoffen sind die beiden Ester aber auch mit einer Reihe von Acetylenverbindungen vergesellschaftet. Von diesen seien zunächst zwei Ester genannt, die zu den besprochenen stereoisomer sind. Der Matricariaester geht bei Bestrahlung mit UV.-Licht in eine flüssige Verbindung über (*152*), die von Sörensen und Mitarbeitern als der *2-trans-8-cis*-Matricariaester (XIV) identifiziert wurde (*42*). Dieser Ester findet sich auch im ätherischen Öl einiger Compositen als Begleiter des *2-cis*-Matricariaesters (XII), so in *Matricaria inodora, Amellus strigosus* (Thunb.) Less. und *A. strigosus* var. *Wildenowii* (*23*)*, sowie in *Grindelia arenicola* (*92*).

$$CH_3{-}CH{=}CH{-}C{\equiv}C{-}C{\equiv}C{-}CH{=}CH{-}COOCH_3$$
$$cis \qquad\qquad\qquad\qquad trans$$

(XIV.) *2-trans*-Matricariaester.

Die bei 2° schmelzende Verbindung zeigt Maxima bei 246; 258,2; (285); 314; 335,5; (358) mμ (ε: 25 100, 22 400, 11 200, 19 500, 15 800, 1600) (in Hexan) (*42*).

Der *2-trans*-Lachnophyllumester (XV) wurde aus den Wurzeln von *Bellis perennis* L. isoliert (*93*), wo er von spektroskopisch nachgewiesenem Matricariaester (*2-trans* ?) und einem unaufgeklärten Stoff mit Diin-en-Chromophor begleitet wird (siehe S. 3.).

$$CH_3{-}CH_2{-}CH_2{-}C{\equiv}C{-}C{\equiv}C{-}CH{=}CH{-}COOCH_3$$
$$trans$$

(XV.) *trans* Lachnophyllumester.

Schmelzp. 18,5—19°; λ_{max}: 223,5; 256,8; 271; 287,2; 305,3 mμ (ε: 44 000, 6850, 16 500, 29 000, 30 100) (in Hexan) (*93*).

Alle vier besprochenen Ester sind synthetisiert worden. Relativ einfach gestaltete sich die Synthese der beiden *2-trans*-Ester (*43, 42*) (*Formelübersichten 3 und 4*), da die notwendigen Ausgangsmaterialien leicht zugänglich sind.

---

* Im Titel der Originalarbeit irrtümlich als *2-cis-8-trans* bezeichnet.

$$CH_3-CH_2-CH_2-C\equiv CH \ + \ HC\equiv C-CH=CH-CH_2OH \ \xrightarrow[O_2]{CuCl}$$
trans
(XVI.) (XVII.)

$$\longrightarrow CH_3-CH_2-CH_2-C\equiv C-C\equiv C-CH=CH-CH_2OH \ - \ \xrightarrow{CrO_3}$$
trans
(XVIII.)

$$\longrightarrow CH_3-CH_2-CH_2-C\equiv C-C\equiv C-CH=CH-COOH \ \xrightarrow{CH_2N_2} (XV.)$$
(XIX.)

Formelübersicht 3.

$$CH_3-CH=CH-C\equiv CH \ + \ HC\equiv C-CH=CH-COOCH_3 \ \xrightarrow[O_2]{CuCl}$$
cis   trans
(XX.) (XXI.)

$$\longrightarrow CH_3-CH=CH-C\equiv C-C\equiv C-CH=CH-COOCH_3$$
cis   trans
(XIV.) 2-*trans*-Matricariaester.

Formelübersicht 4.

Wird bei der Synthese des 2-*trans*-Matricariaesters in die Kupplung statt *cis*-Pentenin (XX) das stereoisomere *trans*-Pentenin eingesetzt, so erhält man den in Compositen nicht vorkommenden 2-*trans*-8-*trans*-Matricariaester als kristalline Verbindung vom Schmelzp. 61°. Über das Vorkommen dieses Esters in Pilzen siehe S. 52.

Die Darstellung der beiden 2-*cis*-Ester erfolgte erst neuerdings durch BELL, JONES und WHITING (*24*). Lange Zeit mangelte es an einer zur Einführung der 2-*cis*-Bindung geeigneten Kupplungskomponente. Es fand sich aber, daß das 1-Chlor-penten-(2)-in-(4) (XXII) bei der Darstellung zum Teil als *cis*-Verbindung anfiel und zur Synthese der Ester Verwendung finden konnte (*24*) (*Formelübersichten 5 und 6*).

$$HC\equiv C-CH=CH-CH_2Cl \ \xrightarrow[OH^-]{KOOC\cdot CH_3} \ HC\equiv C-CH=CH-CH_2OH \ \xrightarrow[CuCl,\ O_2]{+\ (XVI)}$$
cis   cis
(XXII.) (XXIII.)

$$\longrightarrow CH_3-CH_2-CH_2-C\equiv C-C\equiv C-CH=CH-CH_2OH \ \xrightarrow{MnO_2}$$
cis
(XXIV.)

$$\longrightarrow CH_3-CH_2-CH_2-C\equiv C-C\equiv C-CH=CH-CHO \ \xrightarrow{CrO_3}$$
cis
(XXV.)

$$\longrightarrow CH_3-CH_2-CH_2-C\equiv C-C\equiv C-CH=CH-COOH \ \xrightarrow{CH_2N_2} (XI.)$$
cis
(XXVI.)

Formelübersicht 5.

$$(XXIII.) + (XX.) \xrightarrow[O_2]{CuCl}$$

$$\longrightarrow CH_3-CH=CH-C\equiv C-C\equiv C-CH=CH-CH_2OH \xrightarrow{MnO_2}$$
cis   cis
(XXVII.)

$$\longrightarrow CH_3-CH=CH-C\equiv C-C\equiv C-CH=CH-CHO \xrightarrow{CrO_3}$$
cis   cis
(XXVIII.)

$$\longrightarrow CH_3-CH=CH-C\equiv C-C\equiv C-CH=CH-COOH \xrightarrow{CH_2N_2} (XII.)$$
cis   cis
(XXIX.)

Formelübersicht 6.

Ob die genannten Ester in irgendeiner Weise pharmakologisch wirksam sind, ist nicht bekannt. Die russischen Entdecker des Lachnophyllumesters wollen eine Wirkung auf das sympathische Nervensystem festgestellt haben (*164*). Es fehlt bis heute an systematischen Untersuchungen in dieser Richtung.

Composit-Cumulen I.

Aus *M. inodora* und *Erigeron uniflorus* konnte weiter eine ungesättigte, gelbgefärbte C_{10}-Verbindung isoliert werden, die von SÖRENSEN (*150, 151*) zunächst als Hexahydro-matricariaester (Composit-Cumulen I) mit drei kumulierten Doppelbindungen angesprochen wurde. Doch zeigte sich später, daß die angenommene Struktur nicht zutrifft. Wie eine nochmalige Untersuchung der Verbindung ergab (*59 a*), handelt es sich hier um ein Lacton der Struktur (XIII a):

(XIII a.) „Composit-Cumulen I".

Schmelzp. 37,5°, λ_{max}: 342,5 mμ (ε : 27000).

Das Lacton bildet sich sehr leicht durch Bicarbonat-Behandlung von Matricariasäure; trotzdem konnte eindeutig festgestellt werden, daß es sich nicht bei der Aufarbeitung bildet (*59 a*).

c) *Weitere C_{10}-Carbonsäureester aus Compositen.*

Die ätherischen Öle einiger Compositen enthalten über die genannten C_{10}-Ester hinaus noch weitere Verbindungen, die bei der Perhydrierung in Caprinsäuremethylester übergehen. Aus dem Öl der Wurzeln von

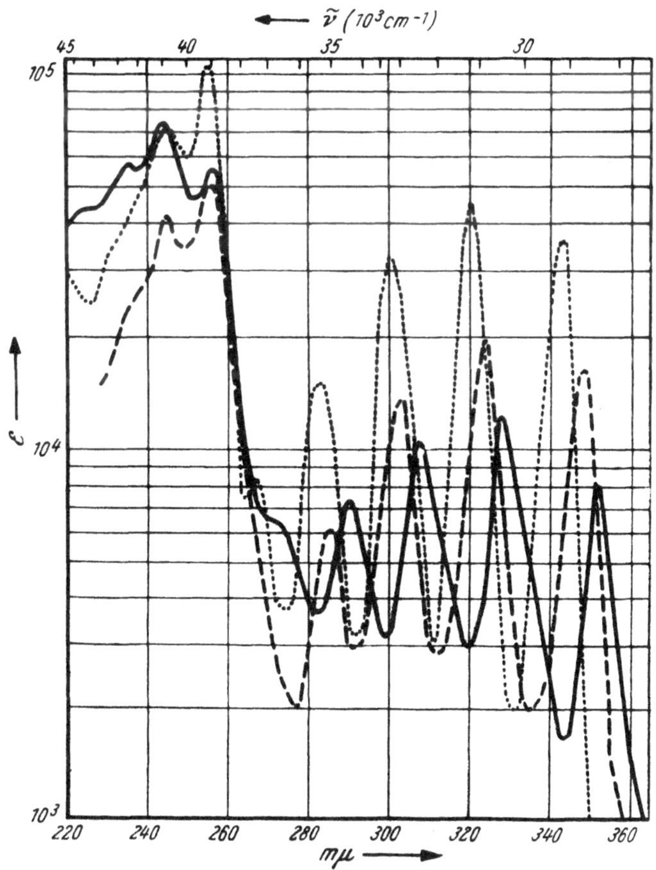

Abb. 1. UV.-Spektren von *cis-* —————, *trans*-Dehydro-matricariaester ……., und Decatriin(2,4,6)-en(8)säuremethylester ————— (in Petroläther). [Aus: Chem. Ber. *88*, 429 (1955).]

Artemisia vulgaris und *Erigeron canadensis* wurde neben anderen Polyinen ein Ester in schwachgelben Kristallen isoliert (*153*), der sich vom Matricariaester durch den Mindergehalt von zwei H-Atomen unterschied. Die Strukturaufklärung erfolgte außer durch Perhydrierung hauptsächlich durch spektroskopische Untersuchungen (*36*) (*Abb. 1*) und führte zum Aufstellen der Formel (XXX):

$$H_3C-C \equiv C-C \equiv C-C \equiv C-CH = CH-COOCH_3$$
cis

(XXX.) cis-Dehydro-matricariaester.

Schmelzp. 113 ; λ_{max}: 244,5; 256; 286,7; 303 7; 324, 348 6 mμ (in Hexan) (*153*).

Aus dem ätherischen Öl von *A. vulgaris* (irrtümlich als *A. lavandulae-folia* bezeichnet) wurde schon 1907 im botanischen Institut von Batavia eine kristalline Substanz isoliert (*128, 129*) und die Summenformel zu $C_{12}H_{14}O_2$ bestimmt. Wahrscheinlich handelt es sich um ein Gemisch des Esters (XXX) mit einem schwer abtrennbaren Polyin-Keton (vgl. S. 21). Auch von diesem Ester wurde die 2-*trans*-Form (XXXI) in der Natur gefunden, und zwar im Öl der Wurzeln von *Matricaria inodora* L., *M. oreades* Boiss. und *Chrysanthemum caucasicum* Pers. (= *M. caucasium*) (*143*).

Er bildet schwachgelbe Kristalle, Schmelzp. 105,5—106°. λ_{max}: 244,7; 255; 268; 283,5; 300,8; 320,4; 343,5 mμ (ε: 71 800, 106 200, 8630, 15 170, 32 810, 45 290, 35 970) (in Hexan) (*143*). (*Abb. 1*).

$$CH_3-C \equiv C-C \equiv C-C \equiv C-CH = CH-COOCH_3$$
trans

(XXXI.) trans-Dehydro-matricariaester.

Die Synthese der beiden Ester erfolgte nach den gleichen Methoden wie die der stereoisomeren Matricaria- und Lachnophyllumester (*24, 58*) (*Formelübersichten 7 und 8*).

$$CH_3-C \equiv C-C \equiv CH \ + \ HC \equiv C-CH = CH-CH_2OH \xrightarrow[O_2]{CuCl}$$
cis

(XXXII.)   (XXIII.)

$$\rightarrow \ CH_3-C \equiv C-C \equiv C-C \equiv C-CH = CH-CH_2OH \xrightarrow{MnO_2}$$
cis

(XXXIII.)

$$\rightarrow \ CH_3-C \equiv C-C \equiv C-C \equiv C-CH = CH-CHO \xrightarrow{CrO_3}$$
cis

(XXXIV.)

$$\rightarrow \ CH_3-C \equiv C-C \equiv C-C \equiv C-CH = CH-COOH \xrightarrow{CH_2N_2} \ (XXX.)$$
cis

(XXXV.)

Formelübersicht 7.

$$CH_3-C \equiv C-C \equiv CH \ + \ HC \equiv C-CH = CH-COOCH_3 \xrightarrow[O_2]{CuCl}$$
trans

(XXXII.)   (XXI.)

$$\rightarrow \ CH_3-C \equiv C-C \equiv C-C \equiv C-CH = CH-COOCH_3$$
trans

(XXXI.) trans-Dehydro-matricariaester.

Formelübersicht 8.

Ein weiterer, von SÖRENSEN (*23*) aufgefundener und durch UV.-Spektrum, Perhydrierung und Synthese aufgeklärter C_{10}-Ester ist der 8-*cis*-2,3-Dihydro-matricariaester (XXXVI). Er begleitet den Matricariaester in verschiedenen Compositen, tritt hinter diesem mengenmäßig jedoch meist sehr zurück. Gefunden wurde er in *M. inodora*, ferner in verschiedenen Varietäten von *Amellus strigosus*, unter denen das Wurzelöl von *A. strigosus* var. Wildenowii als Hauptquelle für diesen Ester bemerkenswert ist (es enthält ihn zu 87%). Nachgewiesen ist er ferner in *Felicia tenella* (L.) NEES, *Cephalophora aromatica* SCHRAD. und *Solidago sempervirens* L.

$$CH_3\text{—}CH\!=\!CH\text{—}C\!\equiv\!C\text{—}C\!\equiv\!C\text{—}CH_2\text{—}CH_2\text{—}COOCH_3$$
cis

(XXXVI.) 8-*cis*-2,3-Dihydro-matricariaester.

Der bei Zimmertemperatur flüssige Ester zeigt Maxima bei 227,5; 238,1; 251,4; 265; 281 mμ (ε: 2400, 4900, 11 100, 15 140, 11 350) (in Hexan) (*23*).

Die Synthese des Esters (*Formelübersicht 9*) gelang SÖRENSEN und Mitarbeitern (*59*). Durch Einsatz von *trans*-Pentenin in die Kupplung wird der nicht natürlich vorkommende 8-*trans*-Dihydro-matricariaester als bei 15,5° kristallisierende Flüssigkeit erhalten.

$$CH_3\text{—}CH\!=\!CH\text{—}C\!\equiv\!CH \ + \ HC\!\equiv\!C\text{—}CH_2\text{—}CH_2\text{—}COOCH_3 \ \rightarrow \ (XXXVI.)$$
cis

(XX.)   (XXXVII.)

Formelübersicht 9.

d) Ester von Polyin-Alkoholen aus Compositen.

Den genannten C_{10}-Estern nahe verwandt ist ein aus einigen Compositen isolierter C_{10}-Alkohol, das *Matricarianol* (XXXVIII). In den

$$CH_3\text{—}CH\!=\!CH\text{—}C\!\equiv\!C\text{—}C\!\equiv\!C\text{—}CH\!=\!CH\text{—}CH_2OR$$
trans   *trans*

(XXXVIII.) R = H. Matricarianol.
(XXXIX.) R = CH_3CO. Matricarianol-acetat.

Pflanzen liegt es in veresterter Form vor (XXXIX). Die Verbindung wurde von SÖRENSEN und Mitarbeitern nachgewiesen in den Wurzeln von *Erigeron khorassanicus* BOISS. (*161*), weiter in den oberirdischen Teilen von *Grindelia arenicola* f. Trichophora und *G. stricta* DC., sowie in den Wurzeln von *Aster tripoleum* L. (*92*). An begleitenden Acetylenverbindungen wurde in den Grindelia-Arten der 2-*trans*-8-*cis*-Matricariaester (XIV, S. 14), in *A. tripoleum* der 2-*cis*-8-*cis*-Matricariaester (XII, S. 12) sowie eine unidentifizierte Verbindung gefunden. Die Natur des Säurerestes R ist nicht in allen Fällen geklärt. In den Grindelia-Arten ist $R = CH_3CO$. Der natürliche Alkohol ist ein Gemisch verschiedener *cis-trans*-Isomerer. Durch die Aufarbeitung nach Verseifen konnte in allen Fällen lediglich als einzige kristallisierende Verbindung das *2-trans-8-trans*-Matricarianol (XXXVIII) erhalten werden. Da die Verbindung bereits vor ihrer Entdeckung synthetisiert worden war (*42*), bedurfte es keiner Maßnahmen zur Strukturaufklärung.

Die bei 104—105° schmelzenden, farblosen Kristalle zeigen folgendes UV.-Spektrum: λ_{max}: 230, 261,5; 276,5; 293; 312 mμ (ε: 27500, 6500, 14000, 21000, 16000) (in Hexan) (*42*).

Das aus den Grindelia-Arten isolierte Acetat ist ebenso wie die nicht rein erhaltenen *cis*-Isomeren eine farblose Flüssigkeit.

Über das Vorkommen von Matricarianol in Pilzen siehe S. 52.

Der Alkohol ist synthetisch einfach zugänglich (*42*) (*Formelübersicht 10*).

$$CH_3—CH=CH—C\equiv CH \quad + \quad HC\equiv C—CH=CH—CH_2OH \quad \xrightarrow[O_2]{CuCl}$$

trans   trans

(XL.)   (XVII.)

$$\rightarrow \quad CH_3—CH=CH—C\equiv C—C\equiv C—CH=CH—CH_2OH$$

trans   trans

(XXXVIII.) *2-trans-8-trans*-Matricarianol.

Formelübersicht 10.

Ein — ebenfalls als Acetat vorliegender — C_{13}-*Alkohol* (XLI), der bisher unbenannt ist, ist in *Carlina vulgaris* L. aufgefunden worden (*147*). Die Struktur ergab sich aus dem UV.- und IR.-Spektrum des Acetats und vor allem aus dem UV.-Spektrum des Maleinsäureanhydrid-Addukts, das deutlich den Triin-en-Chromophor erkennen ließ. Die Perhydrierung lieferte Tridecanolacetat, das durch Vergleich mit einem Syntheseprodukt identifiziert werden konnte. Die 10-*cis*-

$$CH_2=CH—CH=CH—C\equiv C—C\equiv C—C\equiv C—CH=CH—CH_2O—COCH_3$$

cis

(XLI.)

Struktur ergab sich durch Vergleich mit der synthetisch erhaltenen all-*trans*-Verbindung (*33*), die das gleiche Addukt lieferte.

Das *cis*-Acetat (XLI) ist eine schwachgelbe Flüssigkeit, Schmelzp. $\sim -15°$; λ_{max}: 234,5; 241,5; 272,5; 289; 300; 308,5; 319,5; 330; 342; 368,5 mμ (ε: 49000, 66400, 95600, 81400, 24000, 19500, 30600, 19500, 39000, 28900) (in Hexan) (*147*).

Die Synthese der all-*trans*-Verbindung (XLVII), die von Bohlmann und Inhoffen (*33*) durchgeführt wurde, ist aus *Formelübersicht 11* zu entnehmen. Die synthetische Verbindung ist kristallin (Schmelzp. 31°), sie gibt aber das gleiche Maleinsäureanhydrid-Addukt wie (XLI), so daß der Naturstoff nur eine 10-*cis*-Verbindung sein kann.

$$HC \equiv C - C \equiv CH \; + \; OCH - CH = CH_2 \; \longrightarrow$$
$$\text{(XLII.)} \qquad\qquad \text{(XLIII.)}$$

$$\longrightarrow \quad HC \equiv C - C \equiv C - CHOH - CH = CH_2 \quad \xrightarrow[\text{NaOCOCH}_3]{\text{PBr}_3}$$
$$\text{(XLIV.)}$$

$$\longrightarrow \quad HC \equiv C - C \equiv C - CH = CH - CH_2O - COCH_3 \quad \xrightarrow[\text{CuCl, O}_2]{CH_2 = CH - CH = CH - C \equiv CH \; \text{(XLVI.)}}$$
$$\text{(XLV.)}$$

$$\longrightarrow \quad CH_2 = CH - CH = CH - C \equiv C - C \equiv C - C \equiv C - CH = CH - CH_2O - COCH_3$$
$$\qquad\qquad trans \qquad\qquad\qquad\qquad\qquad\qquad\qquad\qquad trans$$
$$\text{(XLVII.)}$$

Formelübersicht 11.

Über die Verwandtschaft des Alkohols (XLI) mit Carlinaoxyd (II) siehe S. 58.

e) Das Keton aus Artemisia vulgaris.

Neben dem *cis*-Dehydro-matricariaester haben SÖRENSEN und Mitarbeiter (*153*) aus den Wurzeln von *A. vulgaris* L. eine C_{14}-Carbonylverbindung isoliert, deren Struktur (XLVIII) durch das für Triin-ene charakteristische UV.-Spektrum, Perhydrierung zum Tetradecanon-(3) und Synthese geklärt wurde (*38*).

$$CH_3 - C \equiv C - C \equiv C - C \equiv C - CH = CH - CH_2 - CH_2 - CO - C_2H_5$$
$$trans$$
$$\text{(XLVIII.)}$$

Die farblosen Kristalle schmelzen bei $57,5°$; $\lambda_{\max}$: 231; 242,2; 257,5; 272,5; 289; 308; 329,5 mμ (ε: 76300, 125000, 4300, 8200, 15000, 20000, 13700) (in Petroläther) (*38*) (siehe auch *Abb. 2*, S. 22).

Die Synthese (*Formelübersicht 12*) wurde von BOHLMANN und Mitarbeitern durchgeführt (*38*).

$$C_2H_5 - CO - CH_2 \; + \; BrCH_2 - CH = CH - C \equiv CH \quad \xrightarrow[\text{KOH, } -CO_2]{\text{NaOC}_2\text{H}_5}$$
$$\quad\;\; | $$
$$\quad COOR$$
$$\text{(XLIX.)} \qquad\qquad\qquad \text{(L.)}$$

$$\longrightarrow \quad C_2H_5 - CO - CH_2 - CH_2 - CH = CH - C \equiv CH \quad \xrightarrow[\text{CuCl, O}_2]{CH_3 - C \equiv C - C \equiv CH \; \text{(XXXII)}}$$
$$\text{(LI.)}$$

$$\longrightarrow \quad C_2H_5 - CO - CH_2 - CH_2 - CH = CH - C \equiv C - C \equiv C - C \equiv C - CH_3$$
$$\text{(XLVIII.)}$$

Formelübersicht 12.

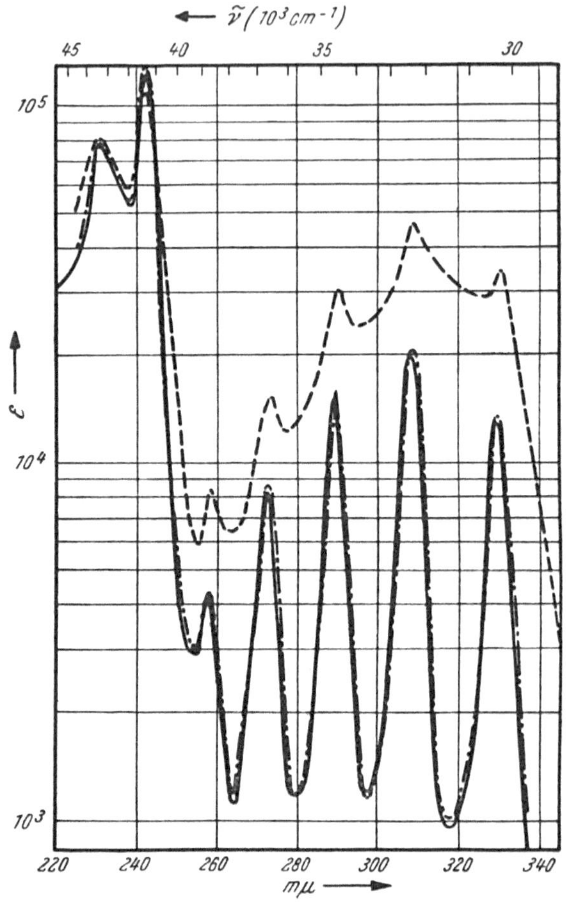

Abb. 2. UV.-Spektren des Ketons (XLVIII) natürlich ————, synthetisch ‑ ‑ ‑ ‑ (in Petroläther) und des *p*-Carboxyphenylhydrazons ‑ ‑ ‑ ‑ ‑ (in Methanol). [Aus: Chem. Ber. *88*, 361 (1955).]

f) Kohlenwasserstoffe aus Compositen.

In einer Anzahl von Compositenpflanzen tritt ein hochkonjugierter C_{13}-*Kohlenwasserstoff* auf (*146*), dem auf Grund von UV.-Spektrum, Perhydrierung und Vergleich mit der synthetisch erhaltenen Verbindung (LII) (*100*), die Formel (LIII) zuerkannt wurde. Das Vorhandensein einer Vinylgruppe ergab sich aus dem IR.-Spektrum. Die Reaktion mit Perphthalsäure gab eine Verbindung mit Tetrain-Chromophor.

$$CH_2\!=\!CH\!-\!C\!\equiv\!C\!-\!C\!\equiv\!C\!-\!C\!\equiv\!C\!-\!C\!\equiv\!C\!-\!CH\!=\!CH_2$$
(LII.)

$$CH_3\!-\!CH\!=\!CH\!-\!C\!\equiv\!C\!-\!C\!\equiv\!C\!-\!C\!\equiv\!C\!-\!C\!\equiv\!C\!-\!CH\!=\!CH_2$$
(LIII.)

Die Verbindung wurde aufgefunden in allen Teilen von *Coreopsis tinctoria* NUTT. (in verschiedenen Gartenabarten), *C. Drummondii* TORR & GRAY, *C. cardaminifolia atrosanguinea, C. verticillata* L., *Carthamus lanatus* L., *Cnicus benedictus* L., *Silybum Marianum* GAERTN. (*146*) und in den Wurzeln von zahlreichen *Centaurea*-Arten (*35 a*).

Das Tetrain-dien bildet schwachgelbe Kristalle, die beim Erhitzen oberhalb 45° zu einer kohligen Masse polymerisieren. λ_{max}: 258; 271; 287,5; 315,5; 337; 361; 390,5 mμ (ε: 143000, 189000, 143000, 11650, 17200, 20900, 13400) (in Hexan) (*146*).

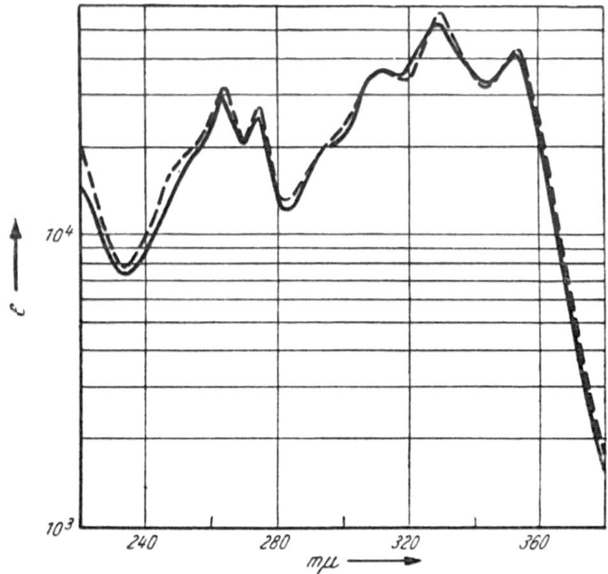

Abb. 3. UV.-Spektrum des Tetraen-diin (LVII) (natürlich und synthetisch) (in Hexan) (vgl. *146*).
[Aus: Chem. Ber. *88*, 1330 (1955).]

Der Kohlenwasserstoff wurde von E. R. H. JONES und Mitarbeiter synthetisiert (Privatmitteilung) (*Formelübersicht 13*).

$$H_3C-CH=CH-C\equiv C-CHO \xrightarrow{HC\equiv CMgBr}$$

$$\longrightarrow H_3C-CH=CHC\equiv C-CH-C\equiv CH + OCH-C\equiv C-CH=CH_.$$

OH

(LV.)

(LIII.) $\xleftarrow[-HCl]{SOCl_2}$ $H_3C-CH=CHC\equiv C-CH-C\equiv C-CH-C\equiv C-CH=CH_2$

OH   OH

(LVI.)

Formelübersicht 13.

In Blättern und Stengeln der ersten drei genannten Coreopsis-Arten [*C. verticillata* nimmt eine Sonderstellung ein (S. 61); es enthält keine weiteren Polyine, dafür in größeren Mengen Cosmen (XIII, S. 14)] wird die Verbindung (LIII) von einem zweiten *Kohlenwasserstoff* begleitet dessen Struktur (LVII) sich aus UV.-Spektrum und Perhydrierung, sowie dem En-diin-en-Spektrum des Maleinsäureanhydrid-Addukts ergab (*146*).

$$CH_3—CH=CH—C\equiv C—C\equiv C—CH=CH—CH=CH—CH=CH_2$$

trans   *trans*   *trans*

(LVII.)

Die gelblichen Kristalle, Schmelzp. 71—72°, zeigen Maxima bei 264; 274; 310; 330; 353,5 mμ (ε: 32 000, 26 700, 36 000, 57 200, 42 200) (in Hexan) (s. auch *Abb. 3*, S. 23).

Dieser Kohlenwasserstoff wurde von Bohlmann und Mannhardt (*37*) synthetisch dargestellt (*Formelübersicht 14*), wodurch die Konstitution endgültig sichergestellt wurde.

$$CH_3—CH=CH—C\equiv C—C\equiv C—CH=CH—CH_2OH \xrightarrow{MnO_2}$$

(XXXVIII.)

$$\longrightarrow \quad CH_3—CH=CH—C\equiv C—C\equiv C—CH=CH—CHO \xrightarrow{(C_6H_5)_3P=CH—CH=CH_2}$$

(LVIII.)

$$\longrightarrow \quad CH_3—CH=CH—C\equiv C—C\equiv C—CH=CH—CH=CH—CH=CH_2$$

(LVII.)

Formelübersicht 14.

Über den von Sörensen ebenfalls aus den drei Coreopsis-Arten iso-lierten, strukturell zwischen (LIII) und (LVII) **stehenden Kohlenwasser-stoff** (LVIII a) sind noch keine näheren Angaben erschienen (*45 a*).

$$CH_3—CH=CH—C\equiv C—C\equiv C—C\equiv C—CH=CH—CH=CH_2$$

(LVIII a.)

Aus den Wurzeln von *Artemisia vulgaris* isolierten Sörensen und Mitarbeiter (*153*) neben dem Dehydromatricariaester und dem Keton (XLVIII) einen Kohlenwasserstoff mit dem UV.-Spektrum eines Triin-diens. Auf Grund des IR.-Spektrums, der Bildung eines Maleinsäure-anhydrid-Addukts und der Ozonisierung haben Bohlmann, Inhoffen und Herbst (*35*) die Konstitution dieser Verbindung aufgeklärt (LIX).

$$H_3C—(C\equiv C)_3—(CH=CH)_2—(CH_2)_4—CH=CH_2$$

(LIX.) Centaur X$_3$.

Die bei 18° schmelzenden Kristalle zeigen Maxima bei 258,5; 269; 288; 305; 324,5; 347 mμ (ε: 49 700, 101 000, 12 700, 25 100, 40 300, 35 100) (in Petroläther).

Die Substanz ist identisch mit dem von LÖFGREN (*88, 112*) aus *Centaurea cyanus* isolierten *Centaur X₃*. Die Maleinsäureanhydrid-Addukte beider Verbindungen geben keine Schmelzpunktsdepression (*35*). Inzwischen wurde dieser Kohlenwasserstoff auch synthetisch dargestellt (*35 a*) (*Formelübersicht 14a*).

$$HC \equiv C-(CH_2)_4 C \equiv CH \quad \longrightarrow \quad HC \equiv C(CH_2)_4 C \equiv C-CH(OR)_2 \quad \xrightarrow[H^+]{H_2}$$

$$\longrightarrow H_2C = CH(CH_2)_4-CH = CH-CHO \xrightarrow[PBr_3]{LiAlH_4} BrCH_2-CH = CH(CH_2)_4-CH = CH_2$$

$$P(C_6H_5)_3 \downarrow LiC_4H_9$$

$$P(C_6H_5)_3$$
$$\parallel$$
$$HC \equiv C-CHO + CH-CH = CH(CH_2)_4-CH = CH_2$$

$$\downarrow$$

$$H_2C = CH(CH_2)_4-(CH = CH)_2 C \equiv CH + HC \equiv C-C \equiv C-CH_3 \quad \longrightarrow \quad (LIX.)$$

Formelübersicht 14 a.

Neben der all-*trans*-Verbindung (LIX) ließ sich in geringer Menge aus *Artemisia vulgaris* die entsprechende mono-*cis*-Verbindung (LIX a) isolieren (*35*). Das UV.-Spektrum ist praktisch identisch mit dem von (LIX), aber im IR.-Spektrum tritt eine neue Bande bei 945 cm⁻¹ auf. Diese Verbindung (LIX a) wurde bei einer zweiten Synthese neben (LIX) erhalten (*35 a*):

$$H_3C-C \equiv C-C \equiv C-C \equiv C-CH = CH-CHO +$$

$$+ (C_6H_5)_3P = CH-(CH_2)_4-CH = CH_2$$

$$\downarrow$$

$$H_3C-(C \equiv C)_3-CH = CH-\underset{cis}{CH = CH}-(CH_2)_4-CH = CH_2 + (LIX.)$$

(LIX a.)

Ein weiterer Kohlenwasserstoff wird in Abschnitt *i*. (S. 32) besprochen.

g) Aromatische Acetylenverbindungen aus Compositen.

Die drei Coreopsis-Arten *C. tinctoria* NUTT., *C. Drummondii* TORR & GRAY und *C. cardaminifolia atrosanguinea* enthalten außer den im Abschnitt *f*. (s. oben) genannten zwei Kohlenwasserstoffen noch weitere Acetylenverbindungen, die durch die Anwesenheit eines aromatischen Kerns ausgezeichnet sind (*146*). In den Blüten der drei Coreopsis-Arten (*146*) und einer Xanthium-Art (*144*) wu.de ein Kohlenwasserstoff nachgewiesen, dessen Struktur anfangs durch UV.-Spektrum und Hydrierung gemäß (LX a) angenommen wurde.

$$\langle\!\!\bigcirc\!\!\rangle-C \equiv C-C \equiv C-C \equiv C-\underset{cis?}{CH = CH-CH = CH}-CH_3$$

(LX a.)

Die farblose Flüssigkeit zeigt Maxima bei 273,5; 287,5; 299; 309,5; 318,6; 328,5; 340,5; 352,5; 367 mμ.

Die von Bohlmann (*31*) durchgeführte Synthese der all-*trans*-Verbindung (LX b) (*Formelübersicht 15*) führte jedoch zu einer kristallinen Verbindung (Schmelzp. 64°), die auch im Spektrum wesentlich vom Naturprodukt abwich, das demnach auch nicht der Struktur (LX a) entsprechen konnte. Inzwischen hat Sörensen festgestellt (*cf. 162 a*), daß es sich hier um ein Gemisch des Kohlenwasserstoffs (LXIV a) mit dem auf S. 24 genannten Kohlenwasserstoff (LVIII a) handelte. Nähere Angaben über (LXIV a) sind noch nicht gemacht.

$$\text{Ring}-C\equiv C-C\equiv C-CH=CH-CH_3$$
(LXIV a.)

Auch über den ebenfalls aus Coreopsis-Arten erhaltenen, gegenüber (LXIV a) um zwei Wasserstoffatome ärmeren Kohlenwasserstoff (LXIV b) (*45 a*) sind noch keine weiteren Angaben veröffentlicht.

$$\text{Ring}-C\equiv C-C\equiv C-C\equiv C-CH_3$$
(LXIV b.)

An dieser Stelle sei eine weitere Verbindung erwähnt, die mit (LXIV b) in genetischem Zusammenhang steht (s. S. 60). Es ist das ebenfalls aus Coreopsis-Arten erhaltene α-Phenyl-α'-propinyl-thiophen (LXIV c) (*162 a*).

$$\text{Ring}-\text{Thiophen(S)}-C\equiv C-CH_3$$
(LXIV c.) α-Phenyl-α'-propinyl-thiophen.

$$\text{Ring}-C\equiv C-C\equiv CH \;+\; HC\equiv C-CH=CH-CH_2OH \;\xrightarrow[O_2]{CuCl}$$
(LXI.)   (XVII.)

$$\longrightarrow\; \text{Ring}-C\equiv C-C\equiv C-C\equiv C-CH=CH-CH_2OH \;\xrightarrow{MnO_2}$$
(LXII.)

$$\longrightarrow\; \text{Ring}-C\equiv C-C\equiv C-C\equiv C-CH=CH-CHO \;\xrightarrow{C_2H_5MgBr}$$
(LXIII.)

$$\longrightarrow\; \text{Ring}-C\equiv C-C\equiv C-C\equiv C-CH=CH-CHOH-CH_2-CH_3 \;\xrightarrow{-H_2O}$$
(LXIV.)

$$\longrightarrow\; \text{Ring}-C\equiv C-C\equiv C-C\equiv C-CH=CH-CH=CH-CH_3$$
trans   *trans*
(LX b.)

Formelübersicht 15.

Aus Wurzeln, Stengeln und Blättern der drei Coreopsis-Arten isolierten SÖRENSEN und Mitarbeiter (*146*) das Acetat (LXV). Die folgende Konstitution ergab sich aus dem UV.- und IR.-Spektrum:

$$\langle\!=\!\rangle\!-\!C\equiv C\!-\!C\equiv C\!-\!CH=CH\!-\!CH_2O\!-\!CO\!-\!CH_3$$

(LXV.)

Der Ester bildet farblose Kristalle, Schmelzp. 45—46°; λ_{max}: 222; 245; 253; 263; 281; 298; 317,5 mμ (ε: 32000, 37200, 40800, 15200, 25700, 32400, 27600) (in Hexan).

Zur endgültigen Sicherung der angenommenen Struktur führten SÖRENSEN und Mitarbeiter (*44*) die Synthese durch (*Formelübersicht 16*).

$$\langle\!=\!\rangle\!-\!C\equiv CH \ + \ HC\equiv C\!-\!CH=CH\!-\!CH_2OH \ \xrightarrow[O_2]{CuCl}$$

(LXVI.)   (XVII.)

$$\longrightarrow \ \langle\!=\!\rangle\!-\!C\equiv C\!-\!C\equiv C\!-\!CH=CH\!-\!CH_2OH \ \xrightarrow[Pyridin]{(CH_3CO)_2O}$$

(LXVII.)

$$\longrightarrow \ \langle\!=\!\rangle\!-\!C\equiv C\!-\!C\equiv C\!-\!CH=CH\!-\!CH_2O\!-\!CO\!-\!CH_3$$

(LXV.)

Formelübersicht 16.

Über die strukturellen Beziehungen von (LXV) zu Carlinaoxyd (II) siehe S. 58.

Eine weitere Verbindung mit Phenylrest beschreibt IMAI (*93a*). Das mit *Capillin* bezeichnete Polyinketon, das aus *Artemisia capillaris* THUMB. neben Capillen (S. 38) isoliert wurde, hat die Struktur (LXVII a).

$$C_6H_5\!-\!CO\!-\!C\equiv C\!-\!C\equiv C\!-\!CH_3$$

(LXVII a.) Capillin.

Das Keton bildet farblose Kristalle vom Schmelzp. 81°, $\lambda_{max} = 268$, 281, 296 mμ. Die Verbindung konnte auch synthetisch dargestellt werden:

$$C_6H_5\!-\!CHO \ + \ HC\equiv C\!-\!C\equiv C\!-\!CH_3 \ \longrightarrow \ C_6H_5\!-\!\underset{\underset{OH}{|}}{CH}\!-\!C\equiv C\!-\!C\equiv C\!-\!CH_3$$

$$\downarrow$$

$$C_6H_5\!-\!CO\!-\!C\equiv C\!-\!C\equiv C\!-\!CH_3$$

(LXVII a.)

h) Anacyclin.

Eine gewisse Sonderstellung unter den Acetylenverbindungen aus Compositen nimmt das aus *Anacyclus pyrethrum* DC. isolierte Anacyclin ein, da seine Entdeckung eine längere Vorgeschichte hat. Die Wurzel dieser Pflanze war schon frühzeitig das Objekt wissenschaftlicher Untersuchungen und die Aufklärung ihrer Inhaltsstoffe, die auch heute bei weitem noch nicht abgeschlossen ist, hat sich über viele Jahrzehnte hingezogen. Die Wurzel wurde schon in alten Zeiten als Anregungsmittel für die Tätigkeit der Speicheldrüsen, sowie als Linderungsmittel für Bronchitis verwendet. Auf der Zunge bewirkt sie ein heftiges Brennen, verbunden mit stark vermehrtem Speichelfluß. In neuerer Zeit wurde auch festgestellt, daß die Wurzelextrakte eine bemerkenswerte insektizide Wirksamkeit besitzen (*71, 95*).

Bereits im vorigen Jahrhundert setzten Versuche ein, den wirksamen Bestandteil der Wurzel, der anfangs Pyrethrin, später Pellitorin (nach dem englischen Namen „pellitory root") genannt wurde, zu isolieren. Die damaligen Bemühungen führten jedoch nur zu Anreicherungen (*69, 131*). Erst GULLAND und HOPTON (*79*) gelang es, mittels verbesserter Aufarbeitungsmethoden ein „reines Pellitorin" (Schmelzp. 72°) zu gewinnen, das durch weitere Reinigungsoperationen keine Veränderung mehr erfuhr. Sie identifizierten die Substanz mittels Perhydrierung als das iso-Butylamid einer zweifach ungesättigten C_{10}-Säure. JACOBSON (*95*) bestätigte diese Untersuchungen und stellte auf Grund des Permanganatabbaus die Formel (LXVIII) auf, wobei die Konfiguration der Doppelbindungen offen blieb.

$$CH_3-CH_2-CH_2-CH=CH-CH_2-CH_2-CH=CH-CO-NH-CH_2-CH(CH_3)_2$$

(LXVIII.)

In den darauffolgenden Jahren erfolgte die Synthese aller vier stereoisomerer Formen von (LXVIII) (*61, 63, 96, 124, 125*). Keine der synthetisierten Verbindungen entsprach jedoch in ihren chemischen oder physiologischen Eigenschaften dem natürlichen Pellitorin. Somit konnte die von JACOBSON aufgestellte Struktur nicht richtig sein.

Neuere Untersuchungen von CROMBIE (*61 a, 62*) zeigten dann, daß das homogen erscheinende Pellitorin ein scharf schmelzendes Gemisch von iso-Butylamiden dreier ungesättigter aliphatischer Säuren verschiedener Kettenlänge war. Den Hauptanteil des Pellitorins (67%) bildet das 2-*trans*-4-*trans*-Decadien-(2,4)-säure-isobutylamid (LXIX), eine Verbindung, die die gleichen speicheldrüsen-anregenden und insektiziden Eigenschaften wie Pellitorin aufweist. Sie war schon früher synthetisiert worden (*97*).

$$CH_3-(CH_2)_4-CH=CH-CH=CH-CO-NH-CH_2-CH(CH_3)_2$$

(LXIX.) 2-trans-4-trans-Decadien-(2,4)-säure-isobutylamid.

Zu 23% ist im Pellitorin das iso-Butylamid einer bisher nicht aufgeklärten C_{12}-Säure enthalten und zu 10% das einer C_{14}-Säure. Die letztere Verbindung konnte zwar nicht aus dem Pellitorin selbst abgetrennt werden, jedoch wurde aus den rohen Wurzelextrakten von *A. pyrethrum* das iso-Butylamid einer C_{14}-Säure erhalten, das mit dem Bestandteil des Pellitorins zweifellos identisch sein dürfte. Es erhielt den Namen *Anacyclin*. Die Struktur wurde durch das UV.-Spektrum der Verbindung und ihres Maleinsäureanhydrid-Addukts, durch Perhydrierung und Permanganatabbau, der Formel (LXX) entsprechend aufgeklärt.

Die weißen Kristalle schmelzen bei $121°$; λ_{max} : $258,5$ mμ (ε : $34\,800$) entsprechend dem Chromophor —C=C—C=C—C=O.

$$CH_3—CH_2—CH_2—C\equiv C—C\equiv C—CH_2—CH_2—CH=CH—CH=CH—CO—NH$$

$$(CH_3)_2CH—CH_2$$

(LXX.) Anacyclin.

$$CH_3—CH=CH—C\equiv C—C\equiv C—CH_2—CH_2—CH=CH—CH=CH—CO$$

$$(CH_3)_2CH—CH_2—NH$$

(LXXI). Dehydro-anacyclin.

Anacyclin ist lichtempfindlich und bildet bei Bestrahlung ein rotes Polymerisat. Diese Eigenschaft teilt es mit der Isansäure (S. 44). Aus dem Spektrum des Maleinsäureanhydrid-Addukts, das ein Diacetylenspektrum zeigen sollte, ergab sich, daß das Anacyclin zu etwa 4% eine zunächst nicht entfernbare Beimengung mit Diin-en-Chromophor enthält. Dieser Begleitstoff wurde als *Dehydro-anacyclin* (LXXI) erkannt (*62 a*).

$$C_3H_7—C\equiv CH + HC\equiv C—CH_2—CH_2—CH_2OH \xrightarrow[O_2]{CuCl}$$

(XVI.)   (LXXII.)

$$\longrightarrow C_3H_7—C\equiv C—C\equiv C—CH_2—CH_2—CH_2OH \xrightarrow{PBr_3}$$

(LXXIII.)

$$\longrightarrow C_3H_7—C\equiv C—C\equiv C—CH_2—CH_2—CH_2Br \xrightarrow[LiC_4H_9]{(C_6H_5)_3P}$$

(LXXIV.)

$$\rightarrow C_3H_7—C\equiv C—C\equiv C—CH_2—CH_2—CH=P(C_6H_5)_3 \xrightarrow{OCH—CH=CH—COOCH_3 \ (LXXVI)}$$

(LXXV.)

$$\longrightarrow C_3H_7—C\equiv C—C\equiv C—CH_2—CH_2—CH=CH—CH=CH—COOCH_3 \longrightarrow$$

(LXXVII.)

$$\xrightarrow[\substack{2.\ SOCl_2 \\ 3.\ H_2N—CH_2—CH(CH_3)_3}]{1.\ OH^-}$$

$$\rightarrow C_3H_7—C\equiv C—C\equiv C—CH_2—CH_2—CH=CH—CH=CH—CO—NH—CH_2—CH(CH_3)_2$$

(LXX.) Anacyclin.

Formelübersicht 17.

Eine Synthese des Anacyclins führten Bohlmann und Inhoffen (*34*) durch (*Formelübersicht 17*). Eine zweite Synthese stammt von Crombie und Manzoor-i-Khuda (*65*) (*Formelübersicht 18*). Die letzteren stellten auch das Dehydro-anacyclin synthetisch dar (*62 a*) (*Formelübersicht 19*), indem sie in die letzte Stufe ihrer Anacyclinsynthese statt Pentin Pentinen einsetzten.

$$HC \equiv C—CH_2—CH_2—C \equiv CH \quad \xrightarrow[CO_2]{C_2H_5MgBr}$$

(LXXVIII.)

$$\longrightarrow \quad HC \equiv C—CH_2—CH_2—C \equiv C—COOH \quad \xrightarrow[LiAlH_4]{CH_2N_2}$$

(LXXIX.)

$$\longrightarrow \quad HC \equiv C—CH_2—CH_2—CH = CH—CH_2OH \quad \xrightarrow{MnO_2}$$

(LXXX.)

$$\longrightarrow \quad HC \equiv C—CH_2—CH_2—CH = CH—CHO \quad \xrightarrow{CH_2(COOH)_2}$$

(LXXXI.)

$$\longrightarrow \quad HC \equiv C—CH_2—CH_2—CH = CH—CH = CH—COOH \quad \xrightarrow[H_2N—CH_2—CH(CH_3)_2]{SOCl_2}$$

(LXXXII.)

$$\longrightarrow \quad HC \equiv C—CH_2—CH_2—CH = CH—CH = CH—CO—NH$$
$$|$$
$$(CH_3)_2CH—CH_2 \quad \xrightarrow[CuCl, O_2]{C_3H_7C \equiv CH}$$

(LXXXIII.)

$$\longrightarrow \quad C_3H_7—C \equiv C—C \equiv C—CH_2—CH_2—CH = CH—CH = CH—CO—NH—CH_2—CH(CH_3)_2$$

(LXX.) Anacyclin.

Formelübersicht 18.

Anacyclin hat im Vergleich mit Pellitorin nur eine geringe insektizide Wirksamkeit. Die Wirkung auf die Speicheldrüsen fehlt ihm ganz. Partielle Hydrierung mit Lindlar-Katalysator zum Tetraen (Tetra-hydroanacyclin) ist mit einer außerordentlichen Steigerung der insektiziden Eigenschaften verbunden.

$$CH_3—CH = CH—C \equiv CH \quad +$$

(XL.)

$$+ \quad HC \equiv C—CH_2—CH_2—CH = CH—CH = CH—CO—NH—CH_2—CH(CH_3)_2 \quad \longrightarrow$$

(LXXXIII.)

$$\longrightarrow \quad CH_3—CH = CH—C \equiv C—C \equiv C—CH_2—CH_2—CH = CH—CH = CH—CO—NH$$
$$|$$
$$(CH_3)_2CH—CH_2$$

(LXXI.) Dehydro-anacyclin.

Formelübersicht 19.

i) Farbstoffe aus Compositen.

Aus den Wurzeln verschiedener Compositen isolierten SÖRENSEN, HOLME, BORLAUG und SÖRENSEN (*144*) gelbe Pigmente. Die erste spektroskopische Beobachtung dieser in äußerst geringen Konzentrationen vorliegenden Stoffe wurde an Extrakten aus den Wurzeln einiger Helipterum-Arten gemacht (*142*); eine Anreicherung gelang später aus verschiedenen Arten der Tribus Inuleae und Heliantheae. Die verschiedenen Pigmente wurden nach der Lage ihres langwelligsten Absorptionsmaximums in Å benannt. Aus den Wurzeln folgender Pflanzen wurde das sog. „*4100-Pigment*" isoliert:

Inuleae: *Blumea lacera* DC., *B. lacinata* DC., *Gnaphalium luteoalbum* L., *G. silvaticum* L., *Helipterum Manglesii* F. V. MUELL., *H. roseum* BENTH., *H. Sandfordii*, *Pulicaria vulgaris* GAERTN.

Heliantheae: *Xanthium strumarium* L., *X.* sp. (Pflanze blühte nicht und konnte darum nicht identifiziert werden), *Sanvitalia procumbens* LAM., *Synedrella nudiflora* GAERTN.

Bisher konnte lediglich dieses „4100-Pigment" in relativ reiner Form gewonnen werden. Aus dem UV.- und IR.-Spektrum und der Perhydrierung konnte auf die Formel (LXXXIV) geschlossen werden. Die gelbe Kristalle bildende Substanz ist bei Zimmertemperatur äußerst instabil, bedingt durch das durch Endgruppen nur wenig geschützte Pentainsystem.

$$CH_2=CH-C\equiv C-C\equiv C-C\equiv C-C\equiv C-C\equiv C-CH_3$$
(LXXXIV.)

Die Höhe der Absorptionsmaxima ist nicht exakt anzugeben, da selbst reinste Fraktionen noch Polymerisat enthalten. Eine aus *Blumea lacinata* gewonnene Fraktion zeigte λ_{max}: 265; 271,5; 286,5; 309; 329,5; 352; 378,5; 411 mμ (in Hexan).

Dieses Pentain ist nach einer Privatmitteilung von M. C. WHITING ebenfalls synthetisch erhalten worden. Es wurde dabei der gleiche Syntheseweg wie beim Tetrain (LIII) benutzt (S. 22).

Aus den drei oben genannten Helipterum-Arten wurde weiterhin ein „4005-Pigment" erhalten. Bei der Chromatographie wurde es vor dem „4100-Pigment" eluiert; in reiner Form wurde es nicht isoliert, es zeigt jedoch ein typisches Polyin-Spektrum (*144*).

Noch weitere Pigmente wurden aus der Chromatographie der Helipterum-Extrakte im Anschluß an das „4100-Pigment" eluiert. Als erstes folgte eine Verbindung mit langwelligstem Maximum bei 438 mμ, dann ein nicht identifiziertes Polyen und hiernach ein „3985-Pigment", das eindeutig eine Polyacetylenverbindung darstellt. Sein Spektrum deckt sich weitgehend mit dem des „4005-Pigmentes" (*144*); die beiden Verbindungen unterscheiden sich jedoch eindeutig durch ihr Verhalten bei der Chromatographie.

k) Inhaltsstoffe unbekannter Struktur.

Eine Reihe von in Compositen vorkommenden Verbindungen hat ihrem Spektrum nach eindeutig Acetylenstruktur. Ihre Identifizierung ist jedoch mangels Material oder wegen mangelnder Reinheit der gewonnenen Proben bis jetzt nicht gelungen.

Als erstes ist hier eine Reihe von Verbindungen zu nennen, die unter der Sammelbezeichnung „Centaur X" zusammengefaßt ist. 1949 erhielt Löfgren (*112*) aus den oberirdischen Teilen verschiedener Centaurea-Arten (*C. cyanus* L., *C. jacea* L. und *C. scabiosa* L.) Extrakte, die (nach vorheriger Abtrennung des Chlorophylls) beim Chromatographieren an Aluminiumoxyd zwei auffallende Zonen ergaben. Die eine, deren Inhaltsstoff Centaur X genannt wurde, zeigte das Spektrum λ_{max}: 245; 254; 259; 269; 307; 326; 350 mμ, und erwies sich damit als Acetylenverbindung; die zweite, Centaur Y genannt, zeigte Maxima bei 278; 291; 305 und 319 mμ und war somit als Polyen gekennzeichnet. Bei späterer Auftrennung durch Gegenstromverteilung mit 90%igem Methanol als stationärer und Cyclohexan als mobiler Phase konnte die Centaur X-Fraktion in vier Einzelverbindungen zerlegt werden (*88*), die in der Reihenfolge ihrer Verteilungskoeffizienten ($K_{C_6H_{12}/CH_3OH}$) als Centaur X_{1-4} bezeichnet wurden. Centaur X_1 (K = 0,14) und X_3 (K = 5,1) haben ein identisches Spektrum: λ_{max}: 255,5; 260; 270,5; 290,5; 307; 327; 350 mμ. Das Spektrum entspricht dem Chromophor (LXXXV).

$$-(CH\!=\!CH)_2-(C\!\equiv\!C)_3-$$

(LXXXV.)

Während die Struktur von Centaur X_3 geklärt ist (*35*) (S. 24), ist die Art der polaren Gruppe in Centaur X_1 noch unbekannt. Ebenso waren die Spektren von Centaur X_2 (K = 0,19) und X_4 (K = 7,2) identisch: λ_{max}: 245; 298,5; 317; 339,5 mμ. Die Zuordnung dieses Spektrums zu einem Chromophor war noch nicht möglich. Die Wellenzahldifferenzen deuten jedoch auf Acetylenstruktur hin. Eine Reinisolierung gelang nur beim Centaur X_3. Aus den Verteilungskoeffizienten läßt sich aber mit größter Wahrscheinlichkeit entnehmen, daß außer dem Centaur X_3 auch X_4 ein Kohlenwasserstoff ist, während Centaur X_1 und X_2 funktionelle Gruppen tragen müssen. Beide Verbindungen, die inzwischen in kristalliner Form isoliert wurden (*35 a*), sind Alkohole. Centaur X_1 hat das gleiche Chromophor-System wie X_3, und Centaur X_2 dürfte folgendes System enthalten:

$$-CH\!=\!CH-(C\!\equiv\!C)_2-(CH\!=\!CH)_2-$$

In den Wurzeln von *Centaurea cyanus* sind zahlreiche weitere Polyine enthalten, von dem bisher nur ein Kohlenwasserstoff, das Tetrain (LIII. S. 22) in seiner Struktur feststeht (*35 a*). Außerdem ist wohl ein Tetrain-en vorhanden (*35 a*). Eine weitere Verbindung mit dem Triin-dien-Spektrum der Centaur X-Gruppe findet sich in den Wurzeln von *Blumea lacera* DC. (*144*). Diese Verbindung kann allerdings auf Grund seines Verhaltens bei der Chromatographie kein Kohlenwasserstoff sein, sondern muß eine (oder mehrere) polare Gruppen tragen. λ_{max}: 256; 267,5; 287,2; 305,5; 325; 348,5 mμ.

Außer den genannten Centaur X-Verbindungen sind noch einige andere in Compositen nachgewiesene Stoffe in ihrer Struktur ungeklärt. So wurde aus *Bellis perennis* eine Fraktion erhalten, deren Spektrum auf einen Diin-en-Chromo-

$$-CH\!=\!CH-C\!\equiv\!C-C\!\equiv\!C-$$

(LXXXVI.)

phor (LXXXVI) hindeutete (λ_{max}: 252,7; 267,8; 283 mμ) (*93*). Wurde die Substanz einer alkalischen Verseifung unterzogen, so ließ sich anschließend aus der Reaktion *trans*-Lachnophyllumsäure (XIX, S. 14) isolieren. Weder die Ursprungsverbindung noch der etwas undurchsichtige Reaktionsverlauf konnten bis jetzt aufgeklärt werden. Zu den konstitutionell unaufgeklärten Verbindungen sind weiter noch das 4005- und das 3985-Pigment, die schon im Abschnitt *i* (S. 31) besprochen wurden, zu rechnen.

Eine Verbindung, deren Vorkommen in Compositen bis jetzt nicht mit Sicherheit festgestellt werden konnte, deren Anwesenheit jedoch aus Analogiegründen (Matricariaester-Matricarianol) zu erwarten ist, ist das *Lachnophyllol* (XVIII). Diese Verbindung ist durch die seit langem durchgeführte Synthese *(43)* (S. 15) wohlbekannt. In einer Chromatographie-fraktion des Extrakts der Wurzeln von

$$CH_3—CH_2—CH_2—C\equiv C—C\equiv C—CH=CH—CH_2OH$$
(XVIII.) Lachnophyllol.

Aster tripoleum L. wurde ein Spektrum gefunden *(92)*, das auf Lachnophyllol passen könnte. Es käme dann in dieser Pflanze neben Matricarianol vor. Genaue Untersuchungen stehen jedoch noch aus.

Über das Vorkommen von Lachnophyllol in Pilzen siehe S. 52.

l) Verbindungen aus Umbelliferen.

Bereits seit alten Zeiten ist die starke Giftigkeit der Wurzeln der zur Familie Umbelliferae gehörenden Schierlingsarten *Cicuta virosa* L. und *Oenanthe crocata* L. bekannt. Es setzten auch schon früh Versuche ein, die Giftstoffe dieser Pflanzen zu isolieren. Doch erst in neuerer Zeit erfolgte die überraschende Entdeckung, daß diese Stoffe Acetylenverbindungen sind *(11)*.

Aus den Rhizomen von *C. virosa* wurden schon frühzeitig stark giftigwirkende Extrakte gewonnen *(94, 120)*, deren giftiges Prinzip den Namen *Cicutoxin* erhielt, jedoch gelang eine Reinigung dieser Extrakte wegen ihrer Instabilität nicht. Die Untersuchung der Konzentrate mit den Methoden der klassischen Chemie brachte in die Struktur des Giftstoffs nur wenig Licht. Erst Lythgoe und Mitarbeitern *(11)* gelang die Reinisolierung von kristallisiertem Cicutoxin durch Chromatographie.

Die Perhydrierung gab mit Platin ein Heptadecanol-(1) und mit Palladium ein Heptadecan-diol-(1, 14). Das UV.-Spektrum konnte zunächst nicht gedeutet werden; die Bandenabstände sprachen für das Vorliegen eines Polyin-ens. Nach Aufnahme von 2 Molen Wasserstoff entstand jedoch, wie aus dem Spektrum eindeutig zu ersehen war, ein Pentaen. Cicutoxin mußte somit ein Diin-trien sein. Die Lage der ungesättigten Bindungen ergab sich dann durch Oxydationsabbau des Maleinsäureanhydrid-Addukts. Durch Oxydation mit Mangandioxyd entsteht ein Keton, das auch synthetisch erhalten werden konnte *(90)*. Die Konstitution konnte daher mit (LXXXVII) als gesichert gelten *(10, 11)*.

$$HOCH_2—CH_2—CH_2—C\equiv C—C\equiv C—(CH=CH)_3—\overset{*}{C}H(OH)—C_3H_7$$
(LXXXVII.) Cicutoxin.

Physikalische Daten: Schmelzp. 54°, $[\alpha]_D$: —14,5°; λ_{max}: 242; 252; (287); (303); 318,5; 335,5 mμ (ε: 13000, 22000, 17000, 38500, 63500, 65000) (in Alkohol).

Im Mäusetest erwies sich die Verbindung als überaus giftig.

In *Cicuta virosa* findet sich eine weitere Acetylenverbindung, die das Cicutoxin in etwa dreimal größerer Menge ständig begleitet; sie erhielt

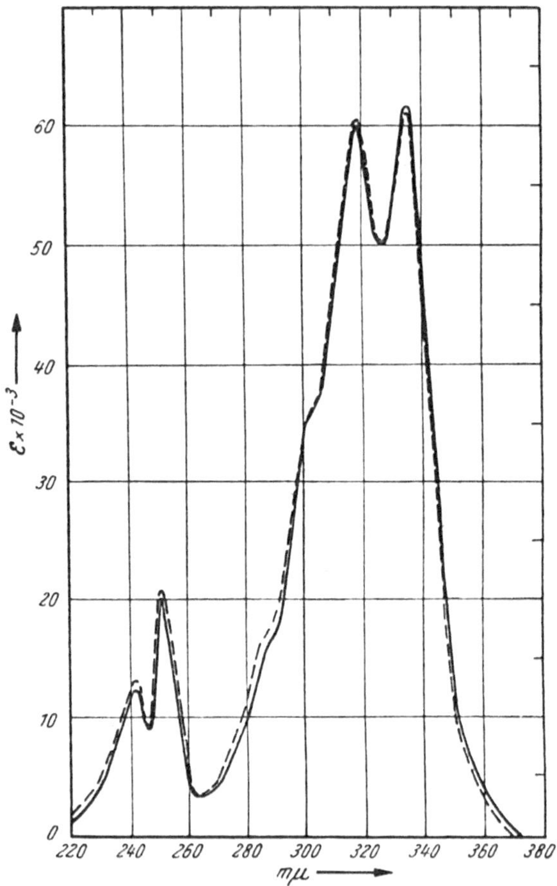

Abb. 4. UV.-Spektrum des Cicutols (natürlich und synthetisch) (in Petroläther).
[Aus: Chem. Ber. *88*, 1347 (1955).]

den Namen *Cicutol* (*10, 11*). Die Strukturaufklärung erfolgte nach ähnlichen Methoden wie die des Cicutoxins und führte zur Aufstellung der Formel (LXXXVIII). Gegenüber dem Cicutoxin fehlt also lediglich die OH-Gruppe am $C_{(14)}$.

Die bei 66° schmelzende Verbindung hat nicht die Giftigkeit des Diols.

$$HOCH_2—CH_2—CH_2—C\equiv C—C\equiv C—CH=CH—CH=CH—CH=CH—C_4H_9$$

(LXXXVIII.) Cicutol.

λ_{max}: 242; 252; (287); (302); 318,5; 335 mμ (ε: 14100, 20800, 17500, 35600, 60600, 61200) (in Alkohol) (siehe auch *Abb. 4*).

Das D,L-Cicutoxin, das von LYTHGOE und Mitarbeitern (*90*) synthetisiert wurde *(Formelübersicht 20)*, schmilzt bei 67° und zeigt die gleichen chemischen und pharmakologischen Reaktionen wie die natürliche Verbindung.

$$HOCH_2-CH_2-CH_2-Br \longrightarrow \underset{\text{(XC.)}}{\ominus OCH_2-CH_2-CH_2Br} \xrightarrow{NaC\equiv C-C\equiv CH}$$

(LXXXIX.)

$$\longrightarrow \underset{\text{(XCI.)}}{\ominus OCH_2-CH_2-CH_2-C\equiv C-C\equiv CH} \xrightarrow[C_3H_7-CH=CH-CH=CH-CH=CH-CHO]{C_2H_5MgBr}$$

(XCII.)

$$\longrightarrow \ominus OCH_2-CH_2-CH_2-C\equiv C-C\equiv C-CHOH-CH=CH \xrightarrow{H^+}$$
$$H_7C_3-CH=CH-CH=HC$$

(XCIII.)

$$\longrightarrow HOCH_2-CH_2-CH_2-C\equiv C-C\equiv C-CH=CH-CH=CH-CH=CH$$
$$H_7C_3-HOHC$$

(LXXXVII.) *D,L*-Cicutoxin.

Formelübersicht 20.

BOHLMANN und VIEHE (*41*) synthetisierten das Cicutol *(Formelübersicht 21)*:

$$\underset{\text{(XCIV.)}}{C_4H_9-CH=CH-CH_2Br} \xrightarrow[LiC_4H_9]{P(C_6H_5)_3}$$

$$\longrightarrow \underset{\text{(XCV.)}}{C_4H_9-CH=CH-CH=P(C_6H_5)_3} \xrightarrow{OCH-CH=CH-C\equiv CH}$$

$$\longrightarrow \underset{\text{(XCVI.)}}{C_4H_9-CH=CH-CH=CH-CH=CH-C\equiv CH} \xrightarrow[\mathbf{CuCl,\ O_2}]{HC\equiv C-CH_2-CH_2-CH_2OH}$$

$$\longrightarrow C_4H_9-CH=CH-CH=CH-CH=CH-C\equiv C-C\equiv C-CH_2-CH_2-CH_2OH$$

(LXXXVIII.) Cicutol.

Formelübersicht 21.

Auch die Erforschung des Giftstoffs der Wurzel von *Oenanthe crocata*, des *Oenanthotoxins*, wurde schon früh aufgenommen (*120, 162*). Es gelang aber auch hier erst spät eine Reinisolierung des giftigen Prinzips. Als erste erhielten CLARKE, KIDDER und ROBERTSON (*60*) ein kristallines Produkt, sie führten jedoch keine chemischen, sondern nur pharmakologische Untersuchungen durch. Die Strukturaufklärung erfolgte wiederum durch Lythgoe und Mitarbeiter (*10*, *11*). Die Untersuchung nach den gleichen Methoden wie beim Cicutoxin führte zur Aufstellung der Formel (XCVII).

$$HOCH_2-CH=CH-C\equiv C-C\equiv C-CH=CH-CH=CH-CH_2-CH_2-\overset{*}{C}HOH-C_3H_7$$

(XCVII.) Oenanthotoxin.

Schmelzp. 87°, $[\alpha]_D$: $+$ 30,5°; λ_{max}: 213; 252; 267; (281); 296; 315,5; 337,5 mμ (ε: 17500, 33000, 29000, 17500, 30500, 40000, 29000) (in Alkohol).

Nach Clarke, Kidder und Robertson (*60*) beträgt die Dosis letalis 0,83 mg/kg Maus.

Zu bestimmten Jahreszeiten wird das Oenanthotoxin von zwei wenig giftigen, chemisch verwandten Acetylenverbindungen, *Oenanthetol* (XCVIII) und *Oenantheton* (XCIX) begleitet. Die Strukturaufklärung geschah auf ähnlichem Wege wie die des Oenanthotoxins.

$$HOCH_2-CH=CH-C\equiv C-C\equiv C-CH=CH-CH=CH-C_6H_{13}$$

(XCVIII.) Oenanthetol.

$$CH_3-CH=CH-C\equiv C-C\equiv C-CH=CH-CH=CH-CH_2-CH_2-CO-C_3H_7$$

(XCIX.) Oenantheton.

Das Oenanthetol schmilzt bei 71°; λ_{max}: 213; 252; 267; 281; 297; 316; 338 mμ (ε: 17500, 30800, 28000, 17000, 28400, 37600, 27100) (in Alkohol). — Das Oenantheton zeigt einen Schmelzp. von 46°; λ_{max}: 251; 267; 280; 296; 315; 337 mμ (ε: 30000, 25900, 15000, 27000, 37000, 27000) (in Alkohol).

Auffallend ist das jahreszeitlich wechselnde Mengenverhältnis der drei Verbindungen in der Pflanze. Während im Spätherbst geerntete

$$CH_2=CH-CH=CH-CHO \xrightarrow{NaC\equiv CH}$$

(C.)

$$\rightarrow HC\equiv C-CHOH-CH=CH-CH=CH_2 \xrightarrow{PBr_3}$$

(CI.)

$$\rightarrow HC\equiv C-CH=CH-CH=CH-CH_2Br \xrightarrow{ROOC-CH_2-CO-C_3H_7}$$

(CII.)

$$\rightarrow HC\equiv C-CH=CH-CH=CH-CH_2-CH_2-CO-C_3H_7 \xrightarrow[CuCl, O_2]{HC\equiv C-CH=CH-CH_2OH}$$

(CIII.)

$$\rightarrow HOCH_2-CH=CH-C\equiv C-C\equiv C-CH=CH-CH=CH-CH_2-CH_2 \xrightarrow{LiAlH_4}$$

(CIV.) $\qquad$ C_3H_7-CO

$$\rightarrow HOCH_2-CH=CH-C\equiv C-C\equiv C-CH=CH-CH=CH-CH_2-CH_2-CHOH$$

(XCVII.) *D,L*-Oenanthotoxin. $\qquad C_3H_7$

Formelübersicht 22.

Wurzeln fast ausschließlich Oenanthotoxin enthalten, ist im Frühjahr das Oenanthetol die vorherrschende Verbindung neben erheblich weniger Oenanthotoxin und nur Spuren Oenantheton.

Die Synthese der Polyine aus *Oenanthe crocata* wurde von BOHLMANN und VIEHE durchgeführt. Das *D,L*-Oenanthotoxin wurde auf dem in *Formelübersicht 22* skizzierten Wege erhalten *(40)*. Das Racemat schmilzt

$$2\ HC\equiv C-CH=CH-CH_2OH \xrightarrow[C_6H_5COCl]{CuCl,\ O_2}$$

(XVII.)

$$\rightarrow C_6H_5-COO-CH_2-CH=CH-C\equiv C-C\equiv C-CH=CH-CH_2OH \xrightarrow{MnO_2}$$

(CV.)

$$\rightarrow C_6H_5-COO-CH_2-CH=CH-C\equiv C-C\equiv C-CH=CH-CHO \xrightarrow{C_7H_{15}MgBr}$$

(CVI.)

$$\rightarrow HOCH_2-CH=CH-C\equiv C-C\equiv C-CH=CH-CHOH-CH_2-C_6H_{13} \xrightarrow{-H_2O}$$

(CVII.)

$$\rightarrow HOCH_2-CH=CH-C\equiv C-C\equiv C-CH=CH-CH=CH-C_6H_{13}$$

(XCVIII.) Oenanthetol.

Formelübersicht 23.

bei 68°. Beim Oenanthetol wurde die WITTIG-Reaktion *(165)* benutzt *(Formelübersicht 24)*. Auch das Oenantheton ließ sich synthetisch gewinnen *(Formelübersicht 25)*. Beide Verbindungen waren mit dem Naturstoff identisch *(40)*. Das Oenanthetol wurde auch von LYTHGOE und Mitarbeitern *(90)* dargestellt *(Formelübersicht 23)*.

Auffallend ist, daß Cicutoxin und Oenanthotoxin, die aus biologisch sich sehr nahestehenden Pflanzen isoliert worden sind, verschiedenen

$$C_6H_{13}MgBr \xrightarrow{OCH-CH=CH_2} C_6H_{13}-CHOH-CH=CH_2 \xrightarrow{PBr_3}$$

(CVIII.)   (CIX.)

$$\longrightarrow C_6H_{13}-CH=CH-CH_2Br \xrightarrow[LiC_4H_9]{(C_6H_5)_3P}$$

(CX.)

$$\longrightarrow C_6H_{13}-CH=CH-CH=P(C_6H_5)_3 \xrightarrow{OCH-C\equiv CH}$$

(CXI.)

$$\longrightarrow C_6H_{13}-CH=CH-CH=CH-C\equiv CH \xrightarrow[CuCl,\ O_2]{HC\equiv C-CH=CH-CH_2OH}$$

(CXII.)

$$\longrightarrow C_6H_{13}-CH=CH-CH=CH-C\equiv C-C\equiv C-CH=CH-CH_2OH$$

(XCVIII.) Oenanthetol.

Formelübersicht 24.

sterischen Reihen zugehören: die Perhydrierung des Cicutoxins liefert den optischen Antipoden des Perhydrierungsprodukts von Oenanthotoxin.

$$CH_3—CH=CH—C\equiv CH \; +$$

(XCII.)

$$+\; HC\equiv C—CH=CH—CH=CH—CH_2—CH_2—CO—C_3H_7 \quad \xrightarrow[O_2]{CuCl}$$

(CIII.)

$$\longrightarrow CH_3—CH=CH—C\equiv C—C\equiv C—CH=CH—CH=CH—CH_2—CH_2—CO—C_3H_7$$

(XCIX.) Oenantheton.

Formelübersicht 25.

m) Agropyren.

Treibs (*160*) untersuchte ein durch Wasserdampfdestillation aus den Wurzeln von *Agropyrum repens* L. (Fam. Gramineae) erhaltenes Öl. Dieses bestand zu 95% aus einer einheitlichen, Agropyren benannten, flüssigen Verbindung, $C_{12}H_{12}$, (Sdp.$_{10}$ 140—143°) die bei der Hydrierung 3 H_2 unter Bildung von 1-Phenyl-*n*-hexan aufnahm. Der Ozonabbau der Verbindung sowie der Abbau eines partiellen Hydrierungsprodukts führten zur Aufstellung der Formel (CXIIIa). Identisch mit Agropyren dürfte das von Harada (*81 a*) aus *Artemisia capillaris* Thumb. isolierte „Capillen" sein. Es hat sehr ähnliche physikalische Eigenschaften und erhielt die gleiche Struktur zuerkannt.

$$\text{⬡}—CH_2—CH=CH—C\equiv C—CH_3$$
cis (?)

(CXIII a.) Agropyren (Capillen).

Cymerman-Craig, Davis und Lake (*66*) synthetisierten eine Verbindung der angegebenen Formel auf dem in der *Formelübersicht 26* skizzierten Weg. Die so erhaltene Verbindung zeigte vom Agropyren

$$\text{⬡}—CH_2—CH_2—CHO \quad \xrightarrow{NaC\equiv C—CH_3}$$

(CXIV.)

$$\longrightarrow \text{⬡}—CH_2—CH_2—CHOH—C\equiv C—CH_3 \quad \xrightarrow{PBr_3}$$

(CXV.)

$$\longrightarrow \text{⬡}—CH_2—CH_2—CHBr—C\equiv C—CH_3 \quad \xrightarrow{-HBr}$$

(CXVI.)

$$\longrightarrow \text{⬡}—CH_2—CH=CH—C\equiv C—CH_3$$
trans

(CXIII b.)

Formelübersicht 26.

deutlich verschiedene Eigenschaften. Das natürliche Agropyren ist vielleicht die entsprechende *cis*-Verbindung. Eine Klärung wäre nur durch eine erneute Untersuchung des Wurzelöls von *A. repens* zu erbringen.

2. Acetylenverbindungen in Fetten und fetten Ölen.

Die aus Pflanzensamen gewonnenen Fette und fetten Öle bilden, wie bekannt, eine Stoffklasse, die wegen ihrer außerordentlichen Bedeutung, einmal für die menschliche und tierische Ernährung, zum anderen für vielseitige technologische Aufgaben, sehr eingehend durchforscht ist. So nimmt es nicht wunder, daß auch unter den an Glycerin gebundenen Fettsäuren einige aufgefunden sind, die Dreifachbindungen enthalten. Dennoch ist die Zahl der in Fetten vorkommenden Acetylenfettsäuren im Vergleich zur Zahl der in großer Menge bekannten Olefinfettsäuren nur gering; bisher sind fünf Fettsäuren mit Acetylenstruktur in pflanzlichen Fetten aufgefunden worden. Dabei ist allerdings zu bedenken, daß der Nachweis von Acetylensäuren in Fetten, wenn sie nur in kleiner Menge vorkommen, äußerst schwierig ist.

a) Taririnsäure.

Die Taririnsäure ist die älteste bekannte natürliche Acetylenverbindung. Sie wurde 1892 von ARNAUD (*13*, *14*) als Hauptfettsäure des Samenfettes des mittelamerikanischen Baumes *Picramnia Tariri* Dc. (andere Bezeichnung: *Picramnia Sow* AUBL.; einheimischer Name: Tariri; Fam. Simarubaceae) aufgefunden. Die Samen des genannten Baumes liefern bei der Extraktion ein weißes, hartes Fett (*75*, *154*), das bei der Verseifung zu 4,6% gesättigte Fettsäuren und zu 89,8% als einzige ungesättigte Fettsäure die Taririnsäure ergibt (*154*). Ein Fett der praktisch gleichen Zusammensetzung fand 1893 GRÜTZNER (*77*, *78*) in den Samen der brasilianischen Simarubacee *Picramnia Camboita* ENGL. Spätere Untersuchungen von GRIMME (*76*) an Fetten mittelamerikanischer Provenienz zeigten, daß die Taririnsäure auch in den Samen von *Picramnia Lindeniana* TUL. enthalten war, hier jedoch nicht in der hohen Konzentration wie in den beiden anderen Picramnia-Arten. Ihr Anteil beträgt hier etwa 20%.

ARNAUD fand schon frühzeitig, daß die Taririnsäure ein Isomeres der Stearolsäure ist. Durch eingehende Untersuchungen, die sich über einen längeren Zeitraum erstreckten (*15—21*), und insbesondere auf dem oxydativen Abbau mit Permanganat bzw. Salpetersäure, der Hydrierung zu Stearinsäure und der Hydratisierung mit anschließender Oximierung und BECKMANNscher Umlagerung beruhten, konnte er für die bei 50° schmelzende Säure die Formel (CXVII) sichern.

$$CH_3-(CH_2)_{10}-C\equiv C-(CH_2)_4-COOH$$

(CXVII.) Taririnsäure.

Die Synthese der Taririnsäure führten Lumb und Smith (*113, 114*) gemäß *Formelübersicht 27* durch.

$$CH_3—(CH_2)_9—CH_2Br \xrightarrow{NaC\equiv CH} CH_3—(CH_2)_{10}—C\equiv CH \xrightarrow[JCH_2—CH_2—CH_2Cl]{LiNH_2}$$

(CXVIII.)   (CXIX.)

$$\longrightarrow CH_3—(CH_2)_{10}—C\equiv C—(CH_2)_2—CH_2Cl \xrightarrow[NaCH(COOR)_2]{KJ}$$

(CXX.)

$$\longrightarrow CH_3—(CH_2)_{10}—C\equiv C—(CH_2)_3—CH(COOR)_2 \xrightarrow[-CO_2]{OH^-}$$

(CXXI.)

$$\longrightarrow CH_3—(CH_2)_{10}—C\equiv C—(CH_2)_4—COOH$$

(CXVII.) Taririnsäure.

Formelübersicht 27.

Eine weitere Synthese ist von Baker, Kierstead, Linstead und Weedon (*23a*) erschienen (*Formelübersicht 27a*).

$$Cl—(CH_2)_4—C\equiv CH + Br—(CH_2)_4—Cl \rightarrow Cl—(CH_2)_4—C\equiv C—(CH_2)_4—Cl \xrightarrow{KCN}$$

$$\longrightarrow N\equiv C—(CH_2)_4—C\equiv C—(CH_2)_4—C\equiv N \longrightarrow$$

$$\longrightarrow HOOC—(CH_2)_4—C\equiv C(CH_2)_4—COOH \longrightarrow$$

$$\longrightarrow H_3COOC—(CH_2)_4—C\equiv C—(CH_2)_4—COOH +$$

$$+ HOOC—(CH_2)_6—CH_3 \xrightarrow[Vers.]{Elektrolyse} (CXVII.)$$

Formelübersicht 27a.

b) Ximeninsäure und 8-Oxy-ximeninsäure.

1950 entdeckten Ligthelm und Mitarbeiter (*110*) im Kernöl einiger südafrikanischer Ximenia-Arten (*X. caffra* Sond., *X. caffra* var. natalensis Sond. und *X. americana* var. microphylla Welw.; Fam. Olacaceae) eine Fettsäure, die sie Ximeninsäure nannten und in der sie das Vorhandensein einer Doppel- und einer Dreifachbindung feststellten. Aus dem UV.-Spektrum der Säure und des aus ihr durch Reduktion erhaltenen Alkohols (*109*), dem IR.-Spektrum (*1*), sowie aus der Ozonisierung des Methylesters mit anschließender reduktiver Spaltung ließ sich ihre Konstitution gemäß der Formel (CXXII) sichern (*111*).

$$CH_3—(CH_2)_5—CH=CH—C\equiv C—(CH_2)_7—COOH$$
trans

(CXXII.) Ximeninsäure.

In den Ximeniakernen ist die Säure zu 21,9—24,3% der Gesamt-
fettsäuremenge enthalten. Den Hauptanteil bildet Ölsäure (*108*). Später
stellten HATT und SZUMER (*82*) fest, daß die Ximeninsäure auch Bestandteil des Samenfettes einiger australischer Arten der Familie Santalaceae
ist. Sie isolierten die Säure aus *Santalum acuminatus* DC. und *S. Mur-
rayana* F. v. M., in deren Samen sie zu 40—43% vorliegt. Aus diesem
Vorkommen vermuteten HATT und SZUMER, daß eine bereits 1938 von
MADHURANATH und MANJUNATH aus den Samen von *S. album* isolierte,
bis dahin strukturell nicht aufgeklärte, als „Santalbinsäure" bezeichnete
Fettsäure (*115*) in Wirklichkeit auch Ximeninsäure sei.

Wie darauffolgende Untersuchungen von GUNSTONE und Mitarbeitern
(*80, 81*) zeigten, ist die in *S. album* zu 95% (der freien Fettsäuren) vorkommende Santalbinsäure tatsächlich identisch mit Ximeninsäure.
Obwohl der Name Santalbinsäure älter ist, ist im allgemeinen Sprach-
gebrauch heute fast nur noch die Bezeichnung Ximeninsäure üblich.

Die Säure schmilzt bei 39—40°; λ_{max}: 229 mμ (ε : 16600).

Die Ximeninsäure wurde von GRIGOR und Mitarbeitern partialsyn-
thetisch aus Ricinolsäure (CXXVII) über die Ricinstearolsäure (CXXVIII)
erhalten (*73, 74*). Da auch eine Totalsynthese der Ricinstearolsäure [als
Zwischenprodukt der Ricinolsäuresynthese von CROMBIE und JACKLIN

$$CH_3-(CH_2)_5-CHO \xrightarrow[\text{Zn}]{\text{BrCH}_2-C\equiv CH} CH_3-(CH_2)_5-CHOH-CH_2-C\equiv CH \longrightarrow$$

$$\text{(CXXIII.)} \qquad\qquad \text{(CXXIV.)}$$

$$\xrightarrow[\text{3. J}-(CH_2)_6-Cl]{\substack{\text{1. Dihydropyran} \\ \text{2. NaNH}_2}} CH_3-(CH_2)_5-\underset{\underset{OC_5H_9O}{|}}{CH}-CH_2-C\equiv C-(CH_2)_6-Cl \xrightarrow[\text{NaCH(COO}R)_2]{\text{NaJ}}$$

$$\text{(CXXV.)}$$

$$\longrightarrow CH_3-(CH_2)_5-\underset{\underset{OC_5H_9O}{|}}{CH}-CH_2-C\equiv C-(CH_2)_6-CH(COOR)_2$$

$$\text{(CXXVI.)}$$

$$CH_3-(CH_2)_5-CHOH-CH_2-CH=CH-(CH_2)_7-COOH$$

$$\text{(CXXVII.) Ricinolsäure.}$$

1. OH⁻ —CO₂
2. H⁺ / Br₂ —2HBr

$$CH_3-(CH_2)_5-CHOH-CH_2-C\equiv C-(CH_2)_7-COOH \xrightarrow[\text{SOCl}_2]{CH_3OH,\ H^+}$$

$$\text{(CXXVIII.)}$$

$$\longrightarrow CH_3-(CH_2)_5-CHCl-CH_2-C\equiv C-(CH_2)_7-COOCH_3 \xrightarrow{\text{KOH}}$$

$$\longrightarrow CH_3-(CH_2)_5-CH=CH-C\equiv C-(CH_2)_7-COOH$$

$$\text{(CXXII.) Ximeninsäure.}$$

Formelübersicht 28.

(*64*)] vorliegt, ist die Ximeninsäure auf dem in *Formelübersicht 28* skizzierten Wege totalsynthetisch erhältlich.

Einen anderen Syntheseweg, den Nanavati, Nath und Aggarwal (*117*) von der Stearolsäure (CXXX) aus beschritten, zeigt *Formelübersicht 29*. Die letzteren Autoren erhielten aber wahrscheinlich die Verbindung (CXXXIII) als Nebenprodukt.

$$CH_3—(CH_2)_6—CH_2—C\equiv C—CH_2—(CH_2)_6—COOH \xrightarrow{\text{NBS}}$$

(CXXX.)

$$\longrightarrow CH_3—(CH_2)_6—CHBr—C\equiv C—CH_2—(CH_2)_6—COOH$$

(CXXXI.)

$$—HBr \qquad + \quad CH_3—(CH_2)_6—CH_2—C\equiv C—CHBr—(CH_2)_6—COOH$$

(CXXXII.)

$$CH_3—(CH_2)_5—CH=CH—C\equiv C—(CH_2)_7—COOH$$

(CXXII.) Ximeninsäure.

$$—HBr$$

$$CH_3—(CH_2)_7—C\equiv C—CH=CH—(CH_2)_5—COOH$$

(CXXXIII.)

Formelübersicht 29.

Ligthelm (*107*) fand im Kernöl von *Ximenia caffra* Sond. als Begleiter der Ximeninsäure in geringer Menge (etwa 3—4%) eine flüssige ungesättigte Oxysäure, der auf Grund ähnlicher Abbaumethoden wie bei der Ximeninsäure die Formel (CXXXIV) zukommt. Sie stellt also

$$CH_3—(CH_2)_5—CH=CH—C\equiv C—CHOH—(CH_2)_6—COOH$$

(CXXXIV.)

eine 8-Oxy-ximeninsäure dar (λ_{max}: 230 mμ). Eine Sicherung der Struktur durch Synthese steht noch aus. Nach den bisherigen Ergebnissen scheint die 8-Oxy-ximeninsäure im Gegensatz zur Ximeninsäure typisch für die Ximenia-Arten zu sein. Im Fett von *Santalum album* konnte ihre Anwesenheit nicht festgestellt werden (*81*).

c) Acetylenfettsäuren des Isanoöls.

Die Kerne der Früchte des in Französisch-Äquatorialafrika und im Kongo beheimateten Baumes *Onguekoa Gore* Engl. (andere Bezeichnung: *O. klaineana* Pierre; einheimische Namen: Isano, Boleko oder Ongueko; Fam. Oliniaceae) enthalten ein rötlich gefärbtes Öl, das seiner besonderen Eigenschaften wegen technologisches Interesse gefunden hat. Auf dem europäischen Markt führt es die Namen Isano-, Boleko-, Kongo- oder Herkulesöl. Es gehört zu den nichttrocknenden Ölen, zeigt aber bei längerem Stehen Polymerisationserscheinungen, die sich in einer starken

Erhöhung der Viskosität äußern (*159*). Durch partielle Hydrierung kann aus ihm ein trocknendes Öl erhalten werden (*137*). In der Kunststoffindustrie hat es eine gewisse Bedeutung als Polymerisations-Teilnehmer und als Weichmacher gefunden (*70, 89, 116*).

Das Öl ist häufig der Gegenstand chemischer Untersuchungen gewesen. Dabei brachte es seine eigenartige, in der Pflanzenwelt ohne Parallele dastehende Zusammensetzung mit sich, daß bis in die neueste Zeit die widersprechendsten Ansichten über die Natur des Fettsäureanteils bestanden. Am genauesten dürften die neuesten, auf papierchromatographischen Untersuchungen fußenden Angaben von SEHER (*137, 138*) die Zusammensetzung der Fettsäuren des Öls wiedergeben. Danach enthält es 45% Isanolsäure, 34% Isansäure, 8% Bolekosäure, 8% Ölsäure, 2% Linolsäure und 3% gesättigte Säuren (hauptsächlich Stearinsäure). Vergleicht man diese Angaben mit denen älterer Untersuchungen (*51, 85, 135*), so wird deutlich, zu welchen Trugschlüssen die komplexe Zusammensetzung des Öls geführt hat.

Die beiden Hauptfettsäuren des Öls, die *Isansäure* und die *Isanolsäure*, sind Acetylenverbindungen.

Über die Natur der von SEHER erstmals isolierten Bolekosäure (*136*) ist noch nichts bekannt; sie hat nichts mit der von MEADE isolierten und als „bolekic acid“ bezeichneten Säure zu tun [siehe hierzu (*12, 28, 101*)]. Diese letztere dürfte vielmehr mit der Isanolsäure identisch gewesen sein (S. 45).

Die Isansäure wurde erstmals 1896 von HÉBERT (*84, 86*) aus dem Isanoöl kristallin isoliert und untersucht. Offenbar bedingt durch eine falsche Molekulargewichtsbestimmung, gab er ihr die Summenformel $C_{14}H_{20}O_2$. Wenn sich die Untersuchungen HÉBERTS später auch als fehlerhaft erwiesen, so wurde von ihm doch bereits die augenfälligste Eigenschaft der Säure beschrieben, nämlich ihre Rotfärbung am Licht. Die Untersuchung des Isanoöls und der *Isansäure* wurde dann erst Ende der Dreißigerjahre von verschiedenen Seiten wieder aufgenommen (*29, 51, 68, 155*). Insbesondere sind hier die Arbeiten von STEGER und VAN LOON (*155, 156*) zu nennen, die zeigten, daß die Isansäure eine C_{18}-Säure ist und Acetylenstruktur besitzt. Durch Ozonabbau konnten sie

$$CH_2=CH-(CH_2)_4-C\equiv C-C\equiv C-(CH_2)_7-COOH$$

(CXXXV.) Isansäure (Erythrogensäure).

$$CH_2=CH-C\equiv C-(CH_2)_4-C\equiv C-(CH_2)_7-COOH$$

(CXXXVI.)

(CXXXV) wahrscheinlich machen, eine isomere Formel (CXXXVI) allerdings nicht eindeutig ausschließen. Zum gleichen Ergebnis kam auch CASTILLE (*51*), der der Säure den Namen *Erythrogensäure* gab, um damit ihre auffallende Rotfärbung bei Belichtung zu kennzeichnen. Dieser

Name wird heute in der englischen Literatur bevorzugt, während in Deutschland der alte, von Hébert geprägte Name Isansäure üblich geblieben ist.

Während sich Seher (*134*) später noch um die endgültige Strukturaufklärung bemühte, konnten E. R. H. Jones und Mitarbeiter (*12, 101*) durch spektroskopische Untersuchungen die Frage nach der Struktur endgültig zugunsten von Formel (CXXXV) klären, was dann in der nachfolgenden Synthese seine Bestätigung fand. Es ist bisher nicht gelungen, die natürliche Isansäure restlos von der begleitenden Isanolsäure zu befreien. Daher zeigen die physikalischen Daten gewisse Schwankungen bei den einzelnen Beobachtern.

λ_{max} (der synthetischen Säure*): 227; 237; 254 mμ (ε: 370, 340, 40). Schmelzp. 42—43° (*135*).

Die eindruckvollste Eigenschaft der Isansäure ist ihre Lichtempfindlichkeit. Die Kristalle überziehen sich am Licht mit einem roten, in organischen Lösungsmitteln unlöslichen Polymerisat. Diese Eigenschaft teilt die Isansäure mit einer Reihe anderer Diacetylenverbindungen (*32, 132, 133*), u. a. dem Anacyclin (S. 28). In Lösung oder als Harnstoff-Einschlußverbindung zeigt sie diese Erscheinung nicht.

Die Synthese der Isansäure führten Black und Weedon (*27, 28*) durch (*Formelübersicht 30*).

$$CH_2=CH-(CH_2)_8-COOH \xrightarrow[-2\,HBr]{Br_2} HC\equiv C-(CH_2)_8-COOH \xrightarrow[Abbau]{Barbier-Wieland-}$$

(CXXXVII.)   (CXXXVIII.)

$$\longrightarrow HC\equiv C-(CH_2)_7-COOH \xrightarrow[CuCl,\,O_2]{CH_2=CH-(CH_2)_4-C\equiv CH\ (CXL.)}$$

(CXXXIX.)

$$\longrightarrow CH_2=CH-(CH_2)_4-C\equiv C-C\equiv C-(CH_2)_7-COOH$$

(CXXXV.) Isansäure.

Formelübersicht 30.

Die *Isanolsäure*, die Hauptfettsäure des Isanoöls, wurde erst erheblich später als die Isansäure entdeckt. Steger und van Loon (*158*) schlossen als erste aus der OH-Zahl des Isanoöls auf die Anwesenheit einer Oxysäure. Eine Isolierung der Säure in reiner Form gelang ihnen nicht, sie erhielten aber nach Durchhydrieren des Isanoöls eine nunmehr gesättigte Oxysäure, der sie die Formel einer 9-Oxy-stearinsäure zuerkannten (*158*). Riley (*126*) wiederholte die Untersuchungen am hydrierten Isanoöl und konnte Steger und van Loon korrigieren, indem

---

* Bei der natürlichen Säure wird das schwache Spektrum des Diin-chromophors durch den intensiven Diin-en-chromophor der Isanolsäure überdeckt (siehe S. 45).

er die erhaltene Oxysäure eindeutig als 8-Oxy-stearinsäure identifizierte. Gleichzeitig schlossen JONES und Mitarbeiter aus dem UV.-Spektrum der natürlichen Isansäure, daß sie auch nach intensivster Reinigung immer mit einer Verbindung mit Diin-en-chromophor verunreinigt war (*12, 101*). Sie gaben auch an, daß es MEADE gelungen sei, diese Komponente abzutrennen, ohne daß nähere Angaben über sie gemacht wurden (MEADE nannte sie „bolekic acid"').

Die erste Isolierung der Isanolsäure gelang KAUFMANN und Mitarbeitern (*102*) (von denen auch der Name stammt). SEHER (*134*) führte die Strukturaufklärung durch und gelangte durch Ozonisation der zur Ketosäure oxydierten Verbindung zur Formel (CXLI), die durchaus im Einklang mit den geschilderten älteren Befunden steht.

$$CH_3-(CH_2)_2-CH=CH-C\equiv C-C\equiv C-CH_2-CHOH-(CH_2)_6-COOH$$

(CXLI.) Isanolsäure.

Die Säure ist flüssig; λ_{max}: 240; 254; 268; 284 mμ*. Angaben über die optische Aktivität fehlen bisher. Estolid der Isanolsäure (*135*): Schmelzp. 120—122°.

Die Isanolsäure ist bisher nicht synthetisch dargestellt worden.

Im Unverseifbaren des Isanoöls entdeckte CASTILLE (*51*), neben einigen Sterinen, einen fünffach ungesättigten aliphatischen Kohlenwasserstoff der Formel $C_{10}H_{12}$. UV.- und Ramanspektrum sowie die Bildung eines Quecksilbersalzes deuten auf eine endständige Acetylenbindung hin.

$$CH_2=CH-(CH_2)_4-C\equiv C-C\equiv CH$$

(CXLII.)

CASTILLE schlug aus Analogiegründen Struktur (CXLII) vor, die dem Teil von $C_{(9)}$ bis $C_{(18)}$ der Isansäure entspricht. Diese Untersuchungen wurden nie wiederholt; darum muß die endgültige Struktur der Verbindung noch als ungeklärt gelten.

3. Acetylenverbindungen aus niederen Pflanzen.

Seitdem durch die Entdeckung des Penicillins und bald darauf weiterer Antibiotika eine intensive Erforschung der Stoffwechselprodukte von Pilzen einsetzte, stieß man auch hier auf Acetylenverbindungen. Die erste dieser Verbindungen wurde in einer Actinomycete entdeckt, die später aufgefundenen in Basidiomyceten. Sie zeigen in vitro durchweg antibiotische Wirksamkeit, sind jedoch für höhere Organismen im allgemeinen zu toxisch, als daß ihnen eine medizinische Bedeutung zukäme (6, *106*).

---

* Genaue Angaben über die Lichtabsorption der Isanolsäure fehlen. Es wurde hier die von STEGER und VAN LOON (*157*) angegebene Absorption des unreinen Isanolsäure-äthylesters angeführt.

a) Mycomycin.

Johnson und Burdon (98) isolierten 1947 aus der Kulturflüssigkeit der Boden-actinomycete *Nocardia acidophilus* eine antibiotisch wirksame Substanz, die sie Mycomycin nannten. Celmer und Solomons (52, 53) führten die Reinigung und Strukturaufklärung durch.

Die aus der Kulturlösung extrahierte und durch Gegenstromverteilung gereinigte Substanz erwies sich als äußerst instabil. Die Hydrierung lieferte n-Tridecan-säure, während das IR.-Spektrum des Esters deutlich die Anwesenheit von Acetylen-, Allen- und Äthylenbindungen erkennen ließ. Wichtig für die weitere Konstitutionsaufklärung war die bemerkenswerte Instabilität des Mycomycins gegen Alkali. Unter Verschiebung des π-Elektronensystems entstand schon mit verdünntem Alkali das sog. Isomycomycin, dessen Struktur durch sein UV.-Spektrum sowie durch die Bildung eines Maleinsäureanhydrid-Addukts mit Triin-Spektrum aufgeklärt wurde. Das UV.-Spektrum des Mycomycins und die Bildung eines Silbersalzes sprachen nunmehr eindeutig für die Struktur (CXLIII) (52—55). Auf die *cis-trans*-Konfiguration der Dien-Gruppierung wurde aus dem IR.-Spektrum durch Vergleich mit den Spektren ähnlicher Systeme geschlossen (56).

$$HC \equiv C - C \equiv C - CH = C = CH - CH = CH - CH = CH - CH_2 - COOH$$
cis   trans

(CXLIII.) Mycomycin.

Mycomycin kristallisiert in farblosen Nadeln und zersetzt sich bei $75°$ explosionsartig. Auch bei Zimmertemperatur ist es überaus unbeständig.

Die Allenbindung bedingt optische Aktivität. $[\alpha]_D^{25}$: — $120°$; λ_{max}: (256); 267; 281 mμ (ε: 35000, 61000, 67000) (in Äther).

Mycomycin zeigt antibiotische Wirksamkeit gegen *Mycobacterium tuberculosis* und verschiedene andere Mikroorganismen.

Auffallend ist die außerordentliche Labilität des Mycomycins gegen Alkalien. Unter Aufhebung der Allenbindung und Konfigurationswechsel der $C_{(5)}$-Doppelbindung erleidet es eine Umlagerung zu einer Triin-dien-Verbindung, dem Isomycomycin (CXLIV) (54). Diese im Vergleich zum Mycomycin wesentlich stabilere Verbindung bildet farblose Nadeln, die bei $140°$ unter Zersetzung schmelzen.

$$CH_3 - C \equiv C - C \equiv C - C \equiv C - CH = CH - CH = CH - CH_2 - COOH$$

(CXLIV.) Isomycomycin.

λ_{max}: (246); 257,5; 267; 287,5; 305,5; 324; 347 mμ (ε: 23000, 58000, 110000, 13000, 27000, 42000, 34000) (in Äther).

Der Methylester des Isomycomycins (UV.-Spektrum siehe *Abb. 5*) schmilzt bei 69—70° und gibt ein Maleinsäureanhydrid-Addukt mit

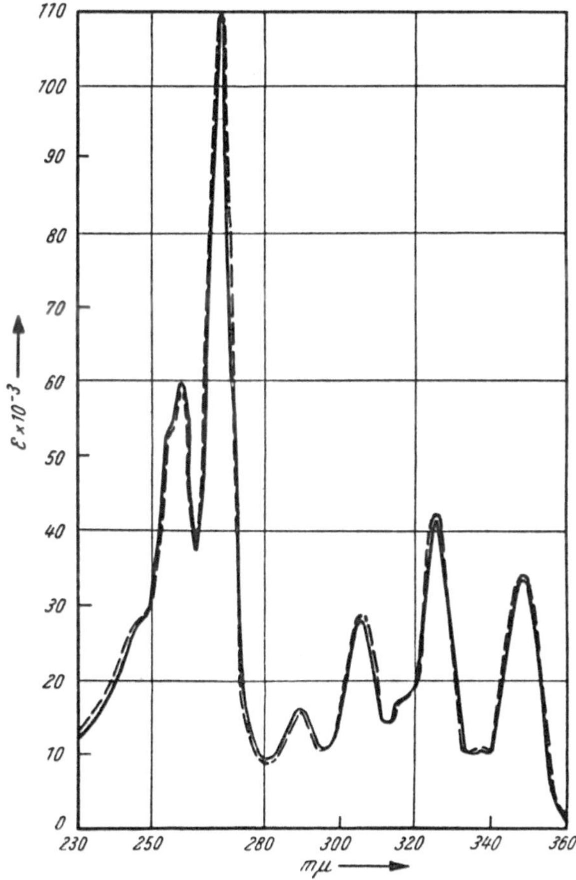

Abb. 5. UV.-Spektrum des Isomycomycin-methylesters (natürlich und synthetisch) (in Äther).
[Aus: Chem. Ber. *87*, *712* (1954).]

$$CH_2=CH—CH=CH—CHO \xrightarrow{LiC\equiv CH} HC\equiv C—CHOH—CH=CH—CH=CH_2 \xrightarrow{PBr_3}$$

(C.)   (CI.)

$$\longrightarrow HC\equiv C—CH=CH—CH=CH—CH_2Br \xrightarrow{NaCN}$$

(CII.)

$$\longrightarrow HC\equiv C—CH=CH—CH=CH—CH_2CN \longrightarrow$$

(CXLV.)

$$\xrightarrow[CuCl,O_2]{CH_3—C\equiv C—C\equiv CH} CH_3—C\equiv C—C\equiv C—C\equiv C—CH=CH—CH=CH—CH_2—CN \longrightarrow$$

(CXLVI.)

$$\xrightarrow[2.\ OH^-]{1.\ CH_3OH,\ H^+} CH_3—C\equiv C—C\equiv C—C\equiv C—CH=CH—CH=CH—CH_2—COOH$$

(CXLIV.) Isomycomycin.

Formelübersicht 31.

Triin-Spektrum. Isomycomycin zeigt nur etwa 25% der antibiotischen Aktivität von Mycomycin gegen *Mycobacterium tuberculosis*. Auch gegen andere Bakterienarten ist im Vergleich zu Mycomycin die Wirksamkeit herabgesetzt.

Während eine Synthese des Mycomycins bisher nicht durchgeführt wurde, ist das Isomycomycin von Bohlmann und Viehe (*39*) synthetisiert worden (*Formelübersicht 31*, S. 47).

b. Nemotinsäure und Nemotin.

Robbins und Mitarbeiter isolierten aus den Kulturlösungen der Basidiomyceten-Arten *Poria corticola*, *P. tenuis* und „fungus B 841" ein Gemisch antibiotisch wirksamer Verbindungen, das in eine saure und eine neutrale Fraktion, genannt Nemotinsäure und Nemotin, zerlegt werden konnte (*9, 103*). Durch das UV.-Spektrum wurde Polyacetylenstruktur festgestellt.

Eine Reinisolierung gelang erst Bu'Lock, Jones und Leeming (*46*) aus Extrakten des „fungus B 841". Diese Autoren konnten durch Gegenstromverteilung sowohl die saure als auch die neutrale Fraktion des Extrakts weiter auftrennen und sie ermittelten die Zusammensetzung des Gesamtextrakts zu 67,5% Nemotinsäure, 8,5% Nemotin, 21% Odyssinsäure und 3% Odyssin. Die Struktur dieser Verbindungen konnte inzwischen geklärt werden (*45 a, 46, 50*). Aus Perhydrierung, UV.- und IR.-Absorption sowie aus der Tatsache, daß Nemotinsäure beim Behandeln mit Säure in Nemotin übergeht, ergaben sich für diese Verbindungen die Formeln (CXLVII) und (CXLVIII).

$$HC \equiv C - C \equiv C - CH = C = CH - CHOH - CH_2 - CH_2 - COOH$$

(CXLVII.) Nemotinsäure.

$$HC \equiv C - C \equiv C - CH = C = CH - CH - CH_2 - CH_2 - CO$$
$$\underline{\hspace{1cm}} O \underline{\hspace{1cm}}$$

(CXLVIII.) Nemotin.

Die Nemotinsäure, mit einer Drehung von $[\alpha]_D^{17}$: $+ 320°$, zeigt Maxima bei 209; 237,5; 249,5; 263,5; 278,5 mμ (ε: 44 500, 5600, 10 500, 15 500, 12 300) (in Alkohol). — Das Nemotin $[\alpha]_D^{17}$: $+ 380°$, hat Maxima bei 208,5; 236,5; 249; 262,5; 278 mμ (ε: 57 500, 6200, 10 700, 15 500, 12 300) (in Alkohol).

Beide Verbindungen sind überaus instabil. Sie können bei $- 60°$ kristallin erhalten werden, polymerisieren jedoch schon bei wenig höherer Temperatur sehr schnell und sind nur in Lösung bei Zimmertemperatur einige Zeit haltbar. Nemotinsäure und Nemotin sind wie Mycomycin wegen ihrer Allenstruktur überaus alkaliempfindlich. Besonders Nemotin erleidet sehr schnell eine Isomerisierung und geht dabei in eine saure

Triin-en-Verbindung, genannt Nemotin A, über. Nemotinsäure isomerisiert sich bei Alkalibehandlung zu einer Triin-oxysäure, die Isonemotinsäure, die ihrerseits über ihr Lacton wieder in Nemotin A übergeführt werden kann (*47*) (*Formelübersicht 32*). Auch die beiden Isomerisierungsprodukte sind überaus instabile Verbindungen.

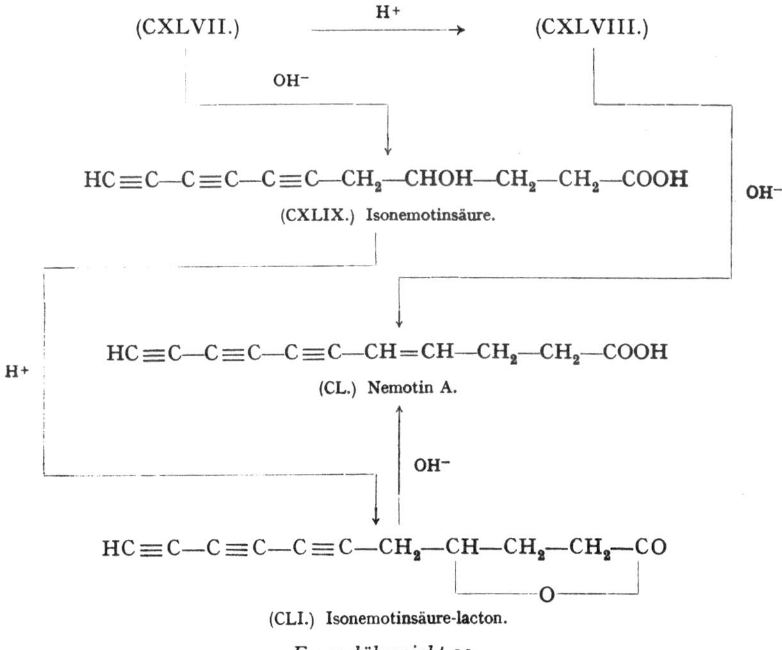

Formelübersicht 32.

Das Nemotin A (farblose, lichtempfindliche Kristalle, Zersp. 50—60°) zeigt ein für Triin-ene charakteristisches Spektrum: λ_{max}: 204,5; 211,5; (223); 230; 241; 258; 272; 288,5; 307; 328 mμ (ε: 26000, 23500, 30000, 59000, 85000, 2800, 6000, 12000, 15500, 11000).

Die im kristallinen Zustand überaus instabile Isonemotinsäure ist optisch aktiv, $[\alpha]_D^{20}$: — 3°; λ_{max}: 207,5; 239; 254; 268,5; 285; 305 — 308 mμ (ε: 112000, 220, 280, 260, 360, 250).

Nemotin und Nemotinsäure zeigen gegen eine Anzahl von Mikroorganismen antibiotische Wirksamkeit (in vitro Test). Ihre Toxizität erwies sich im Mäuseversuch als mäßig (Dosis letalis 125 mg/kg). Auf die Haut gebracht, rufen sie Entzündungen hervor. Synthesen sind bisher weder von Nemotin und Nemotinsäure noch von den Alkali-umlagerungsprodukten durchgeführt.

Odyssin und *Odyssinsäure* sind Homologe von Nemotin bzw. der Säure; der Acetylwasserstoff ist durch eine Methylgruppe ersetzt (*45a*).

$$CH_3-C\equiv C-C\equiv C-CH=C=CH-CHOH-CH_2-CH_2-COOH$$

(LI a.) Odyssinsäure.

$$CH_3-C\equiv C-C\equiv C-CH=C=C-CH-CH_2-CH_2-CO$$

(LI b.) Odyssin.

Beide Verbindungen lagern sich bei Alkalibehandlung in gleicher Weise wie Nemotinsäure und Nemotin um, unter Bildung von Iso-odyssinsäure bzw. Odyssin A. Das Odyssin A wurde auch synthetisch erhalten (*45 a*).

c) Agrocybin.

Kavanagh, Hervey und Robbins (*104*) stellten 1950 die antibiotische Wirksamkeit der Kulturlösung von *Agrocybe dura* fest. Etwa die Hälfte der Aktivität konnte direkt aus der Lösung extrahiert werden, der Rest erst nach Kochen. Der wirksame Stoff erwies sich in beiden Extrakten als der gleiche und stellte eine weiße kristalline Verbindung, genannt Agrocybin, dar. Aus dem UV.-Spektrum und der Perhydrierung zu Caprylsäureamid wurde zunächst auf die Struktur (CLII) geschlossen (*99*). Es zeigte sich jedoch, daß bei der Hydrierung eine OH-Gruppe eliminiert wurde. Jones und Mitarbeiter (*48*) stellten dann die Struktur (CLIII) auf, die durch Synthese bewiesen wurde (*Formelübersicht 33*).

$$CH_3-C\equiv C-C\equiv C-C\equiv C-CONH_2$$

(CLII.)

$$HOCH_2-C\equiv C-C\equiv CH \ + \ HC\equiv C-COOCH_3 \ \xrightarrow[O_2]{CuCl}$$

(CLIV.)   (CLV.)

$$\longrightarrow \ HOCH_2-C\equiv C-C\equiv C-C\equiv C-COOCH_3 \ \xrightarrow{NH_3}$$

(CLVI.)

$$\longrightarrow \ HOCH_2-C\equiv C-C\equiv C-C\equiv C-CONH_2$$

(CLIII.) Agrocybin.

Formelübersicht 33.

Agrocybin zersetzt sich explosionsartig bei 130—140°; λ_{max}: 215; 224; 269; 286; 304; 325 mμ (ε: 68000, 86500, 1750, 2400, 3050, 1950) (in Alkohol).

Agrocybin zeigt in vitro gegen verschiedene Bakterien und Pilze eine wachstumshemmende Wirkung. Im Tierversuch erwies es sich als stark toxisch (Dosis letalis bei Mäusen: 6 mg/kg) (*104*).

d) Verbindungen aus Clitocybe diatreta.

Aus der Kulturlösung von *C. diatreta* isolierte Anchel (*2*) zwei Acetylen-verbindungen, die *Diatretin 1* und *Diatretin 2* (englisch: diatretyne) genannt wurden.

Für Diatretin 1 wurde durch das UV.-Spektrum, die Perhydrierung (die zu Korksäure-halbamid führte) und den p_K-Wert die Formel (CLVII) sichergestellt (*4, 48*).

Die Verbindung zersetzt sich bei 198° explosionsartig; λ_{max}: 224; 260; 274; 291; 309,5 mμ (ε: 37 500, 11 000, 16 500, 23 000, 19 000) (in Alkohol) (*4*).

Diatretin 2 hat eine verwandte Struktur. Aus der Perhydrierung, die zu ω-Aminocaprylsäure führte und der Hydrolyse, die Diatretin 1 lieferte, ergab sich die Formel (CLVIII) (*7*).

λ_{max}: 230; 240; 270; 285; 303; 323 mμ (in Alkohol) (*2*).

$$HOOC—CH=CH—C\equiv C—C\equiv C—CONH_2$$

(CLVII.) Diatretin 1.

$$HOOC—CH=CH—C\equiv C—C\equiv C—C\equiv N$$

(CLVIII.) Diatretin 2.

JONES und Mitarbeiter (*48*) synthetisierten Diatretin 1, aus dem seinerseits durch Wasserabspaltung Diatretin 2 erhalten wird (*7*) (*Formelübersicht 34*).

$$HOOC—CH=CH—C\equiv CH + HC\equiv C—COOCH_3 \xrightarrow{CuCl}$$

(CLIX.)   (CLV.)

$$\longrightarrow HOOC—CH=CH—C\equiv C—C\equiv C—COOCH_3 \xrightarrow{NH_3}$$

(CLX.)

$$\longrightarrow HOOC—CH=CH—C\equiv C—C\equiv C—CONH_2 \xrightarrow{-H_2O}$$

(CLVII.)

$$\longrightarrow HOOC—CH=CH—C\equiv C—C\equiv C—C\equiv N$$

(CLVIII.) Diatretin 2.

Formelübersicht 34.

Diatretin 2 zeigt eine gute antibiotische Wirksamkeit gegen verschiedene Bakterien. Dagegen fehlt Diatretin 1 jegliche Wirkung.

e) Verbindungen aus Polyporus anthracophilus.

BU'LOCK (*45, 49*) erhielt aus den Kulturlösungen von *P. anthracophilus* eine größere Anzahl von Acetylenverbindungen, die dadurch bemerkenswert sind, daß sie mit einigen aus Compositen erhaltenen Verbindungen eine strukturelle Verwandtschaft oder sogar Identität zeigen.

Als erste Substanz wurde *2-trans-8-trans-Matricarianol* (XXXVIII, S. 19) (Schmp. 107—108°) erhalten (*49*). Es erwies sich mit der aus Compositen isolierten oder der synthetisch erhaltenen Verbindung (S. 20) als identisch. Weiter wurde aus diesem Pilz der in Compositen nicht aufgefundene

2-trans-8-trans-Matricariaester (CLXI) (Schmelzp. 63°) isoliert (*49*). Auch diese Verbindung erwies sich mit der schon früher von Sörensen und Mitarbeitern synthetisierten Verbindung als identisch (S. 15). Als dritte Verbindung wurde die *Decadien-diin-dicarbonsäure* (CLXII) aufgefunden (*49*). Diese Dicarbonsäure war schon früher von Heilbron und Mitarbeitern synthetisiert worden (*87*).

Über die weiteren in *P. anthracophilus* vorkommenden Verbindungen liegen noch keine Einzelheiten vor. Im folgenden sind einige aufgeführt: (XVIII), (CLXIII), (CLXIV) (*45*). Bemerkenswert ist, daß sich unter ihnen auch das in Compositen bisher vergeblich gesuchte Lachnophyllol befindet.

$$CH_3—CH=CH—C\equiv C—C\equiv C—CH=CH—CH_2OH$$
$$\text{\textit{trans}} \qquad\qquad\qquad\qquad \text{\textit{trans}}$$
$$\text{(XL.)}$$

$$CH_3—CH=CH—C\equiv C—C\equiv C—CH=CH—COOCH_3$$
$$\text{\textit{trans}} \qquad\qquad\qquad\qquad \text{\textit{trans}}$$
$$\text{(CLXI.)}$$

$$HOOC—CH=CH—C\equiv C—C\equiv C—CH=CH—COOH$$
$$\text{\textit{trans}} \qquad\qquad\qquad\qquad \text{\textit{trans}}$$
$$\text{(CLXII.)}$$

$$CH_3—CH_2—CH_2—C\equiv C—C\equiv C—CH=CH—CH_2OH$$
$$\text{(XVIII.) Lachnophyllol.}$$

$$HOCH_2—CH_2—CH_2—C\equiv C—C\equiv C—CH=CH—COOH$$
$$\text{(CLXIII.)}$$

$$HOOC—CH_2—CH_2—C\equiv C—C\equiv C—CH=CH—COOH$$
$$\text{(CLXIV.)}$$

Die Zusammensetzung des aus *P. anthracophilus* isolierten Gemisches von Acetylenverbindungen wechselt stark mit dem Alter der Kultur. Diese Tatsache gibt die Möglichkeit zu Studien über den biogenetischen Zusammenhang der produzierten Stoffe. Da die Untersuchungen hierzu noch ganz in den Anfängen stecken, lassen sich jedoch noch keine Schlüsse dieser Art ziehen.

f) Junipal.

Aus der Kulturlösung von *Daedalea juniperina* Murr., einem Pilz, der die Holzfäule von Juniperus-Arten bewirkt, gewannen Birkinshaw und Chaplen (*26*) durch Wasserdampfdestillation ein Gemisch verschiedener Stoffwechselprodukte. Neben Anisaldehyd wurden zwei schwefelhaltige Verbindungen nachgewiesen, von denen die eine kristallin erhalten wurde und den Namen *Junipal* erhielt. Junipal erwies sich als Aldehyd. Durch Oxydation zur „Junipinsäure" und Abbau dieser Säure konnte seine Struktur gemäß der Formel (CLXV) gesichert werden. Die

Acetylenbindung konnte weiter durch die Bande bei 2232 cm^{-1} im IR.-Spektrum bewiesen werden. Eine Synthese des Junipals liegt noch nicht vor.

Die bei $80°$ schmelzenden Kristalle zeigen Maxima bei 216,5; 286,5; $320 \text{ m}\mu$ $(\varepsilon:$ 5400, 8900, 19 500).

$$CH_3—C\equiv C—\overset{\Large\sqcap}{\underset{S}{\big\langle\big\rangle}}—CHO \qquad CH_3—CH=CH—C\equiv C—\overset{\Large\sqcap}{\underset{S}{\big\langle\big\rangle}}—CHO$$

(CLXV.) Junipal.   (CLXVI.)

Die zweite aus *D. juniperina* isolierte schwefelhaltige Verbindung der Summenformel $C_{10}H_{8(10)}OS$ lag nur in kleiner Menge vor und konnte darum nicht weiter identifiziert werden. Sie gab Aldehydreaktion. Möglicherweise kommt ihr die Formel (CLXVI) zu.

g) Verbindungen unbekannter Konstitution aus Pilzen.

Einer Anzahl weiterer aus Pilzen isolierter, meist mäßig antibiotisch wirksamer Verbindungen konnte durch das UV.-Spektrum eine Acetylenstruktur zuerkannt werden, obwohl eine Gewinnung in reiner Form wegen der starken Zersetzlichkeit nicht möglich war.

Als erstes sind hier einige aus *Polyporus biformis* erhaltene Verbindungen zu nennen. Aus der Kulturlösung dieses Pilzes gewannen ROBBINS, KAVANAGH und HERVEY (*127*) durch Extraktion eine stark ungesättigte Verbindung, die den Namen *Biformin* erhielt. Aus der extrahierten Lösung ließ sich nach Kochen ein weiteres Produkt gewinnen, das in seinen Eigenschaften dem Biformin sehr ähnlich ist und anfangs auch für dieses gehalten wurde. Neuerdings wird es jedoch als *Biformin 2* von dem aus der ungekochten Lösung gewonnenen *Biformin 1* unterschieden (*6*). Biformin 1 geht bei der katalytischen Hydrierung in ein aliphatisches Diol $C_9H_{20}O_2$ über (*8*). Die Sauerstoffatome gehören Hydroxylgruppen an, von denen eine primär und eine sekundär ist. Da Biformin 1 ein Silbersalz gibt, liegt eine endständige Acetylengruppierung vor. Das UV.-Spektrum entspricht dem eines Triins. Die demnach mögliche Formel (CLXVII) sei jedoch nur mit Vorbehalt angeführt.

$$HC\equiv C—C\equiv C—C\equiv C—\overset{\overbrace{H,\ OH}}{CH}—CH—CH_2OH$$

(CLXVII.) Biformin 1 (?).

Chemische Untersuchungen über das Biformin 2 stehen noch aus. UV.-Spektren:
Biformin 1: λ_{max}: (240—245); 259; 274; 291; $310 \text{ m}\mu$. Biformin 2: λ_{max}: 239; 249; 263; 274; 290; $310 \text{ m}\mu$.

Beide Verbindungen erleiden bei längerer Einwirkung von Alkali eine Veränderung, die wohl auf Hydratisierung zurückzuführen ist (*6, 8*).

ROBBINS und Mitarbeiter (*127*) haben aus der extrahierten Kulturlösung von *P. biformis* durch Ansäuern eine Verbindung erhalten, die den Namen *Biforminsäure* erhielt. Über diese Substanz sind noch keine Einzelheiten bekannt geworden.

Aus der Kulturlösung von *Drosophila subatrata* wurden vier antibiotisch wirksame Stoffe isoliert, die als *Drosophiline* A, B, C und D bezeichnet wurden (*106*).

Von diesen Verbindungen wurde Drosophilin A als p-Methoxytetrachlorphenol erkannt (*3*), während für Drosophilin B die Identität mit dem bereits früher aus *Pleurotus mutilus* isolierten (*105*) Pleuromutilin festgestellt wurde (*106*). Drosophilin C und D wiesen sich durch das UV.-Spektrum als Acetylenverbindungen aus (*5, 106*). Drosophilin C: λ_{max}: 238; 251; 265; 280 mμ. — Drosophilin D: λ_{max}: 217; 259; 274; 290,5; 309 mμ.

Beide Verbindungen zeigen wie Mycomycin und Nemotin eine starke Alkaliempfindlichkeit und unterliegen leicht einer Isomerisierung zu Produkten, die die Namen Drosophilin C alk und Drosophilin D alk erhielten (*5*):

UV.-Spektren: Drosophilin C alk: λ_{max}: 233; 243; 264; 273; 279; 290; 309; 330 mμ. — Drosophilin D alk: λ_{max}: 233; 244; (257—62); 273; 290; 309; 330 mμ.

Die Alkali-isomerisierung des Drosophilin C muß dem Spektrum nach in ähnlicher Weise erfolgen wie die des Nemotins, denn hier wie dort tritt die Umwandlung eines Diinen-Systems in ein Triinen-System ein. In *Formelübersicht 35* sind drei Möglichkeiten für die Umwandlung gezeigt, die der Änderung des Spektrums gerecht werden.

$$-C\equiv C-C\equiv C-CH=C=CH-CH=CH-$$

(CLXVIII.)

1.   2.

$$-CH_2-C\equiv C-C\equiv C-C\equiv C-CH=CH-$$ $$-C\equiv C-C\equiv C-C\equiv C-CH=CH-CH_2-$$

(CLXIX.)   (CLXX.)

3.

$$-C\equiv C-C\equiv C-CH=C=CH-CH-CH_2-$$

(CLXXI.) |
        OR

Formelübersicht 35.

Schwieriger ist es, die Isomerisierung des Drosophilin D zu deuten. Es mag sich um eine Umlagerung im Sinne von *Formelübersicht 36* handeln.

$$-CH=CH-C\equiv C-C\equiv C-CH=C=CH-$$

(CLXXII.)

$$-CH=CH-C\equiv C-C\equiv C-C\equiv C-CH_2-$$

(CLXXIII.)

Formelübersicht 36.

Eine chemische Untersuchung der Struktur der Drosophiline ist bisher nicht erfolgt.

Doery und Mitarbeiter (*67*) erhielten aus der Kulturlösung von *Coprinus quadrifidus* ein Gemisch von Stoffwechselprodukten, das mittels chromatographischer Verfahren in sechs Einzelverbindungen zerlegt werden konnte. Die Bestandteile erhielten die Bezeichnungen *Quadrifidine* A_1, A_2, A_3, B_1, B_2 und B_3. Von diesen Stoffen waren lediglich Quadrifidin B_2 und B_3 so stabil, daß sie kristallin erhalten wurden und eine spektroskopische Untersuchung möglich war. Hierbei erwiesen sich beide Verbindungen als Acetylene. Quadrifidin B_2 zeigt gegen verschiedene Bakterien antibiotische Wirksamkeit und scheint recht toxisch für höhere Organismen zu sein. Auf der Haut führt es zu Entzündungen. Eine chemische Untersuchung der Verbindungen steht noch aus.

ANCHEL (*7a*) isolierte aus *Coprinus variegatus* zwei Polyine, die das gleiche Spektrenverhältnis wie die beiden Diatretine zeigen (S. 51). Im Gegensatz zu diesen erwiesen sie sich jedoch als äußerst instabil und konnten bisher strukturell nicht aufgeklärt werden.

VI. Gedanken zur Biogenese der natürlichen Acetylene.

Diesem Abschnitt, der, wie die Überschrift sagt, lediglich Gedanken enthalten soll, sei vorausgeschickt, daß die folgenden Ausführungen nur den Wert von Hypothesen haben. Bisher sind keine Untersuchungen durchgeführt worden, die der Erforschung der Biogenese natürlicher Acetylene dienen sollten.

Als zu einer Zeit, in der bereits eine fast unübersehbare Fülle von Pflanzenstoffen bekannt war, in größerem Umfang auch natürlich vorkommende Acetylenverbindungen entdeckt wurden, erhob sich auch die Frage nach der Biosynthese dieser so abwegig erscheinenden Körperklasse. Die russischen Entdecker des Lachnophyllumesters vermuteten für seine Entstehung eine „entgleiste Fettsäuresynthese" (*164*). Dem widersprachen später SÖRENSEN und STENE (*152*) nach der Entdeckung des Matricariaesters und vertraten mehr die Annahme einer „entgleisten Terpensynthese", wobei für die Biogenese des Matricariaesters die in *Formelübersicht 37* gezeigte Reaktionsfolge vorgeschlagen wurde.

$$CH_3-CO-CHO + CH_3-CO-COOH \longrightarrow CH_3-CO-CH=CH-CO-COOH \xrightarrow{-CO_2}$$

(CLXXIV.) (CLXXV.) (CLXXVI.)

$$\longrightarrow CH_3-CO-CH=CH-CHO \xrightarrow{\text{dimerisiert}}$$

(CLXXVII.)

$$\longrightarrow CH_3-CO-CH=CH-CH=CH-CO-CH=CH-CHO \xrightarrow[\text{Umlagerung}]{-H_2O}$$

(CLXXVIII.)

$$\longrightarrow CH_3-CH=CH-C\equiv C-C\equiv C-CH=CH-COOH \longrightarrow (XIV, S. 15)$$

Formelübersicht 37.

In den seither verflossenen 15 Jahren sind zur Frage der Biosynthese natürlicher Acetylene kaum noch Äußerungen laut geworden; es wurde lediglich zuweilen auf mögliche biogenetische Zusammenhänge verschiedener Verbindungen hingewiesen. Da in dieser Zeit aber Fortschritte in der Erforschung der Biogenese anderer Naturstoffklassen zu verzeichnen waren, kann heute vielleicht etwas mehr über die Biogenese der Acetylenverbindungen ausgesagt werden.

Wenn früher für die Bildung von Acetylenen die „Entgleisung" einer anderen biochemischen Reaktion verantwortlich gemacht wurde, so ist das daraus zu verstehen, daß diese Verbindungen eine Novität besonderer Art unter den zahllosen übrigen Pflanzenstoffen darstellten. Bei der Anzahl heute bekannter Acetylene erscheint es jedoch fehl am Platze, ihr Entstehen einer Entgleisung zuzuschreiben. Wenn auch über ihre physiologische Bedeutung — wie bei vielen anderen Stoffklassen — noch nichts ausgesagt werden kann, so besitzen sie doch ohne Zweifel im Rahmen der biochemischen Vorgänge ihren festen Platz.

Es gilt heute als wahrscheinlich, daß als biogenetischer Vorläufer für eine große Anzahl von Naturstoffen ein β-Polycarbonylsystem anzusehen ist (166), das seinerseits durch Kondensation von Essigsäureeinheiten unter Mithilfe von Coenzym A zustande kommt. Eine Wasserabspaltung aus einer solchen β-Polyketosäure muß zwangsläufig zur Bildung von Acetylenbindungen führen (25). Weiter muß eine Reduktion der Polyketosäure mit nachfolgender Wasserabspaltung zur Bildung einer Olefinstruktur führen, und schließlich bedingt eine enzymatische Hydrierung der olefinischen Bindung die Entstehung einer paraffinischen Bindung. Im letzteren Fall haben wir den bekannten Reaktionsverlauf, der der Biogenese der Fettsäuren zugrunde liegt und der einem einmaligen Kreislauf des Fettsäurecyclus entspricht. Ob allerdings wirklich Polycarbonylverbindungen entstehen, oder ob die betreffenden Reaktionen stufenweise verlaufen, läßt sich vorläufig kaum entscheiden.

Es wäre vielleicht folgendes Schema z. B. für die Biosynthese der Matricariasäure möglich *(Formelübersicht 38)*.

$$CH_3\text{—}COCozA + CH_3\text{—}COOH \longrightarrow CH_3\text{—}CO\text{—}CH_2\text{—}COOH$$

$$CH_3\text{—}COOH + CH_3\text{—}CH=CH\text{—}COCozA \longleftarrow CH_3\text{—}CH\text{—}CH_2\text{—}COOH$$
$$OH$$

$$CH_3\text{—}CO\text{—}CH_2\text{—}CH=CH\text{—}COCozA \longrightarrow H_3C\text{—}C\equiv C\text{—}CH=CH\text{—}COOH$$

$$+ CH_3COOH$$
$$- H_2O$$

$$H_3C\text{—}(C\equiv C)_2\text{—}CH=CH\text{—}COOH$$

$$+ CH_3COOH$$
$$H_2/\text{—}H_2O$$

$$H_3C\text{—}CH=CH(C\equiv C)_2CH=CH\text{—}COOH$$

Formelübersicht 38.

Diese Reaktionsfolge ist zweifellos variationsfähiger und erklärt zwangloser die Mannigfaltigkeit der aufgefundenen verschiedenen Hydrierstufen bei den natürlich vorkommenden Polyinen, deren Erklärung bei Annahme einer Polycarbonylverbindung auf Schwierigkeiten stoßen würde. Zwanglos läßt sich diese Theorie auf die Genese aller natürlichen Acetylene erweitern.

Für das Auftreten der zahlreichen C_{13}- und C_{17}-Verbindungen unter den aus Compositen erhaltenen Acetylenen gibt es zwei Möglichkeiten der Deutung: die weniger wahrscheinliche ist die, daß endständig entweder Formylierung (unter Mitwirkung von Coenzym F) oder Methylierung (eventuell durch Methionin) erfolgt ist. Wahrscheinlicher ist jedoch, daß primär eine gradzahlige Säure entstanden ist, aus der (eventuell durch enzymatische Decarboxylierung) ein C-Atom nachträglich entfernt wird. Für die Bildung der aus Pilzen isolierten Dicarbonsäureabkömmlinge, z. B. des Diatretin I, ist eine biologische Endgruppen-Oxydation als möglich anzusehen.

Wir können demnach in der Biosynthese der natürlichen Acetylene eine Variante (keine „Entgleisung"!) der biologischen Fettsäuresynthese erkennen. Daß die Biogenese vieler anderer Naturstoffe ebenfalls durch Zurückführung auf ein β-Polycarbonylsystem mit dem Fettsäurecyclus in Beziehung gebracht wird, stützt die beschriebene Theorie. Die Annahme einer modifizierten Terpensynthese für die Bildung der Acetylenverbindungen erscheint aus dem Grunde ungerechtfertigt, weil niemals, auch nicht bei langkettigen Verbindungen mit relativ wenigen Dreifachbindungen, isoprenoide Strukturen, die ja das Kennzeichen von Terpenen sind, beobachtet wurden.

Einen wichtigen Beitrag zur Stützung des oben angeführten Biogenese-Schemas lieferte kürzlich EIMHJELLEN (70a). Es gelang ihm, ein Bacterium aufzufinden, das auf einem Nährboden mit Acetylendicarbonsäure als einziger Kohlenstoff-Quelle und Ammonium-Ionen als Stickstoff-Lieferant wächst. Das erste Stoffwechselprodukt ist Oxalessigsäure, so daß diese Organismen zumindest in der Lage sind, an eine Dreifachbindung Wasser anzulagern. Da jede fermentative Reaktion reversibel sein kann, müßte demnach auch die Wasserabspaltung aus β-Ketosäure zu Acetylenverbindungen physiologisch möglich sein. Vielleicht wäre folgendes Schema anzunehmen:

$$-CO-CH_2-COOH \rightleftharpoons -C=CH-COOH \rightleftharpoons -C\equiv C-COOH$$
$$\qquad\qquad\qquad\qquad\qquad | $$
$$\qquad\qquad\qquad\qquad OPO_3H_2$$

Es erhebt sich jetzt die Frage, ob jede natürliche Acetylenverbindung für sich auf dem beschriebenen Wege synthetisiert wird, oder ob einzelne dieser Verbindungen in der Pflanze erst sekundär aus anderen Acetylenverbindungen gebildet werden? Die letztere Möglichkeit ist mit großer Wahrscheinlichkeit anzunehmen. Strukturelle Ähnlichkeiten zwischen manchen Verbindungen sind zu augenfällig, als daß sie nicht eine genetische Beziehung zwischen diesen Stoffen nahelegen. So zeigen zwar auf den ersten Blick die aus *Carlina vulgaris* bzw. *C. acaulis* isolierten Verbindungen (XLI) und (II) keine allzugroße Ähnlichkeit; das wird jedoch sofort anders, wenn die aus einigen Coreopsis-Arten isolierte Verbindung (LXV) dazugeschrieben wird.

$$-C \equiv C-C \equiv C-CH = CH-CH_2OCOCH_3$$
(XLI.)

$$-C \equiv C-C \equiv C-CH = CH-CH_2OCOCH_3$$
(LXV.)

$$-CH_2-C \equiv C-$$
(II.)

Den Benzolring in (LXV) kann man sich durch Cyclisierung der C-Atome 8 bis 13 des Alkohols (XLI) gebildet denken. Da die Doppelbindung am $C_{(10)}$ in (XLI) mit großer Wahrscheinlichkeit *cis*-konfiguriert ist, erscheint eine solche Reaktion unter physiologischen Bedingungen nicht als ausgeschlossen. Es bleibe allerdings dahingestellt, ob in dieser Reaktion ein allgemeines Aufbauprinzip für aromatische Verbindungen zu sehen ist. Es ist auch nicht die Möglichkeit von der Hand zu weisen, daß vielleicht schon der β-Carbonyl-vorläufer im einen Fall eine cyclische Kondensation, im anderen Fall lediglich eine Wasserabspaltung zu einer geradkettigen Verbindung erlitten hat. Sicherer erscheint im angegebenen Beispiel die genetische Abkunft der Verbindung (II) von (LXV). In vitro ist bereits die Cyclisierung von Penten-(2)-in-(4)-ol-(1) (XVII) zu α-Methylfuran (CLXXXI) gelungen (*87*). Der Übergang von (LXV) in (II) in vivo erscheint darum nicht unwahrscheinlich.

$$HC \equiv C-CH = CH-CH_2OH \quad \xrightarrow{H^+} \quad CH_3-$$

(XVII.) Penten-(2)-in-(4)-ol-(1).   (CLXXXI.) α-Methylfuran.

Noch augenfälliger ist die genetische Verwandtschaft von Diatretin 1 und Diatretin 2 (S. 51). Es dürfte außer Frage stehen, daß Diatretin 1

$$HOOC-CH = CH-C \equiv C-C \equiv C-CONH_2$$
(CLVII.) Diatretin 1.

$$\downarrow$$

$$HOOC-CH = CH-C \equiv C-C \equiv C-C \equiv N$$
(CLVIII.) Diatretin 2.

als die direkte biologische Vorstufe des Diatretin 2 anzusehen ist und vermutlich unter Einwirkung einer „Amiddehydrase" in dieses übergeht (7).

Wieweit die aus Compositen isolierten C_{10}-Carbonsäureester und C_{13}-Verbindungen (S. 17) unter physiologischen Bedingungen ineinander überführbar sind, ist unbekannt.. Es ist jedoch nicht ausgeschlossen, daß beispielsweise in den Erigeron-Arten das Mengenverhältnis zwischen Matricaria- und Lachnophyllumester durch eine Art „dynamisches Gleichgewicht" aufrechterhalten wird. Hier könnten Isotopen-Untersuchungen Aufschluß bringen.

Im übrigen sind gerade auf dem Gebiet des genetischen Zusammenhanges verschiedener Verbindungen die Arbeiten in vollem Fluß. Mit der Entdeckung, daß die Zusammensetzung des Acetylengemisches aus *Polyporus anthracophilus* (S. 51) stark vom Alter der Kultur abhängt (*49*), ist offenbar eine Plattform für die Erforschung der angeschnittenen Probleme gefunden worden. Die Ergebnisse der Untersuchungen werden uns die Antwort auf manche heute noch ungeklärte Frage geben.

Zum Schluß bleibt noch die Frage, ob die natürlichen Acetylenverbindungen möglicherweise ihrerseits Zwischenprodukte beim Aufbau anderer Naturstoffe darstellen. Obwohl auch hierzu noch keine Untersuchungen durchgeführt sind, hat es den Anschein, als müsse man auch diese Frage in gewissen Fällen bejahen. CHALLENGER und HOLMES (*57*) schlossen aus der Leichtigkeit, mit der sich Thiophene aus Sulfiden und Acetylen bilden, daß die einzige bis dahin bekannte natürliche Thiophenverbindung, das von ZECHMEISTER und SEASE (*167*) aus *Tagetes erecta* isolierte α-Terthienyl, durch Zusammentritt einer Polyin-en-Verbindung mit einem Schwefel-donator entstehe. Da *T. erecta* der Compositenfamilie angehört, die, wie wir sahen, auch besonders reich an Acetylenen ist, hatte diese Annahme etwas bestechendes; sie blieb jedoch solange ein Einzelfall, bis durch die Entdeckung des Junipals (*26*) (S. 52) eine zweite natürliche Thiophenylverbindung bekannt wurde, die neben dem Thiophenring, sozusagen als „quod erat demonstrandum" eine Acetylenbindung besaß. Da Junipal (CLXV) aus einer Basidiomycete erhalten worden war, konnte auch hier die Annahme einer Acetylenvorstufe zwanglos erfolgen.

BIRKINSHAW und CHAPLEN glauben die Entstehung des Junipals durch Zusammentritt eines C_7-Diin-en-aldehyds mit Schwefel (aus Cystin?) formulieren zu dürfen (*26*), wobei das primär entstehende Reaktionsprodukt durch anschließende C-Methylierung in das Junipal übergeht. Ähnlich formulieren sie die Entstehung des das Junipal begleitenden Anisaldehyds durch Cyclisierung des Aldehyds (CLXXXII) mit gleichzeitiger Hydratisierung, wobei sich in diesem Falle eine O-Methylierung anzuschließen hätte.

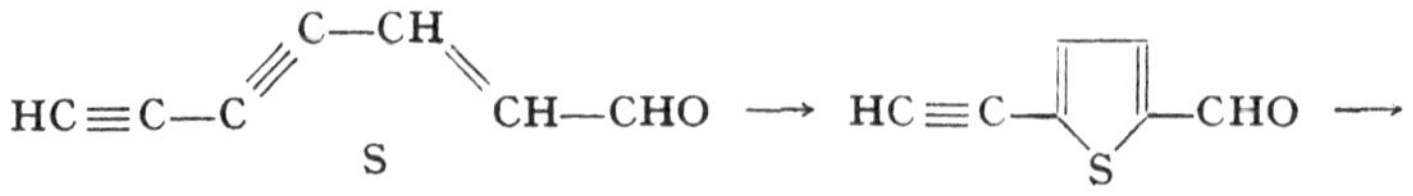

(CLXXXII.) → (CLXXXIII.) →

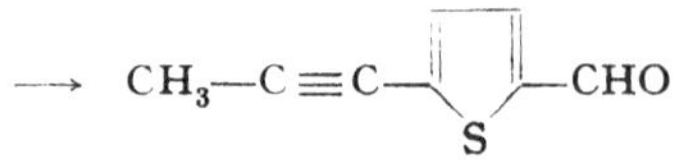

(CLXV.) Junipal.

Noch eindeutiger sind diese Beziehungen bei den Verbindungen aus Compositen zu erkennen (S. 26), da hier neben dem α-Phenyl-α'-propinyl-thiophen (LXIV c) auch sein genetischer Vorläufer (LXIV b) vorhanden ist. Hier muß allerdings eine Anlagerung von Schwefelwasserstoff an ein Diin-System angenommen werden:

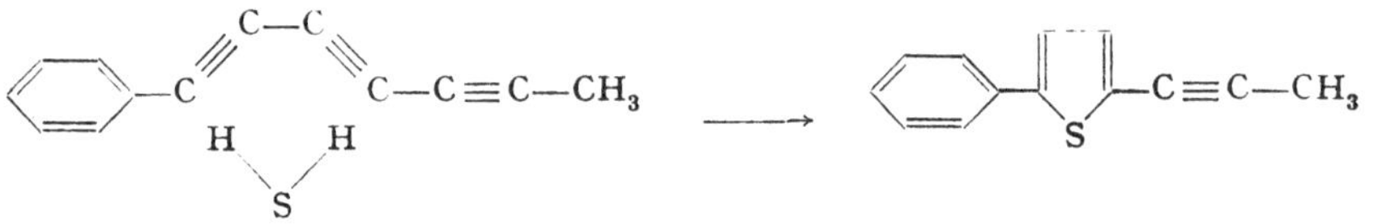

(LXIV b.)   →   (LXIV c.) α-Phenyl-α'-propinyl-thiophen.

VII. Die Bedeutung der natürlichen Acetylene für die Pflanzensystematik.

Über die Berechtigung, aus dem Vorkommen eines in verschiedenen Pflanzen vorliegenden Inhaltsstoffs pflanzensystematische Folgerungen zu ziehen, herrscht bis heute noch lebhafter Meinungsstreit. Mehr und mehr scheint sich jedoch die Ansicht durchzusetzen, daß die Einteilung der Pflanzenwelt, wenn sie wirklich einer „natürlichen Ordnung" entsprechen soll, nicht nur nach anatomischen Kennzeichen erfolgen darf, sondern auch der zellchemische Aufbau gebührende Berücksichtigung finden muß.

Nun ist die heute gültige Pflanzensystematik in ihrer großen Linie wissenschaftlich so fundiert, daß hier grundsätzliche Umwälzungen nicht mehr zu erwarten sind. Etwas anderes ist es jedoch, wenn man sich die Mühe macht, bis in den Bereich der Pflanzenfamilien herabzusteigen. Hier fällt einem sofort auf, wie problematisch es ist, die Abgrenzungen zwischen den einzelnen Arten und Gattungen, ja selbst Familien zu ziehen; oft findet man ein und dieselbe Spezies von verschiedenen Autoren verschiedenen Gattungen zugeteilt, so daß letztlich für eine Pflanzenart drei, vier und noch mehr lateinische Synonyma vorliegen.

In solchen Zweifelsfällen ist die Möglichkeit gegeben, durch Einsatz einer chemischen Pflanzenuntersuchung systematische Beziehungen aufzudecken. Grundgedanke ist hierbei, daß mit großer Wahrscheinlichkeit die botanisch einander besonders nahestehenden Pflanzen auch eine ähnliche chemische Zusammensetzung ihrer Inhaltsstoffe aufweisen müssen.

So muß für die nähere Zukunft die Aufgabe darin liegen, und in dem Sinne sind auch die folgenden Ausführungen angelegt, Pflanzen mit gleichen Inhaltsstoffen zusammenzustellen, dann ihre Stellung in der Systematik auf Grund morphologischer Kennzeichen zu betrachten und daraus Schlüsse zu ziehen, wieweit Diskrepanzen zwischen chemischer und botanischer Ähnlichkeit vorliegen. Für die Acetylenverbindungen enthaltenden Pflanzen lassen sich in einigen Fällen Vergleiche dieser Art ziehen, verständlicherweise bisher aber nur innerhalb der Compositen-familie.

Der *trans*-Dehydromatricariaester (**XXXI**) findet sich, wie auf S. 18 gesagt, in *Matricaria inodora* L., *M. oreades* BOISS. und *Chrysanthemum caucasicum* PERS. Alle drei Pflanzen gehören dem Tribus Anthemideae an, innerhalb dieses Tribus die beiden ersten dem Genus Matricaria L., die letzte dem Genus Chrysanthemum L. Auffallend ist, daß in anderen Matricaria-Spezies, z. B. in *M. chamomilla* L., keine Acetylene zu finden sind, ebensowenig wie auch in anderen Chrysanthemum-Spezies. Es scheint somit gerechtfertigt, die genannten drei Arten aus ihren bisherigen Gattungen abzutrennen und gemeinsam als gesonderten Genus zu betrachten, was um so leichter geschehen kann, als rein morphologisch der Übergang zwischen Matricaria und Chrysanthemum fließend ist. In der Tat wurde diese Abtrennung bereits vor etwa 100 Jahren in der Systematik von K. H. SCHULTZ-BIPONTINUS durchgeführt, der zwischen die Genus Matricaria und Chrysanthemum den Genus Tripleurospermum SCHULTZ-BIPONTINUS einschob (*143*).

Die Spezies der Gattung Erigeron (Tribus Astereae) sind durch das Vorkommen von Matricaria- und Lachnophyllumester ausgezeichnet (S. 12). Aus *Tabelle 3* (S. 13) ist ersichtlich, daß lediglich *E. khorassanicus* sich nicht in diese Regel einordnet. So erhebt sich hier wieder die Frage, ob es angebracht ist, das letztere überhaupt zu den Erigeron-Arten zu rechnen. Tatsächlich hat man zwischen Genus Aster und Erigeron die Art Conyza gestellt, die phylogenetisch den Urtyp der europäischen Erigeron-Arten darstellt und der auch *E. khorassanicus* zuzurechnen ist (*161*). Die Beziehungen von *E. khorassanicus* zum Genus Aster werden auch dadurch deutlich, daß hier wie dort das Matricarianol als Inhaltsstoff auftritt.

Ein dritter Fall, wo das Vorkommen von Acetylenen eine Korrektur der bisherigen Systematik erforderlich zu machen scheint, ist *Coreopsis verticillata* (S. 24). Während die übrigen untersuchten *C.*-Arten ein Gemisch von vier verschiedenen Acetylenen aufweisen, enthält *C. verticillata* nur eine dieser Verbindungen. Statt dessen enthält es reichlich Cosmen

(XIII, S. 14), das sonst in größerer Menge nur in Cosmos-Arten gefunden wurde. Da sich die Genus Cosmos und Coreopsis biologisch sehr nahestehen (beide Tribus Heliantheae), ist es sehr wohl möglich, daß *C. verticillata* in der Systematik vom Genus Coreopsis abgetrennt werden muß.

Diese ausgewählten Beispiele sollen genügen, um anzudeuten, daß eine rationelle Pflanzensystematik auch von der chemischen Untersuchung der Pflanzeninhaltsstoffe profitieren kann. Die natürlichen Acetylene sind hierbei nur eine kleine Gruppe von Verbindungen, die in diesem Sinne herangezogen werden können.

VIII. Schlußbetrachtung.

Das Gebiet der natürlich vorkommenden Acetylen- und Polyacetylen-Verbindungen hat sich in den letzten 5 Jahren stark ausgeweitet. Obwohl bereits über 50 derartige Verbindungen in ihrer Struktur aufgeklärt sind, darf man wohl annehmen, daß wir hier noch ganz am Anfang stehen. Zweifellos werden noch zahlreiche neue Vertreter dieser Verbindungsklasse entdeckt werden, da ja bisher nur sehr wenig systematisch nach diesen Substanzen gesucht worden ist. Auch das Problem der Biogenese dieser interessanten Verbindungen muß vorläufig noch als offen betrachtet werden. Untersuchungen mit radioaktiv markiertem Kohlenstoff dürften hier vielleicht weiter führen. Die reizvolle Frage nach der Bedeutung dieser instabilen Moleküle im physiologischen Geschehen der Pflanze ist sicher schwierig zu beantworten. Wir können vorläufig nur staunend die ungeheure Mannigfaltigkeit chemischer Synthesen in der Pflanzenzelle betrachten. Vielleicht werden wir eines Tages auch dieses Rätsel der Natur verstehen können.

Literaturverzeichnis.

1. Ahlers, N. H. E. and S. P. Ligthelm: The Infra-red Spectra of Methyl Ximenynate and Ximenynyl Alcohol. J. Chem. Soc. (London) **1952**, 5039.
2. Anchel, M.: Acetylenic Compounds from Fungi. J. Amer. Chem. Soc. **74**, 1588 (1952).
3. — Identification of Drosophilin A as *p*-Methoxytetrachlorophenol. J. Amer. Chem. Soc. **74**, 2943 (1952).
4. — Identification of an Antibiotic Polyacetylene from *Clitocybe diatreta* as a Suberamic Acid Ene-diyne. J. Amer. Chem. Soc. **75**, 4621 (1953).
5. — Characterization of Drosophilin C as a Polyacetylene. Arch. Biochem. Biophys. **43**, 127 (1953).
6. — Some Naturally Occurring Antibiotic Polyacetylenes. Trans. N. Y. Acad. Sci. [2] **16**, 337 (1954).
7. — Structure of Diatretyne 2, an Antibiotic Polyacetylenic Nitrile from *Clitocybe diatreta*. Science (Washington) **121**, 607 (1955).
7a. — Structural Relationships among Polyacetylenes of Biological Origin. Federat. Proc. (Amer. Soc. exp. Biol.) **14**, 173 (1955).

8. ANCHEL, M. and M. P. COHEN: Studies with Biformin. I. Its Characterization as a Polyacetylenic 9-Carbon Glycol. J. Biol. Chem. **208**, 319 (1954).

9. ANCHEL, M., J. POLATNICK and F. KAVANAGH: Isolation of a Pair of Closely Related Antibiotic Substances Produced by Three Species of Basidiomycetes. Arch. Biochemistry **25**, 208 (1950).

10. ANET, E. F. L. J., B. LYTHGOE, M. H. SILK and S. TRIPPETT: The Chemistry of Oenanthotoxin and Cicutoxin. Chem. and Ind. **1952**, 757.

11. — — — — Oenanthotoxin and Cicutoxin. Isolation and Structure. J. Chem. Soc. (London) **1953**, 309.

12. ARMITAGE, J. B., C. L. COOK, N. ENTWISTLE, E. R. H. JONES and M. C. WHITING: Researches on Acetylenic Compounds. Part XXXIV. Further Studies on the Synthesis of Diacetylenic Glycols. J. Chem. Soc. (London) **1952**, 1998.

13. ARNAUD, A.: Sur un nouvel acide gras non saturé de la série $C_nH_{2n-4}O_2$. C. R. hebd. Séances Acad. Sci. **114**, 79 (1892).

14. — Sur un nouvel acide gras non saturé de la série $C_nH_{2n-4}O_2$. Bull. soc. chim. France [3] **7**, 233 (1892).

15. — Transformation de l'acide taririque et de l'acide stéaroléique en acide stéarique. C. R. hebd. Séances Acad. Sci. **122**, 1000 (1896).

16. — Sur la constitution de l'acide taririque. C. R. hebd. Séances Acad. Sci. **134**, 473 (1902).

17. — Sur les acides dioxytaririque et cétotaririque. C. R. hebd. Séances Acad. Sci. **134**, 547 (1902).

18. — Sur les produits de dédoublement des acides amidotaririques. C. R. hebd. Séances Acad. Sci. **134**, 842 (1902).

19. — Sur la constitution de l'acide taririque. Bull. soc. chim. France [3] **27**, 484 (1902).

20. — Sur la constitution de l'acide taririque (suite). Bull. soc. chim. France [3] **27**, 489 (1902).

21. ARNAUD, A. et V. HASENFRATZ: Sur l'oxydation des acides gras supérieurs à fonction acétylénique. C. R. hebd. Séances Acad. Sci. **152**, 1603 (1911).

22. ASMUS, E.: Refraktometrie. In: Houben-Weyl, Methoden der organischen Chemie, 4. Aufl., Bd. 3, Teil 2, S. 407. Stuttgart: G. Thieme, 1955.

23. BAALSRUD, K. S., D. HOLME, M. NESTVOLD, J. PLÍVA, J. S. SÖRENSEN and N. A. SÖRENSEN: Studies Related to Naturally Occurring Acetylene Compounds. IX. The Occurrence of Methyl dec-8-*cis*-en-4 : 6-diynoate (= α,β-Di-hydro-Matricaria Ester) and 2-*cis* : 8-*trans*-Matricaria Ester in Nature. Acta Chem. Scand. **6**, 883 (1952).

23a. BAKER, B. W., R. W. KIERSTEAD, R. P. LINSTEAD and B. C. L. WEEDON: Anodic Syntheses. Part XI. Synthesis of Tariric and Petroselinic Acid. J. Chem. Soc. (London) **1954**, 1804.

24. BELL, I., E. R. H. JONES and M. C. WHITING: The Synthesis of Three Naturally-occurring Polyacetylenic Esters. Chem. and Ind. **1956**, 548.

25. BIRKINSHAW, J. H.: Recent Advances in Fungal Biochemistry. Chem. and Ind. **1956**, 77.

26. BIRKINSHAW, J. H. and P. CHAPLEN: Biochemistry of the Wood-rotting Fungi. 8. Volatile Metabolic Products of *Daedalea juniperina* MURR. Biochemic J. **60**, 255 (1955).

27. BLACK, H. K. and B. C. L. WEEDON: Synthesis of Erythrogenic (Isanic) Acid. Chem. and Ind. **1953**, 40.

28. — — Unsaturated Fatty Acids. Part I. The Synthesis of Erythrogenic (Isanic) and Other Acetylenic Acids. J. Chem. Soc. (London) **1953**, 1785.

29. Boekenoogen, H. A.: Das fette Öl der Samen von *Onguekoa Gore* Engler. Fette und Seifen **44**, 344 (1937).

30. Bohlmann, F.: Die natürlich vorkommenden Polyacetylen-Verbindungen. Angew. Chem. **67**, 389 (1955).

31. — Polyacetylenverbindungen, XIII. Mitt. Zur Konstitution des Phenyl-triin-diens aus Coreopsis-Arten. Chem. Ber. **88**, 1755 (1955).

32. — Die Polyine. Angew. Chem. **65**, 385 (1953).

33. Bohlmann, F. und E. Inhoffen: Polyacetylenverbindungen, XV. Mitt. Synthese des „all-*trans*"-Isomeren einer aus *Carlina vulgaris* isolierten Poly-acetylenverbindung. Chem. Ber. **89**, 21 (1956).

34. — — Polyacetylenverbindungen, XVI. Mitt. Synthese des Anacyclins. Chem. Ber. **89**, 1276 (1956).

35. Bohlmann, F., E. Inhoffen und P. Herbst: Polyacetylenverbindungen, XX. Mitt. Die Konstitution der Polyin-Kohlenwasserstoffe aus *Centaurea Cyanus* und *Artemisia vulgaris*. Chem. Ber. **90**, 124 (1957).

35a. Bohlmann, F., E. Inhoffen, P. Herbst und S. Postulka: unveröffent-licht.

36. Bohlmann, F. und H. J. Mannhardt: Polyacetylenverbindungen, VIII. Mitt. Zur Konstitution des Dehydromatricariaesters aus *Artemisia vulgaris*. Chem. Ber. **88**, 429 (1955).

37. — — Polyacetylenverbindungen, XI. Mitt. Synthese eines aus Coreopsis-Arten isolierten Polyins. Chem. Ber. **88**, 1330 (1955).

38. Bohlmann, F., H. J. Mannhardt und H. G. Viehe: Polyacetylenverbin-dungen, VII. Mitt. Synthese des Polyinketons aus *Artemisia vulgaris*. Chem. Ber. **88**, 361 (1955).

39. Bohlmann, F. und H. G. Viehe: Polyacetylenverbindungen, V. Mitt. Syn-these des Isomycomycins und ähnlicher Triacetylenverbindungen. Chem. Ber. **87**, 712 (1954).

40. — — Polyacetylenverbindungen, X. Mitt. Synthese der Polyine aus *Oenanthe crocata*. Chem. Ber. **88**, 1245 (1955).

41. — — Polyacetylenverbindungen, XII. Mitt. Synthese des Cicutols. Chem. Ber. **88**, 1347 (1955).

42. Bruun, T., P. K. Christensen, C. M. Haug, J. Stene and N. A. Sörensen: Studies Related to Naturally Occurring Acetylene Compounds. VII. The Synthesis of two Stereoisomers of Methyl *n*-Decadiene-2,8-diyn-4,6-oates; the Configuration of Matricaria Ester. Acta Chem. Scand. **5**, 1244 (1951).

43. Bruun, T., C. M. Haug and N. A. Sörensen: The Synthesis of *trans*-Lachno-phyllum Ester. Acta Chem. Scand. **4**, 850 (1950).

44. Bruun, T., L. Skatteböl and N. A. Sörensen: Studies Related to Naturally Occurring Acetylene Compounds. XVIII. The Synthesis of Some Phenyl-acetylenes Related to Compositae Compounds. Acta Chem. Scand. **8**, 1757 (1954).

45. Bu'Lock, J. D.: Polyacetylenic Compounds from Higher Fungi. Vortrag, XIV. Intern. Kongr. Chemie, Zürich, 1955.

45a. — Acetylenic Compounds as Natural Products. Quart. Rev. Chem. Soc. (London) **10**, 371 (1956).

46. Bu'Lock, J. D., E. R. H. Jones and P. R. Leeming: Chemistry of the Higher Fungi. Part V. The Structures of Nemotinic Acid and Nemotin. J. Chem. Soc. (London) **1955**, 4270.

47. Bu'Lock, J. D., E. R. H. Jones, P. R. Leeming and J. M. Thompson: Chemistry of the Higher Fungi. Part VI. Isomerisation Reactions of Naturally Occurring Allenes. J. Chem. Soc. (London) **1956**, 3767.

48. Bu'Lock, J. D., E. R. H. Jones, G. H. Mansfield, J. W. Thompson and M. C. Whiting: The Structures of Two Polyacetylenic Antibiotics. Chem. and Ind. **1954,** 990.

49. Bu'Lock, J. D., E. R. H. Jones and W. B. Turner: Production of Compositae-type Polyacetylenes by a Fungus. Chem. and Ind. **1955,** 686.

50. Bu'Lock, J. D. and E. F. Leadbeater: The Production of Polyacetylenic Compounds by Basidiomycetes: Glucose Conversion. Biochem. J. **62,** 476 (1956).

51. Castille, A.: Zur Kenntnis des fetten Öls der Samen von *Ongokea Klaineana* Pierre. Liebigs Ann. Chem. **543,** 104 (1940).

52. Celmer, W. D. and I. A. Solomons: The Structure of the Antibiotic Mycomycin. J. Amer. Chem. Soc. **74,** 1870 (1952).

53. — — Mycomycin. I. Isolation, Crystallization and Chemical Characterization. J. Amer. Chem. Soc. **74,** 2245 (1952).

54. — — Mycomycin. II. The Structure of Isomycomycin, an Alkali-Isomerization Product of Mycomycin. J. Amer. Chem. Soc. **74,** 3838 (1952).

55. — — Mycomycin. III. The Structure of Mycomycin, an Antibiotic Containing Allene, Diacetylene and *cis-trans*-Diene Groupings. J. Amer. Chem. Soc. **75,** 1372 (1953).

56. — — Mycomycin. IV. Stereoisomeric 3,5-Diene Fatty Acid Esters. J. Amer. Chem. Soc. **75,** 3430 (1953).

57. Challenger, F. and J. L. Holmes: The Orientation of Substitution in the Isomeric Thiophthens. The Synthesis of Solid Thiophthen [Thiopheno-(3′ : 2′-2 : 3)thiophen]. J. Chem. Soc. (London) **1953,** 1837.

58. Christensen, P. K. and N. A. Sörensen: Studies Related to Naturally Occurring Acetylene Compounds. VIII. The Synthesis of Methyl *n*-Dec-2-en-4 : 6 : 8-triynoate, an Isomer of the Naturally Occurring Dehydromatricaria Ester. Acta Chem. Scand. **6,** 602 (1952).

59. — — Studies Related to Naturally Occurring Acetylene Compounds. X. The Synthesis of Some Hydrogenated Relatives of Matricaria Ester. Acta Chem. Scand. **6,** 893 (1952).

59 a. Christensen, P. K., N. A. Sörensen, I. Bell, E. R. H. Jones and M. C. Whiting: The Constitution of the So-Called "Composit-Cumulene I" from Scentless Mayweed (*Matricaria inodora* L.). Festschrift Arthur Stoll, p. 545. Basel: Birkhäuser. 1957.

60. Clarke, E. G. C., D. E. Kidder and W. D. Robertson: The Isolation of the Toxic Principle of *Oenanthe crocata.* J. Pharm. Pharmacol. **1,** 377 (1949).

61. Crombie, L.: Amides of Vegetable Origin. Part II. Stereoisomeric N-*iso*-Butylnona-1 : 5-diene-1-carboxyamides and the Structure of Pellitorine. J. Chem. Soc. (London) **1952,** 4338.

61 a. — Isolation and Structure of an N-*iso*Butyldienediynamide from Pellitory (*Anacyclus pyrethrum* DC.). Nature (London) **174,** 832 (1954).

62. — Amides of Vegetable Origin. Part IV. The Nature of Pellitorine and Anacyclin. J. Chem. Soc. (London) **1955,** 999.

62 a. — Privatmitteilung.

63. Crombie L. and S. H. Harper: Synthesis of a Physiologically Active Compound of the Pellitorine Structure. Nature (London) **164,** 1053 (1949).

64. Crombie, L. and A. G. Jacklin: Lipids. Part II. Total Synthesis of Ricinoleic Acid. J. Chem. Soc. (London) **1955,** 1740.

65. Crombie, L. and M. Manzoor-i-Khuda: Synthesis of Anacyclin. Chem. and Ind. **1956,** 409.

66. Cymerman-Craig, J., E. G. Davis and J. S. Lake: Acetylenic Compounds Related to „Agropyrene". J. Chem. Soc. (London) **1954,** 1873.

67. Doery, H. M., J. F. Gardner, H. S. Burton and E. P. Abraham: Antibiotics from a Basidiomycete, *Coprinus quadrifidus*. Antibiotics and Chemotherapy 1, 409 (1951).

68. Doucet, Y. et M. Fauve: Sur la cryoscopie de l'acide isanique. C. R. hebd. Séances Acad. Sci. 215, 533 (1942).

69. Dunstan, W. R. and H. Garnett: Note on the Active Constituent of the Pellitory of Medicine. J. Chem. Soc. (London) 67, 100 (1895).

70. Ehring, H., K. Hamann und A. Kinsky (Farbenfabriken Bayer): Herstellung von Polymerisaten aromatischer Vinylverbindungen. Deut. Pat. 862958 [Chem. Zbl. 1953, 9651].

70a. Eimhjellen, K.: Bacterial Dissimilation of Acetylene Dicarboxylic Acid. Acta Chem. Scand. 10, 1049 (1956).

71. Feinstein, L. and M. Jacobson: Insecticides Occurring in Higher Plants. Fortschr. Chem. organ. Naturstoffe 10, 423 (1953).

72. Gilman, H., P. R. van Ess and R. R. Burtner: The Constitution of Carlinaoxide. J. Amer. Chem. Soc. 55, 3461 (1933).

73. Grigor, J., D. M. MacInnes and J. McLean: The Synthesis of Ximenynic Acid. Chem. and Ind. 1954, 1112.

74. Grigor, J., D. M. MacInnes, J. McLean and A. J. P. Hogg: Conjugated Acids from Caster Oil. Octadeca-9:11-dienoic Acid and Octadec-11-en-9-ynoic Acid (Ximenynic or Santalbic Acid) J. Chem. Soc. (London) 1955, 1069.

75. Grimme, C.: Über einige seltene Ölfrüchte. Chem. Rev. Fett- und Harz-Ind. 17, 156 (1910) [Chem. Zbl. 1910, II, 580].

76. — Über das Fett von *Picramnia Lindeniana*. Chem. Rev. Fett- und Harz-Ind. 19, 51 (1912) [Chem. Zbl. 1912, I, 1125].

77. Grützner, B.: Über einen kristallisierten Bestandteil der Früchte von *Picramnia Camboita* Engl. Chem.-Ztg. 17, 879 (1893).

78. — Über einen kristallisierten Bestandteil der Früchte von *Picramnia Camboita* Engl. Chem.-Ztg. 17, 1851 (1893).

79. Gulland, J. M. and G. U. Hopton: Pellitorine, the Pungent Principle of *Anacyclus pyrethrum*. J. Chem. Soc. (London) 1930, 6.

80. Gunstone, F. D. and M. A. McGee: Santalbic Acid. Chem. and Ind. 1954, 1112.

81. Gunstone, F. D. und W. C. Russell: Fatty Acids. Part III. The Constitution and Properties of Santalbic Acid. J. Chem. Soc. (London) 1955, 3782.

81a. Harada, R.: Essential Oil of *Arthemisia capillaris*. I. Chemical Structure of Capillene. J. Chem. Soc. Japan 75, 727 (1954).

82. Hatt, H. H. and A. Z. Szumer: The Presence of an Acetylenic Acid in the Seed Fat of Plants of the Santalaceae Family. Chem. and Ind. 1954, 962.

83. Hausser, K. W., R. Kuhn und G. Seitz: Lichtabsorption und Doppelbindung. V. Über die Absorption von Verbindungen mit konjugierten Kohlenstoffdoppelbindungen bei tiefer Temperatur. Z. physik. Chem. B 29, 391 (1935).

84. Hébert, A.: Sur un nouvel acide gras, non saturé, l'acide isanique. C. R. hebd. Séances Acad. Sci. 122, 1550 (1896).

85. — Sur la composition de quelques graines oléagineuses (II). Bull. soc. chim. France [3] 15, 935 (1896).

86. — Sur un nouvel acide gras, non saturé, l'acide isanique. Bull. soc. chim. France [3] 15, 941 (1896).

87. Heilbron, I., E. R. H. Jones and F. Sondheimer: Researches on Acetylenic Compounds. Part XIV. A Study of the Reactions of the Readily Available Ethynyl-ethylenic Alcohol, Pent-2-en-4-yn-1-ol. J. Chem Soc. (London) 1947, 1586.

88. HELLSTRÖM, B. and N. LÖFGREN: On Polyenic and Polyynic Compounds in *Centaurea cyanus* L. Acta Chem. Scand. **6**, 1024 (1952).

89. HERBIG-HARHAUS AG.: Nitrocelluloselack und -auftragsmasse. Deut. Pat. 804017 [Chem. Zbl. **1951**, II, 3237].

90. HILL, B. E., B. LYTHGOE, S. MIRVISH and S. TRIPPETT: Oenanthotoxin and Cicutoxin. Part II. The Synthesis of ($\pm$)-Cicutoxin and of Oenanthetol. J. Chem. Soc. (London) **1955**, 1770.

91. HOLMAN, R. T. and N. A. SÖRENSEN: Spectral and Oxidation Studies on Matricaria Ester (*n*-Decadiene-2,8-diyne-4,6-oic Acid Methyl Ester). Acta Chem. Scand. **4**, 416 (1950).

92. HOLME, D. and N. A. SÖRENSEN: Studies Related to Naturally Occurring Acetylene Compounds. XIV. The Occurrence of 2-*trans* : 8-*trans*-Deca-2 : 8-diene-4 : 6-diyn-1-ol = *trans* : *trans*-Matricarianol in Nature. Acta Chem. Scand. **8**, 34 (1954).

93. — — Studies Related to Naturally Occurring Acetylene Compounds. XV. The Isolation of *trans*-Lachnophyllum Ester from *Bellis perennis* L. Acta Chem. Scand. **8**, 280 (1954).

93a. IMAI, K.: Studies on the Essential Oil of *Artemisia capillaris* THUNB. III. Antifungal Activity of the Essential Oil. (3). Structure of Antifungal Principle, Capilin. J. pharmac. Soc. (Japan) **76**, 405 (1956).

94. JACOBSON, C. A.: Cicutoxin: The Poisonous Principle in Water Hemlock (*Cicuta*). J. Amer. Chem. Soc. **37**, 916 (1915).

95. JACOBSON, M.: The Structure of Pellitorine. J. Amer. Chem. Soc. **71**, 366 (1949).

96. — The Synthesis of a Geometrical Isomer of Pellitorine. J. Amer. Chem. Soc. **72**, 1489 (1950).

97. — Pellitorine Isomers. II. The Synthesis of N-Isobutyl-*trans*-2-*trans*-4-Decadienamide. Abstr. Amer. Chem. Soc. Meeting (Atlantic City) **57 M** (97) (1952).

98. JOHNSON, E. A. and K. L. BURDON: Mycomycin, a New Antibiotic Produced by a Moldlike Actinomycete Active Against the Bacilli of Human Tuberculosis. J. Bacteriol. **54**, 281 (1947).

99. JONES, E. R. H. and J. D. BU'LOCK: Constituents of the Higher Fungi. Part III. Agrocybin. J. Chem. Soc. (London) **1953**, 3719.

100. JONES, E. R. H., J. M. THOMPSON and M. C. WHITING: Synthesis of Dodeca-1 : 11-diene-3 : 5 : 7 : 9-tetrayne. Acta Chem. Scand. **8**, 1944 (1954).

101. JONES, E. R. H., M. C. WHITING, J. B. ARMITAGE, C. L. COOK and N. ENTWISTLE: Synthesis of Polyacetylenic Compounds. Nature (London) **168**, 900 (1951).

102. KAUFMANN, H. P., J. BALTES und H. HERMINGHAUS: Über das Boleko-Öl. I. Die Fettsäuren des Öles und ihre Trennung. Fette und Seifen **53**, 537 (1951).

103. KAVANAGH, F., A. HERVEY and W. J. ROBBINS: Antibiotic Substances from Basidiomycetes. V. *Poria corticola*, *Poria tenuis* and an Unidentified Basidiomycete. Proc. Nat. Acad. Sci. (USA) **36**, 1 (1950).

104. — — — Antibiotic Substances from Basidiomycetes. VI. *Agrocybe dura*. Proc. Nat. Acad. Sci. (USA) **36**, 102 (1950).

105. — — — Antibiotic Substances from Basidiomycetes. VIII. *Pleurotus mutilus* (FR.) SACC. and *Pleurotus Passeckerianus* PILAT. Proc. Nat. Acad. Sci. (USA) **37**, 570 (1951).

106. — — — Antibiotic Substances from Basidiomycetes. IX. *Drosophila subatrata* (BATSCH ex FR.) QUEL. Proc. Nat. Acad. Sci. (USA) **38**, 555 (1952).

107. Ligthelm, S. P.: A New Hydroxy Acid from the Oil of *Ximenia caffra* Sond. Chem. and Ind. **1954,** 249.

108. Ligthelm, S. P., D. H. S. Horn, H. M. Schwartz and M. M. v. Holdt: Chemical Study of the Fruits of Three South African *Ximenia* Species, with Special Reference to the Kernel Oils. J. Sci. Food Agr. **5,** 281 (1954) [Chem. Abstr. **48,** 11816 (1954)].

109. Ligthelm, S. P., E. v. Rudloff and D. A. Sutton: Preparation of Unsaturated Long-chain Alcohols by Means of Lithium Aluminium Hydride: Some Typical Members of the Series. J. Chem. Soc. (London) **1950,** 3187.

110. Ligthelm, S. P. and H. M. Schwartz: The Isolation of a Conjugated Unsaturated Acid from the Oil from *Ximenia caffra* Kernels. J. Amer. Chem. Soc. **72,** 1868 (1950).

111. Ligthelm, S. P., H. M. Schwartz and M. M. v. Holdt: The Chemistry of Ximenynic Acid. J. Chem. Soc. (London) **1952,** 1088.

112. Löfgren, N.: Centaur X und Centaur Y. Two Unknown Substances in *Centaurea*-Species. Acta Chem. Scand. **3,** 82 (1949).

113. Lumb, P. B. and J. C. Smith: A Synthesis of Tariric and Petroselinic Acids. Chem. and Ind. **1952,** 358.

114. — — Higher Aliphatic Compounds. Part X. A Synthesis of Tariric and Petroselinic Acids. J. Chem. Soc. (London) **1952,** 5032.

115. Madhuranath, M. K. and B. L. Manjunath: Chemical Examination of the Oil from the Seeds of *Santalum album* (Linn.) J. Indian Chem. Soc. **15,** 389 (1938).

116. Müller, E. (Farbenfabriken Bayer): Herstellung von trocknenden Ölen. Deut. Pat. 828577 [Chem. Zbl. **1952,** 6445].

117. Nanavati, D. D., B. Nath and J. S. Aggarwal: N-Bromosuccinimide in the Production of Conjugation in Fatty Acids. Chem. and Ind. **1956,** 82.

118. Paul, R.: Sur la synthèse de l'oxyde de *Carlina*. C. R. hebd. Séances Acad. Sci. **202,** 854 (1936).

119. Pfau, A. St., J. Pictet, Pl. Plattner et B. Susz: Études sur les matières végétales volatiles. III. Constitution et synthèse du carlinoxyde. Helv. Chim. Acta **18,** 935 (1935).

120. Pohl, J.: Die giftigen Bestandteile der *Oenanthe crocata* und der *Cicuta virosa*. I. *Oenanthe crocata*. Arch. exp. Pathol. Pharmakol. **34,** 258 (1894) [Chem. Zbl. **1894,** II, 793].

121. Rabak, F.: Öl von *Erigeron canadense*. Pharmaceut. Review **23,** 81 (1905) [Chem. Zbl. **1905,** I, 1323].

122. — Öl von *Erigeron canadensis*. Pharmaceut. Review **24,** 326 (1906) [Chem. Zbl. **1907,** I, 165].

123. Raphael, R. A.: Acetylenic Compounds in Organic Synthesis. London: Butterworths Sci. Publ. 1955.

124. Raphael, R. A. and F. Sondheimer: Synthesis of Geometrical Isomers of Pellitorine and Herculin. Nature (London) **164,** 707 (1949).

125. — — The Synthesis of Long-chain Aliphatic Acids from Acetylenic Compounds. Part II. The Synthesis of a Geometrical Isomer of Pellitorine. J. Chem. Soc. (London) **1950,** 120.

126. Riley, J. P.: The Seed Oil of *Onguekoa Gore* Engler. Part. I The Position of the Hydroxyl Group in the Unsaturated Monohydroxy-C_{18} Acid (or Acids). J. Chem. Soc. (London) **1951,** 1346.

127. Robbins, W. J., F. Kavanagh and A. Hervey: Antibiotics from Basidiomycetes. II. *Polyporus biformis*. Proc. Nat. Acad. Sci. (USA) **33,** 176 (1947).

128. SCHIMMEL & Co., Miltitz b. Leipzig: Bericht über ätherische Öle, Riechstoffe usw., April **1909**, 18: Öl von *Artemisia lavandulaefolia.* (Originalarbeit: Jaarboek Departm. Landbouw in Ned.-Indie **1907**, 66.)

129. — Bericht über ätherische Öle, Riechstoffe usw., April **1912**, 25: Öl von *Artemisia lavandulaefolia* (?). (Originalarbeit: Jaarboek Departm. Landbouw in Ned.-Indie **1910**, 55).

130. SCHMIDT-THOMÉ, J.: Über die antibakterielle Wirkung der Silberdistelwurzel. Z. Naturforsch. **5 b**, 409 (1950).

131. SCHNEEGANS: Über Pyrethrin, den wirksamen Bestandteil der Wurzel von *Anacyclus Pyrethrum* DC. Pharmaz. Ztg. **41**, 668 (1896).

132. SEHER, A.: Synthese und Eigenschaften von Alkinsäuren. Fette und Seifen **54**, 544 (1952).

133. — Über eine photo-katalysierte Polymerisation von konjugierten Diacetylenen. Fette und Seifen **55**, 95 (1953).

134. — Die Konstitution der Isan- und Isanolsäure. Liebigs Ann. Chem. **589**, 222 (1954).

135. — Die Zusammensetzung des Isanoöls. Arch. Pharmaz. Ber. dtsch. pharm. Ges. **287/59**, 548 (1954).

136. — Papierchromatographie des Isanoöls. Fette und Seifen **57**, 883 (1955).

137. — Stufenweise Hydrierung von Polyalkinsäuren. Fette und Seifen **57**, 1031 (1955).

138. — Zusammensetzung des Isanoöls. Fette und Seifen **58** (in Druck).

139. SEMMLER, F. W.: Über einen Kohlenwasserstoff im ätherischen Öle von *Carlina acaulis* L. Chem.-Ztg. **13**, 1158 (1889).

140. — Zusammensetzung des ätherischen Öls der Eberwurzel (*Carlina acaulis* L.). Ber. dtsch. chem. Ges. **39**, 726 (1906).

141. SEMMLER, F. W. und E. ASCHER: Zur Kenntnis der Bestandteile ätherischer Öle. (Über Carlinaoxyd und über einige synthetische Versuche.) Ber. dtsch. chem. Ges. **42**, 2355 (1909).

142. SKATTEBÖL, L. and N. A. SÖRENSEN: Studies Related to Naturally Occurring Acetylene Compounds. XII. The Synthesis of Methyl-*n*-Deca-2 : 4-diynoate. Acta Chem. Scand. **7**, 1388 (1953).

143. SÖRENSEN, J. S., T. BRUUN, D. HOLME and N. A. SÖRENSEN: Studies Related to Naturally Occurring Acetylene Compounds. XIII. The Occurrence of *trans*-Methyl-*n*-Dec-2-en-4 : 6 : 8-triynoate in the Genus *Tripleurospermum* SCHULTZ-BIPONTINUS. Acta Chem. Scand. **8**, 26 (1954).

144. SÖRENSEN, J. S., D. HOLME, E. T. BORLAUG and N. A. SÖRENSEN: Studies Related to Naturally Occurring Acetylene Compounds. XX. A Preliminary Communication on Some Polyacetylenic Pigments from Compositae Plants. Acta Chem. Scand. **8**, 1769 (1954).

145. SÖRENSEN, J. S. and N. A. SÖRENSEN: Studies Related to Naturally Occurring Acetylene Compounds. XVI. A Conjugated Tetraene — Cosmene — from the Essential Oil of *Cosmos bipinnatus.* Acta Chem. Scand. **8**, 284 (1954).

146. — — Studies Related to Naturally Occurring Acetylene Compounds. XVII. Four New Polyacetylenes from Garden Varieties of *Coreopsis.* Acta Chem. Scand. **8**, 1741 (1954).

147. — — Studies Related to Naturally Occurring Acetylene Compounds. XIX. The Isolation of 1-Acetoxy-*n*-Trideca-2 : 10 : 12-triene-4 : 6 : 8-triyne from *Carlina vulgaris* L. Acta Chem. Scand. **8**, 1763 (1954).

148. SÖRENSEN, N. A.: Brechung und Absorption ungesättigter Verbindungen. Liebigs Ann. Chem. **546**, 57 (1941).

149. — Acetylenic Compounds from Plants of the Compositae Family. Chem. and Ind. **1953**, 240.

150. Sörensen, N. A. and K. Stavholt: A Hexahydro Matricaria Ester — "Composit-Cumulene I" — from Scentless Mayweed (*Matricaria inodora* L.). Acta Chem. Scand. **4**, 1080 (1950).

151. — — Studies Related to Naturally Occurring Acetylene Compounds. VI. The Essential Oils of Some Species of *Erigeron*. Acta Chem. Scand. **4**, 1575 (1950).

152. Sörensen, N. A. und J. Stene: Über einen stark ungesättigten Ester aus *Matricaria inodora* L. Liebigs Ann. Chem. **549**, 80 (1941).

153. Stavholt, K. and N. A. Sörensen: Studies Related to Naturally Occurring Acetylene Compounds. V. Dehydro Matricaria Ester (Methyl *n*-decenetriynoate) from the Essential Oil of *Artemisia vulgaris* L. Acta Chem. Scand. **4**, 1567 (1950).

154. Steger, A. und J. van Loon: Das Fett der Samen von *Picramnia Sow*. Rec. trav. chim. Pays-Bas **52**, 593 (1933).

155. — — Das fette Öl der Samen von *Onguekoa Gore* Engler. Fette und Seifen **44**, 243 (1937).

156. — — Die Isansäure. Rec. trav. chim. Pays-Bas **59**, 1156 (1940).

157. — — Das fette Öl der Samen von *Ongueko gore* Engler. Fette und Seifen **48**, 606 (1941).

158. — — Untersuchungen über die Hydroxysäure (n) des Isanoöls. I. Rec. trav. chim. Pays-Bas **60**, 106 (1941).

159. — — Über einige besondere Eigenschaften des Isanoöls. Rec. trav. chim. Pays-Bas **60**, 342 (1941).

160. Treibs, W.: Über das Agropyren, einen natürlichen aromatischen En-in-Kohlenwasserstoff der Queckenwurzel. Chem. Ber. **80**, 97 (1947).

161. Tronvold, G. M., M. Nestvold, D. Holme, J. S. Sörensen and N. A. Sörensen: Studies Related to Naturally Occurring Acetylene Compounds. XI. Further Investigations on the Composition of Essential Oils from the Genus *Erigeron*. Acta Chem. Scand. **7**, 1375 (1953).

162. Tutin, F.: Chemical Examination of *Oenanthe Crocata*. Pharmac. J. **33**, 296 (1911) [J. Chem. Soc. (London) **100**, II, 921 (1911)].

162a. Wailes, P. C.: The Occurrence of Acetylenic Compounds in Nature. Rev. Pure and Appl. Chem. **6**, 61 (1956).

163. Weedon, B. C. L.: Acetylene Chemistry. Progr. Organ. Chem. **1**, 134 (1952).

164. Wiljams, W. W., W. S. Smirnow und W. P. Golmow: Über die Natur des kristallinischen Produkts aus dem ätherischen Öl von *Lachnophyllum gossypinum* Bge. Zhur. Obschei Khimii **5**, 1195 (1935) [Chem. Zbl. **1936**, I, 3347].

165. Wittig, G. und U. Schöllkopf: Über Triphenylphosphin-methylene als olefinbildende Reagenzien (1. Mitt.). Chem. Ber. **87**, 1318 (1954).

166. Woodward, R. B.: Neuere Entwicklungen in der Chemie der Naturstoffe. Angew. Chem. **68**, 13 (1956).

167. Zechmeister, L. and J. W. Sease: A Blue-fluorescing Compound, Terthienyl, Isolated from Marigolds. J. Amer. Chem. Soc. **69**, 273 (1947).

(Eingelaufen am 20. Dezember 1956.)

Neuere Ergebnisse auf dem Gebiete der glykosidischen Herzgifte: Zucker und Glykoside.

Von **CH. TAMM**, Basel.

Mit 6 Abbildungen.

Inhaltsübersicht.

I. Einleitung.

Die herzwirksamen Glykoside sind gemischte Cycloacetale von Zuckern mit einem Alkohol, der als Genin oder Aglykon bezeichnet wird. Die Aglykone gehören der Gruppe der Steroide an. Die Glykoside sind in der Regel Triglykoside, die gewöhnlich nach dem folgenden Schema aufgebaut sind:

$$\text{Aglykon} - Z - D\text{-Glucose} - D\text{-Glucose.}$$

Z ist dabei meistens ein spezifischer Zucker (vgl. S. 73). Die wichtigsten Glykoside der Digitalisarten entsprechen hingegen dem Typus eines Tetraglykosids:

$$\text{Aglykon} - Z - Z - Z - D\text{-Glucose.}$$

Über die Isolierung der herzwirksamen Glykoside aus Pflanzen wurde vor einem Jahr in diesen ,,Fortschritten'' berichtet (263). Zur Abklärung des chemischen Baus müssen die Konstitution der Aglykone und der Zucker sowie die Verknüpfungsart dieser beiden Bausteine ermittelt werden. Die Spaltung der Glykoside in Aglykone und Zucker wurde ebenfalls vor einem Jahr eingehend diskutiert (263). Der vorliegende Artikel schließt direkt an jenen an, in dem zunächst die Konstitution der Zucker behandelt werden soll. Ein weiteres Kapitel hat die Teilsynthese von Glykosiden aus Aglykonen und Zuckern zum Gegenstand. Damit sind die Grundlagen geschaffen, um die Art der glykosidischen Verknüpfung untersuchen zu können. Es folgt ein Überblick über die bisher isolierten Glykoside, ihre Aglykone und Zucker. Eine Betrachtung über die botanische Verteilung schließt den vorliegenden Artikel ab.

II. Konstitution und Nachweis der Zucker.

In vielen Herzglykosiden kommen neben der D-Glucose, D-Fucose und der L-Rhamnose, die in der Natur allgemein sehr verbreitet sind, eine Reihe von seltenen Zuckern vor, die bisher in anderen Naturstoffen nie gefunden worden sind. Es handelt sich um Hexosen, die sauerstoffärmer als die normalen Vertreter sind und daher als *Desoxyzucker* bezeichnet werden. Ist die endständige primäre HO-Gruppe durch Wasserstoff ersetzt, so liegen Hexamethylosen vor. Der Ersatz der HO-Gruppe an $C_{(2)}$ durch Wasserstoff gibt die 2-Desoxyzucker, deren Glykoside sich durch die bereits erwähnte leichte Hydrolysierbarkeit auszeichnen. 2-Desoxyzucker wurden in der Natur nur noch in den Desoxy-ribonucleinsäuren gefunden, wo, so weit bekannt, als einziger Vertreter die 2-Desoxy-D-ribose vorkommt. Ferner sind eine Anzahl von 2-Desoxyhexamethylosen bekannt geworden. Oft ist die HO-Gruppe an $C_{(3)}$ dieser Zucker mit Methanol veräthert. Die Aufklärung der Konstitution dieser natürlichen Zucker gelang zum Teil durch Abbau; in den meisten

Fällen führte aber erst der Vergleich mit synthetisch bereiteten Zuckern zum Ziel. [Vgl. die diesbezüglichen Zusammenfassungen (*28, 179* und *171*).]

Bisher wurden die Monosaccharide (I) — (XVII) in Herzglykosiden gefunden.

CHO | CH$_2$OH	CHO | CH$_3$	CHO | CH$_3$	CHO | CH$_3$
(I.) *D*-Glucose.	(II.) *L*-Rhamnose.	(III.) *L*-Talomethylose.	(IV.) *D*-Gulomethylose (= Antiarose).
CHO | CH$_3$	CHO | CH$_3$	CHO | CH$_2$ | CH$_3$	CHO | CH$_2$ | CH$_3$
(V.) *D*-Allomethylose.	(VI.) *D*-Fucose.	(VII.) *D*-Digitoxose.	(VIII.) *D*-Boivinose.
CHO CH$_3$O—| CH$_3$	CHO CH$_3$O—| CH$_3$	CHO —OCH$_3$ CH$_3$	CHO —OCH$_3$ CH$_3$
(IX.) *D*-Digitalose.	(X.) *D*-Thevetose und (XI.) *L*-Thevetose.	(XII.) *L*-Acovenose.	(XIII.) *L*-Acofriose.
CHO CH$_2$ CH$_3$O—| CH$_3$	CHO CH$_2$ —OCH$_3$ CH$_3$	CHO CH$_2$ —OCH$_3$ CH$_3$	CHO CH$_2$ —OCH$_3$ CH$_3$
(XIV.) *D*-Diginose.	(XV.) *L*-Oleandrose.	(XVI.) *D*-Sarmentose.	(XVII.) *D*-Cymarose.

Oridigin, ein Glykosid, das MANNICH und SCHNEIDER (*142*) aus den Blättern von *Digitalis orientalis* L. isoliert haben, enthält eine 2-Desoxymethylpentose, deren Konstitution nicht aufgeklärt ist. Die Konstitution der Corchsularose, des sog. Zuckers des Corchsularins [Glykosid aus indischen Jutesamen, *Corchorus capsularis* L. (*119, 120*)] ist sehr fraglich, da Corchsularin kein Glykosid ist, sondern mit Strophanthidin identisch ist (S. 86) (*241*).

Die physikalischen Eigenschaften der bisher isolierten und aufgeklärten Zucker sind in *Tabelle 1* (S. 102) zusammengefaßt, wo sich gleichzeitig einige zur Charakterisierung besonders geeignete Derivate finden.

Eine Reihe von isomeren Zuckern des gleichen Typs hat man bisher in herzwirksamen Glykosiden nicht angetroffen. Die meisten von ihnen sind auf synthetischem Wege bereitet worden. Es sind dies (abgesehen von den Isomeren der *D*-Glucose): *L*-Idomethylose (*147*), *D*-Altromethylose (*65*), *D*-Chinovose (= *D*-Glucomethylose) (*46, 47*) und *L*-Chinovose (*292*), *D*-Idomethylose-3-methyläther (*48*), *D*-Altromethylose-3-methyläther (*64*) (*D*-Gulomethylose-3-methyläther und *D*-Allomethylose-3-methyläther sind noch unbekannt), ferner 2-Desoxy-*L*-rhamnose (*92*) und 2-Desoxy-*L*-fucose (*93*). Es ist wohl möglich, daß auch diese Isomeren noch in der Natur gefunden werden.

Zur weiteren Charakterisierung der Zucker eignet sich die *Papierchromatographie* (*172—174*). Zum Sichtbarmachen der Flecken kann mit $AgNO_3$ und NaOH entwickelt und mit NH_3 fixiert werden (*267, 298*). Anilinphtalat (*175*) und das speziell für 2-Desoxyzucker noch etwas empfindlichere Blautetrazoliumchlorid werden ebenfalls häufig gebraucht (*29, 140, 15*). Die R_F-Werte der Zucker in verschiedenen Lösungsmittelsystemen sind in *Tabelle 2* (S. 104) zusammengestellt.

Für eine orientierende Unterscheidung der Hexamethylosen von den 2-Desoxyhexamethylosen resp. den 2-Desoxy-hexamethylose-3-methyläthern ist das System *n*-Butanol-Pyridin-Wasser (3 : 2 : 1,5) am geeignetsten. Die Hexamethylosen untereinander lassen sich in diesem System nur teilweise voneinander trennen. Am besten bewährt sich jedoch die Kombination dieses Systems mit den Systemen *n*-Butanol-Eisessig-Wasser (4 : 1 : 1) und *n*-Butanol-Pyridin-Wasser (3 : 2 : 3), das mit Borsäure gesättigt ist. Für die Trennung der isomeren Hexamethylose-3-methyläther liegen noch wenige Erfahrungen vor. Die 2-Desoxy-hexamethylosen und die entsprechenden 3-Methyläther lassen sich mit den neu entwickelten Systemen Toluol-*n*-Butanol (1 : 9) und (4 : 1) gegen Wasser und Toluol-Methyläthylketon (1 : 1) gegen Wasser in befriedigender Weise trennen (*188*).

Die durch gezielte hydrolytische Spaltung der herzwirksamen Glykoside bisher gewonnenen Disaccharide zeigen im System *n*-Butanol-Pyridin-Wasser (3 : 2 : 1,5) genügend verschiedene R_F-Werte, um sie von den am langsamsten wandernden Monosacchariden und den Trisacchariden unterscheiden zu können. Das System eignet sich aber nicht, um die bisher gefundenen Di- respektive Trisaccharide untereinander zu trennen. Ihre Trennung ist bisher nicht durchgeführt worden.

III. Teilsynthese von Glykosiden.

Die Totalsynthese eines natürlichen herzwirksamen Glykosids ist bisher nicht geglückt, da der Aufbau eines natürlichen Cardenolids oder Bufadienolids noch nicht gelungen ist. Hingegen sind Aglykone und Zucker zu natürlichen Glykosiden vereinigt worden.

Diese Reaktion ist zum ersten Male von Uhle und Elderfield mit Erfolg ausgeführt worden. Sie bereiteten aus Strophanthidin durch Umsatz mit verschiedenen Acetobrom-Zuckern die Glykosidacetate, die nach Entacetylierung die entsprechenden freien Glykoside lieferten. So wurden Strophanthidin-β-D-glucosid, -β-D-xylosid, -β-D-arabinosid in Kristallen und -β-D-galaktosid in amorpher Form erhalten (*285*). Diese Glykoside sind zum Teil sehr stark herzaktiv. Etwas später wurden noch die β-D-glucoside von Digitoxigenin, Digoxigenin und Periplogenin (*28a*) und Strophanthidin-α-D-lyxosid (*191*) bereitet. Von den natürlichen Glykosiden stellten REICHSTEIN und Mitarbeiter Convallatoxin (Strophanthidin-α-L-rhamnosid) (*190*) und Honghelin (Digitoxigenin-β-D-thevetosid) (*192*) teilsynthetisch her. Sie benützten eine Modifikation (*149, 190, 191*) der Methode von KOENIGS und KNORR (*123*). Die Ausbeuten an Glykosid übersteigen im allgemeinen 30% nicht, da stets bedeutende Mengen von Anhydroprodukten gebildet werden. Die von UHLE und ELDERFIELD (*285*) beschriebene Teilsynthese erwies sich als schwer reproduzierbar (*190*). Die Wiederholung gelang erst kürzlich durch eine Modifikation der experimentellen Methodik (*145*). Der Erfolg dieser Synthesen scheint aber noch von andern, nicht ersichtlichen Faktoren abhängig zu sein. Durch Reduktion der Aldehydgruppe des Strophanthidin-β-D-glucosids gelangten MAULI et al. (*145*) zum Strophanthidol-β-D-glucosid. Dieses Glucosid ist bisher noch nicht aus Pflanzen in Kristallen isoliert worden, da es schwer kristallisiert, obwohl es sehr wahrscheinlich in ihnen vorkommt (*146, 144*).

Beim Versuch, Evomonosid aus Acetobrom-L-rhamnose und Digitoxigenin zu synthetisieren, erhielten TAMM und ROSSELET (*265*) 14-Anhydro-evomonosid als einziges Reaktionsprodukt.

Die Teilsynthese ermöglichte die Aufklärung der zwei isomeren Glykoside Honghelin und Neriifolin. Honghelin ist mit dem synthetisch bereiteten Digitoxigenin-β-D-thevetosid identisch; während in Neriifolin Digitoxigenin-α-L-thevetosid vorliegt (*78, 192*).

Die Glykosidsynthese nach KOENIGS und KNORR liefert je nach dem räumlichen Bau des verwendeten Zuckers entweder die α- oder die β-Form. Nach FLETCHER und HUDSON (*49, 50*) entsteht aber unabhängig von der Konfiguration der Acetohalogenose an $C_{(1)}$ vorwiegend oder fast ausschließlich dasjenige Glykosid, bei den die funktionellen Gruppen an $C_{(1)}$ und $C_{(2)}$ des Zuckeranteils in *trans*-Stellung zueinander stehen. Die Struktur des Genins scheint dabei sehr wenig Einfluß auszuüben. Die Zuordnung der Konfiguration an $C_{(1)}$ des Zuckers nach der FLETCHER-HUDSON-Regel und die Zuordnung, die auf dem Vergleich der molekularen Drehungen nach der Methode von KLYNE (s. unten) beruht, stimmen gut miteinander überein.

Die Umlagerung von einer Form in die andere ist bisher nicht gelungen, da z. B. acylierte β-Glykoside nur in stark saurem Milieu in die α-Form übergehen, Bedingungen, die bei Herzglykosiden die Bildung von Anhydroprodukten bewirken dürften (*192*).

IV. Verknüpfung der Zucker in den Glykosiden.

Die Zucker der Herzglykoside liegen höchstwahrscheinlich in der pyranoiden Form vor (aus der Geschwindigkeit der Hydrolyse geschlossen); der endgültige Beweis (z. B. durch erschöpfende Methylierung) ist dafür noch nicht erbracht worden. Die Entscheidung, ob in den Monoglykosiden der Zucker mit dem Aglykon und in höheren Glykosiden die Zucker untereinander α- oder β-glykosidisch verknüpft sind, läßt sich auf Grund des molekularen Drehungsbeitrags der alkoholischen Komponente nach dem Verfahren von KLYNE (*122*) treffen. Die molekulare Drehung $[M]_D = [\alpha]_D \times Mol.\text{-}Gew. \times 10^{-2}$ eines Glykosids ist demnach ungefähr gleich der Summe aus der molekularen Drehung der alkoholischen Komponente und des α- oder β-Methylglykosids des Zuckers. Die eindeutige Zuordnung ist trotz des relativ großen Fehlers, mit dem die $[M]_D$-Werte behaftet sind, möglich, da die Differenz dieser Werte zwischen den α- und den β-Glykosiden ungefähr 300° beträgt. Aus solchen Berechnungen ergibt sich die Regel, daß die bekannten natürlichen Herzglykoside, die

Drehungswerte für Echujin (A).

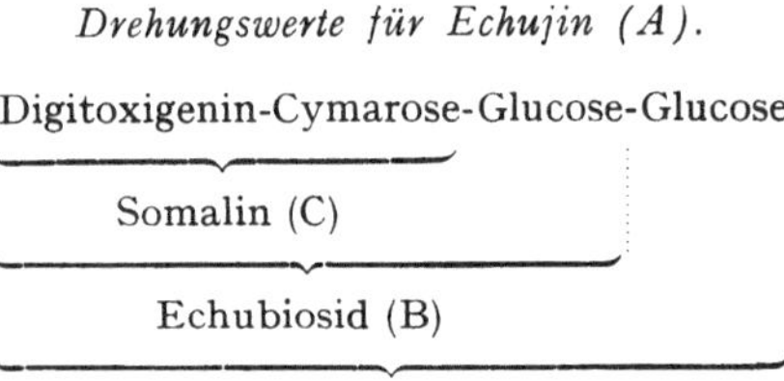

Substanz		$[M]_D$
Echujin (A)	$[\alpha]_D^{20} = -\ 6,5° \pm 2°$	$-54°$ $\pm\ 17°$ (Methanol)
Echubiosid (B)	$[\alpha]_D^{21} = +\ 4,2° \pm 2°$	$-28°$ $\pm\ 13°$ (Methanol)
Somalin (C)	$[\alpha]_D^{19} = +\ 9,5°$	$+49°$ zirka $\pm\ 10°$ (Äthanol)
Digitoxigenin (D)	$[\alpha]_D^{17} = +\ 19,1°$	$+71°$ zirka $\pm\ 10°$ (Methanol)
A—B = Drehungsbeitrag der letzten *D*-Glucose in (A)		$-84°$ $\pm\ 30°$
B—C = Drehungsbeitrag der letzten *D*-Glucose in (B)		$-21°$ $\pm\ 23°$
C—D = Drehungsbeitrag der letzten *D*-Cymarose in (C).......................		$-22°$ $\pm\ 20°$
α-Methyl-*D*-glucosid-(1,5);	$[\alpha]_D^{20} = +\ 158,9°$	$+270°$ (Wasser)
β-Methyl-*D*-glucosid-(1,5);	$[\alpha]_D^{20} = -\ 34,2°$	$-58°$ (Wasser)
α-Methyl-*D*-cymarosid-(1,5);	$[\alpha]_D^{17} = +\ 212,0° \pm 2°$	$+372°$ $\pm\ 4°$ (Methanol)
β-Methyl-*D*-cymarosid-(1,5); unbekannt		geschätzt $+22°$ $\pm\ 50°$

sich von *D*-Zuckern ableiten, die *β*-Konfiguration besitzen, während diejenigen von *L*-Zuckern *α*-Konfiguration aufweisen (*122*). Ein anschauliches Beispiel für die Richtigkeit dieser Regel bieten die bereits erwähnten beiden isomeren Digitoxigenin-Glykoside Honghelin (*β-D*-Thevetosid) und Neriifolin (*α-L*-Thevetosid). Dieser Befund steht auch mit der Teilsynthese des Honghelins, die der Regel von HUDSON und FLETCHER folgte, im Einklang. Nach diesem Verfahren kann man in zuckerreichen Glykosiden die Konfiguration aller glykosidischen Verknüpfungen ermitteln, wenn die stufenweise Abspaltung der Zucker gelingt und die spezifischen Drehungen ihrer Methylglykoside bekannt sind. Als typisches Beispiel soll das Triglykosid Echujin (A) dienen (*81*).

Die Drehungsbeiträge von allen drei Zuckern in Echujin (A) sind negativ und stimmen gut mit den Werten von *β*-Methyl-*D*-glucosid-(1,5) respektive *β*-Methyl-*D*-cymarosid-(1,5) überein. Die entsprechenden *α*-Methylderivate zeigen stark abweichende positive Werte. Sämtliche glykosidischen Bindungen liegen demnach in der *β*-Form vor. Echujin liefert bei der Acetolyse *α*-Octa-O-acetyl-gentiobiose und nicht Octa-O-acetyl-isomaltose, was ein zusätzlicher Beweis für die *β*-glykosidische Verknüpfung dieser beiden endständigen Glucosereste ist. *α*-Octa-O-acetyl-gentiobiose wurde auch durch Acetolyse von Thevetin (*268*), Tanghinosid (*59*), Ccta-O-acetyl-odorotriosid G (*193*) und von Odorosid K (*198*) erhalten. Octa-O-acetyl-isomaltose wurde bisher nie aus Herzglykosiden isoliert. (Eine Umlagerung in die *α*-Form während der Acetolyse ist höchst unwahrscheinlich.)

Gleichzeitig ist damit die pyranoide Struktur dieser Zucker bewiesen.

Durch milde saure Hydrolyse wird aus Echujin das Trisaccharid Strophanthotriose, das bereits aus k-Strophanthosid (*257*) gewonnen worden war, erhalten. Auch die Strophanthotriose liefert bei der Acetolyse *α*-Octa-O-acetyl-gentiobiose. Aus dem Befund, daß ein Enzympräparat aus Hefe, das vorwiegend *α*-Glucoside angreift, die endständige *D*-Glucose des k-Strophanthosids abgespalten hat, hat STOLL die *α*-glykosidische Verknüpfung dieser Glucose abgeleitet. Der molekulare Drehungsbeitrag der endständigen *D*-Glucose ergibt sich wie folgt:

k-Strophanthosid (A): $[\alpha]_D = + 13,8°$; $[M]_D = + 120° \pm$ zirka 20° (Methanol).
k-Strophanthin-*β* (B): $[\alpha]_D = + 31,8°$; $[M]_D = + 226° \pm$ zirka 20° (Methanol).
A—B = Drehungsbeitrag der letzten *D*-Glucose in (A); $[M]_D = - 106° \pm$ zirka 40°.

Dieser Wert ist negativ und stimmt gut mit dem $[M]_D$-Wert von *β*-Methyl-*D*-glucosid-(1,5) überein. Somit dürften auch in k-Strophanthosid alle Zuckerverknüpfungen *β*-glykosidisch sein. Der endgültige Beweis durch Teilsynthese steht aber noch aus. Offenbar enthielten die verwendeten Enzympräparate aus Hefe, neben der *α*-Glucosidase etwas einer *β*-Glucosidase. Die Isolierung der Octa-O-acetyl-gentiobiose aus verschiedenen Triglykosiden beweist gleichzeitig, daß die endständige

D-Glucose mit der primären HO-Gruppe an $C_{(6)}$ der nächst-inneren
D-Glucose verbunden ist.

Die Regel von Klyne gilt nicht nur für die Glykoside der Cardenolide,
sondern auch für diejenigen der Bufadienolide. So wurde für die beiden
D-Glucosereste in Glucoscillaren A die β-glykosidische Verknüpfung abgeleitet (*251, 259*). Die Verknüpfungsart der *L*-Rhamnose mit Scillarenin
läßt sich allerdings aus den molekularen Drehungswerten nicht eindeutig
festlegen. Eine weitere Abweichung von der Regel wurde bei Scilli-
glaucosid (*251, 259*) gefunden, dessen Aglykon Scilliglaucosidin mit
D-Glucose verknüpft ist. Der molekulare Drehungsanteil der *D*-Glucose
beträgt $+ 398°$, was für eine α-glykosidische Verknüpfung spricht;
möglicherweise liegt ein α-*D*-Gluco-furanosid vor (*229*).

V. Die isolierten Glykoside, ihre Aglykone und Zucker.

1. Allgemeine Bemerkungen zu ihrer Konstitution.

a) Die Aglykone.

Die bisher in reiner kristallinischer Form isolierten und analysierten
Aglykone sind in den Tabellen 1 und 2 (Cardenolide und Bufadienolide),
ihre Glykoside in den Tabellen 3 (Cardenolid-Glykoside) und 4 (Bufadien-
olid-Glykoside) des früheren Artikels (*263*) zusammengestellt. Einige
weitere Stoffe, die erst in allerjüngster Zeit bekannt geworden sind, finden
sich in *Tabelle 3* (S. 106) der vorliegenden Arbeit. Über die Konstitution
konnten einige Anhaltspunkte gewonnen werden, über die im folgenden
berichtet werden soll. Die Konstitution der bekannten Aglykone wurde
bereits in der ersten Abhandlung (*263*) vor einem Jahr eingehend besprochen. Im folgenden wird deshalb nur noch auf die seither erzielten
Fortschritte eingegangen.

Gitoxigenin. Die Konstitution des Gitoxigenins (XXI) war schon seit
längerer Zeit bis auf die räumliche Anordnung der Hydroxylgruppe
an $C_{(16)}$ gesichert. Die β-Konfiguration, die durch die früheren Untersuchungen sehr wahrscheinlich geworden war (*263*), wurde durch Hirschmann und Hirschmann (*85*) endgültig bewiesen. Sie bereiteten aus dem
$3\beta,16\alpha$-Diacetoxy-ätiansäure-methylester (XVIII) durch partielle Verseifung der 16-Acetoxygruppe mit K_2CO_3 und anschließende Dehydrierung mit CrO_3-Pyridin den 3β-Acetoxy-16-keto-ätiansäure-methylester
(XIX). Gleichzeitig entstand der isomere 17α-Ätiansäure-methylester
(XX). Katalytische Hydrierung in Gegenwart von Raney-Ni oder Pt-
oder $NaBH_4$-Reduktion von (XIX) ergab nach Acetylierung den Di-
acetoxyester (XXIII), der vom $3\beta,16\alpha$-Diacetoxy-ätiansäure-methyl-
ester (XVIII) verschieden war und sich von jenem nur durch Epimerie
an $C_{(16)}$unterscheidet. Die Verbindung (XXIII) war mit dem Abbauester

von Di-O-acetyl-gitoxigenin (XXII) identisch. Gitoxigenin besitzt deshalb die Formel (XXI)* *(Formelübersicht 1)*.

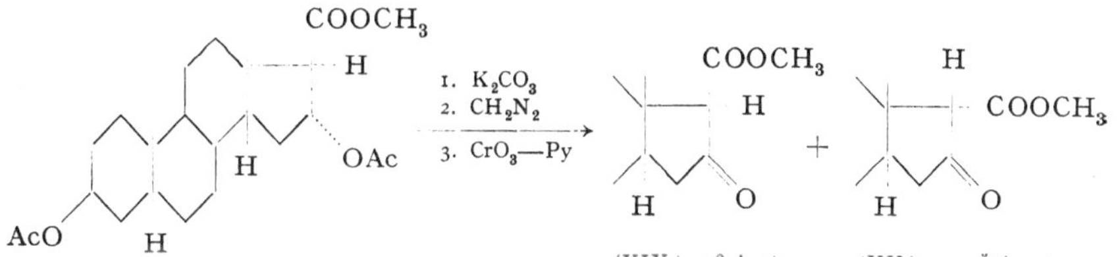

COOCH$_3$

1. K$_2$CO$_3$
2. CH$_2$N$_2$
3. CrO$_3$—Py

COOCH$_3$ + COOCH$_3$

(XVIII.) 3β,16α-Diacetoxy-ätiansäure-methylester.

(XIX.) 3β-Acetoxy-16-keto-ätiansäure-methylester.

(XX.) 17α-Ätiansäure-methylester.

1. H$_2$, katalyt. oder NaBH$_4$
2. Acetyl.

COOCH$_3$

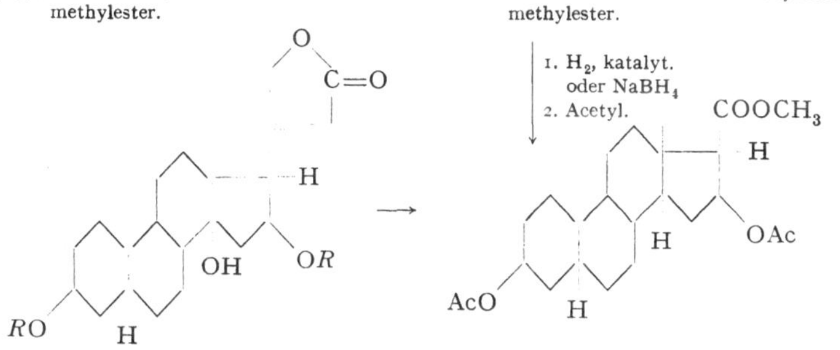

(XXI.) *R* = H: Gitoxigenin.   (XXII.) *R* = Ac.   (XXIII.)

Formelübersicht 1.

3-Epi-oleandrigenin und 3-Epi-gitoxigenin wurden von Okada und Yamada *(169 a)* aus 3-Dehydro-oleandrigenin (= Oleandrigenon) durch Reduktion mit NaBH$_4$ erhalten. Das Hauptprodukt dieser Reaktion war 3-Epi-oleandrigenin. 3-Epi-gitoxigenin entstand nur in geringerer Menge, indem eine gleichzeitige Verseifung der 16-Acetoxygruppe stattfand. Beide Stoffe waren herzunwirksam, was auch bei 3-Epi-digitoxigenin und 3-Epi-tanghinigenin der Fall ist.

Tanghiferigenin. Frèrejacque, Sigg und Reichstein *(61)* sicherten die Bruttoformel C$_{23}$H$_{32}$O$_5$. Das UV.-Spektrum zeigte in alkoholischer Lösung Maxima bei 212 mμ (log ε = 4,17) und 295 mμ (log ε = 1,50). Es war gleich wie dasjenige des Neotanghiferins. Die Lage des kurzwelligen Maximums ist abnormal, da es etwa um 5 mμ kurzwelliger als bei den üblichen Cardenoliden ist. Das IR.-Spektrum zeigte neben den normalen Banden, die für ein OH und ein gesättigtes Sechsringketon sprechen, ebenfalls abnorme Maxima für den Butenolidring. Tanghiferigenin gab ein Monoacetylderivat, das gegen CrO$_3$-Eisessig beständig war und nach dem IR.-Spektrum kein Hydroxyl enthielt. Das Monoacetylderivat war gegen NaBH$_4$ bei 20° beständig. Unter energischen Bedingungen trat

---

* Die in den folgenden Formeln verwendete Abkürzung Ac— bedeutet CH$_3$CO—.

Reduktion des Lactonringes ein, wobei die Ketogruppe wieder nicht angegriffen wurde. O-Acetyl-tanghiferigenin verhielt sich auch gegenüber O_3 abnormal. Diese Vorversuche deuten darauf hin, daß Tanghiferigenin nicht das normale Cardenolidgerüst enthält.

Sarmutogenin (XXV). Seine Konstitution wurde von Kündig-Hegedüs und Schindler (*129*) durch die Überführung des Diacetyl-

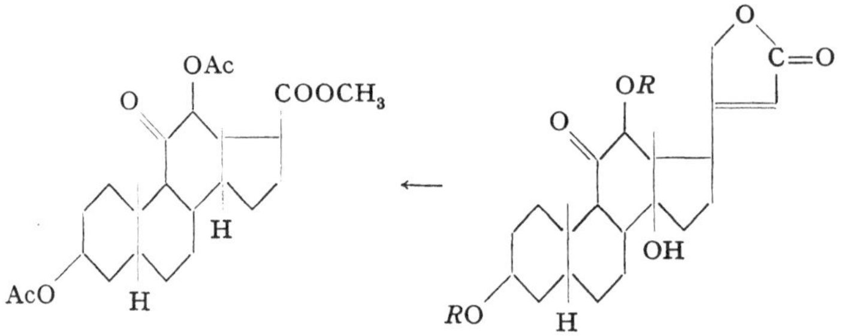

(XXIV.)

3β,12β-Diacetoxy-11-keto-ätiansäure-methylester.

(XXV.) R = H: Sarmutogenin.
(XXVI.) R = Ac.

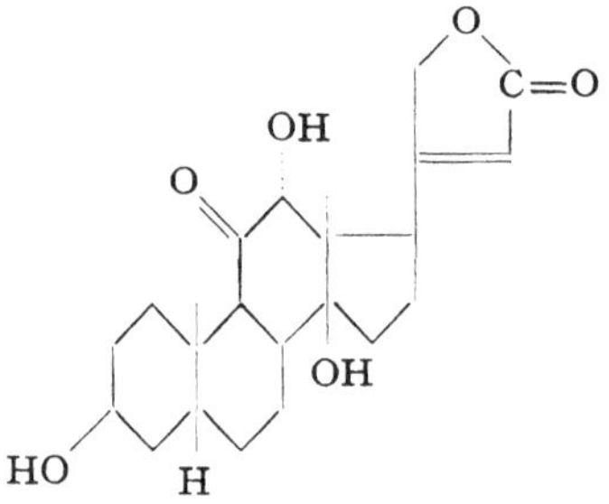

(XXVII.) Caudogenin.

derivats (XXVI) in den 3β,12β-Diacetoxy-11-keto-ätiansäure-methyl-ester (XXIV) gesichert. (XXIV) wurde ausgehend von 3β-Acetoxy-12-keto-ätiansäure-methylester hergestellt (*220*).

Caudogenin. Da Caudogenin (XXVII) sich von Sarmutogenin nur durch Epimerie an $C_{(12)}$ unterscheidet, ist damit auch die Konstitution dieses Genins gesichert.

Calotropagenin. Für das aus dem Milchsaft von *Calotropis procera* stammende Calotropagenin, $C_{23}H_{32}O_6$, schlagen Hassall und Reyle (*73*) die provisorische Formel (XXVIII) vor.

Die Aldehydgruppe ergibt sich zunächst aus dem Absorptions-maximum bei 310 mμ, das neben der Bande des Butenolidrings in Er-scheinung tritt. Bei der Oxydation mit CrO_3 entsteht eine Ketosäure, bei der Reduktion mit $NaBH_4$ ein Tetraol, in welchem 3 Hydroxyl-gruppen acetylierbar sind. Das Maximum bei 310 mμ ist im Spektrum des Reduktionsprodukts nicht mehr sichtbar. Da (XXVIII) mit Alkali zwei verschiedene Isomerisierungsprodukte liefert, die den Lactonring einbeziehen (das eine dürfte das normale 14,21-Oxido-cardanolid sein),

(XXVIII.) Calotropagenin (?).

muß sich eine weitere HO-Gruppe in der Nähe des Lactonrings befinden; die 12-Stellung wird am wahrscheinlichsten betrachtet, da sich die 15- und 16-Stellungen ausschließen lassen. (Es bildet sich kein $\Delta^{14,16}$-Dien; das Genin ist gegenüber HJO_4 beständig).

Sarverogenin. Nachdem in Sarverogenin, $C_{23}H_{32}O_7$, eine Ketolgruppierung in 11,12-Stellung nachgewiesen worden war (*263*), gelang es SCHINDLER (*219*), einen weiteren Einblick in den Bau des Moleküls zu gewinnen. Er bewies das Vorliegen einer tertiären HO-Gruppe an $C_{(14)}$, die *cis*-ständig zum Butenolidring angeordnet ist, und eines Tetrahydrofuranrings. Die Sauerstoffbrücke dürfte an $C_{(15)}$ verankert sein; der andere Brückenkopf ist noch nicht bekannt. Die wichtigsten Reaktionen sind auf S. 82 gezeigt.

Der aus Di-O-acetyl-sarverogenin (**XXX**) erhaltene Ätiansäure-ester (**XXXI**) ergab mit $SOCl_2$ und Pyridin den ungesättigten Ester (**XXXII**). Bei der Hydrierung mit Pd-C als Katalysator entstand durch Hydrogenolyse der sekundäre Allylalkohol (**XXXIII**), der mit CrO_3 das α,β-ungesättigte Keton (**XXXVII**) lieferte. Die Stellung der α,β-ungesättigten Ketongruppierung stützt sich hauptsächlich auf das IR.-Spektrum (Maximum bei $5,88\,\mu$ in CS_2). Beim Versuch, die HO-Gruppe in (**XXXIII**) zu mesylieren, bildete sich das Dehydratisierungsprodukt (**XXXVI**), das ein konjugiertes Dien ist ($\lambda_{max} = 242$ mμ (4,28) und $6,15\,\mu$ in CS_2). Das gleiche ungesättigte Keton (**XXXVII**) wurde auch erhalten, wenn der Sauerstoffring des Allyläthers (**XXXII**) mit HCl geöffnet wurde. Das Cl-haltige Reaktionsprodukt ließ sich mit CrO_3 zu (**XXXIV**) dehydrieren und das Chlor mit Zink reduktiv entfernen *(Formelübersicht 2)*.

Bisher ist es noch nicht geglückt das Kohlenstoffskelett des Sarverogenins (**XXIX**) zu beweisen.

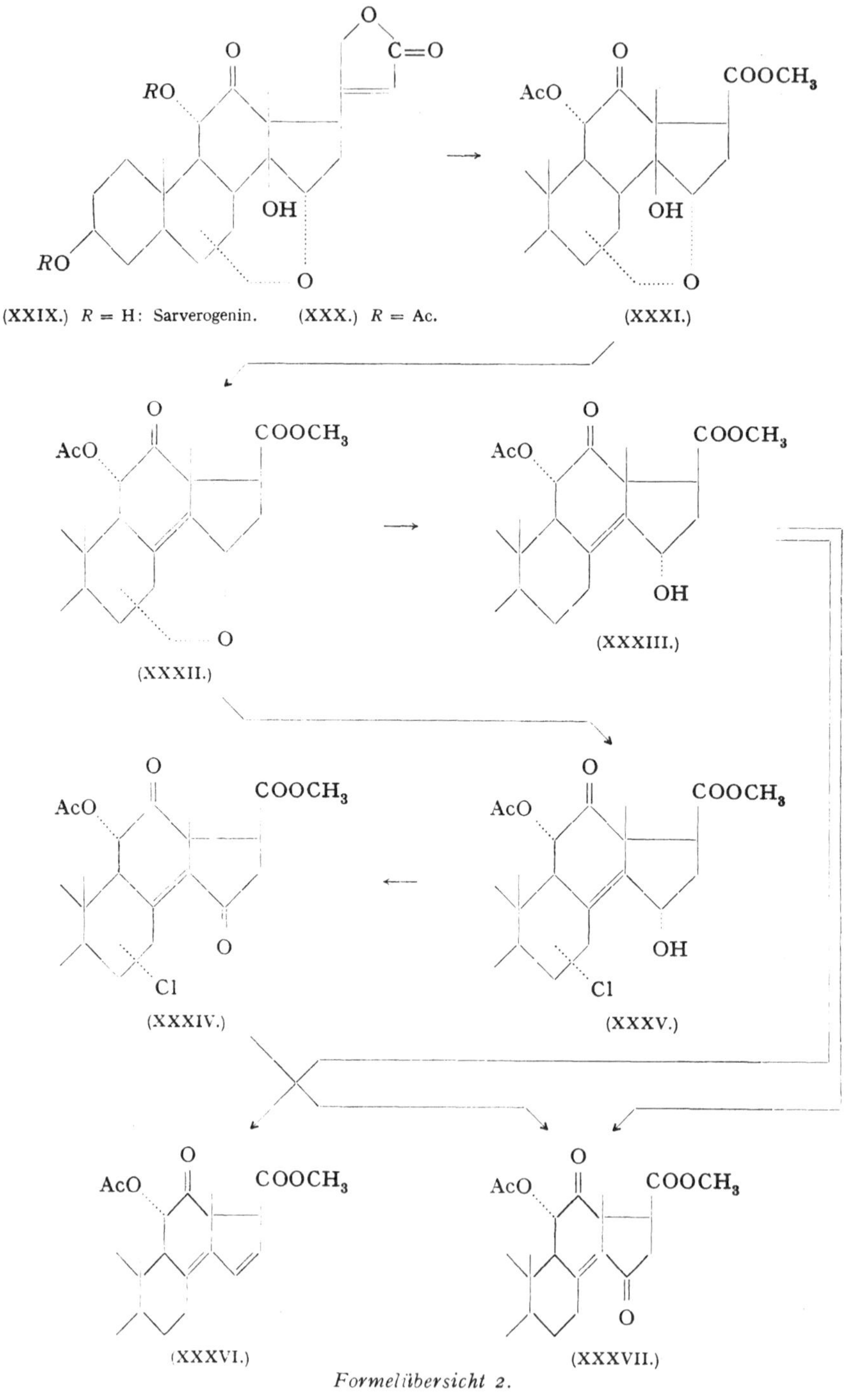

(XXIX.) $R =$ H: Sarverogenin.   (XXX.) $R =$ Ac.   (XXXI.)

(XXXII.)

(XXXIII.)

(XXXIV.)   (XXXV.)

(XXXVI.)   (XXXVII.)

Formelübersicht 2.

Ouabagenin. TURNER und MESCHINO (*283*) führten ein Umwandlungsprodukt (XXXVIII) des Ouabagenins durch Dehydrierung mit CrO_3 in Pyridin in (XXXIX) über, das seinerseits bei der weiteren Dehydrierung mit Pd das Produkt (XL) lieferte, welches genau das gleiche UV.-Absorptionsspektrum wie *cis*-3-Methoxy-11-keto-equilenan zeigt. Daraus ergibt sich die 11-Stellung für die Ketogruppe in (XXXIX) und (XL).

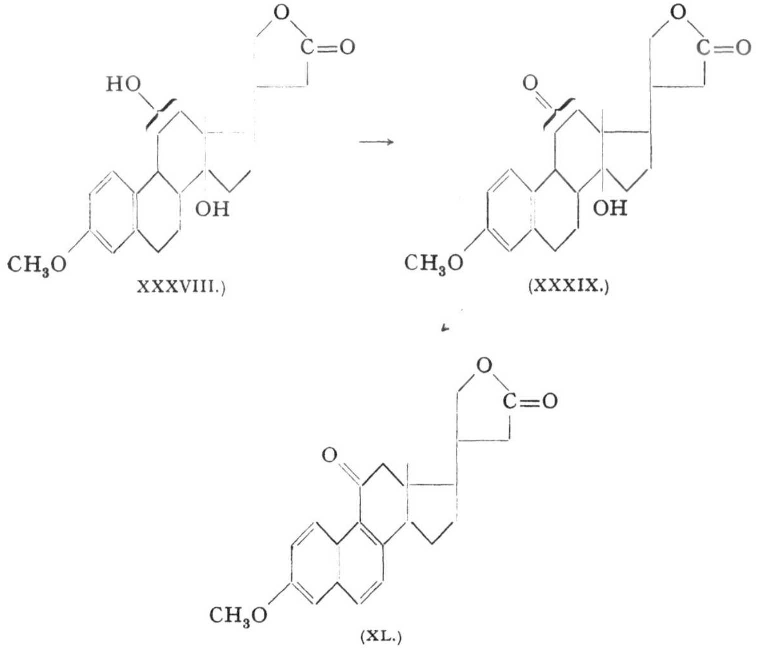

TAMM und Mitarb. (*265 a*) führten Ouabagenin (XL a) in das bekannte 3-Methoxy-17β-carbomethoxy-östra-trien-(1,3,5) (XL h) über *(Formelübersicht 3, S. 84)*. Die Reaktionsfolge nahm ihren Anfang bei 1β,19-Isopropyliden-3β,11α-di-O-acetyl-ouabagenin (XL b), das aus Ouabain durch Spaltung mit HCl in Aceton und anschließende Acetylierung bereitet wird. Verbindung (XL b) wurde zum Ätiansäure-ester (XL c) abgebaut und in den ungesättigten Diketo-ester (XL d) übergeführt; letzterer ließ sich mit Alkali unter Bildung von Formaldehyd sehr leicht zu (XL e) aromatisieren. Nach Entfernung der 11-Ketogruppe mit Hilfe der Thioketalmethode wurde (XL f) erhalten. Die Abspaltung der HO-Gruppe an $C_{(14)}$ führte zum Ester (XL g), dessen isolierte Doppelbindung sich partiell hydrieren ließ, wodurch (XL h) entstand. Damit ist für Ouabagenin das Vorliegen des normalen Steringerüstes und die β-Stellung des Butenolidringes an $C_{(17)}$ bewiesen. Weitere Reaktionen ergaben für die HO-Gruppe an $C_{(14)}$ ebenfalls die β-Konfiguration. Zusammen mit den

(XL a.) Ouabagenin.

(XL b.) $1\beta,19$-Isopropyliden-$3\beta,11\alpha$-di-O-acetyl-ouabagenin.

1. HCl-Aceton
2. Acetyl.

1. ,,O_3-Abbau''   2. CH_2N_2

(XL c.)

1. KOH
2. CH_3N_2
3. CrO_3—Py
4. Al_2O_3

(XL d.)

1. KOH   2. CH_2N_2

(XL e.)

$+ \; CH_2O$

1. $(CH_2SH)_2$
2. Ni

(XL f.)

$SOCl_2$—Py

(XL g.)

H_2,PdO
$BaSO_4$—AcOH

(XL h.) 3-Methoxy-17β-carbomethoxy-östra-
trien-$(1,3,5)$.

Formelübersicht 3.

früheren Befunden ist damit für Ouabagenin die Formel (XL a) endgültig bewiesen.

Gomphogenin. Durch Spaltung des Glykosids Gomphosid (aus *Gomphocarpus fruticosus*) erhielten WATSON und WRIGHT (*294, 295, 295 a*) ein vorher unbekanntes Genin mit Bruttoformel $C_{23}H_{34}O_5$, das sie Gomphogenin nannten. Weder Gomphosid noch Gomphogenin enthalten neben dem Butenolidring eine Carbonylfunktion. Gomphogenin liefert ein Monoacetylderivat, das gegen CrO_3 unbeständig ist und somit eine schwer acetylierbare, sekundäre HO-Gruppe enthält. Nach dem IR.-Spektrum sollen die Ringe *A* und *B cis*-ständig miteinander verknüpft sein, wobei die β-Stellung der HO-Gruppe an $C_{(3)}$ vorausgesetzt wird. Die bisherigen Befunde lassen sich in der Formel (XLI) zusammenfassen.

(XLI.) Gomphogenin.   (XLII.) Diginatigenin (?).

Diginatigenin. MURPHY (*159*) entdeckte in den Blättern von *Digitalis lanata* ein neues Glykosid, das er als Diginatin bezeichnete. Die milde saure Hydrolyse lieferte 3 Mol. *D*-Digitoxose und *Diginatigenin* $C_{23}H_{34}O_6$. Das neue Genin besitzt 3 acetylierbare HO-Gruppen, von denen eine auf Grund der Fluoreszenzreaktion mit H_3PO_4 von PESEZ die 16-Stellung einnehmen soll; eine weitere wird in Analogie zu Digoxigenin in die 12-Stellung gelegt; (XLII) stellt eine ganz provisorische Strukturformel dar.

Di-O-acetyl-englogenin. Aus den Samen von *Strophanthus amboënsis* isolierte SCHINDLER (*218, 221*) ein neues Genin als Acetylderivat, das er als Di-O-acetyl-englogenin, $C_{27}H_{36}O_8$ (,,Substanz O. S. 420"), bezeichnete. Es besitzt die Konstitution (XLIII).

Der Abbau des Di-O-acetyl-englogenins mit Ozon usw. ergab den Ätiansäure-ester (XLIV), der nach Behandlung mit $SOCl_2$ in Pyridin und Hydrierung des amorphen Wasserabspaltungsprodukts in Pt-Eisessig einen ungesättigten Ester (XLV) lieferte. Die Verbindung (XLV) war identisch mit einem nicht hydrierbaren Wasserabspaltungsprodukt des $3\beta,11\alpha$-Diacetoxy-14β-hydroxy-ätiansäure-methylesters. Die Konstitution von (XLV) ist nicht streng bewiesen, sondern stützt sich auf das scheinbare Absorptionsmaximum bei 205 mμ (log $\varepsilon = 3{,}93$ in Cyclohexan)*, das für die Anwesenheit einer tetrasubstituierten Doppelbindung

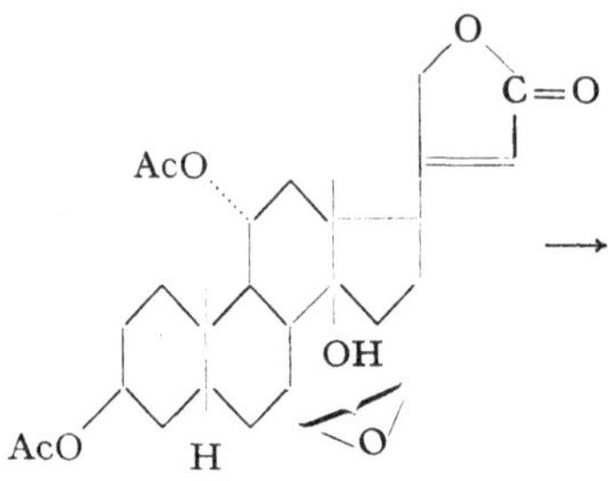

(XLIII.) Di-O-acetyl-englogenin.

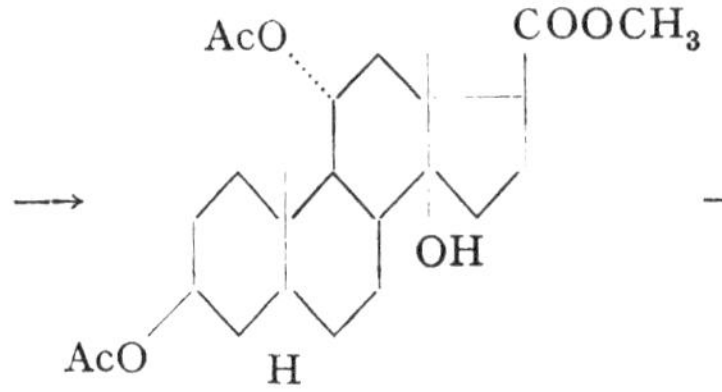

(XLIV.) 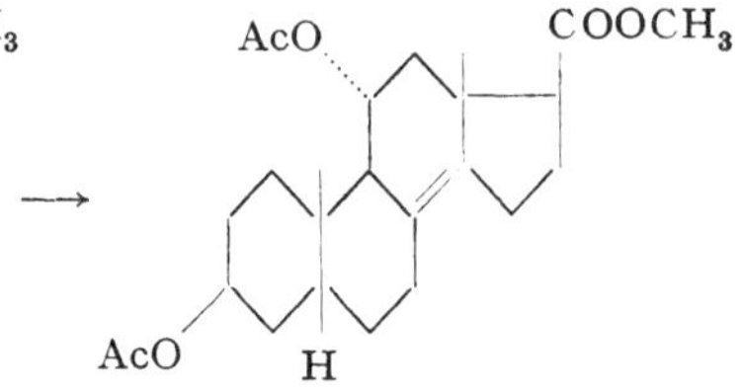 (XLV.)

spricht. Damit ist das Ringgerüst und die Stellung von 5 der 6 Sauerstoffatome im Englogenin-Molekül bewiesen. Da im Spektrum von (XLIII) und (XLIV) ein schwaches Absorptionsmaximum bei 9,30 μ bzw. 9,09 μ sichtbar ist, könnte das sechste O-Atom als Ätherbrücke vorliegen.

In der Liste der *nicht aufgeklärten Aglykone und Glykoside* sind eine Reihe von Bitterstoffen mit digitalisartiger Wirkung aufgeführt, die in den Blättern und Samen der Jutepflanze (*Corchorus capsularis* und *C. olitorius*) enthalten sind. Es sind dies *Corchorin, Corchorgenin* und *Corchsularin.* Diese Stoffe erwiesen sich auf Grund ihrer chemischen und physikalischen Eigenschaften als identisch mit *Strophanthidin* (*241*). Ihre Namen sind deshalb aus der Literatur zu streichen. Es ist sehr wahrscheinlich, daß auch weitere kristallisierte Bitterstoffe, wie Capsularin, Corchoritin, Corchsugenin und Corchortoxin mit Strophanthidin identisch sind, oder Abwandlungsprodukte desselben darstellen, die als Kunstprodukte bei der Isolierung entstanden sind. Die von Frèrejacque und Durgeat (*56*) isolierten Corchoroside A und B sind sicher Glykoside. Dem Corchorosid A liegt Strophanthidin als Aglykon zugrunde (*56*); die *D*-Boivinose ist die Zuckerkomponente (*128*). Corchorosid B ist ein unaufgeklärtes Nebenprodukt.

Das den in den Samen des Pfaffenhütchens *(Evonymus europaea)* enthaltenen Glykosiden Evonosid, Evobiosid und Evomonosid zugrunde liegende Aglykon *Evonogenin* erwies sich als identisch mit Digitoxigenin (*265*). Der Name Evonogenin ist aus der Literatur zu streichen.

---

* Das mit dem Unicam-Spektrophotometer SP 500 (oder Beckman) gemessene Maximum bei 205 mμ ist wahrscheinlich weitgehend ein Streulichteffekt (*244a*).

Das gleiche gilt auch für *Nabogenin*, einen Vertreter der Bufadienolide, den Katz (*114*) aus den Zwiebeln von *Bowiea volubilis* isoliert hatte. Es zeigte sich, daß Nabogenin ein nicht ganz reines Präparat von *Scilliglaucosidin* darstellt (*115*). Katz bereitete aus Hellebrigenin (XLVI) durch partielle Dehydrierung mit O_2 und Pt und Behandlung des nicht isolierten Stoffes (XLVII) das ungesättigte Keton (XLVIII); das letztere gab, bei der Reduktion mit $NaBH_4$, ein Gemisch von Scilliglaucosidin-ol (L) und 3-Epi-scilliglaucosidin-ol (LI). $NaBH_4$-Reduktion von Nabogenin ergab (L). Da die Konstitution von Hellebrigenin völlig gesichert ist, wird durch diese Reaktionsfolge für Scilliglaucosidin (XLIX) die Verknüpfung der Aldehydgruppe an $C_{(10)}$ endgültig bewiesen *(Formelübersicht 4)*.

Aus verschiedenen Digitalisarten wurden eine Reihe von herzwirksamen Glykosiden und Geninen isoliert. Die chemischen und physikalischen Eigenschaften der Aglykone weisen auf eine strukturelle Verwandtschaft mit Diginigenin hin, einem Aglykon mit nur 21 Kohlenstoffatomen (*152, 170, 189, 215, 216, 256, 274*). Chemische Untersuchungen, die über diejenigen von Diginigenin hinausgehen, sind bisher nicht veröffentlicht worden.

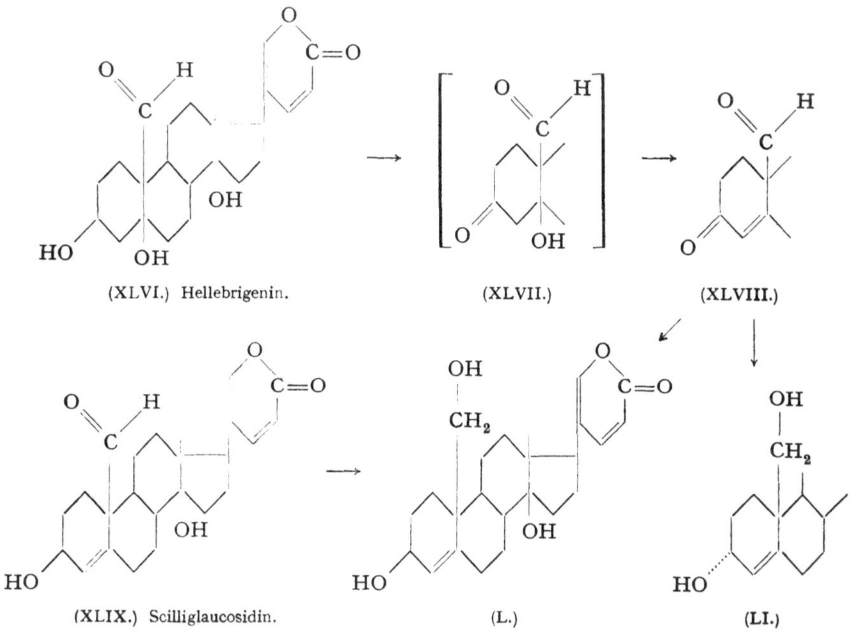

(XLVI.) Hellebrigenin.   (XLVII.)   (XLVIII.)

(XLIX.) Scilliglaucosidin.   (L.)   (LI.)

Formelübersicht 4.

Bei den natürlichen Aglykonen halten sich die Cardenolide und die Bufadienolide die Waage. Die wenigsten Vertreter der Bufadienolide treten aber in pflanzlichen Herzglykosiden auf, sondern sind Bestandteile der Krötengifte (Bufotoxine). Das gleichzeitige Vorkommen eines Aglykons des Scilla-Bufo-Typs in Glykosiden pflanzlichen Ursprungs und in den tierischen Bufotoxinen ist erstmals von Reichstein und Mitarbeiter (*287*) bei Hellebrigenin festgestellt worden. Es tritt als Genin der Glykoside der Wurzeln von *Helleborus niger* und im Sekret der parotischen Drüsen der europäischen Erdkröte *Bufo bufo bufo* L. auf. Hellebrigenin ist mit Bufotalidin identisch (*287*).

Die Vermutung von Tschesche, daß Bufotalin, das Aglykon von „Transvaalin", einem Glykosid aus den Zwiebeln von *Urginea Burkei* sei, erwies sich als irrig (*276*). Zoller und Tamm zeigten, daß „Transvaalin" mit Scillaren A identisch ist und somit Scillarenin als Aglykon besitzt (*299*).

Das aus den Samen von *Tanghinia venenifera* erstmals von Frèrejacque(*57*) isolierte Tanghiferin erwies sich als ein Mischkristallisat, das aus 1 Teil Tanghinin und 1 Teil eines neuen Glykosids, Neotanghiferin, besteht (*61*). Das durch Hydrolyse des Neotanghiferins gewonnene Tanghiferigenin erwies sich als identisch mit dem früheren aus dem Mischkristallisat isolierten Präparat. Zur Struktur vgl. S. 79.

In den meisten natürlichen Aglykonen mit bekannter Konstitution sind die Ringe *A* und *B* *cis*-ständig miteinander verknüpft. Isolierte Doppelbindungen (in 4-Stellung) sind nur in Scillarenin und Scilliglaucosidin nachgewiesen und für das unbekannte Aglykon von Acofriosid wahrscheinlich gemacht worden. Mit Ausnahme des Urezigenins ist in allen bekannten natürlichen Aglykonen die HO-Gruppe an $C_{(3)}$ β-ständig angeordnet.

Eine α-ständige HO-Gruppe an $C_{(3)}$ wurde während langer Zeit auch bei Digoxigenin angenommen. Die Überprüfung der Befunde ergab aber eindeutig die 3β-Stellung (*176*) dieses Substituenten.

In allen bekannten Aglykonen sind die Ringe *B* und *C* *trans*-ständig, die Ringe *C* und *D* *cis*-ständig miteinander verknüpft. Außer den HO-Gruppen an $C_{(3)}$ und $C_{(14)}$, welche die meisten Aglykone besitzen, treten zusätzliche Sauerstofffunktionen an $C_{(1)}$, $C_{(5)}$, $C_{(11)}$, $C_{(12)}$, $C_{(16)}$, $C_{(19)}$ und wahrscheinlich an $C_{(7)}$ und $C_{(15)}$ (Ätherbrücke) auf, während solche an $C_{(2)}$, $C_{(4)}$ und $C_{(6)}$ bisher nicht festgestellt worden sind.

In *Tabelle 4* (S. 108) sind der Vollständigkeit halber alle kristallisierten Glykoside mit unbekannter Konstitution, soweit ihre Bruttoformel feststeht, zusammengestellt.

Überblickt man die Zahl der Glykoside, deren Konstitution gesichert ist, so fällt auf, daß bei ihren Aglykonen die Vertreter des Digitalis-Strophanthus-Typs weit stärker als die des Scilla-Bufo-Typs vertreten sind.

b) Die Zucker-Komponenten der Glykoside.

Im allgemeinen besitzen die natürlichen Glykoside 1—4 Zucker, wobei diejenigen mit 1—2 Zuckern stark überwiegen. Der Grund dafür liegt in der Methode der Isolierung. Diese Mono- und Diglykoside stellen in den seltensten Fällen die genuinen Glykoside dar, die in der Regel 1—2 zusätzliche *D*-Glucosereste aufweisen.

Bei den Zuckern (vgl. *Tabelle 1*, S. 102) ist die *D*-Glucose (I, S. 73) der einzige Vertreter der normalen Hexosen der Formel $C_6H_{12}O_6$. In den meisten Glykosiden tritt sie als endständiger Zucker auf. Die direkt am Aglykon haftenden Zucker sind entweder Hexamethylosen (II) bis (VI), 2-Desoxy-hexamethylosen (VII) und (VIII), Hexamethylose-3-mono-methyläther (IX) bis (XIII) und 2-Desoxy-hexamethylose-3-methyläther (XIV) bis (XVII) (S. 73). Es gibt einige wenige Glykoside in denen die *D*-Glucose direkt mit dem Aglykon verknüpft ist. Die letzten drei Typen gehören einer Klasse von Kohlehydraten an, die in der Natur bisher nur in Herzglykosiden gefunden und dadurch chemisch erschlossen worden sind. Bemerkenswert ist das vollständige Fehlen der Stereoisomeren der Glucose, der 2-Desoxy-hexosen, der 3-Monomethyl-2-desoxy-hexosen und der Pentosen. In Cheirotoxin war das Vorliegen von *D*-Lyxose vermutet worden (*242*). Die Überprüfung dieses Befundes ergab jedoch, daß Cheiro-toxin nicht *D*-Lyxose, sondern *L*-Gulomethylose enthält (*156*). Mit Aus-nahme der Thevetose, deren *L*-Form in Neriifolin und *D*-Form in Honghelin auftritt, ist jeweils nur einer der beiden optischen Antipoden eines Zuckers in natürlichen Glykosiden gefunden worden. Bei den Desoxyzuckern liegen nur 2-Desoxyzucker vor. Bei den Methyläthern handelt es sich ausschließlich um die 3-ständige Oxygruppe, die veräthert ist.

Vorderhand müssen wir uns auf die lapidare Feststellung dieser bemerkenswerten Tatsache beschränken, denn über die Wege der Bio-synthese der Glykoside, die dies erklären könnten, ist praktisch noch nichts bekannt.

Zu den zuckerreichsten (4 Zucker) Glykosiden gehören die Lana-toside A—C. Sie enthalten drei Mol. der gleichen 2-Desoxy-hexamethylose (*D*-Digitoxose), während in der Regel nur eine, direkt am Genin haftende 2-Desoxy-hexamethylose usw., auftritt.

Bemerkenswert ist das völlige Fehlen von 2-Desoxyzuckern in den bisher bekannten Bufadienolid-Glykosiden.

Eine strukturelle Besonderheit ist das Auftreten einer genuinen *Acetylgruppe*. In den Lanatosiden ist die HO-Gruppe eines Digitoxose-Restes mit Essigsäure verestert; in Monoacetyl-neriifolin und Strospesid-monoacetat ist die Acetylgruppe mit der Thevetose bzw. Digitalose verknüpft.

Bei den Aglykonen sind ebenfalls genuine Acetylgruppen, aber bisher nur an 16-ständigen HO-Gruppen, gefunden worden (Oleandrigenin), und im Scillirosid am Cumalinring höchstwahrscheinlich gemacht worden. Diese Acetoxylgruppe am $C_{(16)}$ wird sehr leicht chemisch und wahrschein-lich auch enzymatisch eliminiert, weshalb neben den Oleandrigenin-Glykosiden häufig solche des 16-Anhydro-gitoxigenins auftreten. In Gitaloxigenin ist kürzlich eine genuine Formylgruppe nachgewiesen worden (*67, 69, 70*).

Es sei noch darauf hingewiesen, daß in letzter Zeit aus Asclepiadaceen eine Anzahl von glykosidischen Bitterstoffen isoliert worden sind, die keine Wirkung auf das Herz ausüben. [Z. B. aus den Samen von *Dregea volubilis* (*298*), *Marsdenia condurango* (*124, 125, 126, 127*), *Pachycarpus lineolatus* (= *Pachycarpus schweinfurthii*) (*1*)]. Es handelt sich um zuckerhaltige Ester, von denen nur die Säure- und Zuckerkomponente bisher erkannt worden sind. Die zucker- und säurefreien Spaltstücke scheinen ein modifiziertes Steroidskelett zu besitzen.

2. Physiologische Wirksamkeit.

Die physiologischen Eigenschaften der herzaktiven Glykoside und Aglykone werden gewöhnlich an der Katze nach HATCHER geprüft und die Resultate als geometrisches Mittel der letalen Dosis in mg Substanz pro kg Körpergewicht ausgedrückt. Für den Vergleich der Wirksamkeit verschiedener Stoffe ist es besser, die Dose in Millimol. statt in mg Substanz anzugeben. Die biologische Prüfung läßt sich auch am isolierten Froschherzen ausführen. Wir verdanken die neueren Kenntnisse über die physiologische Wirksamkeit der Herzgifte besonders den Untersuchungen von K. K. CHEN und seinen Mitarbeitern. Sie haben ihre Resultate in zahlreichen Arbeiten ausführlich diskutiert, so daß wir nur die bisherigen Schlußfolgerungen, die sich über die Beziehung zwischen Konstitution und Wirkung ergeben haben, erwähnen sollen. In den Tabellen der Glykoside und Aglykone (S. 108—113) sind, abgesehen von einigen Ausnahmen, die von CHEN ermittelten Werte der mittleren letalen Dosis angegeben (*19a, 20, 21*, s. auch *43*).

Die physiologische Wirksamkeit der Herzglykoside liegt in der Struktur ihrer Aglykone begründet. Die Zucker sind unwirksam. Die höchste Aktivität wird gewöhnlich erst durch die Verknüpfung beider Komponenten erzielt.

Nur Cardenolide mit 17β-ständigem Lactonring sind herzaktiv; die 17α-Cardenolide sind inaktiv. Die Hydrierung zu Cardanoliden („Dihydrogenine") und der Übergang zu den 14,21-Oxido-cardanoliden („Isogenine") führen ebenfall zu inaktiven Stoffen. Für die Wirksamkeit ist die Gegenwart der 14β-ständigen und der 3β-ständigen HO-Gruppe nötig. Nach neueren Ansichten von CHEN (s. *61*) ist für $C_{(14)}$ weniger die Anwesenheit der HO-Gruppe als die sterische Anordnung der Ringe *C* und *D* (*cis*-Verknüpfung) ausschlaggebend. Allerdings sind entsprechende Modellsubstanzen bisher nicht bereitet und biologisch geprüft worden. Epimerisierung der 3β-Oxygruppe zur 3α-Oxygruppe hat den Verlust der Aktivität zur Folge. Schwächere Aktivität tritt ein, wenn die Ringe *A* und *B trans*-ständig statt *cis*-ständig miteinander verknüpft sind. Stoffe mit Aldehydgruppen an $C_{(10)}$ zeigen ähnliche Wirksamkeit wie diejenigen mit einer Oxymethylgruppe.

Der Vergleich der Aktivität der Glykoside von Cardenoliden ergibt folgende Reihenfolge: Triglykoside < Diglykoside < Monoglykoside >

$>$ Aglykone. Bei den Glykosiden von Bufadienoliden: Diglykoside $<$ $<$ Monoglykoside $<$ Aglykone. Mehrere Abweichungen von dieser Regel sind bekannt.

Trotzdem zahlreiche Glykoside und Aglykone physiologisch geprüft worden sind, ist der Zusammenhang zwischen Konstitution und Wirkung nicht immer klar ersichtlich. Zuverlässige Voraussagen über die Konstitution auf Grund der Wirksamkeit und vice versa sind noch nicht möglich. CHEN sagt: „Es scheint, daß, je mehr Substanzen geprüft werden, desto häufiger die Ausnahmen auftreten".

3. Verhalten im tierischen Stoffwechsel.

Über das Schicksal der herzwirksamen Glykoside im tierischen Organismus ist noch sehr wenig bekannt. Für Untersuchungen in dieser Richtung mußten zuerst geeignete Methoden, wie die Papierchromatographie und die Markierung der Wirkstoffe mit radioaktiven Isotopen, zur Verfügung stehen. Mit ihrer Hilfe stellten WRIGHT und Mitarb. (*14b*) fest, daß die Ratte Digoxin, Lanatosid C und Digitoxin im Harn teils unverändert als freie Glykoside, teils als herzwirksame Metabolite, deren chemische Natur noch unbekannt ist, ausscheidet. Werden Digoxin oder Lanatosid C der Ratte injiziert, so findet man in Herz, Leber, Niere und im Blutstrom sowohl die freien Glykoside als auch ihre Metabolite wieder. Es sind die gleichen Stoffwechselprodukte, die im Harn auftreten. Digitoxin und sein Harn-metabolit wurden in der Rattenleber sofort nach der Injektion festgestellt. Im Blut und in der Niere ließ sich aber nur unverändertes Digitoxin nachweisen. In keinem der untersuchten Gewebe wurden freie Genine gefunden. Digitoxigenin selbst wird durch den tierischen Organismus ebenfalls zu einem Metaboliten umgeformt (*14a*). Weitere Resultate über das Schicksal der herzwirksamen Glykoside und Aglykone im Tierkörper sind nicht bekannt geworden.

VI. Botanische Verteilung der herzaktiven Glykoside.

1. Die glykosidhaltigen Pflanzenfamilien.

Chemisch und physikalisch einheitliche Herzglykoside sind in einwandfreier Weise bisher aus etwa elf Pflanzenfamilien isoliert worden. In *Tabelle 5* (S. 114), die einen Überblick über die botanische Verteilung dieser Herzgifte (nur eindeutig definierte Stoffe sind berücksichtigt) vermittelt, stechen besonders die Apocynaceae, Asclepiadaceae und Liliaceae als glykosidreich hervor.

Bei den *Apocynaceae* sind bisher in etwa zehn Gattungen Glykoside nachgewiesen worden, während es bei den Asclepiadaceae und den Liliaceae je etwa fünf sind. Die glykosidhaltigen Vertreter dieser Pflanzenfamilien gedeihen besonders in den tropischen und halbtropischen Zonen Afrikas; aber auch in Europa finden sich glykosidhaltige Pflanzen (z. B. *Cheiranthus cheiri*, *Digitalis purpurea* und *D. lanata*, *Evonymus europaea*, *Helleborus niger*, *Adonis vernalis*, *Convallaria majalis*, *Erysimum helveticum* und *E. crepidifolium*).

Der Totalgehalt an Herzglykosiden in den untersuchten Pflanzenteilen der verschiedenen Familien bzw. Gattungen variiert stark. Er kann bis etwa 4,5% betragen (*Thevetia neriifolia*).

Die Zahl der individuellen Komponenten ist nicht nur von Familie zu Familie sondern auch innerhalb der Gattungen sehr verschieden. In der glykosidreichen Familie der Apocynaceae fallen besonders die Strophanthusarten auf, in denen bis zu 22 digitaloide Lactone nachweisbar sind (z. B. in *S. Vanderijstii*) sowie die Acokantheraarten, die bis zu acht Glykoside enthalten (*A. friesiorum*) (*Abb. 1—2*, S. 97). Aus *Adenium Honghel* wurden sieben, aus *Nerium odorum* sogar elf verschiedene Glykoside isoliert. In der Familie der *Asclepiadaceen* steht *Calotropis procera* mit acht herzwirksamen Stoffen an der Spitze. Unter den anderen Familien zeichnen sich nur noch die Liliaceen durch eine große Variation aus. Aus *Bowiea volubilis* und *Scilla maritima* sind je etwa zehn Herzglykoside isoliert worden. Nicht alle diese Zahlen sind zuverlässig, da bei oberflächlicher Arbeitsweise Nebenglykoside oft nicht erfaßt werden. Moderne Trennverfahren und Nachweismethoden ermöglichen heute eine bedeutend genauere qualitative und quantitative Erfassung der wirksamen Inhaltsstoffe. Ein Moment der Unsicherheit entsteht dadurch, daß oft nur einzelne Pflanzen untersucht worden sind. Alter, Standort und Witterung können aber Schwankungen im Glykosidgehalt verursachen. Am zuverlässigsten dürften die Zahlen über die Strophanthusarten sein, da praktisch nur reife Samen untersucht worden sind.

Eine Beziehung zwischen den Pflanzenfamilien und der chemischen Natur ihrer Herzglykoside läßt sich besonders in bezug auf ihre Aglykone erkennen, während das Auftreten der Zucker keiner Regel zu folgen scheint. Mit den Problemen der Beziehung zwischen Inhaltsstoffen und botanischer Systematik hat sich besonders auch Korte (*124, 126, 127*) beschäftigt. Die *Liliaceae* (*Bowiea*, *Scilla*, *Urginea*) bevorzugen die Bufadienolide zum Aufbau ihrer Glykoside (nur *Rhodea* und *Convallaria* enthalten Cardenolide), während die übrigen Pflanzenfamilien Cardenolidglykoside bilden. Nur innerhalb der gleichen Familie, aber nie in der gleichen Gattung sind Bufadienolid- und Cardenolidglykoside nebeneinander beobachtet worden.

In den *Apocynaceae* sind fast alle Genine vertreten. Bei der Gattung *Acokanthera* bilden entweder Ouabagenin oder Acovenosigenin A, die beide eine Hydroxylgruppe an $C_{(1)}$ tragen, die Hauptglykoside, wobei nicht 2-Desoxyzucker, sondern Hexamethylosen und ihre 3-Mono-methyläther als Zuckerkomponente auftreten. Bei den bisher unter-suchten fünf *Adenium*-Arten herrschen Digitoxigenin und Gitoxigenin mit *D*-Cymarose und *D*-Digitalose vor. Bei *Tanghinia* und *Thevetia* sind Tanghinigenin bzw. Digitoxigenin mit der *L*-Thevetose und bei *Nerium* Digitoxigenin, Gitoxigenin und Uzarigenin, das für diese Gattung charakteristisch ist, mit den verschiedensten Zuckern zu Glykosiden verknüpft.

Eine gesonderte Betrachtung erfordert die Gattung *Strophanthus*, die in außergewöhnlich vielen Arten auftritt (*Abb. 3*, S. 98). Die Samen dieser Gattung sind durch die Schule von REICHSTEIN chemisch besonders gut untersucht worden, wobei in ihren Glykosiden Vertreter aller be-kannten Aglykone und Zucker gefunden worden sind. Ihre Arten können nach den Geninen, die die Hauptglykoside bilden, in die untenstehenden fünf chemischen Gruppen eingeteilt werden [vgl. auch (*16*)].

Die in dieser Art zusammengefaßte Gruppe von Pflanzen ist reich an Varietäten, die sich botanisch sehr schwer voneinander unterscheiden lassen. Sie enthalten aber je nach Herkunft verschiedene Glykoside, so daß eine Einteilung nach Standort oder nach Gehalt und chemischer Natur der Glykoside bzw. ihrer Genine möglich ist. Eine Einteilung auf Grund der chemischen Analysenresultate ist von BUSH und TAYLOR (*16*) und besonders von REICHSTEIN vorgenommen worden. Letzterer unter-scheidet (*237*):

1. Die „*sarverogenin-pcoduzierende Variante*". Sie enthält je 0,05—0,2% Sarverosid und Panstrosid. Standort: östlicher Teil der Elfenbeinküste, Togo, Gold-küste, Südnigeria, Kamerun und Belgischer Kongo. Diese Variante dürfte der „Forest form" von BUSH und TAYLOR entsprechen. Dazu gehört auch die etwas glykosidärmere Variante *S. sarmentosus var. major Dewèvre*.

2. Die „*sarmentogenin-produzierende Variante*". Sie enthält zirka 0,1—0,9% Sarmentocymarin und zirka 0,1—0,4% Sarnovid. Standort: Sénégal, Französischer Sudan, Nord-Nigeria, westlich durch den Ozean, nördlich durch die Wüste und südlich durch den 13. Breitengrad begrenzt. Diese Variante entspricht wahr-scheinlich der „Savannah form" von BUSH und TAYLOR.

3. Die „*glykosidarme Variante*". Sie enthält kein oder weniger als 0,01% Sarverosid und 0,02% Sarmentocymarin. Standort: Französisch Guinea, westlicher Teil der Elfenbeinküste. In dieser Gruppe nimmt *S. sarmentosus (Abb. 4—5)* eine Sonder-stellung ein.

4. Die „*sarmutogenin-liefernde Variante*". Zwei Einzelpflanzen enthielten zirka 0,56% Sarmutosid und 0,15% Musarosid. Standort: Kita (Sudan). Mit Ausnahme der glykosidarmen Variante enthalten alle Vertreter noch etwa 0,5% „Sarmentosid-A-Rohkristallisat".

5. *S. Vanderijstii (Abb. 6*, S. 101) bildet eine eigene Gruppe, da gleichzeitig Glykoside des Periplogenins, Sarmentogenins, Digitoxigenins, Uzarigenins und des Desarogenins, das in dieser Pflanze zum ersten Male in der Natur gefunden worden ist, auftreten.

Digitoxigenin-glykoside sind bisher nur noch aus den Wurzeln und Stengeln einer einzigen Strophanthusart, nämlich *S. gracilis* (*3, 200*) isoliert worden. Uzarigenin ist bisher in keiner Strophanthusart angetroffen worden.

Aus den Samen verschiedener Strophanthusarten ist von REICHSTEIN und Mitarbeitern gelegentlich ein hochschmelzendes Nebenprodukt (als „Substanz Nr. 752" bezeichnet) gefunden worden. Es konnte mit der Echinocystsäure, einem pentacyclischen Triterpen, identifiziert werden (*7*).

Die Glykoside der untersuchten Gattungen der Familie der *Asclepiadaceae* zeigen untereinander merkliche chemische Unterschiede. Für *Periploca* sind Periplogenin, Strophanthidin und Strophanthidol charakteristisch. Die nahe miteinander verwandten Gattungen *Gomphocarpus* und *Xysmalobium*, ferner *Calotropis* zeichnen sich besonders durch Glykoside aus, deren Aglykone *trans*-verknüpfte Ringe *A* und *B* als Charakteristikum aufweisen (Corotoxigenin und Coroglaucigenin bzw. Uzarigenin).

In der Familie der *Scrophulariaceae* sind von *Digitalis* 12 Arten, davon 4—5 genauer untersucht worden. Ihre Hauptglykoside leiten sich ausschließlich von Digitoxigenin, Gitoxigenin und Digoxigenin ab; letzteres ist bisher nur in dieser Pflanzenfamilie gefunden worden. Als Zucker findet sich neben *D*-Glucose noch *D*-Digitoxose, *D*-Digitalose und Fucose. Eine Gruppe von nahe verwandten Nebenglykosiden, denen die Wirkung auf das Herz abgeht, leitet sich von Aglykonen ab, die nur 21 C-Atome enthalten. Es sind Stoffe vom Typ des Diginins, dem das Diginigenin zugrunde liegt.

Eine sehr schöne und umfassende Übersicht über die herzwirksamen Glykoside in Digitalisarten ist kürzlich von STOLL und RENZ publiziert worden (*256*).

Herzwirksame Stoffe finden sich in zahlreichen Gattungen der Familie der Kreuzblütler (*Cruciferae*). Es sind vor allem Glykoside des Strophanthidins und des Uzarigenins.

Wie schon erwähnt, sind für die *Liliaceae* die Aglykone des Bufadienolid-Typs charakteristisch. Die Glykoside enthalten keine Vertreter, deren Ringe *A* und *B* die übliche *cis*-ständige Verknüpfung aufweisen. Entweder liegt *trans*-ständige Verknüpfung vor, oder ist das Asymmetriezentrum an $C_{(5)}$ durch eine Doppelbindung in 4-Stellung aufgehoben worden. (Scillarenin, Scilliglaucosidin, Bovogenin A.) Aus der Reihe springen *Convallaria majalis* und *Rhodea japonica* mit Aglykonen des Cardenolid-Typs (Strophanthidin bzw. Sarmentogenin). Dies ist das einzige bekannte Auftreten von Sarmentogenin außerhalb der Strophanthusarten. Die Zucker sind nur durch *L*-Rhamnose und *D*-Glucose vertreten. *Scilla maritima* tritt in einer weißen und in einer roten Form auf. Beide Formen unterscheiden sich morphologisch kaum und werden botanisch nicht als Varietäten anerkannt, doch enthalten sie chemisch verschiedene Stoffe (Scillaren A und die verwandten Verbindungen bzw. Scillirosid).

In den weiteren Familien sind nur einzelne Vertreter auf Herzglykoside geprüft worden, so daß sich noch keine Regeln ergeben können. Die Glykoside von *Helleborus niger* (*Ranunculaceae*) leiten sich von Aglykonen des Scilla-Bufo-Typs (Hellebrigenin) ab, was deren einziges Vorkommen außerhalb der Familie der Liliaceae ist.

Die Resultate der chemischen Analyse von herzglykosidhaltigen Pflanzen zeigen, daß nicht nur jede Familie, sondern auch ihre Gattungen, in gewissen Fällen sogar ihre Arten, ihre typischen Aglykone und bis zu einem gewissen Grade auch ihre charakteristischen Zucker zum Aufbau ihrer Wirkstoffe benützen. Welchen Weg die Natur zur Synthese der Herzglykoside nimmt, steht noch nicht fest. Den gegenwärtigen Stand der Kenntnisse hat TSCHESCHE (*269*) in diesen *Fortschritten* festgehalten, weshalb es sich erübrigt, an dieser Stelle darauf einzugehen.

2. Verteilung der Herzglykoside in Pflanzenorganen.

(Vgl. auch Tabelle 5, S. 114.)

Vergleichende chemische Untersuchungen an den verschiedenen Teilen einer Pflanze sind selten ausgeführt worden. Bei den eingehend untersuchten Strophanthusarten weisen die reifen Samen die weitaus größte Menge an Herzglykosiden auf. Die übrigen Pflanzenteile enthalten keine oder höchstens Spuren an Herzgiften (vgl. *S. gracilis*). Im Mittel beträgt der Glykosidgehalt von Strophanthussamen ca. 1–3%, also rund 100mal größer als derjenige der übrigen Pflanzenteile. Eine zuverlässige vergleichende Untersuchung liegt für *Acokanthera longiflora* (Apocynaceae) vor, wo der Totalgehalt an Glykosiden für die Samen etwa 1,8%, für die Stammrinde 0,4% und für die Wurzelrinde etwa 0,22% ausmacht. Das Hauptglykosid, Acovenosid A, ist in allen Pflanzenteilen vertreten (vgl. auch *A. friesiorum*).

Vergleichszahlen liegen auch für *Convallaria majalis*, einen Vertreter der Liliaceen vor. Die Blätter sind am glykosidreichsten mit 0,09% Convallatoxin. Es folgen die Samen mit 0,04% Convallosid (wahrscheinlich das genuine Glykosid), dann die Blüten mit zirka 0,01% Convallatoxin. Das Resultat ist bemerkenswert, indem die Samen nicht den größten Glykosidgehalt aufweisen. Auch die Wurzeln sind untersucht worden; sie enthalten Convallamarin, ein Triglykosid, dessen Aglykon nicht zu den digitaloiden Aglykonen gehört, möglicherweise aber chemisch nahe verwandt ist.

Die bisher erwähnten Pflanzen enthielten in den verschiedenen Teilen im wesentlichen die gleichen Stoffe. Nur die Mengen variierten. Es sind aber auch Pflanzen bekannt, deren verschiedene Organe chemisch sehr verschiedene Glykoside enthalten. Dazu gehören vor allem Vertreter der *Scrophulariaceae*. *Digitalis lanata* zeigt besonders in den Blättern einen bemerkenswerten Glykosidreichtum; etwa 0,1—0,2% (bezogen auf trockene Blätter) Digilanidgemisch sind enthalten, während sich in den Samen nur etwa 0,05—0,06% Digitalinum verum finden. Spuren dieses Glykosids sind auch in den Blättern nachgewiesen worden. Umgekehrt liegen die Mengenverhältnisse bei *D. purpurea*, das in den Samen etwa 0,3% Digitalinum verum enthält, während die Blätter sich auf einen mittleren Gehalt von zirka 0,1% Purpureaglykosiden und 0,024% Strospesid (Desgluco-digitalinum verum) beschränken. Daneben sind noch viele weitere Glykoside enthalten. Noch ausgeprägter sind die Unterschiede bei einigen Angehörigen der *Asclepiadaceae*. *Xysmalobium undulatum* fällt durch den Glykosidreichtum seiner Wurzeln auf, der bis zu 2,5% „Xysmalobin" ausmacht. Die Samen enthalten kein „Xysmalobin", sondern ausschließlich Coroglaucigenin und Frugosid (0,26%). Diese Stoffe sind auch in den Samen des botanisch sehr nahe verwandten *Gomphocarpus fruticosus* gefunden worden. Sie leiten sich alle von Aglykonen ab, die ihre Ringe *A* und *B trans*-ständig verknüpft haben (Uzarigenin, Coroglaucigenin).

Der zweite Vertreter der Asclepiadaceae, *Calotropis procera*, ist chemisch noch variationsreicher. Der Milchsaft enthält total etwa 0,75% der sog. Calotropis-Wirkstoffe (Uscharin, Calotoxin, Calactin, Uscharidin), Cardenolide, die statt mit einem Zucker mit Methylreduktinsäure und Oxymethylreduktinsäure verknüpft sind. Uscharin enthält sogar Schwefel und Stickstoff. Zwei weitere Wirkstoffe (Calotropin und Calotropagenin), zusammen etwa 0,25%, die im Milchsaft nicht auftreten, sind aus den Blättern und Stengeln isoliert worden. Die Samen enthalten wieder andere Stoffe, nämlich Frugosid, Corotoxigenin und Coroglaucigenin (0,37%). Auch in diesem Falle dürfte zwischen den Aglykonen, die in den verschiedenen Pflanzenteilen gefunden werden, eine gewisse chemische Ähnlichkeit zu vermuten sein (Ringe *A* und *B trans*-ständig?).

Solche vergleichende chemische Untersuchungen sind für das Verständnis der Biogenese der Herzglykoside sehr wichtig. Dabei sollten auch die Entwicklungsstadien der Pflanzen berücksichtigt werden. Ist einmal das Problem der Biogenese gelöst, so wird auch die Beantwortung weiterer Fragen möglich sein, wie z. B.: Werden die Wirkstoffe an den Orten der Pflanze, wo wir sie finden, gebildet, oder werden sie dort nur deponiert? Ferner, welche Funktion erfüllen die glykosidischen Herzgifte im pflanzlichen Leben?

VII. Abbildungen.

Abb. 1. *Acokanthera friesiorum* MARKGR., blühender Zweig, Nairobi, nach BALLY, MOHR und REICHSTEIN (6). [Aus: Helv. Chim. Acta *35*, 45 (1952).]

Abb. 2. *Acokanthera friesiorum* MARKGR., blühender Zweig und reife Frucht, Nairobi; nach BALLY, MOHR und REICHSTEIN (6). [Aus: Helv. Chim Acta *35*, 45 (1952).]

Abb. 3. *Strophanthus caudatus* (BURM. ex L.) KURZ., Herbarmuster Zweig mit Blüten von einer kultivierten Pflanze aus dem botanischen Garten von Bogor-Djawa, Indonesia; nach SCHINDLER und REICHSTEIN (*228*). [Aus: Helv. Chim. Acta 37, 103 (1954).]

Abb. 4. *Strophanthus sarmentosus* A. P. DC., ganze Frucht aus Abuentim nordöstlich Kumasi (Goldküste); Länge 52 cm; nach SCHNELL, v. EUW, RICHTER und REICHSTEIN (237). [Aus: Pharmac. Acta Helv. 28, 289 (1953).]

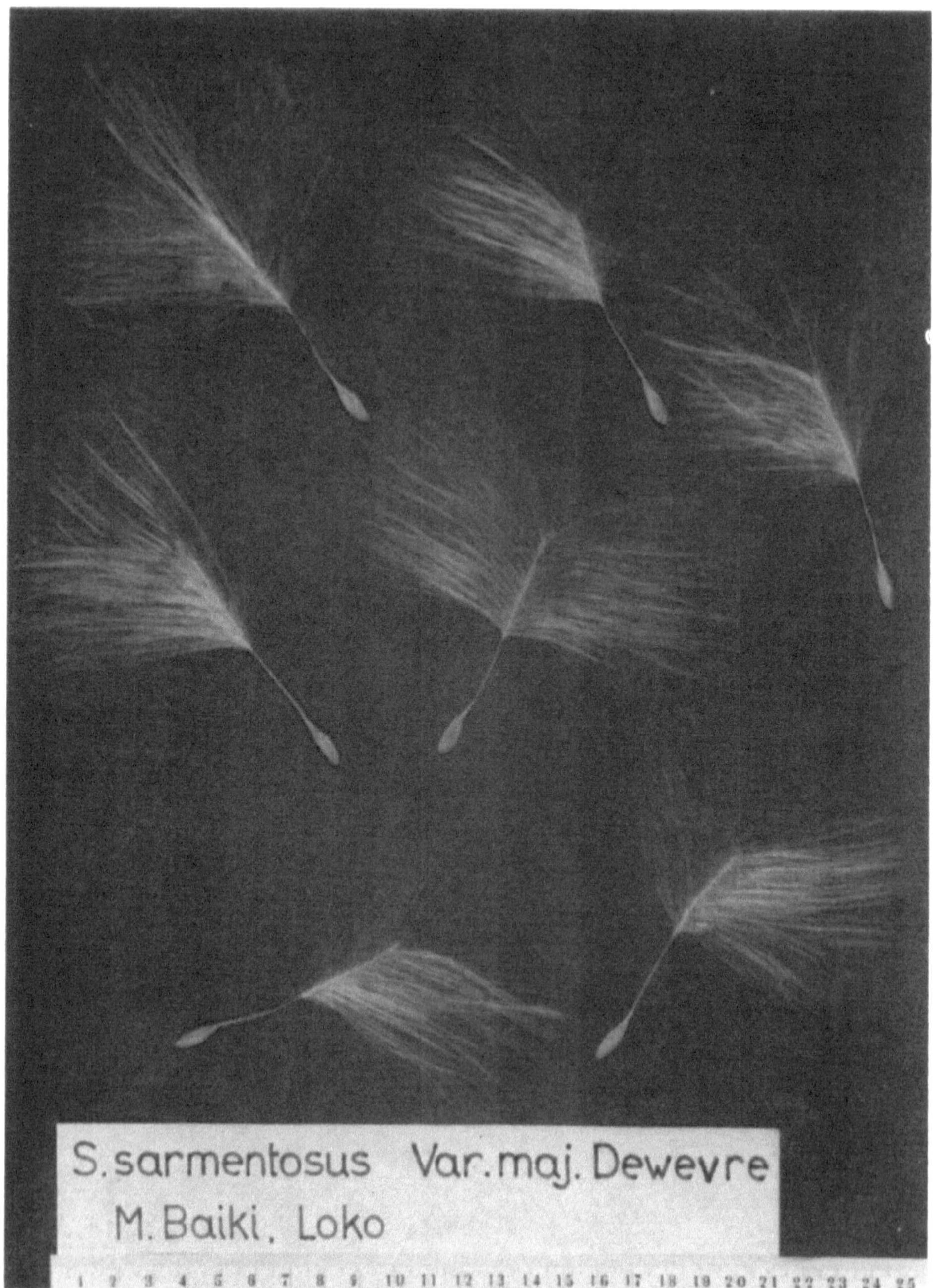

Abb. 5. *Strophanthus sarmentosus* var. major Dewèvre; Länge des unbehaarten Schopfträgers 2—2,5 cm; nach SCHNELL, v. EUW, RICHTER und REICHSTEIN (237). [Aus: Pharmac. Acta Helv. *28*, 289 (1953).]

Abb. 6. *Strophanthus Vanderijstii* STANER, Herbarmuster mit Blüten und Früchten; nach LICHTI, TAMM und REICHSTEIN (*136*). [Aus: Helv. Chim. Acta *39*, 1933 (1956).]

VIII. Tabellen.

Tabelle 1. Zucker der

Formel	Zucker	Schmp.	$[\alpha]_D$*
$C_6H_{12}O_6$	*D*-Glucose (I)	146° (wasserfreie α-Form)	+ 52,5° (W)
$C_6H_{12}O_5$	*L*-Rhamnose (II)	122—126°	+ 8,9° (W)
	L-Talomethylose (III)	116—118°	— 18,9° (W)
	D-Gulomethylose (= Antiarose) (IV)	124—126°; 130—131°	— 38,0° (W)
	D-Allomethylose (V)	146°	— 1,0° (W)
	D-Fucose (VI)	140—146°	+ 76,3° (W)
$C_6H_{12}O_4$	*D*-Digitoxose (VII)	108—110°	+ 38,1° (Me) + 50,2° (W)
	D-Boivinose (VIII)	96—98°; 100—103°	— 15,2° (An) + 3,9° (W)
$C_7H_{14}O_5$	*D*-Digitalose (IX)	106°/122—126°	+ 106° (W)
	D-Thevetose (X)	110—120°	+ 35,5° (W)
	L-Thevetose (= Cerberose) (XI)	126—129°	— 36,9° (W)
	L-Acovenose (XII)	amorph	—
$C_7H_{14}O_5$	*L*-Acofriose (XIII)	113—115°	+ 31,1° (W)
$C_7H_{14}O_4$	*D*-Diginose (XIV)	90—92°	+ 56,2° (W)
	L-Oleandrose (XV)	62—63°	+ 12,0° (W)
	D-Sarmentose (XVI)	74—76°/77—79°	+ 14,1° (W)
	D-Cymarose (XVII)	92—94°	+ 54,9° (W)
$C_{12}H_{22}O_9$	Digilanidobiose	215—220°/227°	+ 30,1° (W)
$C_{12}H_{22}O_{10}$	Scillabiose	amorph	— 24,8° (W)
$C_{12}H_{22}O_{11}$	α-Gentiobiose	190—191°	+ 9,6° (W)
$C_{13}H_{24}O_9$	Periplobiose	160—170°	+ 31,4° (W)
	Strophanthobiose	208°	+ 31,1° (W)

herzaktiven Glykoside.

Literatur	Kristallisierte Derivate	Literatur
(*266*)	Osazon	(*45*)
	α-Methyl-*D*-glucosid-(1,5)	(*194*)
(*44, 238*)	*p*-Brom-phenylhydrazon	(*242, 291, 296*)
	p-Azobenzolsulfonylhydrazon	
	p,p′-Nitrobiphenylsulfonylhydrazon	
	p-Nitrobenzolsulfonylhydrazon	
(*234*)	*p*-Brom-phenylhydrazon	(*234*)
	L-Talomethylonsäure-lacton	(*234*)
(*133, 156*)	*p*-Brom-phenylhydrazon	
	D-Gulomethylonsäure-lacton	(*133*)
(*150, 134*)	Osazon	(*150, 134*)
(*293*)	Phenylhydrazon	(*156, 290, 291, 296*)
	p-Brom-phenylhydrazon	
	β-Naphtylsulfonylhydrazon	
(*13, 94*)	Phenylhydrazon	(*150*)
(*150*)	*p*-Azobenzolsulfonylhydrazon	(*296*)
	p,p′-Nitrobiphenylsulfonylhydrazon	
(*12, 225*)		
(*130, 226*)	Osazon	
(*262, 185*)	*D*-Digitalonsäure-lacton	(*130, 232, 233*)
	β-Triacetat	(*262, 185*)
(*288*)	Osazon	
	α-Triacetat, β-Triacetat	(*288*)
(*9, 58*)	Triacetat	(*9*)
(*33*)	Osazon	(*158*)
(*157, 158*)	Osazon	(*158*)
(*243, 244, 264*)	S-Benzyl-thiuroniumsalz der *D*-Diginonsäure	(*244, 264*)
(*10, 271*)	S-Benzyl-thiuroniumsalz und Phenylhydrazid der *L*-Oleandronsäure	(*10, 244, 271*)
(*75, 98, 100*)	S-Benzyl-thiuroniumsalz der *D*-Sarmentonsäure	(*75, 244*)
(*178, 13, 27*)	S-Benzyl-thiuroniumsalz und Phenylhydrazid der *D*-Cymaror äure	(*178, 244*)
(*248*)		
(*258*)	Hexacetat	(*258*)
(*14*)	α-Octacetat	(*87*)
(*253*)	Pentacetat	(*253*)
(*102, 257*)	Pentacetat	(*253*)

Fortsetzung der Tabelle 1

Formel	Zucker	Schmp.	$[\alpha]_D$*
$C_{18}H_{32}O_{15}$	Scillatriose	$216°$	$-19°$ (W)
$C_{19}H_{34}O_{14}$	Strophanthotriose	$213—215°/222°$	$+7,7°$ (W)
	Odorotriose	amorph	$+1,4°$ (W)
	Triose aus „i"-Strophanthosid	$227°$	$+10,6°$ (W)

* An = Aceton, Me = Methanol, W = Wasser, wobei immer der Endwert angegeben ist.

Tabelle 2. Papierchromatographie

Zucker	Bu-Py-W (3 : 2 : 1,5) (*19, 104*)						Bu-Py-W (3 : 1 : 3) (*273*)		Bu-Py-W (3 : 2 : 3)-B(OH)$_3$ (*160*)
	(*104*)	(*139*)	(*156*)	(*136*)	(*160*)	(*8*)	(*273*)	(*125*)	(*160*)
D-Glucose	0,35	0,35			0,28—0,33		0,19	0,20	
D-Fucose	0,52	0,52	0,42		0,43—0,45		0,27		0,52—0,55
L-Rhamnose	0,63	0,63	0,51		0,50—0,51				
L-Talomethylose			0,60		0,57				
L-Idomethylose			0,62		0,61				
D-Glucomethylose			0,50		0,50				0,52
D-Gulomethylose			0,51		0,50				0,49
D-Allomethylose			0,51		0,49—0,51				0,48
D-Thevetose					0,66			0,56	
L-Acofriose					0,62				
D-Digitalose				0,55	0,53				
D-Digitoxose	0,84	0,82		0,63	0,63—0,64		0,60		
2-Desoxy-*L*-rhamnose				0,63			0,58		
2-Desoxy-*L*-fucose				0,54			0,51		
D-Boivinose				0,63			0,61		
D-Diginose				0,66			0,69		
D-Cymarose				0,72	0,70		0,76	0,71	
L-Oleandrose				0,73			0,76		
D-Sarmentose				0,73			0,75		
Digilanidobiose					0,42				
Strophanthobiose						0,40			
Strophanthotriose						0,18—0,25			
Gentiobiose						0,17—0,20			

(*) Bu = n-Butanol, Py = Pyridin, W = Wasser, To = Toluol, Prop = n-Propanol, Ac = —COCH$_3$; B(OH)$_3$ = Lösungsmittelsystem wurde mit B(OH)$_3$ gesättigt.

Literatur	Kristallisierte Derivate	Literatur
(251)	—	
(81, 257)	Octacetat	(257)
(198)	—	
(282)	—	

der Zucker: R_F-Werte.

system (*)

Bu-AcOH-W (4:1:1) (160) [(160)]	Bu-AcOH-W (4:1:1)-$B(OH)_3$ (160) [(160)]	Bu-Prop-W (3:1,5:1)-$B(OH)_3$ (160) [(160)]	Äthylacetat-Py-W (2:1:2) (95) [(273)]	Äthylacetat-Py-W (2:1:2) (95) [(125)]	To-Bu-(1:9)-W (188)	To-Bu-(1:9)-W (188)	To-Bu-(4:1)-W (188)	To-Bu-(4:1)-W (188)	To-Methyläthylketon (1:1)-W (188)	To-Methyläthylketon (1:1)-W (188)
	0,27—0,28		0,27	0,23						
0,41—0,43	0,45—0,46	0,37	0,38							
0,42	0,45	0,38								
0,43—0,44	0,46—0,47	0,38								
0,42—0,44	0,45	0,36								
				0,57						
0,52—0,54	0,52—0,54									
			0,665		0,39	0,62*	0,01	0,15*	0,01	0,16*
			0,65					1,20**		
			0,58					0,85**		
			0,625		0,39	0,62*	0,01	0,11*	0,006	0,07*
			0,685		0,53	0,85*	0,06	0,58*	0,04	0,45*
			0,775	0,77	0,625	1,00*	0,10	1,00*	0,08	1,00*
			0,78		0,625	0,99*	0,10	0,70*	0,08	0,75*
			0,74		0,665	1,04*	0,10	1,06*	0,05	0,69*

* R-Cymarose-Wert = Verhältniszahl, bezogen auf die Laufstrecke von Cymarose.
** R-Boivinose-Wert = Verhältniszahl, bezogen auf die Laufstrecke von Boivinose.

Tabelle 3. Neue Aglykone und Glykoside, deren Konstitution voll-

	Formel	Schmp.
		a) Agly-
3-Epi-gitoxigenin	$C_{23}H_{34}O_5$	223—226°
3-Epi-oleandrigenin	$C_{25}H_{36}O_6$	207—217°
Gomphogenin	$C_{23}H_{34}O_5$	266—270°
Genin der Subst. F_2 aus *Cerbera flori-bunda*	$C_{23}H_{34}O_5$	255°
Diginatigenin......................	$C_{23}H_{34}O_6$	157° oder 190—192°
Di-O-acetyl-englogenin (Subst. O. S. 420)	$C_{28}H_{36}O_8$	205—207°
Genin B aus *Digitalis grandiflora*	$C_{21}H_{30}O_4$	278—282°
Genin D aus *D. grandiflora*	$C_{21}H_{30}O_5$	284—286°/296—304°
Genin E aus *D. grandiflora*	$C_{21}H_{30-32}O_5$	252—260°
Genin F aus *D. grandiflora*............	$C_{21}H_{34}O_5$	238—242°
		b) Glyko-
Digiprosid........................	$C_{29}H_{44}O_8$	147—152°/193—194° oder 194—196°
Digitoxigenin-mono-digitoxosid (= Eva-tromonosid?)	$C_{29}H_{44}O_7$	181—184°
Digitoxigenin-bis-digitoxosid	$C_{35}H_{54}O_{10}$	187—190°
Gomphosid	$C_{29}H_{44}O_8$	234—242°
Glykosid C aus *Strophanthus ledienii*	$C_{29}H_{44}O_9$	145—156° oder 148—150°/205—210°
Desacetyl-tanghiferin	$C_{30}H_{44}O_8$	232—235°
Gitoxigenin-mono-digitoxosid..........	$C_{29}H_{44}O_8$	216—218°
Gitoxigenin-bis-digitoxosid	$C_{35}H_{54}O_{11}$	195—197°
Gitaloxigenin-mono-digitoxosid	$C_{30}H_{44}O_9$	179—182°
Gitaloxigenin-bis-digitoxosid	$C_{36}H_{54}O_{12}$	195—197°
Verodoxin........................	$C_{31}H_{46}O_{10}$	197—198°
Neotanghiferin.....................	$C_{32}H_{46}O_9$	250—252°
Subst. F_2 aus *Cerbera floribunda*	$C_{32}H_{46-48}O_{10}$	215°
Diginatin	$C_{41}H_{64}O_{15}$	234°

* Al = Äthanol, An = Aceton, Chf = Chloroform und Me = Methanol. —
Bei den UV.-Spektren sind nur die zusätzlich zu den üblichen Maxima des Butenolid-

ständig oder teilweise gesichert ist*.

$[\alpha]_D$	UV.-Spektrum λ_{max} (log ε)	Bei Glykosiden: Genine, Zucker usw.	Literatur
kone			
$+$ 39,9° (Me)	—		*(169 a)*
0° (Al)	—		*(169 a)*
$+$ 46,6° (Al)	—		*(295, 295 a)*
$+$ 20,6° (Al)	—		*(294)*
—	—		*(159)*
$+$ 5,1° (An)	—		*(218, 221)*
$+$ 67,0° (Chf)	306—308 (1,42)		*(189)*
— 25,4° (Chf)	304—306 (1,84)		*(189)*
— 12,6° (Me)			*(189)*
— 16,0° (Me)	282—283 (1,67)		*(189)*
side			
0° (Me)	—	Digitoxigenin $+$ *D*-Fucose	*(214)*
—	—	Digitoxigenin $+$ Digitoxose	*(104 a)*
—	—	Digitoxigenin $+$ 2 Digitoxose	*(104 a)*
$+$ 16,3° (Me)	—	Gomphogenin, Zucker unbekannt	*(295, 295 a)*
$+$ 27,2° (Chf)	—	Periplogenin $+$ *D*-Digitoxose	*(135)*
— 14,0° (Chf)	211—212 (4,10); 295 (1,53)	Tanghiferigenin $+$ *L*-Thevetose	*(61)*
—	—	Gitoxigenin $+$ Digitoxose	*(104 a)*
—	—	Gitoxigenin $+$ 2 Digitoxose	*(104 a)*
—	—	Gitaloxigenin $+$ Digitoxose	*(104 a)*
—	—	Gitaloxigenin $+$ 2 Digitoxose	*(104 a)*
—	—	Gitaloxigenin $+$ *D*-Digitalose	*(70)*
— 49,6° (Al); — 46,8° (Chf)	211—212 (4,10); 295 (1,53)	Tanghiferigenin $+$ $+$ *L*-Thevetose $+$ CH_3COOH	*(61)*
— 48° (Al)	—	Genin der Subst. F_2, Zucker unbekannt	*(294)*
$+$ 27,7° (Me); $+$ 21,1° (Py)	—	Diginatigenin $+$ 3 *D*-Digitoxose	*(159)*

bzw. Cumalinrings auftretenden Maxima angegeben; das Absorptionsmaximum des Lactonrings an $C_{(17)}$ ist ebenfalls gegeben, wenn es vom üblichen abweicht.

Tabelle 4. Glykoside mit unbekannter Konstitution:

a) Cardenolid-

Glykosid	Herkunft	Formel	Schmp.
Kristallisat A	*Evonymus atropurpurea*	$C_{29}H_{44}O_7$ (?)	133—138°/186—194°
Corchorosid B	*Corchorus capsularis* und *C. olitorius*	$C_{29}H_{44}O_8$	222—224°
Uscharidin	*Calotropis procera*	$C_{29}H_{38}O_9$	290° (Zers.)
Calactin	*Calotropis procera*	$C_{29}H_{40}O_9$	220°/275° (Zers.)
Vallarotoxin	*Convallaria majalis*	$C_{29}H_{42}O_9$	131—132°/160—164°
Afrosid (= Afrosid A + B)	*Gomphocarpus fruticosus*	$C_{29}H_{42}O_9$	258—262°
Afrosid B	*Gomphocarpus fruticosus*	$C_{29}H_{42}O_9$	256—264°
Afrosidol	*Gomphocarpus fruticosus*	$C_{29}H_{44}O_9$	230—235°
Courmontosid C	*Stroph. Courmontii*	$C_{29}H_{44}O_9$	283°
Subst. E	*Cheiranthus cheiri*	$C_{29}H_{44}O_9$	196—197°
Calotoxin	*Calotropis procera*	$C_{29}H_{40}O_{10}$	240° (Zers.)
Mansonin C	*Mansonia altissima*	$C_{29}H_{42}O_{10}$	258—259°
Krist. E	*Strophanthus Wightianus*	$C_{29}H_{42}O_{10}$ oder $C_{30}H_{44}O_{10}$	227—250°
Subst. 792	*S. grandiflorus* und *S. Petersianus*	$C_{29}H_{44}O_{10}$	170—172°/262—264°
Subst. 794	*S. grandiflorus* und *S. Petersianus*	$C_{29}H_{44}O_{10}$	262—264°
Antiosid	*Antiaris toxicaria*	$C_{29}H_{44}O_{10}$	190—210°/242—252°
Subst. 793	*Strophanthus grandiflorus* und *S. Petersianus*	$C_{29}H_{42}O_{11}$	184—186°/200—210° 257—259°
E. Sche 17	*Periploca nigrescens*	$C_{29}H_{42}O_{11}$	225—233°
Sarmentosid A-Rohkristallisat	*Strophanthus sarmentosus*	$C_{29}H_{42}O_{11}$	225—243°
Sarmentosid A	*S. Tholloni*	$C_{29}H_{42}O_{11}$	241—245°
Sarmentosid E	*S. Tholloni*	$C_{29}H_{42}O_{11}$	271—272°
Subst. A	*Antiaris toxicaria*	$C_{29}H_{42}O_{11}$	236—239°
Sarmentosid C	*S. sarmentosus*	$C_{29}H_{42-44}O_{11}$(?)	237—244°
Sarmentosid D	*S. sarmentosus*	$C_{29}H_{44}O_{11}$ (?)	280—287°
Subst. E	*Antiaris toxicaria*	$C_{29}H_{44}O_{11}$	264—272°
Bogorosid	*Antiaris toxicaria*	$C_{29}H_{42}O_{12}$	257—263°
O-Acetyl-acolongiflorosid K	*Acokanthera longiflora*	$C_{41}H_{56}O_{18}$	293—295°
Acofriosid L	*Acokanthera friesiorum*	$C_{30}H_{44}O_8$	248—253°
Honghelosid F	*Adenium Honghel*	$C_{30}H_{44}O_8$ (?)	234—236°
Acolongiflorosid E	*Acokanthera longiflora*	$C_{30}H_{41}O_8$	261—264°
Thevefolin	*Thevetia neriifolia*	$C_{30}H_{46}O_8$	260°
Acolongiflorosid H	*Acokanthera longiflora*	$C_{30}H_{44}O_9$	230—235°/249—255°

Cardenolid- und Bufadienolid-Derivate.

$[\alpha]_D$*	Mittlere letale Dosis mg/kg (Katze)	Zucker	Literatur
Derivate.			
—	—	Digitoxigenin + Digitoxose	(281)
— 68° (Me)	0,141	—	(56)
+ 24° (Al)	—	Methylreduktinsäure	(82)
+ 48° (An)	—	Methylreduktinsäure	(82)
— 17,7° (Me)	—	Rhamnose	(279)
+ 42° (Py)	—		(294)
— 9,4° (Me)	0,441	—	(295, 180a, 295a)
+ 13,6° (Chf)	—	—	(295a)
— 47,6° (Py)	—	—	(223)
+ 104° (Me)	—	—	(239)
+ 74° [Chf-Me(2 : 1)]	0,11	Oxymethylreduktinsäure	(82)
— 30° (Py)	—	—	(284)
+ 21,8° (Me)	—	—	(182)
— 25,1° (Me)	—	—	(39)
— 11,7° (Me)	—	—	(39)
— 7,5° (Me)	0,125	—	(25)
— 19,3° (Me)	—	—	(39)
— 19,7° (W)	—	—	(217)
— 37,4° (D)	0,100	*L*-Talomethylose	(186, 236)
— 38,7° (95% D)	0,097	—	(41)
— 40,1° (95% D)	(Wirkung fraglich)	—	(41)
+ 0,8° (Me)	—	—	(25)
— 34,5° (D)	0,096	—	(186)
— 44,1° (D)	—	—	(186)
— 45,2° (Me)	—	—	(25)
— 4,6° [Me-W(1 : 1)]	—	—	(25)
— 40,5° (Chf)	0,162	—	(157)
— 54,1° (Me)	—	*L*-Acofriose	(157, 5)
+ 84,7° (Me)	—	—	(89)
— 34,7° (Me)	0,260	—	(5, 157)
— 66,3° (Me)	0,282	*L*-Thevetose	(55)
— 42,8° (Me);	0,286	—	(5, 157)
— 67,2° (Me)			

Fortsetzung der Tabelle 4

Glykosid	Herkunft	Formel	Schmp.
Gossweilosid	„Krist. No. 800" aus	$C_{30}H_{44}O_9$	266—267°
Wallosid	*Strophanthus intermedius,*	$C_{30}H_{44-46}O_9$	236—241°
Arriagosid	*S. Schuchardtii* Pax.	$C_{30}H_{46}O_9$	252—254°
Acolongiflorosid G	*Acokanthera longiflora*	$C_{30}H_{46}O_9$	265—268°
Acovenosid B	*A. venenata*	$C_{30}H_{46}O_9$ (oder $C_{32}H_{48}O_{10}$)	251—253°
Nebenprodukt C	*Strophanthus Eminii*	$C_{30}H_{46}O_9$	222—226°
Theveneriin	*Thevetia neriifolia*	$C_{30}H_{46}O_9$	239°
Corchsularin = Strophanthidin	*Corchorus capsularis*		
Glykosid Nr. 856	*Strophanthus amboënsis*	$C_{30}H_{44-46}O_{9-10}$	139—142°
Subst. AA 56	*S. gracilis*	$C_{30}H_{44-46}O_{10}$	100°/170°
Acofriosid M	*Acokanthera friesiorum*	$C_{30}H_{46}O_{10}$	185°/224—233°
Acolongiflorosid J	*A. longiflora*	$C_{30}H_{46}O_{10}$	158—160°/260—288°
Glykosid Ed. 1	*Strophanthus Schuchardtii*	$C_{30}H_{44}O_{11}$	188—195°
Subst. O. S. 399	*S. amboënsis*	$C_{31}H_{44-46}O_{11}$	278—282°
Mansonin A	*Mansonia altissima*	$C_{31}H_{46}O_{11}$	162—163°
Uscharin	*Calotropis procera*	$C_{31}H_{41}O_8NS$	268° (Zers.)
Honghelosid D	*Adenium Honghel*	$C_{32}H_{48}O_{10}$	138—140°
Honghelosid E	*Adenium Honghel*	$C_{32}H_{48}O_{10}$	202—204°
Subst. AA 57	*Strophanthus gracilis*	$C_{32}H_{48}O_{10}$	100°/170°
Subst. AA 59	*Strophanthus gracilis*	$C_{32}H_{48}O_{10}$	148—150°
Mansonin	*Mansonia altissima*	$C_{33}H_{48}O_{11}$	174°
O-Acetyl-odorosid L	*Nerium odorum*	$C_{34}H_{48}O_{10}$ oder $C_{36}H_{50}O_{11}$	178—188°
O-Acetyl-odorosid M	*Nerium odorum*	$C_{34}H_{50}O_{10}$	219—224°/230—240°
O-Acetyl-subst. AA 64	*Strophanthus gracilis*	$C_{34}H_{50}O_{11}$	252—254°
Gomphosid	*Gomphocarpus fruticosus*	$C_{35}H_{52}O_{10}$	234—242°
Canarien-glucosid A	*Digitalis canariensis*	$C_{35}H_{52}O_{12}$	241—242°
O-Acetyl-courmontosid A	*Strophanthus Courmontii*	$C_{35}H_{48}O_{14}$ oder $C_{36}H_{50}O_{14}$	278—280°
O-Acetyl-sarmentosid E	*S. sarmentosus*	$C_{35}H_{48-50}O_{14}$	288—289°
Majalosid	*Convallaria majalis*	$C_{35}H_{52}O_{14}$ (?)	174—177°
Mansonin E	*Mansonia altissima*	$C_{35}H_{52}O_{14}$	243—244°
Mansonin D	*Mansonia altissima*	$C_{35}H_{54}O_{14}$	258—260°
O-Acetyl-cryptograndosid C	*Cryptostegia grandiflora*	$C_{36}H_{52}O_{12}$	241—247°
Glykosid D	*Urechites lutea*	$C_{36}H_{54}O_{12}$ (?)	244—251°
Glykosid C	*Urechites lutea*	$C_{36}H_{56}O_{12}$	151—156°/182—190°
Nebenprodukt B	*Strophanthus Eminii*	$C_{36}H_{54}O_{14}$	202—205°
O-Acetyl-subst. E	*Urechites lutea*	$C_{37}H_{50}O_{13}$	248—253°

$[\alpha]_D$ *	Mittlere letale Dosis mg/kg (Katze)	Zucker	Literatur
— 30,8° (Me)	—	*D*-Digitalose	(76)
— 22,8° (Me)	—	*D*-Digitalose	(76)
— 41,8° (Me)	—	*D*-Digitalose	(76)
— 19,8° (Me)	—	—	(5, 157)
— 71,4° (D)	2,144	—	(33)
+ 29,8° (Chf)	—	—	(131)
— 46,5° (Chf)	0,114	*L*-Thevetose	(55)
			(119, 120, 128, 244)
— 10,0° (Me)	—	—	(29)
+ 34,4° (Me)	—	—	(3)
— 54,5° (Me)	—	—	(157)
— 69,7° (Me)	—	—	(5)
+ 16,6° (Me)	—	—	(26)
— 47,0° (Me)	—	—	(218)
+ 22° (Py)	—	—	(284)
+ 29° (Chf)	0,15	—	(82)
— 34,2° (Me)	—	—	(89)
— 28,6° (Me)	—	—	(89)
+ 12,6° (Me)	—	—	(3)
+ 15,8° (Me)	—	—	(3)
+ 7° (Me)	—	—	(54)
+ 74,0° (Chf)	—	*D*·Digitalose	(195)
+ 31,9° (Chf)	—	—	(196)
+ 21,2° (Chf)	—	—	(3)
+ 16,3° (Me)	—	—	(294)
—	—	—	(63)
+ 16,8° (An)	—	—	(223)
— 25,8° (Chf)	—	—	(186)
— 10,1° (Me)	—	Rhamnose + Glucose	(279)
— 30° (Py)	—	—	(284)
— 33° (Py)	—	—	(284)
— 35,7° (Chf)	—	—	(3)
— 1° (Me)	—	—	(88)
— 51,6° (D)	—	—	(88)
+ 1,7° (D)	—	—	(131)
+ 46,8° (Chf)	—	—	(88)

Fortsetzung der Tabelle 4

Glykosid	Herkunft	Formel	Schmp.
O-Acetyl-courmontosid B	*Strophanthus Courmontii*	$C_{37}H_{52}O_{13}$	$175°/225—227°$
Ambostrosid	*S. amboënsis*	$C_{31}H_{46}O_{11}$ oder $C_{37}H_{56}O_{13}$	$215—220°$
Acetat Nr. 842	*S. sarmentosus*	$C_{46}H_{64}O_{20}$	$280—282°$
O-Acetyl-Nebenprodukt E	*Adenium Boehmianum*	$C_{50}H_{70}O_{22}$	$217—220°$
Digifolein (= Oxydiginin = Sato's Crystal A)	*Digitalis purpurea* und *D. lanata*	$C_{28}H_{40}O_8$	$205—210°$
Lanafolein	*D. lanata*	$C_{28}H_{40}O_8$	$178—181°$
Digipurpurin (= Sato's D)	*D. purpurea*	$C_{39}H_{64}O_{14}$	$277—281°$
			b) Bufadienolid-
Scilliphäosid	*Scilla maritima*	$C_{30}H_{42}O_9$	$249—252°$
Scilliazurosid	*Scilla maritima*	$C_{30}H_{44}O_{11}$	$179—182°$
Scillicoelosid	*Scilla maritima*	$C_{30}H_{40-42}O_{11}$	$165—167°$
Bovosid D (= Bovochrysoid)	*Bowiea volubilis*	$C_{31}H_{44}O_{10}$	$284—298°$
Bovopurpurosid	*Bowiea volubilis*	$C_{31}H_{44}O_{10}$	$158—164°$
Bovosidol D	aus Bovosid D	$C_{31}H_{46}O_{10}$	$268—286°$
Bovoerythrotoxin	*Bowiea volubilis*	$C_{31}H_{40}O_{11}$	$244—252°$
Bovosid C	*Bowiea volubilis*	$C_{31}H_{42-44}O_{11}$	$266—271°$
Bovocyanotoxin	*Bowiea volubilis*	$C_{31}H_{40}O_{12}$	$316—322°$
Kilimandscharotoxin (früher Kilimandscharogenin B)	*Bowiea volubilis* und *B. Kilimandscharica*	$C_{31}H_{40}O_{12}$	$266—267°$
Bovosid B	*Bowiea volubilis*	$C_{31}H_{42-44}O_{12}$	$297—300°$
Bowieasubst. E.......	*Bowiea volubilis*	$C_{31}H_{44}O_{12}$	$282—294°$
Bowieasubst. E.......	*Bowiea volubilis*	$C_{31}H_{44}O_{12}$ (ev. $C_{24}H_{32-34}O_9$)	$282—294°$
Scillicyanosid	*Scilla maritima*	$C_{32}H_{42-44}O_{12}$	$221—222°$
Mono-O-acetyl-bovosid D	*Bowiea volubilis*	$C_{33}H_{46}O_{11}$	$165—182°$ (opak bei $100—110°$)
Bovoxanthotoxin.....	*Bowiea volubilis*	$C_{33}H_{44}O_{13}$	$263—268°$
Bovoeolotoxin (früher „Bovogenin E")	*Bowiea volubilis*	$C_{33}H_{46}O_{13}$	$277—280°$
Glucoscilliphäosid	*Scilla maritima*	$C_{36}H_{52}O_{14}$	$269—270°$
Rubellin..........	*Urginea rubella*	$C_{36}H_{48}O_{16}$	$261—263°$

* Al = Aethanol, An = Aceton, Chf = Chloroform, D = Dioxan, Me = Methanol, Py = Pyridin.

$[\alpha]_D{}^*$	Mittlere letale Dosis mg/kg (Katze)	Zucker	Literatur
$+$ 0,5° (An)	—	—	(*223*)
$+$ 52,9° (Me)	inaktiv	—	(*29*)
$-$ 30,3° (Chf)	—	—	(*40*)
$+$ 15,4° (Chf)	—	—	(*81*)
$-$ 189° (Me)	—	Diginose	(*152, 170, 216, 215, 274*)
$-$ 204° (Me)	—	D-Oleandrose	(*272a*)
$+$ 25° (Me)	unwirksam	3 Digitoxose	(*274*)

Derivate.

$[\alpha]_D{}^*$	Mittlere letale Dosis mg/kg (Katze)	Zucker	Literatur
$-$ 74° (Me)	0,087	L-Rhamnose	(*250, 251*)
$+$ 131° (Me)	0,081	—	(*250*)
$+$ 97° (Me)	0,073	D-Glucose	(*250, 251*)
$-$ 69,9° (Me)	0,112	Thevetose	(*110, 278, 280*)
$-$ 67,1° (Me)	—	—	(*278*)
$-$ 89,0° (Me)	—	Thevetose	(*112*)
$+$ 19,7° (Me)	—	—	(*278*)
$+$ 30,9°	0,27	—	(*109*)
$+$ 27,5° (Me)	—	—	(*278*)
$+$ 79,6° (Py)	—	—	(*278, 280*)
$+$ 18,0° (Me)	0,25	—	(*109*)
$+$ 18,8° (Me)	—	—	(*110*)
$+$ 19° (Me)	—	—	(*110*)
$+$ 104° (Me)	0,100	D-Glucose	(*250, 251*)
$-$ 74,0° (Chf)	—	Thevetose	(*114*)
$+$ 39,5° (Py)	—	2 CH_3COOH	(*278*)
$+$ 28° (Me)	—	2 CH_3COOH	(*278, 280*)
$-$ 68° (Me)	0,111	L-Rhamnose + Glucose	(*250, 251*)
$+$ 15,8° (Me)	—	—	(*137, 138*)

Tabelle 5. Botanische Verteilung der herzaktiven Glykoside und Aglykone.

In der Regel sind nur kristallisierte und analysierte Stoffe berücksichtigt. Bei den Literaturangaben sind nur neuere Arbeiten zitiert, wenn aus ihnen die älteren Publikationen entnommen werden können.

Pflanze	Substanzen (Gehalt in Prozent)	Literatur
1. Apocynaceae		
Acokanthera friesiorum Markgr.	*Samen:* Acovenosid A (1,77), Acolongiflorosid E (0,015), Acolongiflorosid G (0,0037), Acolongiflorosid H (0,098), Acolongiflorosid K (0,024), Acofriosid L (0,058), Acofriosid M (0,0018), Ouabain (0,016)	*(157)*
	Wurzelrinde: Acovenosid A (0,424)	*(6)*
Acokanthera longiflora Stapf.	*Samen:* Acovenosid A (1,21), Subst. D (0,005), Acolongiflorosid E (0,007), Subst. F (0,002), Acolongiflorosid G (0,03), Acolongiflorosid H (0,1), Acolongiflorosid J (0,006), Acolongiflorosid K (0,41)	*(5)*
	Wurzelrinde: Acovenosid A (0,22)	*(5)*
	Stammrinde: Acovenosid A (zirka 0,4), Subst. D (0,001)	*(5)*
A. venenata G. Don	*Samen:* Acovenosid A (1,08), Acovenosid B (0,062), Acovenosid C (0,83), Acolongiflorosid K (Spuren)	*(33, 153)*
Adenium Boehmianum Schinz.	*Wurzeln + Stengel:* Abobiosid (0,0054), Digitalinum verum (0,019), Echujin (0,107), Somalin (0,0327)	*(81)*
A. Honghel A. Dc.	*Wurzeln:* Honghelosid A (0,015), Honghelosid B, Digitalinum verum (0,11), Honghelosid C (0,002), Honghelosid D, Honghelosid E, Honghelosid F, Honghelin, Somalin (0,003)	*(60, 222)*
	Stengel: Honghelosid A (0,0485), Honghelosid B, Digitalinum verum (0,047), Honghelosid C (0,0075), Honghelosid D (0,0005), Honghelosid E (0,0008), Honghelosid F (0,0001), Honghelin, Somalin (0,0009)	*(80, 89)*

Fortsetzung der Tabelle 5

Pflanze	Substanzen (Gehalt in Prozent)	Literatur
A. Lugardii N. E. BR.	*Stamm:* Honghelosid A (0,0282), Somalin (0,0193), Echujin (0,0568)	*(260)*
A. multiflorum KL.	*Samen:* 16-Anhydro-strospesid (0,085), 16-Desacetyl-anhydro-honghelosid A (0,62), Strospesid-monoacetat (0,0415)	*(90)*
A. somalense BALF. FIL.	*Wurzeln:* Somalin (0,267)	*(71)*
Apocynum cannabinum L.	*Wurzeln:* Cymarin *Rinde:* Cymarin	*(297)* *(297)*
A. androsemifolium L.	*Wurzeln:* Cymarin *Rinde:* Cymarin	*(297)* *(297)*
A. venetum L.	*Wurzeln:* Cymarin *Rinde:* Cymarin	*(297)* *(297)*
Carissa lanceolata R. BROWN	*Blätter:* Odorosid H	*(154)*
C. ovata (R. BROWN)	*Wurzeln:* Odorosid H (0,0007)	*(154)*
C. ovata var. *stolonifera* (F. M. BAILEY)	*Blätter* + *Zweige:* Odorosid H (Spuren)	*(154)*
Cerbera floribunda	*Samen:* Subst. F_2 (5,4)	*(294)*
C. odollam	*Samen:* Monoacetyl-neriifolin, Thevetin	*(23, 53, 143)*
Nerium odorum SOL.	*Rinde:* Odorosid A (0,0203), Odorosid B (0,040), Odorosid C = unreines Odorosid D (zirka 0,0187), Odorosid D (0,0188), „Odorosid E" (Gemisch von Odorosid F, Digitalinum verum-monoacetat und 16-Anhydro-dig. verum) (0,060), Odorosid F = Gracilosid (0,010), „Odorosid G" = Odorotriosid-G-monoacetat (0,183), Odorosid H (0,0025), „Odorosid J" (Gemisch von Odorosid L und M) (0,0025), Odorosid K (0,044), Odorobiosid K (Spuren), Odorosid L (0,0015), Odorosid M (0,0005)	*(181, 196, 197)*
	Blätter: Adynerin, Oleandrin, 16-Monoanhydro-gitoxigenin, 16-Desacetyl-anhydro-oleandrin, Uzarigenin	*(166, 261)*

Fortsetzung der Tabelle 5

Pflanze	Substanzen (Gehalt in Prozent)	Literatur
Nerium oleander	*Blätter:* Adynerin („Nebenglykosid") Desacetyl-oleandrin („Nebenglykosid"), Neriantin („Nebenglykosid"), Oleandrin („Hauptglykosid")	(*165, 166, 271*)
Strophanthus amboënsis (SCHINZ) ENGL. et PAX authentisch	*Samen:* Sarverosid (0,011—0,064), Intermediosid (2,03—2,59), Inertosid (0,11), Leptosid (0—0,127), Panstrosid (0,60—0,94), Ambostrosid (0,053—0,16), Quilengosid (0—0,002), Ambosid (0,037—0,12), Kwangosid (0—0,05), Sarverogenin (0—0,024), Sarmutogenon (0—0,020), Sarmentogenin (0—0,026), Subst. OS 399 (0—0,01), „Genin H 15" (0—0,038), Subst. Heg. 13 (0—0,009)	(*16, 29, 218*)
S. amboënsis (SCHINZ) ENGL. et PAX nah verwandte Form	*Samen:* Sarverosid (0,39), Intermediosid (0,40), Inertosid + + Leptosid (0,15), Panstrosid (0,62), Arriagosid + Gossweilosid + Wallosid (0,11), Ambostrosid (0,07), Quilengosid (0,04), Glykosid Nr. 856 (0,009)	(*29, 76, 205*)
S. Arnoldianus DE WILD et TH. DUR.	*Samen:* Strophanthidol (Spuren), Cymarin (0,073), Cymarol (0,018), k-Strophanthosid (0,494)	(*16, 201, 202, 230*)
S. Barteri FRANCH.	*Samen:* Strophanthidin (Hauptsubstanz)	(*16*)
	Wurzeln: Strophanthidin (Spuren)	(*16*)
S. Boivinii BAILL.	*Samen:* 16-Anhydrostrospesid (0,005), Strospesid (0,24), Christyosid (0,007), Millosid (0,02), Pauliosid (0,04), Strobosid (0,15), Boistrosid (0,02)	(*224*)
S. caudatus (BURM. ex L.) KURZ	*Samen:* Caudosid (0,246), Divaricosid (0,031)	(*228*)
S. congoënsis FRANCH.	*Samen:* Sarverosid (0,39), Intermediosid (0,41), Panstrosid (0,48), Sarverogenin (1,02)	(*16, 201, 231*)
S. Courmontii SACL.	*Samen:* Courmontosid A (0,068), Courmontosid B (0,124), Courmontosid C (0,028), Sarmento-	(*16, 37, 201, 223*)

Fortsetzung der Tabelle 5

Pflanze	Substanzen (Gehalt in Prozent)	Literatur
	genin (0,1—0,15), Sarverogenin (0,04—0,22), Sarverosid (1,85), Sarmentocymarin (0,048), Panstrosid (0,026), Subst. Nr. 752 (0,025)	
S. divaricatus (LOUR.) HOOK. et ARN.	*Samen:* Caudosid (0,19), Divaricosid (0,46), Subst. A (amorph) (0,015), Subst. D (amorph) (zirka 1,0)	*(227)*
S. Eminii ASCH. et PAX.	*Samen:* Periplocymarin (0,143), Cymarin (0,41), Cymarol (0,182), Emicymarin (0,483), Allo-emicymarin (Spur), Periplogenin (0,006), Strophanthidol (0,042), Nebenprodukt A (0,006), Nebenprodukt B (0,031), Nebenprodukt C (0,0024)	*(16, 99, 130, 131)*
S. Gerrardi STAPF.	*Samen:* Sarverosid (0,7), Sarmentocymarin (0,134), Intermediosid (0,032), Panstrosid (0,228)	*(16, 34)*
S. gracilis K. SCHUM. et PAX.	*Samen:* Strophanthidin (Nebensubst.), Strophanthidol (Nebensubst.), Periplogenin (Hauptsubst.)	*(16)*
	Wurzeln + Stengel: Strophanthidin (0,004), Strophanthidol (0,001), Emicymarin (0,007), Odorosid H (0,002), Gracilosid (= Odorosid F) (0,003), Subst. AA 56 (0,002), Subst. AA 57 (0,004), Subst. AA 59 (0,001), Subst. AA 64 (0,004), Periplogenin	*(3, 200)*
S. grandiflorus (N. E. BR.) GILG.	*Samen:* Sarmentogenin (0,0405), Sarmentocymarin (0,0083), Subst. Nr. 794 (0,05)	*(39)*
S. gratus WALL. et HOOK.	*Samen:* Ouabain (3,6)	*(4, 16)*
	Wurzeln: Ouabain (sehr wenig)	*(201)*
S. hispidus P. DC.	*Samen:* Strophanthidin (1,6), Strophanthidol (Nebensubst.), Periplogenin (Spuren), Cymarin (1,47), Cymarol (0,065)	*(16, 38, 201)*
	Wurzeln: Strophanthidin (sehr wenig) Strophanthidol (sehr wenig)	*(201)*

Fortsetzung der Tabelle 5

Pflanze	Substanzen (Gehalt in Prozent)	Literatur
S. hypoleucus Stapf.	*Samen:* Periplogenin (0,018), Strophanthidol (wenig), Cymarol (0,087), Emicymarin (0,708), Periplocymarin (0,342)	*(16, 35)*
S. intermedius Pax.	*Samen:* Intermediosid (1,60), Panstrosid (0,88), Inertosid (0,21), Leptosid (0,046), Arriagosid + Gossweilosid + Wallosid (0,0126), Sarverogenin (0,041), i-Strophanthosid	*(16, 31, 76, 77, 206, 282)*
S. kombé Oliv.	*Samen:* Cymarin (0,1—0,3), k-Strophanthin-β (0,6—0,8), k-Strophanthosid (4,2), Cymarol (0,28), Emicymarin + Allo-emicymarin (0,7), Periplocymarin + Allo-periplocymarin (0,14), Allocymarin, Strophanthidin (2,4)	*(11, 16, 101, 102, 99, 116, 130, 257)*
S. Ledienii Stein	*Samen:* Cymarin (0,085), Cymarol (0,084), Emicymarin (0,334), Periplocymarin (0,107), Ledienosid (0,053), Glykosid A (0,013), Glykosid C (0,021), Glykosid D (0,077), Subst. E (0,037), Subst. G (0,003), Subst. α (0,0005), Strophanthidin (Hauptsubst.)	*(16, 135)*
S. mirabilis Gilg.	*Samen:* Cymarin (0,249), Cymarol (0,222), Emicymarin (0,0041), Periplocymarin (0,652), Subst. A, Strophanthidin (Hauptsubst.)	*(16, 177)*
S. Mortehani De Wild	*Samen:* Strophanthidol (0,15)	*(16, 201)*
S. Nicholsonii Holm.	*Samen:* Periplocymarin (0,071), Cymarin (0,150), Cymarol (0,080), Emicymarin (0,285), Strophanthidin (0,2)	*(16, 32)*
S. Petersianus Klotzsch.	*Samen:* Sarmentocymarin (0,098—0,1), Panstrosid (0,035), Subst. Nr. 792 (0,0226), Subst. Nr. 793 (0,19), Subst. Nr. 794 (0,0124), Strophanthidin (Hauptsubst.)	*(16, 39, 51)*
	Übrige Pflanzenteile: Strophanthidin (sehr wenig)	*(201)*
S. Preussii (Engl. et Pax.)	*Samen:* Strophanthidin (Hauptsubst.), Periplocymarin, Allo-	*(16, 203)*

Fortsetzung der Tabelle 5

Pflanze	Substanzen (Gehalt in Prozent)	Literatur
	periplocymarin, Periplogenin, Periplocin, Emicymarin, Emicin	
	Übrige Pflanzenteile: Strophanthidin (sehr wenig)	*(201)*
S. sarmentosus P. Dc. a) Sarverogenin-liefernde Variante	*Samen:* Sarverosid (0,1—0,2), Panstrosid (0,1—0,4), Sarmentosid A-Rohkristallisat (= Sarmentosid A + C + D + E) (zirka 0,5)	*(237)*
	Übrige Pflanzenteile: Sarverosid Panstrosid, Sarmentosid A-Rohkristallisat (alle sehr wenig)	*(201)*
b) Sarmentogenin-liefernde Variante	*Samen:* Sarmentocymarin (0,4), Sarnovid (0,1), Sarmentosid A-Rohkrist. (zirka 0,5), Sargenosid (Hauptsubst.)	*(17, 237)*
	Übrige Pflanzenteile: Sarmentocymarin, Sarnovid, Sarmentosid A-Rohkrist., Sargenosid (alle sehr wenig)	*(201)*
c) Glykosidarme Variante	*Samen:* Sarverosid ($<$ 0,01), Sarmentocymarin ($<$ 0,02)	*(237)*
	Übrige Pflanzenteile: Sarverosid Sarmentocymarin (beide sehr wenig)	*(201)*
d) Sarmutogenin-liefernde Variante	*Samen:* Sarmutosid (0,56), Musarosid (0,15), Sarmentosid A + C + E roh (zirka 0,7)	*(237)*
S. Schuchardtii PAX. *S. Gossweileri* H. HESS	*Samen:* Sarverosid (0,69), Intermediosid (1,31), Panstrosid (0,845), Leptosid (0,192), Inertosid (0,061), Quilengosid (0,052), Ambosid (0,011), Arriagosid + Gossweilosid + Wallosid (0,036), Glykosid Ed. 1 (0,018), Sarverogenin (0,39; Hauptsubst.)	*(16, 26, 52, 76)*
S. speciosus (WARD et HARV.) REBER	*Samen:* Strospesid (0,15), Christyosid (0,3)	*(36)*
S. Tholloni FRANCH.	*Samen:* Sarmentosid A, Sarmentosid E, Ouabagenin (Hauptsubst.)?	*(16, 41)*
S. Tholloni var. *gardeniiflorus* (GILG) MONACH.	*Samen:* Sarmentosid A, Sarmentosid E	*(41)*

Fortsetzung der Tabelle 5

Pflanze	Substanzen (Gehalt in Prozent)	Literatur
S. Vanderijstii STANER	*Samen:* Digistrosid (0,004), Odorosid A (0,0012), Odorosid B (0,002), 11-Dehydro-sarmentocymarin (0,016), Vanderosid (0,240), Sarmentocymarin (0,288), Odorosid H (0,020), Kwangosid (0,052), Emicymarin (0,492), Desarosid (0,088), Sarnovid (0,632)	*(136)*
S. Welwitschii (BAILL.) K. SCHUM. (aus Angola)	*Samen:* Intermediosid (0,09), Panstrosid (0,09), Leptosid + Inertosid (Spur)	*(16, 29)*
S. Wightianus WALL.	*Samen:* Divaricosid (0,16), Caudosid (0,14), Kristallisat E	*(182)*
Tanghinia venenifera POIR (= *Tanghinia madagascariensis* PER. = *Cerbera Tanghinia* HOOK)	*Samen:* Desacetyl-tanghinin (0,62), Tanghinin (1,27), Monoacetylneriifolin (0,68), Tanghiferin resp. Neotanghiferin (0,0476), Tanghinosid (amorph)	*(59, 79, 61)*
Thevetia neriifolia JUSS.	*Samen:* Thevetin (3,6), Monoacetylneriifolin, Neriifolin (6—8), Thevefolin (0,15), Theveneriin (0,45)	*(78, 55)*
Th. ycottli	*Samen:* Thevetin	*(22)*
Urechites lutea (L.) BRITTON	*Blätter:* 16-Desacetyl-anhydro-oleandrin (0,44), Subst. C (0,017), Subst. D (0,045), Subst. E (0,015)	*(88)*
U. suberecta MÜLL. ARG.	*Blätter:* Urechitoxin (0,64)	*(72)*
2. Asclepiadaceae *Calotropis procera* R. BR.	*Samen:* Calotropin (Spur), Frugosid (0,020), Corotoxigenin (0,0063), Coroglaucigenin (0,343)	*(180)*
	Blätter + Stengel: Calotropin (0,165), Calotropagenin (0,087)	*(83)*
	Milchsaft:* Uscharin (0,45), Calotoxin (0,15), Calactin (0,15), Uscharidin (Spur)	*(82, 84)*
Cryptostegia grandiflora (ROXB.) R. BR.	*Blätter:* Cryptograndosid A (0,0535), Cryptograndosid B (0,0165), Cryptograndosid C	*(2)*

---

* Milchsaft stammt aus *C. procera* + *C. gigantea*.

Fortsetzung der Tabelle 5

Pflanze	Substanzen (Gehalt in Prozent)	Literatur
	(Spur), Digitalinum verum (0,005)	
Glossostelma spatulatum (K. SCHUM.) BULLOCK	*Ganze Pflanze:* Strophanthidin, Strophanthidin-β-D-glucosid	(*146*)
Gomphocarpus fruticosus (L.) R. BR.	*Samen:* Gofrusid (0,06), Frugosid (0,0077)	(*91, 118*)
	Ganze Pflanze: Gomphosid (0,01), Afrosid (= Afrosid A + B) (0,07)	(*294, 295*)
Periploca graeca	*Stengel + Rinde:* Periplocin (0,1)	(*253*)
	Milchsaft: Periplocin (0,3)	(*132*)
P. nigrescens AFZEL	*Rinde:* Strophanthidin (0,18), Strophanthidol (0,0033), Subst. E. Sche 12 (0,0135), Subst. E. Sche 16 (0,0022), Subst. E. Sche 17 (0,0014), Nigrescigenin (0,0215), Strophanthidin-β-D-glucosid (wenig)	(*144, 217*)
Xysmalobium undulatum R. BR.	*Wurzeln:* „Xysmalobin" (2,5) (besteht aus: Uzarin (Hauptsubst.), Xysmalorin, Urezin, Uzarosid), Xysmalogenin, Urezigenin, Smalogenin, Subst. B₁, Subst. D (Aglykon ε)	(*86, 270, 272, 277*)
	Samen: Frugosid (0,496)	(*286*)
3. Celastraceae		
Evonymus europaea L.	*Samen:* Evonosid (0,019), Evomonosid (0,009)	(*74, 148*)
E. atropurpurea (JACQ.)	*Wurzeln:* Digitoxigenin, Digitoxigenin-digitoxosid, Evatromonosid	(*281*)
4. Cruciferae		
Cheiranthus Allionii hort.	*Blätter:* Alleosid A, Alleosid B	(*141*)
Ch. cheiri L.	*Samen:* Cheirosid A (0,021—0,068), Cheirotoxin (0,009—0,040, Subst. E	(*156, 239*)
Erysimum canescens ROTH.	*Kraut:* Erysimin	(*42*)
E. crepidifolium	*Samen:* Helveticosid (0,037)	(*161*)
E. helveticum (JACQUIN) AP. DC.	*Samen:* Helveticosid (0,195)	(*160*)
Syrenia angustifolia	*Ganze Pflanze:* Syreniotoxin	(*141*)
5. Liliaceae		
Bowiea volubilis HARVEY	„*kleine weiße*" *Zwiebeln:* Bovosid A (0,01), Bovosid B (0,0013),	(*109, 110, 114*)

Fortsetzung der Tabelle 5

Pflanze	Substanzen (Gehalt in Prozent)	Literatur
	Bovosid C (0,002), Bovosid D (= Bovochrysoid) (0,006), Monoacetyl-bovosid D (0,003)	
	„große grüne" *Zwiebeln:* Bovosid D (= Bovochrysoid) (0,0014 bis 0,0025), Bowieasubst. E (0,0005), Bowieasubst. F (0,000009), Bovogenin A (0,00012), Bovogenin E (= Bovoeolotoxin) (0,0004), Kilimandscharogenin A (0,00007), Scilliglaucosidin, Bovopurpurosid, Bovoxanthotoxin, Bovocyanotoxin, Bovoerythrotoxin, Kilimandscharogenin B (= Kilimandscharotoxin)	(*110, 112, 113, 114, 278, 280*)
B. Kilimandscharica Mildbread	*Zwiebeln:* Kilimandscharogenin A (0,00012), Kilimandscharogenin B (0,00011), Bovosid A (0,0003 —0,003)	(*111, 280*)
Convallaria majalis L.	*Samen:* Convallosid (0,04)	(*235*)
	Blüten: Convallatoxin (ca. 0,01)	(*106*)
	Blätter: Convallatoxin (0,09); Convallatoxol + Convallosid + Majalosid + Vallarotoxin (0,1)	(*151, 279*)
	Wurzeln: Convallamarin	(*289*)
Rhodea japonica Roth	*Blätter + Wurzeln:* Rhodexin A, Rhodexin B, Rhodexin C	(*162, 163, 164*)
Scilla maritima L. (= *Urginea maritima* Baker) weiße Form	*Zwiebeln:* Scillaren A (0,6), Proscillaridin A (0,05), Glucoscillaren A (0,05), Scilliphäosid (0,025), Glucoscilliphäosid (0,04), Scillikryptosid (0,03), Scilliglaucosid (0,07), Scillicyanosid (0,05), Scillicoelosid (0,025), Scilliazurosid (0,01)	(*258, 250*)
Sc. maritima L. rote Form	*Zwiebeln:* Scillirosid (zirka 0,035)	(*254*)
Urginea Burkei (Bkr.)	*Zwiebeln:* Scillaren A (0,0446), Scillarenin (0,0014)	(*299*)
U. rubella	*Zwiebeln:* Rubellin	(*137*)
U. indica (Kunth.)	*Zwiebeln:* Scillaren A	(*183, 183 a*)

Fortsetzung der Tabelle 5

Pflanze	Substanzen (Gehalt in Prozent)	Literatur
6. Moraceae *Antiaris toxicaria* LESCH.	*Milchsaft:* α-Antiarin (0,195—1,38), β-Antiarin (0,41—1,44), Bogorosid, Antiosid, Subst. A, Subst. E	*(24, 25, 121)*
7. Papilionaceae *Coronilla glauca*	*Samen:* Corotoxigenin (0,05), Coroglaucigenin (0,003—0,005), Glaucorigenin (0,005), Alloglaucotoxigenin (0,1)	*(252)*
8. Ranunculaceae *Adonis amurensis* L.	*Wurzeln:* Cymarin (0,0137)	*(207)*
A. vernalis L.	*Blätter + Stemgel:* Cymarin, Adonitoxin	*(117, 187, 199)*
Helleborus niger L.	*Rhizom:* Hellebrin	*(107, 108)*
9. Scrophulariaceae *Digitalis canariensis* L.	*Blätter:* Canarien-glykosid A (0,128)	*(63)*
D. cariensis BOISS.	*Blätter:* Lanatosid A, Acetyldigitoxin	*(256)*
D. ferruginea L.	*Blätter* (trocken): Lanatosid A, Lanatosid B, Acetyl-digitoxin-β, Glykosid DF 2. Total zirka 0,4% herzaktive Glykoside. Glykosid DF 1 (inaktiv)	*(256, 255)*
D. grandiflora MILL. (= *D. ambigua* MURR.)	*Blätter* (trocken): Glykosid DA 7, Genin B (0,0044), Genin D (0,0047), Genin E (0,0020), Genin F (0,00317), Genin H (0,00070), Digitoxigenin (0,0069), Gitoxigenin (0,00001)	*(256, 189)*
D. lanata EHRH.	*Samen:* Digitalinum verum (0,063)	*(152)*
	Blätter (trocken): Lanatosid A (0,043—0,086), Lanatosid B (0,02—0,04), Lanatosid C (0,036—0,072), Gitorin (0,0005), Glucogitorin, Digitalinum verum (ev. Spur), Strospesid, Glucogitofucosid, Diginatin, Digifolein, Lanafolein	*(155, 246, 248, 274, 275, 159, 272 a)*

Fortsetzung der Tabelle 5

Pflanze	Substanzen (Gehalt in Prozent)	Literatur
	Blätter aus Kashmir: Acetyl-digo-xin-β, Digifolein, Digitalinum verum (0,018)	*(184, 180 b)*
D. leucophaea SIBTH.	*Blätter:* Lanatosid A, Lanatosid B, Lanatosid C (total 0,2—0,4)	*(256)*
D. mariana BOISS.	*Blätter:* Glykosid DM 11	*(256)*
D. micrantha ROTH.	*Blätter:* Lanatosid A, Lanatosid B, Purpureaglykosid B	*(256)*
D. orientalis L.	*Blätter:* Digorid A (= Acetyl-digo-xin-β), Digorid B (= Acetyl-di-goxin-α), Oridigin, Digitalinum verum	*(142)*
D. purpurea L.	*Samen:* Digitalinum verum (0,30), Gitoxin (0,001), Strospesid (0,0008—0,002), Diginin	*(152, 169, 210, 211)*
	Blätter: Digitalinum verum (Spur), Purpureaglykosid A (0,015—0,063 oder Digitoxin bis zu 0,06), Purpureaglykosid B (0,013—0,054 oder Gitoxin bis zu 0,07), Strospesid (0,024), Odo-rosid H (0,0005), Gitorin, Gita-loxin, Verodoxin, Digitoxigenin-mono-digitoxosid + Digitoxi-genin-bis-digitoxosid (0,0015—0,003), Gitoxigenin-mono-digi-toxosid + Gitoxigenin-bis-digi-toxosid + Gitaloxigenin-mono-digitoxosid + Gitaloxygenin-bis-digitoxosid (0,0003—0,001), Digiprosid (0,005), Digifolein (= Oxydiginin = Kristalle A) (0,006), Digipurpurin, Purpnin, Digipronin, Digitalonin (0,0002)	*(68, 67, 97, 96, 107, 167, 168, 170, 208, 213, 215, 216, 246, 249, 212, 274, 214, 69, 70, 66, 256, 104a)*
	Wurzeln: Digitalinum verum (0,013)	*(209)*
D. thapsi L.	*Blätter:* Gitoxin (0,01—0,02) ev. Purpureaglykosid A, Purpurea-glykosid B	*(256)*
10. Stericulaceae		
Mansonia altissima A. CHEV.	*Rinde:* Mansonin A (0,0315), Man-sonin B (0,00465), Mansonin C (0,0131), Mansonin D (0,0003), Mansonin E (0,003)	*(284)*

Fortsetzung der Tabelle 5

Pflanze	Substanzen (Gehalt in Prozent)	Literatur
11. *Tiliaceae*		
Corchorus capsularis L.	*Samen:* Strophanthidin (= Corchorin = Corchsularin) (0,2), Corchortoxin (ev. = Strophanthidin), Corchoritin (ev. = Strophanthidin), Corchorosid A, Corchorosid B	*(56, 105, 119, 128, 240, 241)*
	Blätter: Capsularin (ev. = Strophanthidin) (0,6)	*(204, 241)*
C. olitorius L.	*Samen:* Strophanthidin (= Corchorin = Corchorgenin) (0,1—0,2), Corchorosid A, Corchorosid B	*(18, 56, 245, 241)*

Tabelle 6. Chemische Einteilung der Strophanthusarten.

1. Gruppe Ouabagenin	2. Gruppe Periplogenin Strophanthidin Strophanthidol	3. Gruppe Sarmentogenin (11) Genine mit $C_{(11)}$—$C_{(12)}$-Ketolgruppierung (11, 12)	4. Gruppe Corotoxigenin Gitoxigenin	5. Gruppe Periplogenin Sarmentogenin Desarogenin Digitoxigenin Uzarigenin
S. gratus	S. Arnoldianus S. Barteri S. Eminii S. gracilis S. hispidus S. hypoleucus S. kombé S. Ledienii S. mirabilis S. Mortehani S. Nicholsonii S. Preussi	S. amboënsis (11, 12) S. caudatus (11, 12) S. congoënsis (11, 12) S. Courmontii (11, 12) und (11) S. divaricatus (11, 12) S. Gerrardi (11, 12) und (11) S. grandiflorus (11) S. intermedius (11, 12) S. Petersianus (11) S. sarmentosus (11, 12) und (11) S. Tholloni (11) S. Tholloni var. gardeniflorus (12) S. Schuchardtii (11, 12) S. Welwitschii (11, 12) S. Wightianus (11, 12)	S. Boivinii S. speciosus	S. Vanderijsti

Literaturverzeichnis.

1. ABISCH, E., CH. TAMM und T. REICHSTEIN: Die Glykoside der Wurzeln von *Pachycarpus lineolatus* (DECUE) BULLOCK (= *Pachycarpus schweinfurthii* (N. E. BR.) BULLOCK). Helv. Chim. Acta **40** (1957) (im Druck).

2. AEBI, A. und T. REICHSTEIN: Über die Glykoside der Blätter von *Cryptostegia grandiflora* (ROXB.) R. BR. (Asclepiadaceae). Helv. Chim. Acta **33**, 1013 (1950).

3. — — Die Glykoside von *Strophanthus gracilis* K. SCH. et PAX. Helv. Chim. Acta **34**, 1277 (1951).

4. ARNAUD, A.: Sur la matière cristallisée active des flèches empoisonnées des Çomalis, extraite du bois d'Ouabaïo. C. R. hebd. Séances Acad. Sci. **106**, 1011 (1888).

5. BALLY, P. R. O., K. MOHR und T. REICHSTEIN: Die Glykoside von *Acokanthera longiflora* STAPF. Helv. Chim. Acta **34**, 1740 (1951).

6. — — — Die Glykoside der Wurzelrinde von *Acokanthera friesiorum* MARKGR. Helv. Chim. Acta **35**, 45 (1952).

7. BARTON, D. H. R., K. MOHR, T. REICHSTEIN und O. SCHINDLER: Identifizierung von Substanz Nr. 752 mit Echinocystsäure. Helv. Chim. Acta **39**, 413 (1956).

8. BINKERT, J., O. SCHINDLER, H. P. SIGG und T. REICHSTEIN: Die Glykoside der Knollen von *Raphionacme Burkei* N. E. BR. Helv. Chim. Acta **40** (1957) (im Druck).

9. BLINDENBACHER, F. und T. REICHSTEIN: Synthese des *L*-Glucomethylose-3-methyläthers und seine Identifizierung mit Thevetose. Helv. Chim. Acta **31**, 1669 (1948).

10. — — Synthese der *L*-Oleandrose. Helv. Chim. Acta **31**, 2061 (1948).

11. BLOME, W., A. KATZ und T. REICHSTEIN: Cymarol, ein neues herzaktives Glykosid aus *Strophanthus kombé*. Pharmac. Acta Helv. **21**, 325 (1946).

12. BOLLIGER, H. R. und T. REICHSTEIN: Synthese der *D*-Xylo-2-desoxy-hexamethylose (III) und ihre Identifizierung mit Boivinose. Helv. Chim. Acta **36**, 302 (1953).

13. BOLLIGER, H. R. und P. ULRICH: Neue Synthesen für Digitoxose und Cymarose. Helv. Chim. Acta **35**, 93 (1952).

14. BOURQUELOT, E., H. HÉRISSEY et J. COIRRE: Synthèse biochimique d'un sucre du groupe des hexobioses, le gentiobiose. C. R. hebd. Séances Acad. Sci. **157**, 732 (1913).

14a. BROWN, B. T., E. E. SHEPHEARD and S. E. WRIGHT: The Distribution of Digitalis Glycosides and their Metabolites within the Body of the Rat. J. Pharmacol. exp. Therapeut. **118**, 39 (1956).

14b. BROWN, B. T. and S. E. WRIGHT: The Cardioactive Metabolites of Digitalis Glycosides. J. Biol. Chem. **220**, 431 (1956).

15. BURTON, R. B., A. ZAFFARONI and E. H. KEUTMANN: Paper Chromatography of Steroids. II. Corticosteroids and Related Compounds. J. Biol. Chem. **188**, 763 (1951).

16. BUSH, I. E. and D. A. H. TAYLOR: The Paper-Chromatographic Examination of the Cardiac Aglycones of *Strophanthus* Seeds. Biochemic. J. **52**, 643 (1952).

17. CALLOW, R. K. and D. A. H. TAYLOR: The Cardio-active Glycosides of *Strophanthus sarmentosus* P. Dc. "Sarmentoside B" and its Relation to an Original Sarmentobioside. J. Chem. Soc. (London) **1952**, 2299.

18. CHAKRABARTI, J. K. and N. K. SEN: Bitter Constituents of the Seeds of *Corchorus olitorius* L., "Corchorgenin" — A New Cardiac-active Aglycone. J. Amer. Chem. Soc. **76**, 2390 (1954).

19. CHARGAFF, E., C. LEVINE and C. GREEN: Techniques for the Demonstration by Chromatography of Nitrogenous Lipide Constituents, Sulfur-containing Amino Acids and Reducing Sugars. J. Biol. Chem. **175**, 67 (1948).

19 a. CHEN, K. K.: Pharmacology. Annu. Rev. Physiology **7**, 677 (1945).

20. CHEN, K. K. and F. G. HENDERSON: Pharmacology of Sixty-four Cardiac Glycosides and Aglycones. J. Pharmacol. exp. Therapeut. **111**, 365 (1954).

21. CHEN, K. K., F. G. HENDERSON and R. C. ANDERSON: Comparison of Forty-two Cardiac Glycosides and Aglycones. J. Pharmacol. exp. Therapeut. **103**, 420 (1951).

22. CHEN, K. K. and A. LING CHEN: The Occurrence of Thevetin and Kokilphin in the Nuts of *Thevetia ycottli*. Amer. J. Physiol. **123**, 36 (1938).

23. CHEN, K. K. and F. A. STELDT: Cerberin and Cerberoside, the Cardiac Principles of *Cerbera Odollam*. J. Pharmacol. exp. Therapeut. **76**, 167 (1942).

24. DOEBEL, K., E. SCHLITTLER und T. REICHSTEIN: Beitrag zur Kenntnis des α-Antiarins. Helv. Chim. Acta **31**, 688 (1948).

25. DOLDER, F., CH. TAMM und T. REICHSTEIN: Die Glykoside von *Antiaris toxicaria* LESCH. Helv. Chim. Acta **38**, 1364 (1955).

26. EDELMANN, O., CH. TAMM und T. REICHSTEIN: Die Glykoside der Samen von *Strophanthus Schuchardtii* PAX. Helv. Chim. Acta **39**, 16 (1956).

27. ELDERFIELD, R. C.: The Structure and Configuration of Cymarose. J. Biol. Chem. **111**, 527 (1935).

28. —- The Carbohydrate Components of the Cardiac Glycosides. Adv. Carbohydrate Chem. **1**, 147 (1945).

28 a. ELDERFIELD, R. C., F. C. UHLE and J. FRIED: Synthesis of Glucosides of Digitoxigenin Digoxigenin and Periplogenin. J. Amer. Chem. Soc. **69**, 2235 (1947).

29. EUW, J. v., H. HEGEDÜS, CH. TAMM und T. REICHSTEIN: Die Glykoside der Samen von *Strophanthus amboënsis* (SCHINZ) ENGL. et PAX sowie einer verwandten Form. Helv. Chim. Acta **37**, 1493 (1954).

30. EUW, J. v., G. A. O. HEITZ, H. HESS, P. SPEISER und T. REICHSTEIN: Die Glykoside von *Strophanthus Welwitschii* (BAILL.) K. SCHUM. Helv. Chim. Acta **35**, 152 (1952).

31. EUW, J. v., H. HESS, P. SPEISER und T. REICHSTEIN: Die Glykoside von *Strophanthus intermedius* PAX. Helv. Chim. Acta **34**, 1821 (1951).

32. EUW, J. v. und T. REICHSTEIN: Die Glykoside der Samen von *Strophanthus Nicholsonii* HOLM. Helv. Chim. Acta **31**, 883 (1948).

33. — — Acovenosid A und Acovenosid B, zwei Glykoside aus den Samen von *Acokanthera venenata* G. DON. 1. Mitt. Helv. Chim. Acta **33**, 485 (1950).

34. — — Die Glykoside der Samen von *Strophanthus Gerrardi* STAPF. Helv. Chim. Acta **33**, 522 (1950).

35. — — Die Glykoside der Samen von *Strophanthus hypoleucus* STAPF. Helv. Chim. Acta **33**, 544 (1950).

36. — — Die Glykoside der Samen von *Strophanthus speciosus* (WARD. et HARV.) REBER. 1. Mitt. Helv. Chim. Acta **33**, 666 (1950).

37. — — Die Glykoside der Samen von *Strophanthus Courmontii* SACL. Helv. Chim. Acta **33**, 1006 (1950).

38. — — Die Glykoside der Samen von *Strophanthus hispidus* P. DC. 1. Mitt. Helv. Chim. Acta **33**, 1546 (1950).

39. — — Die Glykoside der Samen von *Strophanthus Petersianus* KLOTZSCH., *Strophanthus grandiflorus* (N. E. BR.) GILG und einer weiteren verwandten Variante (möglicherweise Kreuzung). 1. Mitt. Helv. Chim. Acta **33**, 1551 (1950).

40. EUW, J. v. und T. REICHSTEIN: Sargenosid („Sarmentosid B") und einige Derivate des Sarmentogenins. Helv. Chim. Acta **35**, 1560 (1952).

41. EUW, J. v., O. SCHINDLER und T. REICHSTEIN: Die Glykoside der Samen von *Strophanthus tholloni* FRANCH. und *S. tholloni var. gardeniiflorus* (GILG) MONACH. Helv. Chim. Acta **38**, 987 (1955).

42. FEOFILAKTOV, V. V. and P. M. LOSHKAREV: Erysimine-glycoside with Cardiac Action from *Erysimum canescens*. C. R. (Doklady) Acad. Sci. (USSR) **94**, 709 (1954) [Chem. Abstr. **49**, 6287 (1955)].

43. FIESER, L. F. and M. FIESER: Natural Products Related to Phenanthrene. 3rd Ed., p. 507. New York: Reinhold Publ. Corp. 1949.

44. FISCHER, E.: Krystallisierte wasserfreie Rhamnose. Ber. dtsch. chem. Ges. **29**, 324 (1896).

45. — Schmelzpunkt des Phenylhydrazins und einiger Osazone. Ber. dtsch. chem. Ges. **41**, 73 (1908).

46. FISCHER, E. und C. LIEBERMANN: Über Chinovose und Chinovit. Ber. dtsch. chem. Ges. **26**, 2415 (1893).

47. FISCHER, E. und K. ZACH: Verwandlung der *d*-Glucose in eine Methylpentose. Ber. dtsch. chem. Ges. **45**, 3761 (1912).

48. FISCHER, R., H. R. BOLLIGER und T. REICHSTEIN: Synthese des *D*-Ido-methylose-3-methyläthers. Helv. Chim. Acta **37**, 6 (1954).

49. FLETCHER, H. G., Jr. and C. S. HUDSON: The Reaction of Tribenzoyl-β-*D*-arabinopyranosyl Bromide and Tribenzoyl-α-*D*-xylopyranosyl Bromide with Methanol. J. Amer. Chem. Soc. **72**, 4173 (1950).

50. FLETCHER, H. G., Jr., R. K. NESS and C. S. HUDSON: The Reaction of Tribenzoyl-α-*D*-lyxopyranosyl Bromide with Methanol. J. Amer. Chem. Soc. **73**, 3698 (1951).

51. FOPPIANO, R. and M. R. SALMON: A Note of the Occurrence of Panstroside. J. Amer. Chem. Soc. **74**, 4709 (1952).

52. FOPPIANO, R., M. R. SALMON and W. G. BYWATER: The Glycosides of the Seeds of *Strophanthus schuchardti* PAX. J. Amer. Chem. Soc. **74**, 4537 (1952).

53. FRÈREJACQUE, M.: Thévétine, nériifoline et monoacétylnériifoline. C. R. hebd. Séances Acad. Sci. **225**, 695 (1947).

54. — La mansonine, hétéroside digitalique de *Mansonia altissima*. C. R. hebd. Séances Acad. Sci. **233**, 1220 (1951).

55. — La thévéfoline et la thévénériine, digitaliques mineurs nouveaux des graines de *Thevetia neriifolia* JUSS. C. R. hebd. Séances Acad. Sci. **242**, 2395 (1956).

56. FRÈREJACQUE, M. et M. DURGEAT: Poisons digitaliques des graines de jute. C. R. hebd. Séances Acad. Sci. **238**, 507 (1954).

57. FRÈREJACQUE, M. et V. HASENFRATZ: Sur la tanghiférine, nouvel hétéroside des amandes de *Tanghinia venenifera*. Identité de la pseudotanghinine et de la désacétyl-tanghinine. C. R. hebd. Séances Acad. Sci. **223**, 642 (1946).

58. — — Sur les hétérosides digitaliques de *Tanghinia venenifera*. C. R. hebd. Séances Acad. Sci. **222**, 815 (1946).

59. — — Sur le tanghinoside, nouvel hétéroside des amandes fraîches de *Tanghinia venenifera*. C. R. hebd. Séances Acad. Sci. **226**, 268 (1948).

60. — — La hongkeline, nouvel hétéroside digitalique cristallisé de *Adenium Hongkel*. C. R. hebd. Séances Acad. Sci. **229**, 848 (1949).

61. FRÈREJACQUE, M., H. P. SIGG und T. REICHSTEIN: Neotanghiferin. Helv. Chim. Acta **39**, 1900 (1956).

62. FREUDENBERG, K. und K. RASCHIG: Zur Kenntnis der Acetonzucker. XVI. *l*-Altromethylose, Chinovose und Digitoxose. Das System der Methylpentosen. Ber. dtsch. chem. Ges. **62**, 373 (1929).

63. GONZÁLES, A. G. und R. CALERO: Glucosidos de las Escrophilariaceas Canarias. I. „*Digitalis canariensis*" L. An. soc. españ. fís. quím. **51 B**, 283 (1955).

64. GROB, C. A. und D. A. PRINS: *d*-Altromethylose-3-methyläther. Helv. Chim. Acta **28**, 840 (1945).

65. GUT, M. und D. A. PRINS: *d*-Altromethylose. Helv. Chim. Acta **29**, 1555 (1946).

66. HAACK, E., F. KAISER, M. GUBE und H. SPINGLER: Die genuinen Glykoside der Blätter und Samen von *Digitalis purpurea*. Naturwiss. **43**, 301 (1956).

67. HAACK, E., F. KAISER und H. SPINGLER: Gitaloxin, ein neues Hauptglykosid der *Digitalis purpurea*. Naturwiss. **42**, 441 (1955).

68. — — — Odorosid H als Bestandteil der Inhaltsstoffe von Folia *Digitalis purpurea*. Naturwiss. **42**, 442 (1955).

69. — — — Über Gitaloxin, ein neues Hauptglykosid aus den Blättern von *Digitalis purpurea*. Chem. Ber. **89**, 1353 (1956).

70. — — — Verodoxin, ein neues Glykosid aus den Blättern von *Digitalis purpurea*. Naturwiss. **43**, 130 (1956).

71. HARTMANN, M. und E. SCHLITTLER: Über afrikanische Pfeilgiftpflanzen. I. Mitt. *Adenium somalense* BALF. fil. Helv. Chim. Acta **23**, 548 (1940).

72. HASSALL, C. H.: The Cardiac Glycosides of *Urechites suberecta*. J. Chem. Soc. (London) **1951**, 3193.

73. HASSALL, C. H. and K. REYLE: Constitution of Calotropagenin. Chem. and Ind. **1956**, 487.

74. HAUENSTEIN, H., A. HUNGER und T. REICHSTEIN: Evomonosid aus den Samen von *Evonymus europaea* L. Helv. Chim. Acta **36**, 87 (1953).

75. HAUENSTEIN, H. und T. REICHSTEIN: Synthese des 2-Desoxy-*D*-xylohexamethylose-3-methyläthers und seine Identifizierung mit Sarmentose. Helv. Chim. Acta **33**, 446 (1950).

76. HEGEDÜS, H. und T. REICHSTEIN: Trennung von „Kristallisat Nr. 800". Arriagosid, Gossweilosid und Wallosid. Helv. Chim. Acta **38**, 1133 (1955).

77. HEGEDÜS, H., CH. TAMM und T. REICHSTEIN: Die Glykoside von *Strophanthus intermedius* PAX. 2. Mitt. Trennung des Kristallisats Nr. 790. Helv. Chim. Acta **36**, 357 (1953).

78. HELFENBERGER, H. und T. REICHSTEIN: Thevetin. I. Helv. Chim. Acta **31**, 1470 (1948).

79. — — Die Glykoside von *Tanghinia venenifera* POIR. Helv. Chim. Acta **35**, 1503 (1952).

80. HESS, J. C. und A. HUNGER: Identifizierung von Honghelosid G mit Somalin. Helv. Chim. Acta **36**, 85 (1953).

81. HESS, J. C., A. HUNGER und T. REICHSTEIN: Die Glykoside von *Adenium Boehmianum* SCHINZ. Helv. Chim. Acta **35**, 2202 (1952).

82. HESSE, G., L. J. HEUSER, E. HÜTZ und F. REICHENEDER: Zusammenhänge zwischen den wichtigsten Giftstoffen der *Calotropis procera*. Liebigs Ann. Chem. **566**, 130 (1950).

83. HESSE, G. und F. REICHENEDER: Über das afrikanische Pfeilgift Calotropin. I. Liebigs Ann. Chem. **526**, 252 (1936).

84. HESSE, G., F. REICHENEDER und H. EYSENBACH: Die Herzgifte im Calotropis-Milchsaft. Liebigs Ann. Chem. **537**, 67 (1939).

85. HIRSCHMANN, H. and F. B. HIRSCHMANN: The Preparation of 16-Oxygenated Etianates and their Relation to Gitoxigenin. J. Amer. Chem. Soc. **78**, 3755 (1956).

86. HUBER, H., F. BLINDENBACHER, K. MOHR, P. SPEISER und T. REICHSTEIN: Die Glykoside der Wurzeln von *Xysmalobium undulatum* R. BR. 1. Mitt. Helv. Chim. Acta **34**, 46 (1951).

87. HUDSON, C. S. and J. M. JOHNSON: The Rotatory Powers of Some New Derivatives of Gentiobiose. J. Amer. Chem. Soc. **39**, 1272 (1917).

88. HUNGER, A.: Glykoside aus den Blättern von *Urechites lutea* (L.) BRITTON. Helv. Chim. Acta **34**, 898 (1951).

89. HUNGER, A. und T. REICHSTEIN: Glykoside aus *Adenium Honghel* A. Dc. Helv. Chim. Acta **33**, 76 (1950).

90. — — Glykoside aus den Samen von *Adenium multiflorum* KL. Helv. Chim. Acta **33**, 1993 (1950).

91. — — Frugosid, ein zweites kristallisiertes Glykosid aus den Samen von *Gomphocarpus fruticosus* (L.) R. BR. Helv. Chim. Acta **35**, 429 (1952).

92. ISELIN, B. und T. REICHSTEIN: Kristallisierte 2-Desoxy-*l*-rhamnose (2-Desoxy-*l*-chinovose). Helv. Chim. Acta **27**, 1146 (1944).

93. — — 2-Desoxy-*l*-fucose. Helv. Chim. Acta **27**, 1200 (1944).

94. — — Synthese der *d*-Digitoxose. Helv. Chim. Acta **27**, 1203 (1944).

95. ISHERWOOD, F. A. and M. A. JERMYN: Relationship between the Structure of Simple Sugars and their Behaviour on the Paper Chromatogram. Biochemic. J. **48**, 515 (1951).

96. ISHIDATE, M. and M. OKADA: Isolation of Gitorin (Gitoxigenin Monoglucoside) from *Digitalis purpurea*. Pharmac. Bull. (Japan) **1**, 305 (1953).

97. ISHIDATE, M., M. OKADA und Y. SASAKAWA: Presence of Digitalinum verum and Purpurea Glycoside B in the Water-soluble Fraction of the Dried Leaves of *Digitalis purpurea* L. (Addendum). Pharmac. Bull. (Japan) **1**, 186 (1953).

98. JACOBS, W. A. and N. M. BIGELOW: The Sugar of Sarmentocymarin. J. Biol. Chem. **96** 355 (1932).

99. — — The Strophanthins of *Strophanthus Eminii*. J. Biol. Chem. **99**, 521 (1933).

100. JACOBS, W. A. and M. HEIDELBERGER: Sarmentocymarin and Sarmentogenin. J. Biol. Chem. **81**, 765 (1929).

101. JACOBS, W. A. und A. HOFFMANN: On K-Strophanthin-β and other Kombé Strophanthins. J. Biol. Chem. **69**, 153 (1926).

102. — — On Cristalline Kombé Strophanthin. J. Biol. Chem. **67**, 609 (1926).

103. — — Periplocymarin and Periplogenin. J. Biol. Chem. **79**, 519 (1928).

104. JEANES, A., C. S. WISE and R. J. DIMLER: Improved Techniques in Paper Chromatography of Carbohydrates. Analyt. Chemistry **23**, 415 (1951).

104a. KAISER, F., E. HAACK und H. SPINGLER: Über die Mono- und Bisdigitoxoside des Digitoxigenins, Gitoxigenins und Gitaloxigenins. LIEBIGS Ann. Chem. **603**, 75 (1957).

105. KARRER, P. und P. BANERJEA: Corchortoxin, ein herzwirksamer Stoff aus Jute-Samen. Helv. Chim. Acta **32**, 2385 (1949).

106. KARRER, W.: Darstellung eines kristallisierten herzwirksamen Glykosides aus *Convallaria majalis* L. Helv. Chim. Acta **12**, 506 (1929).

107. — Untersuchungen über herzwirksame Glucoside. Festschrift E. C. BARELL, S. 242. Basel: Selbstverlag. 1936.

108. — Über Hellebrin, ein kristallisiertes Glykosid aus *Radix Hellebori nigri*. Helv. Chim. Acta **26**, 1353 (1943).

109. KATZ, A.: Über die Glykoside von *Bowiea volubilis* HARVEY. 1. Mitt. Helv. Chim. Acta **33**, 1420 (1950).

110. — Über die Glykoside von *Bowiea volubilis* HARVEY. 2. Mitt. Helv. Chim. Acta **36**, 1344 (1953).

111. — Über die Glykoside von *Bowiea kilimandscharica* MILDBR. Pharm. Acta Helv. **29**, 369 (1954).

112. — Über die Glykoside von *Bowiea volubilis* HARVEY. 5. Mitt. Helv. Chim. Acta **37**, 451 (1954).

113. KATZ, A.: Über die Glykoside von *Bowiea volubilis* HARVEY. 6. Mitt. Helv. Chim. Acta **37**, 833 (1954).

114. — Über die Glykoside von *Bowiea volubilis* HARVEY. 7. Mitt. Helv. Chim. Acta **38**, 1565 (1955).

115. — Nachweis von Scilliglaucosiden in den Zwiebeln von *Bowiea volubilis* HARVEY. Experientia **12**. 285 (1956).

116. KATZ, A. und T. REICHSTEIN: Untersuchung der Samen von *Strophanthus kombé* und einer als ,,Semen Strophanthi hispidi" bezeichneten Handelsdroge sowie Bemerkungen zur Konstitution des Sarmentogenins. Pharm. Acta Helv. **19**, 231 (1944).

117. — — Adonitoxin, das zweite stark herzwirksame Glykosid aus *Adonis vernalis*. Pharm. Acta Helv. **22**, 437 (1947).

118. KELLER, M. und T. REICHSTEIN: Gofrusid, ein kristallisiertes Glykosid aus den Samen von *Gomphocarpus fruticosus* (L.) R. BR. Helv. Chim. Acta **32**, 1607 (1949).

119. KHALIQUE, M. A. and M. AHMED: Corchsularin, a New Bitter Principle from Jute Seeds (*Corchorus capsularis*, LINN.). Nature (London) **170**, 1019 (1952).

120. — — Corchsularin, a New Bitter Principle from Jute Seeds. I. Its Isolation and Constitution of Corchsularose. J. Organ. Chem. (USA) **19**, 1523 (1954).

121. KILIANI, H.: Über den Milchsaft von *Antiaris toxicaria*. Ber. dtsch. chem. Ges. **43**, 3574 (1910).

122. KLYNE, W.: The Configuration of the Anomeric Carbon Atoms in some Cardiac Glycosides. Biochemic. J. **47**, XLI (1950).

123. KOENIGS, W. und E. KNORR: Über einige Derivate des Traubenzuckers und der Galactose. Ber. dtsch. chem. Ges. **34**, 957 (1901).

124. KORTE, F.: Über neue glykosidische Pflanzeninhaltsstoffe. III. Mitt. Die Beziehungen zwischen Inhaltsstoffen und morphologischer Systematik in der Reihe der Contortae unter besonderer Berücksichtigung der Bitterstoffe. Z. Naturforsch. **9 b**, 354 (1954).

125. — Zur Konstitution des Kondurangins und Vincetoxins. Zur chemischen Klassifizierung von Pflanzen. XI. Mitt. Chem. Ber. **88**, 1527 (1955).

126. KORTE, F. und I. KORTE: Charakteristische Pflanzeninhaltsstoffe. VIII. Mitt. Über die Beziehung zwischen morphologischer Systematik und chemischen Inhaltsstoffen bei den Asclepiadaceen. Z. Naturforsch. **10 b**, 223 (1955).

127. — — Zur Frage der chemischen Klassifizierung höherer Pflanzen. X. Mitt. Charakteristische Pflanzeninhaltsstoffe. Z. Naturforsch. **10 b**, 499 (1955).

128. KREIS, W., CH. TAMM und T. REICHSTEIN: Die Glykoside von *Corchorus capsularis* L. Helv. Chim. Acta **40** (1957) (im Druck).

129. KÜNDIG-HEGEDÜS, H. und O. SCHINDLER: Die Konstitution von Sarmutogenin. Helv. Chim. Acta **39**, 904 (1956).

130. LAMB, I. D. and S. SMITH: The Glucosides of *Strophanthus Eminii*. J. Chem. Soc. (London) **1936**, 442.

131. LARDON, A.: Die Glykoside der Samen von *Strophanthus Eminii* ASCH. et PAX. Helv. Chim. Acta **33**, 639 (1950).

132. LEHMANN, E.: Pharmakognostisch-chemische Untersuchungen über die *Periploca graeca*. Arch. Pharmaz. **235**, 157 (1897).

133. LEVENE, P. A. and J. COMPTON: *d*-Xylomethylose and Derivatives. J. Biol. Chem. **111**, 325 (1935).

134. — — The Synthesis of *d*-Allomethylose by a Series of Walden Inversions Accompanying Alkaline Hydrolysis of 5-Tosyl Monoacetone *l*-Rhamnose. J. Biol. Chem. **116**, 169 (1936).

135. LICHTI, H., CH. TAMM und T. REICHSTEIN: Die Glykoside der Samen von *Strophanthus Ledienii* STEIN, 2. Mitt. Helv. Chim. Acta **39**, 1914 (1956).

136. — — — Die Glykoside der Samen von *Strophanthus Vanderijstii* STANER. Helv. Chim. Acta **39**, 1933 (1956).

137. LOUW, P. G. J.: The Cardiac Glycoside from *Urginea rubella*. I. Isolation and Properties of Rubellin. Ondestepoort J. Vet. Sci. Animal Ind. **22**, 313 (1949) [Chem. Abstr. **44**, 3217 (1950)].

138. — Two New Cardiac Glycosides, Rubellin and Transvaalin, from South African Species of *Urginea*. Nature (London) **163**, 30 (1949).

139. LÜDERITZ, O. und O. WESTPHAL: Über bakterielle Reizstoffe. II. Mitt. Qualitative und quantitative papierchromatographische Bestimmung der Zuckerbausteine eines hochgereinigten Polysaccharid-Pyrogens aus Colibakterien. Z. Naturforsch. **7 b**, 548 (1952).

140. MADER, W. J. and R. R. BUCK: Colorimetric Determination of Cortisone and Related Ketol Steroids. Analyt. Chemistry **24**, 666 (1952).

141. MAKSYUTINA, N. P. and D. G. KOLESNIKOV: New Cardiac Glucosides from Plants of the Mustard Family. C. R. (Doklady) Acad. Sci. (USSR) **95**, 127 (1954) [Chem. Abstr. **49**, 6287 (1955)].

142. MANNICH, C. und W. SCHNEIDER: Über die Glykoside von *Digitalis orientalis* L. Arch. Pharmaz. **279**, 223 (1941).

143. MATSUBARA, T.: Über die Konstitution des Cerberins. Bull. Chem. Soc. Japan **12**, 436 (1936).

144. MAULI, R. und CH. TAMM: Die Glykoside von *Periploca nigrescens* AFZEL. 2. Mitt. Helv. Chim. Acta **40**, 299 (1957).

145. MAULI, R., CH. TAMM und T. REICHSTEIN: Teilsynthese von Strophanthidol-β-D-glucosid. Helv. Chim. Acta **40** 284 (1957).

146. — — — Die Glykoside von *Glossostelma spathulatum* (K. SCHUM.) BULLOCK. Helv. Chim. Acta **40**, 305 (1957).

147. MEYER, A. S. und T. REICHSTEIN: *l*-Idomethylose. Helv. Chim. Acta **29**, 139 (1946).

148. MEYRAT, A. und T. REICHSTEIN: Evonosid, ein herzwirksames Glykosid aus den Samen des Pfaffenhütchens, *Evonymus europaea* (L.). Pharm. Acta Helv. **23**, 135 (1948).

149. MEYSTRE, CH. und K. MIESCHER: Über Steroide. 35. Mitt. Zur Darstellung von Saccharidderivaten der Steroide. Helv. Chim. Acta **27**, 231 (1944).

150. MICHEEL, F.: Die Konfiguration der Digitoxose. Ber. dtsch. chem. Ges. **63**, 347 (1930).

151. MOHR, K. und T. REICHSTEIN: Notiz zur Isolierung von Convallatoxin aus Maiglöckchen-Blättern. Pharm. Acta Helv. **23**, 369 (1948).

152. — — Isolierung von Digitalinum verum aus den Samen von *Digitalis purpurea* L. und *Digitalis lanata* EHRH. Pharm. Acta Helv. **24**, 246 (1949).

153. — — Acovenosid C. Die Glykoside der Samen von *Acokanthera venenata* G. DON. 2. Mitt. Helv. Chim. Acta **34**, 1239 (1951).

154. MOHR, K., O. SCHINDLER und T. REICHSTEIN: Die Glykoside von *Carissa ovata* (R. BROWN) *var. stolonifera* F. M. BAILEY und *Carissa lanceolata* (R. BROWN) (Apocynaceae). Helv. Chim. Acta **37**, 462 (1954).

155. MOHS, P.: Über die Glucoside von *Digitalis lanata* EHRH. Arch. Pharmaz. **271**, 393 (1933).

156. MOORE, J. A., CH. TAMM und T. REICHSTEIN: Die Glykoside der Goldlacksamen, *Cheiranthus Cheiri* L. 3. Mitt. Helv. Chim. Acta **37**, 755 (1954).

157. MUHR, H., A. HUNGER und T. REICHSTEIN: Die Glykoside der Samen von *Acokanthera friesiorum* MARKGR. Helv. Chim. Acta **37**, 403 (1954).

158. MUHR, H. und T. REICHSTEIN: Die vermutliche Struktur der Acofriose. Helv. Chim. Acta **38**, 499 (1955).

159. MURPHY, J. E.: Diginatin, a New Cardioactive Glycoside from *Digitalis lanata*. J. Amer. Pharmaceut. Assoc., Sci. Ed. **44**, 719 (1955).

160. NAGATA, W., CH. TAMM und T. REICHSTEIN: Die Glykoside der Samen von *Erysimum helveticum* (JACQUIN) A. P. D. C. Festschrift ARTHUR STOLL, S. 715, Basel: Verl. Birkhäuser. 1957.

161. — — — Die Glykoside des Samen von *Erysimum crepidifolium* H. G. L. REICHENBACH. Helv. Chim. Acta **40**, 41 (1957).

162. NAWA, H.: Rhodexin A and B, Cardiac Glycosides of *Rhodea japonica*. Proc. Japan Acad. **27**, 436 (1951).

163. — Studies on the Components of *Rhodea japonica* ROTH. I. Separation of New Cardioactive Glycosides, Rhodexin A and B. J. pharmac. Soc. Japan **72**, 404 (1952).

164. — Studies on the Components of *Rhodea japonica* ROTH. V. A New Cardiac Glycoside, Rhodexin C. J. pharmac. Soc. Japan **72**, 507 (1952).

165. NEUMANN, W.: Über Glykoside des Oleanders. Ber. dtsch. chem. Ges. **70**, 1547 (1937).

166. OKADA, M.: Components of *Nerium odorum* Leaves. III. J. pharmac. Soc. Japan **73**, 86 (1953).

167. — Cardiotonic Components in the Water-soluble Fraction of the Dried Leaves of *Digitalis purpurea*. I. Presence of Digitalinum verum and Genuine Glycoside (Purpurea Glycoside B). J. pharmac. Soc. Japan **73**, 1118 (1953).

168. — Cardiotonic Components in the Water-soluble Fraction of the Dried Leaves of *Digitalis purpurea*. II. Isolation of Gitorin (Gitoxigenin Monoglucoside). J. pharmac. Soc. Japan **73**, 1123 (1953).

169. OKADA, M. and A. YAMADA: A Component of *Digitalis purpurea* L. Seeds. J. pharmac. Soc. Japan **73**, 525 (1953).

169 a. — — 3-Epi-oleandrigenin und 3-Epi-gitoxigenin. Pharm. Bull. (Japan) **4**, 420 (1956).

170. OKADA, M., A. YAMADA and K. SAITO: On the Cardiotonic Components in the Dried Leaves of *Digitalis purpurea*. J. pharmac. Soc. Japan **75**, 611 (1955).

171. OVEREND, W. G. and M. STACEY: The Chemistry of the 2-Desoxysugars. Adv. Carbohydrate Chem. **8**, 45 (1953).

172. PARTRIDGE, S. M.: Application of the Paper Partition Chromatogram to the Qualitive Analysis of Reducing Sugars. Nature (London) **158**, 270 (1946).

173. — Filter-paper Partition Chromatography of Sugars. 1. General Description and Application to the Qualitative Analysis of Sugars in Apple Juice, Egg White and Foetal Blood of Sheep. Biochemic. J. **42**, 238 (1948).

174. — Filter-paper Partition Chromatography of Sugars. 2. An Examination of the Blood Group A Specific Substance from Hog Gastric Mucin and the Specific Polysaccharide of *Bacterium dysenteriae* (SHIGA). Biochemic. J. **42**, 251 (1948).

175. — Aniline Hydrogen Phthalate as a Spraying Reagent for Chromatography of Sugars. Nature (London) **164**, 443 (1949).

176. PATAKI, S., K. MEYER und T. REICHSTEIN: Die Konfiguration des Digoxigenins (Teilsynthese des $3\beta,12\,\alpha$- und des $3\beta,12\beta$-Dioxy-ätiansäure-methylesters). Helv. Chim Acta **36**, 1295 (1953).

177. PRIMO, E. und CH. TAMM: Die Glykoside von *Strophanthus mirabilis* GILG. 2. Mitt. Helv. Chim. Acta **37**, 141 (1954).

178. PRINS, D. A.: Synthese von *d*-Cymarose. Helv. Chim. Acta **29**, 378 (1946).

179. PRINS, D. A. and R. W. JEANLOZ: Chemistry of the Carbohydrates. Annu. Rev. Biochem. **17**, 67 (1948).

180. RAJAGOPALAN, S., CH. TAMM und T. REICHSTEIN: Die Glykoside der Samen von *Calotropis procera* R. BR. Helv. Chim. Acta **38**, 1809 (1955).

180 a. RAND, M. J. and A. STAFFORD: The Pharmacology of Afroside B, a new Cardiac Glycoside. Austral. J. exper. Biol. **33**, 527 (1955).

180 b. RANGASWAMI, S. and E. V. RAO: Digitalinum verum from the Leaves of *Digitalis lanata* EHRH. Grown in Kashmir. Indian J. Pharm. **18**, 337 (1956).

181. RANGASWAMI, S. und T. REICHSTEIN: Die Glykoside von *Nerium odorum* SOL. I. Pharm. Acta Helv. **24**, 159 (1949).

182. RANGASWAMI, S., T. REICHSTEIN, O. SCHINDLER und T. R. SESHADRI: Die Glykoside der Samen von *Strophanthus wightianus* WALL. Helv. Chim. Acta **36**, 1282 (1953).

183. RANGASWAMI, S. and S. S. SUBRAMANIAN: Chemical Investigation of Indian Cardiac Drugs. Part I. *Urginea indica* KUNTH. J. Sci. Ind. Res. (India) **14 B** 78 (1955).

183 a. — — Identity of the Crystalline Glycoside of *Urginea indica* KUNTH. with Scillaren A. J. Sci. Ind. Res. (India) **15 C**, 80 (1956).

184. RANGASWAMI, S., S. S. SUBRAMANIAN and E. V. RAO: Isolation of β-Acetyldigoxin from the Leaves of *Digitalis lanata* ERH. Grown in Kashmir. Indian J. Pharm. **17**, 253 (1955).

185. REBER, F. und T. REICHSTEIN: Synthese der Digitalose. Helv. Chim. Acta **29**, 343 (1946).

186. — — Trennung der Sarmentoside A, C, D und E. Pharm. Acta Helv. **28**, 1 (1953).

187. REICHSTEIN, T. und H. ROSENMUND: Isolierung eines kristallisierten, stark herzwirksamen Glykosides aus *Adonis vernalis* und seine Identifizierung als Cymarin. Pharm. Acta Helv. **15**, 150 (1940).

188. RENKONEN, O. und O. SCHINDLER: Papierchromatographische Trennung der natürlichen 2-Desoxyhexamethylosen und deren 3-Methyläther. Helv. Chim. Acta **39**, 1490 (1956).

189. REPIČ, R. und CH. TAMM: Die Glycoside der Blätter von *Digitalis grandiflora* MILL. (= *D. ambigua* MURR). Helv. Chim. Acta **40** (1957) (im Druck).

190. REYLE, K., K. MEYER und T. REICHSTEIN: Partialsynthese von Convallatoxin. Helv. Chim. Acta **33**, 1541 (1950).

191. REYLE, K. und T. REICHSTEIN: Partialsynthese des Strophanthidin-α-D-lyxosids. Helv. Chim. Acta **35**, 98 (1952).

192. — — Teilsynthese des Digitoxigenin-β-D-thevetosids, seine Identifizierung mit Honghelin und Versuche zur Teilsynthese eines Digitoxigenin-L-thevetosids. Helv. Chim. Acta **35**, 195 (1952).

193. RHEINER, A., A. HUNGER und T. REICHSTEIN: Die Glykoside von *Nerium odorum* SOL., 3. Mitt. Die Konstitution von Odorosid G. Helv. Chim. Acta **35**, 687 (1952).

194. RIIBER, C. N.: Lösungsvermögen und Refraktionskonstante des α- und β-Methylglykosids. IV. Mitt. über Mutarotation. Ber. dtsch. chem. Ges. **57**, 1797 (1924).

195. RITTEL, W., A. HUNGER und T. REICHSTEIN: Digitalinum verum und Strospesid (= Desgluco-digitalinum verum). Berichtigung früherer Angaben. Helv. Chim. Acta **35**, 434 (1952).

196. — — — „Odorosid E", Odorosid H, Odorosid-K-acetat und „Kristallisat J". Die Glykoside von *Nerium odorum* Sol. 4. Mitt. Helv. Chim. Acta **36**, 434 (1953).

197. RITTEL, W. und T. REICHSTEIN: Odorosid D und Odorosid F. Die Glykoside von *Nerium odorum* SOL. 5. Mitt. Helv. Chim. Acta **36**, 554 (1953).

198. RITTEL, W. und T. REICHSTEIN: Odorosid K und Odorobiosid K. Die Glykoside von *Nerium odorum* SOL. 6. Mitt. Helv. Chim. Acta **37,** 1361 (1954).

199. ROSENMUND, H. und T. REICHSTEIN: Isolierung eines weiteren kristallisierten stark herzwirksamen Glykosids aus *Adonis vernalis.* Pharm. Acta Helv. **17,** 176 (1942).

200. ROSSELET, J. P. und T. REICHSTEIN: Die Glykoside von *Strophanthus gracilis,* K. SCHUM. et PAX. 2. Mitt. Odorosid H und Gracilosid. Helv. Chim. Acta **36,** 787 (1953).

201. ROTHROCK, J. W., E. E. HOWE, K. FLOREY and M. TISHLER: *Strophanthus* Aglycones. J. Amer. Chem. Soc. **72,** 3827 (1950).

202. RUPPOL, E. et I. TURKOVIC: Contribution à l'étude des Strophanthus. I. Note sur les glucosides du *Strophanthus arnoldianus.* II. Tableau récapitulatif des hétérosides de divers strophanthus. J. pharmac. Belgique **36,** 95 (1954).

203. — — Les hétérosides du *Strophanthus Preussii* (ENGL. et PAX) type G. 4666. J. pharmac. Belgique **37,** 221 (1955).

204. SAHA, H. and N. K. CHOUDHURY: Capsularin, a Glucoside from Jute Leaf. J. Chem. Soc. (London) **121,** 1044 (1922).

205. SALMON, M. R., R. FOPPIANO and W. G. BYWATER: The Glycosides of the Seeds of *Strophanthus amboënsis* E. and PAX. J. Amer. Chem. Soc. **74,** 4536 (1952).

206. SALMON, M. R., E. SMITH and W. G. BYWATER: The Glycosides of the Seeds of *Strophanthus intermedius* PAX. J. Amer. Chem. Soc. **73,** 3824 (1954).

207. ŠANTAVÝ, F. und T. REICHSTEIN: Isolierung von Cymarin aus *Adonis amurensis* (L.). Pharm. Acta Helv. **23,** 153 (1948).

208. SASAKAWA, Y.: Studies on Digitalis. I. Isolation of Digitalinum verum from *Digitalis purpurea* Leaves. J. pharmac. Soc. Japan **74,** 474 (1954).

209. SATO, D., H. ISHII and Y. NISHIMURA: Cardioglycosides from the Root of *Digitalis purpurea* L. J. pharmac. Soc. Japan **74,** 1397 (1954).

210. — — — Isolation of Strospeside from *Digitalis purpurea* L. Seeds. J. pharmac. Soc. Japan **74,** 560 (1954).

211. SATO, D., H. ISHII and Y. OYAMA: Studies on Digitalis Glycosides. V. Isolation of Strospeside, Gitoxin and Digitogenin from the Seeds of *Digitalis purpurea* L. Annu. Reports Shionogi Ges. Lab. Japan Nr. **5,** 113 (1955).

212. — — — Isolation of Odoroside H from the Leaves of *Digitalis purpurea* L. J. pharmac. Soc. Japan **75,** 1173 (1955).

213. — — — On the Glycosides of *Digitalis purpurea* L. J. pharmac. Soc. Japan **75,** 1025 (1955).

214. SATO, D., H. ISHII, Y. OYAMA, T. WADA and T. OKUMURA: Studies on Digitalis Glycosides. VI. Isolation of Odoroside H, Digiproside and Digitalonin. Pharmac. Bull. (Japan) **4,** 284 (1956).

215. SATO, D., K. YOSHIDA, H. ISHII and Y. NISHIMURA: Isolation of two Kinds of Water-soluble Glycosides from the Leaves of *Digitalis purpurea* L. Pharmac. Bull. (Japan) **1,** 305 (1953).

216. — — — — Water-soluble Cardioglycoside from the Leaves of *Digitalis purpurea* L. Pharmac. Bull. (Japan) **1,** 396 (1953).

217. SCHENKER, E., A. HUNGER und T. REICHSTEIN: Die Glykoside von *Periploca nigrescens* AFZEL. Helv. Chim. Acta **37,** 1904 (1954).

218. SCHINDLER, O.: Die Glykoside der Samen von *Strophanthus amboënsis* (SCHINZ) ENGL. et PAX. 2. Mitt. Helv. Chim. Acta **39,** 64 (1956).

219. — Zur Konstitution von Sarverogenin. Helv. Chim. Acta **39,** 375 (1956).

220. — Synthese von $3\beta,12\beta$-Diacetoxy-11-keto-ätiansäure-methylester und zweier isomerer Ätiansäureester. Helv. Chim. Acta **39,** 1698 (1956).

221. SCHINDLER, O.: Die Konstitution von Di-O-acetyl-englogenin (O. S. 420). Helv. Chim. Acta **39**, 2022 (1956).

222. SCHINDLER, O. und T. REICHSTEIN: Die Glykoside der Wurzeln von *Adenium Honghel* A. Dc. Helv. Chim. Acta **34**, 18 (1951).

223. — — Die Glykoside der Samen von *Strophanthus courmontii* SACL., 2. Mitt. Courmontosid A, B und C. Helv. Chim. Acta **34**, 1732 (1951).

224. — — Die Glykoside der Samen von *Strophanthus Boivinii* BAILL. Helv. Chim. Acta **35**, 673 (1952).

225. — — Millosid, Pauliosid, Strobosid und Boistrosid. Die Glykoside von *Strophanthus Boivinii* BAILL. 2. Mitt. Helv. Chim. Acta **35**, 730 (1952).

226. — — Christyosid (Substanz Nr. 764). Helv. Chim. Acta **36**, 370 (1953).

227. — — Die Glykoside der Samen von *Strophanthus divaricatus* (LOUR.) HOOK et ARN. Helv. Chim. Acta **36**, 1007 (1953).

228. — — Die Glykoside der Samen von *Strophanthus caudatus* (BURM. ex L.) KURZ. Helv. Chim. Acta **37**, 103 (1954).

229. — — Divaricosid und Caudosid. Helv. Chim. Acta **37**, 667 (1954).

230. — — Die Glykoside der Samen von *Strophanthus arnoldianus* DE WILD et TH. DUR. Helv. Chim. Acta **38**, 874 (1955).

231. — — Die Glykoside der Samen von *Strophanthus congoënsis* FRANCH. Helv. Chim. Acta **39**, 34 (1956).

232. SCHMIDT, O. TH., W. MAYER und A. DISTELMAIER: Die Konstitution und Konfiguration der Digitalose. Liebigs Ann. Chem. **555**, 26 (1943).

233. SCHMIDT, O. TH. und E. WERNICKE: Zur Konstitution der Digitalose. Liebigs Ann. Chem. **556**, 179 (1944).

234. SCHMUTZ, J.: Identifizierung der Zuckerkomponente des Sarmentosids-A als *L*(-)-Talomethylose. Synthese der kristallisierten *L*(-)-Talomethylose. Helv. Chim. Acta **31**, 1719 (1948).

235. SCHMUTZ, J. und T. REICHSTEIN: Convallosid, ein stark herzwirksames Glykosid aus Samen *Convallariae majalis* L. Pharm. Acta Helv. **22**, 359 (1957).

236. — — Über zwei neue Glykoside aus Strophanthussamen, die höchstwahrscheinlich Samen *Strophanthi sarmentosi* darstellen. Pharm. Acta Helv. **22**, 167 (1947).

237. SCHNELL, R., J. v. EUW, R. RICHTER und T. REICHSTEIN: Die Glykoside der Samen von *Strophanthus sarmentosus* A. P. Dc. 5. Mitt. Pharm. Acta Helv. **28**, 289 (1953).

238. SCHNELLE, W. und B. TOLLENS: Über die Multirotation der Rhamnose und der Saccharine. Liebigs Ann. Chem. **271**, 61 (1892).

239. SCHWARZ, H., A. KATZ und T. REICHSTEIN: „Cheirotoxin", ein herzwirksames Glykosid, sowie andere Inhaltsstoffe von Goldlacksamen (*Cheiranthus Cheiri* L.). Pharm. Acta Helv. **21**, 250 (1946).

240. SEN, N. K.: Jute Seeds—*Corchorus capsularis*. Part III. Their Chemical Composition. J. Indian Chem. Soc. **7**, 83 (1930).

241. SEN, N. K., J. K. CHAKRABARTI, W. KREIS, CH. TAMM und T. REICHSTEIN: Die Glykoside der Jutesamen, *Corchorus capsularis* L. und *C. olitorius* L. Identifizierung von Corchorin, Corchorgenin und Corchsularin mit Strophanthidin. Helv. Chim. Acta **40** (1957) (im Druck).

242. SHAH, N., K. MEYER und T. REICHSTEIN: Glykoside aus Goldlacksamen, *Cheiranthus Cheiri* L. II. Pharm. Acta Helv. **24**, 113 (1949).

243. SHOPPEE, C. W. und T. REICHSTEIN: Diginin. 1. Mitt. Helv. Chim. Acta **23**, 975 (1940).

244. — — Diginin. 2. Mitt. Zur Konstitution der Diginose. Helv. Chim. Acta **25**, 1611 (1942).

244a. SIGG, H. P. und T. REICHSTEIN: 3 α-Acetoxy-ätien-(8 : 9 oder 8 : 14)-säuremethylester. Vorl. Mitt. Helv. Chim. Acta **39**, 1507 (1956), insbes. S. 1517ff.

245. SOLIMAN, G. and W. SALEH: Constituents of the Seeds of *Corchorus olitorius* L. Part I. Corchorin and its Identity with Strophanthidin. J. Chem. Soc. (London) **1950**, 2198.

246. STOLL, A.: Über die Bedeutung der Reindarstellung von natürlichen Wirkstoffen, im besonderen der Digitalisglykoside, für die Therapie. Schweiz. med. Wschr. **70**, 594 (1940).

247. — Über die herzwirksamen Glykoside der Digitalisgruppe. Die Pharmazie **5**, 328 (1950).

248. STOLL, A. und W. KREIS: Die genuinen Glykoside der *Digitalis lanata*, die Digilanide A, B und C. Helv. Chim. Acta **16**, 1049 (1933).

249. — — Genuine Glucoside der *Digitalis purpurea*, die Purpurea Glucoside A und B. Helv. Chim. Acta **18**, 120 (1935).

250. — — Neue herzwirksame Glykoside aus der weißen Meerzwiebel. Helv. Chim. Acta **34**, 1431 (1951).

251. STOLL, A., W. KREIS und A. v. WARTBURG: Die hydrolytische Spaltung von herzwirksamen Glykosiden der weißen Meerzwiebel. Helv. Chim. Acta **35**, 2495 (1952).

252. STOLL, A., A. PEREIRA und J. RENZ: Über herzwirksame Glykoside und Aglykone der Samen von *Coronilla glauca*. Helv. Chim. Acta **32**, 293 (1949).

253. STOLL, A. und J. RENZ: Über Periplocin, das genuine herzwirksame Glykosid der *Periploca graeca*. Helv. Chim. Acta **22**, 1193 (1939).

254. — — Über Scillirosid, ein gegen Nager spezifisch wirksames Gift der roten Meerzwiebel. Helv. Chim. Acta **25**, 43 (1942).

255. — — Herzglykoside der *Digitalis ferruginea* L. Helv. Chim. Acta **35**, 1310 (1952).

256. — — Herzwirksame Glykoside in Digitalis-Arten. Verh. Schweiz. Naturforsch. Ges. **67**, 392 (1956).

257. STOLL, A., J. RENZ und W. KREIS: k-Strophanthosid, das Hauptglucosid der Samen von *Strophanthus kombé*. Helv. Chim. Acta **20**, 1484 (1937).

258. STOLL, A., E. SUTER, W. KREIS, B. B. BUSSEMAKER und A. HOFMANN: Die herzaktiven Substanzen der Meerzwiebel. Scilliaren A. Helv. Chim. Acta **16**, 703 (1933).

259. STOLL, A., A. v. WARTBURG und J. RENZ: Die Konstitution des Scilliglaucosidins. Helv. Chim. Acta **36**, 1531 (1953).

260. STRIEBEL, P., CH. TAMM und T. REICHSTEIN: Die Glykoside von *Adenium Lugardii* N. E. BR. Helv. Chim. Acta **38**, 1001 (1955).

261. TAKEMOTO, T. and K. KOMETANI: Studies on the Constituents of *Nerium odorum* SOLAND. I. J. pharmac. Soc. Japan **74**, 1263 (1954).

262. TAMM, CH.: Eine weitere Synthese der *D*-Digitalose sowie Bereitung kristallisierter Digitalose-acetate. Helv. Chim. Acta **32**, 163 (1949).

263. — Neuere Ergebnisse auf dem Gebiete der glykosidischen Herzgifte: Grundlagen und die Aglykone. Fortschr. Chem. organ. Naturstoffe **13**, 137 (1956).

264. TAMM, CH. und T. REICHSTEIN: Synthese des 2-Desoxy-*D*-fucose-3-methyläthers und seine Identifizierung mit *D*-Diginose. Helv. Chim. Acta **31**, 1630 (1948).

265. TAMM, CH. und J. P. ROSSELET: Die Konstitution von Evomonosid. Helv. Chim. Acta **36**, 1309 (1953).

265a. TAMM, CH., G. VOLPP und G. BAUMGARTNER: Beweis des Steringerüstes von Ouabagenin. Experientia **13** (1957) (im Druck).

266. TOLLENS, B.: Über die Circular-Polarisation des Traubenzuckers (Dextrose). III. Ber. dtsch. chem. Ges. **17**, 2234 (1884).

267. TREVELYAN, W. E., D. P. PROCTER and J. S. HARRISON: Detection of Sugars on Paper Chromatograms. Nature (London) **166**, 444 (1950).

268. TSCHESCHE, R.: Die Konstitution des Thevetins. Ber. dtsch. chem. Ges. **69**, 2368 (1936).

269. — Neuere Vorstellungen auf dem Gebiete der Biosynthese der Steroide und verwandter Naturstoffe. Fortschr. Chem. organ. Naturstoffe **12**, 131 (1955).

270. TSCHESCHE, R. und K. BOHLE: Die Konstitution des Uzarigenins. Ber. dtsch. chem. Ges. **68**, 2252 (1935).

271. TSCHESCHE, R., K. BOHLE und W. NEUMANN: Die Nebenglykoside des Oleanders. Ber. dtsch. chem. Ges. **71**, 1927 (1938).

272. TSCHESCHE, R. und K.-H. BRATHGE: Die Glykoside der Uzara-Wurzel. Chem. Ber. **85**, 1042 (1952).

272 a. TSCHESCHE, R. und G. BUSCHAUER: Zur Konstitution von Diginin, Digifolein und Lanafolein. LIEBIGS Ann. Chem. **603**, 59 (1957).

273. TSCHESCHE, R. und G. GRIMMER: Zur Konstitution des Adynerins und ein Beitrag zur Stellung der Doppelbindung im Scillirosid. Chem. Ber. **87**, 418 (1954).

274. — — Neue Glykoside aus den Blättern von *Digitalis purpurea* und *Digitalis lanata*. Chem. Ber. **88**, 1569 (1955).

275. TSCHESCHE, R., G. GRIMMER und F. NEUWALD: Gitorin, ein neues Glykosid aus *Digitalis lanata* und über ein quantitatives Mikrobestimmungsverfahren für Aglykone und Zucker in Glykosiden vom Typ der Fünfringlactone. Chem. Ber. **85**, 1103 (1952).

276. TSCHESCHE, R. und K.-H. HÖTTEMANN: Die Konstitution des Transvaalins. Chem. Ber. **86**, 392 (1953).

277. TSCHESCHE, R., M. E. RÜHSEN und G. SNATZKE: Über die Aglykone der Nebenglykoside der Uzara-Wurzel. Chem. Ber. **88**, 686 (1955).

278. TSCHESCHE, R., H.-W. SARAU und K. SELLHORN: Neue herzwirksame Verbindungen aus den Zwiebeln von *Bowiea volubilis* HARVEY. Chem. Ber. **88**, 1612 (1955).

279. TSCHESCHE, R. und F. SEEHOFER: Die Cardenolid-Glykoside der Blätter von *Convallaria majalis*. Chem. Ber. **87**, 1108 (1954).

280. TSCHESCHE, R. und K. SELLHORN: Die herzwirksamen Verbindungen von *Bowiea volubilis* HARVEY und *Bowiea kilimandscharica* MILDBREAD. Chem. Ber. **86**, 54 (1953).

281. TSCHESCHE, R., S. WIRTZ und G. SNATZKE: Über die herzwirksamen Glykoside der Wurzeln von *Evonymus atropurpurea* (JACQ). Chem. Ber. **88**, 1619 (1955).

282. TURKOVIC, I.: Extraction et identification d'un trioside des graines de *Strophanthus intermedius* PAX: l' ,,i'' Strophanthoside. Bull. acad. royale méd. Belgique [6] **19**, 55 (1954).

283. TURNER, R. B. and J. A. MESCHINO: Location of the Sixth Hydroxyl Group in Ouabagenin. J. Amer. Chem. Soc. **78**, 5130 (1956).

284. UFFER, A.: Über die Inhaltsstoffe von *Mansonia altissima* A. CHEV. Helv. Chim. Acta **35**, 528 (1952).

285. UHLE, F. C. and R. C. ELDERFIELD: Synthetic Glycosides of Strophanthidin. J. Organ. Chem. (USA) **8**, 162 (1943).

286. URSCHELER, H. R. und CH. TAMM: Glykoside von *Xysmalobium undulatum* R. BR. 2. Mitt. Helv. Chim. Acta **38**, 865 (1955).

287. URSCHELER, H. R., CH. TAMM und T. REICHSTEIN: Die Giftstoffe der europäischen Erdkröte *Bufo bufo bufo* L. Helv. Chim. Acta **38**, 883 (1955).

288. VISCHER, E. und T. REICHSTEIN: Synthese des 2-Desoxy-*d*-chinovose-3-methyläthers (*d*-Oleandrose). Helv. Chim. Acta **27**, 1332 (1944).

289. Voss, W. und G. Vogt: Über Convallamarin. Ber. dtsch. chem. Ges. **69**, 2333 (1936).

290. Votoček, E.: Über die Rhodeose, ein neuer Zucker aus der Reihe der Methylpentosen. Z. Zuckerind. Böhmen **24**, 248 (1900) [Chem. Zbl. **1900** I, 803].

291. — Über die Glykosidsäuren des Convolvulins und die Zusammensetzung der rohen Isorhodeose. Ber. dtsch. chem. Ges. **43**, 476 (1910).

292. Votoček, E. et J. Mikšič: Sur l'épirhamnite, produit de réduction de l'épirhamnose. Bull. soc. chim. France [4] **43**, 220 (1928).

293. Votoček, E. et F. Valentin: Études dans la série du rhodéose (*d*-galactométhylose) et de l'épirhodéose (*d*-talométhylose). Coll. trav. chim. Tchécosl. **2**, 36 (1930) [Chem. Zbl. **1930** I, 2543].

294. Watson, T. R.: The Isolation and Chemical Investigation of Cardiac Glycosides from Australian Plants. Thesis, Univ. Sidney. 1955.

295. Watson, T. R. and S. E. Wright: The Cardiac Glycosides of *Gomphocarpus fruticosus* (R. Br.). Chem. and Ind. **1954**, 1178.

295a. — — The Cardiac Glycosides of *Gomphocarpus fruticosus* R. Br. 1. Afroside. Austral. J. Chem. **9**, 497 (1956).

296. Westphal, O., H. Feier, O. Lüderitz und J. Fromme: Die Umsetzung und Charakterisierung von Zuckern mit Sulfonylhydraziden. Biochem. Ztschr. **326**, 139 (1954).

297. Windaus, A. und L. Hermanns: Über Cymarin, den wirksamen Bestandteil aus *Apocynum cannabinum*. Ber. dtsch. chem. Ges. **48**, 979 (1915).

298. Winkler, R. E. und T. Reichstein: Die Glykoside der Samen von *Dregea volubilis* (L.) Benth. ex Hook. Helv. Chim. Acta **37**, 721 (1954).

299. Zoller, P. und Ch. Tamm: Die Konstitution des Transvaalins. Helv. Chim. Acta **36**, 1744 (1953).

(Eingelaufen am 11. Dezember 1956.)

Photodynamisch wirksame Pflanzenfarbstoffe.

Von **HANS BROCKMANN**, Göttingen.

Mit 6 Abbildungen.

Inhaltsübersicht.

I. Der photodynamische Effekt.

Bei einer von H. v. TAPPEINER angeregten Untersuchung über die Einwirkung von Acridin-hydrochlorid und Acridinfarbstoffen auf Infusorien fand RAAB (*64*) im Jahre 1897, daß seine Substanzen im Licht viel toxischer wirkten als im Dunkeln. Dieser Lichteffekt ist, wie eingehende Untersuchungen gezeigt haben [v. TAPPEINER (*72, 73*)], kein Einzelfall. So wie Infusorien verhielten sich viele andere Mikroorganismen, und wie Acridin und Acridinfarbstoffe viele andere organisch-chemische Verbindungen. Dabei ließ sich keinerlei Zusammenhang zwischen Konstitution und Sensibilisierungsvermögen erkennen. *Eine* Eigenschaft nur war allen sensibilisierend wirkenden Verbindungen gemeinsam, so verschieden ihre Konstitution auch sein mochte, alle zeigten in Lösung mehr oder weniger starke Fluoreszenz.

Auch höhere Tiere lassen sich durch fluoreszierende Verbindungen gegen Licht sensibilisieren. Verabreicht man z. B. das fluoreszierende, rote Eosin *per os* oder *subcutan* an weiße Ratten oder Kaninchen und belichtet sie anschließend, so werden die Tiere unruhig und lassen durch Kratzbewegungen erkennen, daß ihre Haut gereizt ist. Nach kurzer Zeit rötet sich die Haut, die Gliedmaßen schwellen an und auf einen anfänglichen Anstieg der Körpertemperatur fällt diese stark ab. Bricht man die Belichtung ab, so treten nachträglich mehr oder weniger ausgeprägte, von Haarausfall begleitete Entzündungen der Haut auf.

Bei längerer Lichteinwirkung sterben die Tiere entweder schon während der Bestrahlung oder kurz nachher. Tiere, deren Haut durch dunkles Fell vor Licht geschützt ist, zeigen die genannten Symptome nicht oder nur schwach ausgeprägt.

Auf Vorschlag v. TAPPEINERS bezeichnet man die durch fluoreszierende Verbindungen hervorgerufene Lichtsensibilisierung von Mikroorganismen und höheren Tieren als „*photodynamischen Effekt*".

Auch beim Menschen hat man Lichtsensibilisierung durch fluoreszierende Stoffe beobachtet, so nach Verabreichung von Trypaflavin sowie von Porphyrin (*4*). Es überrascht daher nicht, daß die *Porphyrie*, eine Krankheit, bei der erhebliche Porphyrinmengen im Blut auftreten, mit einer Lichtsensibilisierung der Patienten verbunden ist.

Wie die als photodynamischer Effekt bezeichneten Symptome im einzelnen zustande kommen, weiß man noch nicht. Bekannt ist, daß viele fluoreszierende Substanzen die Photooxydation chemischer Verbindungen durch Luftsauerstoff entweder beschleunigen oder überhaupt erst möglich machen. Da Lichtsensibilisierung lebender Zellen nur dann eintritt, wenn Luftsauerstoff zugegen ist, liegt die Annahme nahe, daß durch fluoreszierende Stoffe sensibilisierte Photooxydationen die Ursache des photodynamischen Effekts sind. Welche Verbindungen in der Zelle dieser Photooxydation unterliegen, bleibt zu klären. In erster Linie ist dabei an Proteine zu denken, die bei Gegenwart fluoreszierender Verbindungen photooxydabel sind. Wahrscheinlich greift die Oxydation am Tyrosin, Tryptophan und Histidin der Proteine an, denn diese drei Aminosäuren sind der sensibilisierten Photooxydation gut zugänglich.

Eine gute Monographie über den photodynamischen Effekt findet sich bei BLUM (*4*).

Mit der Entdeckung des photodynamischen Effekts ist die Ätiologie zweier sog. Lichtkrankheiten (Hypericismus und Fagopyrismus) klar geworden, die bei Weidetieren nach Aufnahme von *Hypericum*-Arten und *Fagopyrum*-Arten (Buchweizen) auftreten können. Die Symptome dieser Lichtschädigungen sind die gleichen wie beim photodynamischen Effekt, und in der Tat hat sich zeigen lassen, daß Hypericismus und Fagopyrismus nichts anderes ist als ein durch rote, rot fluoreszierende *Hypericum*- bzw. *Fagopyrum*-Farbstoffe hervorgerufener „photodynamischer Effekt".

Die Natur dieser Farbstoffe ist in den letzten Jahren durch Untersuchungen von BROCKMANN und Mitarbeitern klargestellt worden. Im folgenden sind die bisher auf diesem Gebiet erreichten Ergebnisse zusammengefaßt. Vorausgestellt sind dieser Zusammenfassung einige Angaben über Hypericismus und Fagopyrismus.

II. Durch photodynamisch wirksame Pflanzenfarbstoffe hervorgerufene Lichtschädigungen.

1. Hypericismus.

Als *Hypericismus* bezeichnet man nach HAUSMANN (*54—56*) Lichtschädigungen, die bei Schafen, Kühen, Ziegen und Pferden auftreten können, wenn Tiere mit hellem Fell bestimmte *Hypericum*-Arten mit dem Futter aufnehmen. Am häufigsten ist Hypericismus bei Schafen beobachtet worden, denn sie grasen meistens auf unkultivierten Böden, auf denen sich *Hypericum*-Arten dank ihres ausgedehnten Wurzelsystems leicht ausbreiten können.

Die Symptome des Hypericismus sind, wie erwähnt, die gleichen wie beim photodynamischen Effekt. Die Tiere werden im Licht unruhig, kratzen und wälzen sich, und es treten, besonders an wenig oder gar nicht behaarten Körperstellen, wie Schnauze, Ohren, Augenlidern und Füßen, Schwellungen auf, denen Entzündungsprozesse folgen. Sie können an der Schnauze solchen Umfang annehmen, daß jede Nahrungsaufnahme verweigert wird und die Tiere an Erschöpfung sterben. Besonders empfindlich sind naturgemäß frisch geschorene Schafe. Bei ihnen können ausgedehnte Hautentzündungen den Wollertrag empfindlich mindern.

Hypericismus ist wohl zuerst in Italien und Tunis beobachtet worden. Angeblich haben die Araber weiße Pferde mit Tabaksaft oder Henna gefärbt, um sie vor Hypericismus zu bewahren.

In Europa sind Lichtschädigungen nach Fressen von *Hypericum* nur gelegentlich beobachtet worden. Häufiger dagegen waren Fälle von Hypericismus in einigen nordamerikanischen Staaten (Kalifornien, Idaho, Montana, Utah und Washington). Ernstliche Schäden durch Hypericismus sind in den letzten zwanzig Jahren — dank einer schnellen Verbreitung von *Hypericum* — bei den Schafherden Australiens aufgetreten. Als Abwehrmaßnahmen kommen in Betracht:

a) Verlegung der Schafschur auf den Herbst, um zu verhindern, daß frisch geschorene Schafe dem intensiven Sonnenlicht der Sommermonate ausgesetzt werden. b) Aufzucht dunkelhaariger Tiere und c) Ausrottung von *Hypericum*, zweifellos die wirksamste, aber auch schwierigste Maßnahme.

Nach BLUM (*4*) gibt es in der nördlichen Hemisphäre etwa 200 *Hypericum*-Arten. Die meisten sind gelbblühende Kräuter. Am weitesten verbreitet ist *H. perforatum* (durchlöchertes Johanniskraut, Hartheu; englisch: St.-John's-wort; französisch: millepertuis oder casse diable), das für die in Nordamerika und Australien aufgetretenen Fälle von Hypericismus verantwortlich zu machen ist. In den Mittelmeerländern dagegen scheint hauptsächlich *H. crispum* Urheber von Lichtschädigungen gewesen zu sein.

Das Vorkommen eines roten, rot fluoreszierenden Farbstoffs in *Hypericum*-Arten ist lange bekannt. Als erster hat RAY (vgl. *4*) vermutet, daß dieser Farbstoff die später als Hypericismus bezeichnete Lichtkrankheit verursacht. Ohne allerdings Belege dafür zu bringen, gab er an, mit rohen Hypericum-Extrakten photodynamische Effekte bei Kaninchen und Schafen erzielt zu haben. Später fand HAUSMANN (*56*) mit ebensolchen Extrakten *in vitro* eine photodynamische Hämolyse von Erythrocyten. Nachdem dann 1930 MÉLAS-JOANNIDÈS (vgl. *4*) und einige Jahre später HORSLEY (vgl. *4*) zeigen konnten, daß sich mit rohen Hypericin-Präparaten bei Ratten die typischen Symptome des photodynamischen Effekts hervorrufen lassen, war nicht mehr zu bezweifeln, daß der Hypericismus eine durch den roten, rot fluoreszierenden Hypericum-Farbstoff bewirkte Lichtsensibilisierung ist.

2. Fagopyrismus.

Lichtschädigungen wie nach Aufnahme von *Hypericum*-Arten hat man bei Schafen, Schweinen, Rindern und Pferden auch nach Verfütterung von Buchweizen (*Fagopyrum*) (Heidekorn; englisch: buckwheat) beobachtet und *Fagopyrismus* genannt. Der erste Bericht darüber stammt aus dem Jahre 1536.

Buchweizen, in verschiedenen Arten seit dem 16. Jahrhundert in Europa angebaut, ist dadurch ausgezeichnet, daß er auch auf geringwertigem Boden gedeiht. Seine Samenkörner dienen gemahlen oder geschrotet als Nahrungsmittel und Viehfutter. Als Viehfutter hat man auch frisch oder getrocknet die ganze Pflanze verwendet. Da Lichtschädigungen nur nach Verfütterung ganzer Pflanzen auftreten und diese Verwendungsart kaum noch gebräuchlich ist, spielt der Fagopyrismus heute keine Rolle mehr. [Literatur über Fagopyrismus bei BLUM (*4*), LUTZ und SCHMID (*59*) und BROCKMANN (*6*).]

Es hat nicht an Versuchen gefehlt, den Fagopyrismus im Tierversuch zu studieren, wobei nicht nur frische oder getrocknete ganze Pflanzen, sondern auch geschälte und ungeschälte Samen verfüttert wurden. Ein klares Bild haben diese Versuche, trotz einiger positiver Befunde, nicht gegeben. Doch haben sie immerhin sichergestellt, daß den für die menschliche Ernährung allein in Frage kommenden Samenkörnern keine photodynamische Wirkung zukommt.

Daß der Fagopyrismus eine durch fluoreszierende Inhaltstoffe des Buchweizens hervorgerufene Lichtsensibilisierung ist, hat bereits 1904 vor den eben genannten Tierversuchen BUSCK vermutet (vgl. *4*). Bestätigt worden ist diese Vermutung erst viele Jahre später durch die Isolierung der fluoreszierenden roten Buchweizenfarbstoffe Proto-fagopyrin und Fagopyrin. Darüber wird unten in Kapitel V berichtet (S. 177).

III. Photodynamisch wirksame Farbstoffe
der *Hypericum*-Arten.

Die gelben Knospen und Blüten von *H. perforatum* und anderen *Hypericum*-Arten geben gepreßt einen roten Saft und bei Extraktion mit Alkohol eine tiefrote, prächtig rot fluoreszierende Lösung mit scharfen Absorptionsbanden. Versuche, den roten, *Hypericin* genannten Farbstoff dieser Lösung zu isolieren, gehen auf das Jahr 1830 zurück (*40*). Erst 1939 gelang es BROCKMANN, HASCHAD, MAIER und POHL (*16, 17*), Hypericin in kristallisierter Form aus *H. perforatum* zu isolieren. Wie Untersuchungen von BROCKMANN und Mitarbeitern (*27, 34, 35*) gezeigt haben, gibt es außer Hypericin noch andere photodynamisch wirksame, rote Hypericum-Farbstoffe, von denen *Proto-hypericin, Proto-pseudo-hypericin* und *Pseudo-hypericin* kristallisiert erhalten und ebenso wie Hypericin in ihrer Konstitution aufgeklärt wurden. Da *H. perforatum* neben Hypericin auch Pseudo-hypericin enthält, ist den vordem aus dieser Spezies gewonnenen Hypericin-Präparaten in wechselnder Menge Pseudo-hypericin beigemengt gewesen. Dadurch erklären sich gewisse Unterschiede zwischen den früher erhaltenen und später gewonnenen, von Pseudo-hypericin freien Hypericin-Präparaten [BROCKMANN und SANNE (*36*)].

1. Hypericin.

Von allen bisher untersuchten *Hypericum*-Arten ist *H. hirsutum* die einzige, die neben Hypericin kein Pseudo-hypericin enthält. [BROCKMANN und SANNE (*35*, *36*).] Da die Trennung von Hypericin und Pseudo-hypericin schwierig ist, geht man zur Gewinnung von reinem Hypericin zweckmäßig von *H. hirsutum* aus, wobei sich folgendes Verfahren bewährt hat (*36*).

Isolierung von Hypericin aus Hypericum hirsutum.

Trockene, fein gemahlene Blüten werden zuerst erschöpfend mit Äther und dann mit Methanol extrahiert. Nachdem die tiefrote Methanollösung durch konz. methanolische Chlorwasserstofflösung auf einen HCl-Gehalt von etwa 2,5% gebracht ist, scheidet sich im Lauf einiger Tage ein teilweise kristalliner Rohfarbstoff ab, der nacheinander erschöpfend mit Petroläther (Fraktion *A*), Methanol (Fraktion *B*), Dioxan (Fraktion *C*) und heißem, 8oproz. Aceton (Fraktion *D*) extrahiert wird. Aus dem durch Kieselgel filtrierten Acetonauszug erhält man nach Belichten (um Protohypericin in Hypericin überzuführen) und Eindampfen eine Fraktion mit etwa 90% Hypericin. Das aus dieser Fraktion gewonnene, durch chromatographische Adsorption an Gips gereinigte Benzoat gibt bei alkalischer Verseifung reines, kristallisiertes Hypericin.

Hypericin kristallisiert aus Pyridin-methanolischer Salzsäure in dunkelroten Nadeln, die sich oberhalb 300° zersetzen. In neutralen, organischen Lösungsmitteln ist der Farbstoff wenig oder gar nicht löslich, ganz gut dagegen in basischen Solvenzien, wie Pyridin, Piperidin oder Morpholin. Die rote, intensiv rot fluoreszierende Pyridinlösung zeigt scharfe Absorptionsbanden, die auf Zusatz von Säure etwas kürzerwellig werden. Von wäßrigem Alkali wird Hypericin ebenso wie von wasserhaltigem Morpholin oder Piperidin mit leuchtend grüner, beständiger Farbe aufgenommen. Die ebenfalls grüne Lösung in konz. Schwefelsäure zeichnet sich durch prächtige, rote Fluoreszenz aus.

Weiße Mäuse, denen 0,25 bis 0,5 mg kristallisiertes Hypericin in Phosphatpuffer (pH 8,2) gelöst *subcutan* verabreicht wurden, zeigten bei Belichtung die typischen Symptome des photodynamischen Effekts.

2. Konstitutionsaufklärung des Hypericins (*13*).

Hypericin, dessen Schwerlöslichkeit eine Molekulargewichtsbestimmung unmöglich macht, läßt sich in ein gelbes, kristallisiertes Benzoat vom Schmp. 304—305° (*24, 36*) umwandeln. Ebullioskopische Mol.-Gew.-Bestimmungen dieses Derivats führten zusammen mit den C,H-Werten des Farbstoffs zur Bruttoformel $C_{30}H_{16-18}O_8$. Danach ist das gelbe Benzoylhypericin ein Hexabenzoat und aus der Essigsäuremenge, die man bei der KUHN-ROTH-Oxydation des Hypericins erhält, ergibt sich die Anwesenheit von zwei C-Methylgruppen.

Reduzierende Benzoylierung des Farbstoffs lieferte ein amorphes, blaues Reduktionsprodukt $C_{30}H_{10}O_8(C_6H_5CO)_8$, das zwei Benzoylreste mehr enthielt als das gelbe Benzoat und damit anzeigte, daß Hypericin ein *Chinon* ist.

Einblick in das Kohlenstoffgerüst des Hypericins gab die Zinkstaubdestillation. Sie lieferte ebenso wie die Zinkstaubschmelze nach CLAR (*44*) und die Jodwasserstoff-Reduktion mit anschließender Dehydrierung in sehr geringer Ausbeute *meso-Anthrodianthren* (II).

(**I.**) 2,2′-Dimethyl-*meso*-naphthodianthron.   (**II.**) *meso*-Anthrodianthren.   (**III.**) 2,2′-Dimethyl-helianthron.

Ein Hydroxy-chinon, das bei Zinkstaubdestillation *meso*-Anthrodianthren (II) liefert, wird man zunächst für ein Hydroxy-*meso*-anthrodianthron halten. Beim Hypericin konnte diese Schlußfolgerung nicht richtig sein, weil der Farbstoff, wie erwähnt, zwei C-Methylgruppen enthält. Er muß also ein Kohlenstoffgerüst haben, das erst bei der Zinkstaubdestillation unter Ringschluß der beiden Methylgruppen in das Ringsystem des *meso*-Anthrodianthrens übergeht. Es gibt nur zwei Chinone, die diese Bedingung erfüllen: das 2,2′-Dimethyl-*meso*-naphthodianthron (I) und das 2,2′-Dimethyl-helianthron (III). Hypericin mußte also entweder ein Hexaoxy-derivat von (I) oder von (III) sein. Analytisch ließ sich zwischen beiden Möglichkeiten nicht entscheiden, weil beim Hypericin die Schwankungsbreite der C,H-Werte, bedingt durch hartnäckiges Festhalten von Lösungsmitteln und schwere Verbrennbarkeit etwas größer war als im Normalfall. Zum Ziel geführt hat dagegen eine neuerdings entwickelte, bereits in mehreren Fällen gut bewährte spektroskopische Methode. Bevor sie erörtert wird, soll die Stellung der sechs Hydroxygruppen im Hypericin erörtert werden.

Die Eigenschaft des Hypericins, sich in Alkali grün zu lösen und in Acetanhydrid mit Pyroboracetat (*48*, *49*) grüne, rot fluoreszierende Lösungen mit charakteristischem Absorptionsspektrum zu bilden, sprach dafür, daß sich in α-Stellung zu jeder Chinon-carbonylgruppe mindestens eine Hydroxygruppe befindet. Endgültige Aufklärung über die Zahl der α-Hydroxygruppen hat die Acetylierung mit Keten gebracht, das mit den α-ständigen, chelierten Hydroxygruppen von Hydroxy-chinonen nicht reagiert (*13*). Da Hypericin mit diesem Reagenz ein rotes Diacetat lieferte, dessen Absorptionsspektrum dem des Hypericins noch recht ähnlich war, muß der Farbstoff vier α-Hydroxygruppen enthalten.

Spektroskopische Identifizierung des Stammkohlenwasserstoffes mehrkerniger Oxy-chinone.

Dieses von Brockmann und Mitarbeitern entwickelte Verfahren beruht auf folgenden beiden Tatsachen: a) Mehrkernige Oxy-chinone werden durch reduzierende Acetylierung in Acetoxy-derivate des betreffenden Stammkohlenwasserstoffs verwandelt. b) Bei polycyclischen Kohlenwasserstoffen behalten die Absorptionskurven auch dann ihre charakteristische Gestalt, wenn der Kohlenwasserstoff mit einer größeren Zahl Acetoxygruppen substituiert ist [Brockmann und Budde (*7*)].

O OH   OAc OAc

$\longrightarrow$

OH O OH   OAc OAc OAc

(IV.) 1,4,5-Trihydroxy-anthrachinon.   (V.) 1,4,5,9,10-Pentaacetoxy-anthracen. Ac = $CH_3 \cdot CO$.

Einige einfache Beispiele sollen das Verfahren erläutern.

Reduzierende Acetylierung mit Zinkstaub-Acetanhydrid unter sorgfältigem Ausschluß von Essigsäure und Wasser verwandelt 1,4,5-Trihydroxy-anthrachinon (IV) in 1,4,5,9,10-Pentaacetoxy-anthracen (V). Dessen Absorptionskurve hat die gleiche charakteristische Form wie die des Anthracens, des Stammkohlenwasserstoffs von (IV); nur liegen die Maxima etwas längerwellig als bei diesem. Das gleiche gilt, soweit bisher untersucht, für alle anderen Hydroxy-anthrachinone und die daraus erhaltenen Acetoxy-anthracene (*Abb. 1 und 2*). Bemerkenswert ist, daß die Lage der Maxima von Zahl und Stellung der Acetoxygruppen abhängt und sich additiv aus deren „Absorptions-inkrementen" berechnen läßt (*7*).

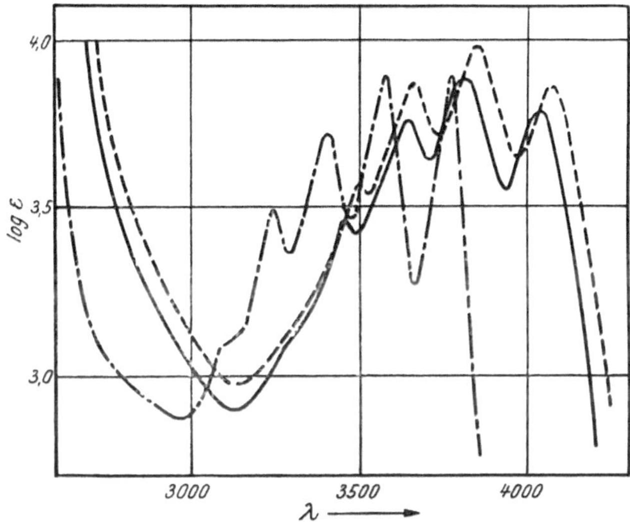

Abb. 1. Absorptionsspektrum von — · — · — Anthracen, — — — 1,4,5,9,10-Pentaacetoxy-anthracen und — — — — 1,4,5,8,10-Pentaacetoxy-anthracen (in Dioxan). Nach BROCKMANN und BUDDE. [Aus: Chem. Ber. *86*, 432 (1953).]

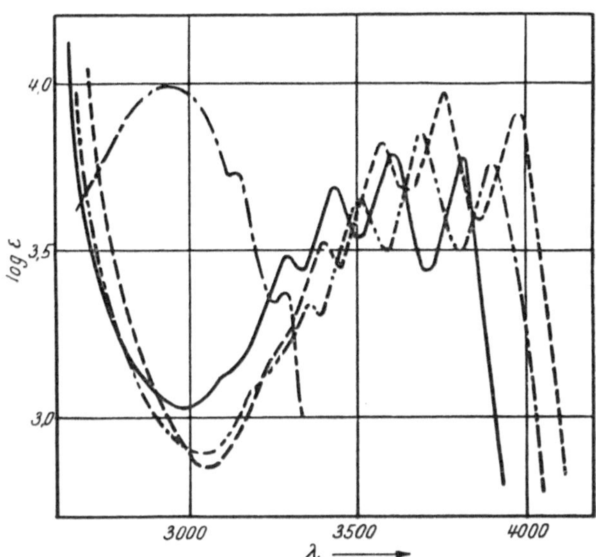

Abb. 2. Absorptionsspektren von — — — 1,2,9,10-Tetraacetoxy-anthracen, — — ·· — — ·· 1,4,5-Triacetoxy-anthracen, — — — — 1,2-Diacetoxy-anthracen und — · — · — 1,4,5,8-Tetraacetoxy-naphthalin (in Dioxan). Nach BROCKMANN und BUDDE. [Aus: Chem. Ber. *86*, 432 (1953).]

Analoge Verhältnisse wie bei den Hydroxy-anthrachinonen finden sich bei anderen, mehrkernigen Hydroxy-chinonen. So geben Hydroxynaphthochinone bei reduzierender Acetylierung Acetoxy-naphthaline, deren Absorptionskurven der des Naphthalins ähnlich sind; Hydroxy-tetracenchinone liefern Acetoxy-tetracene mit Absorptionskurven vom Tetracen-typ.

Analytisch ergibt sich aus diesen Beobachtungen folgendes: Will man entscheiden, ob eine Verbindung ein Hydroxy-naphthochinon, Hydroxy-anthrachinon oder Hydroxy-tetracenchinon ist, so braucht man sie nur reduzierend zu acetylieren und zu prüfen, ob die Absorptionskurve ihres acetylierten Reduktionsprodukts der des Naphthalins, Anthracens oder Tetracens ähnelt. Dieses Verfahren ist ungleich schonender als die Zinkstaubdestillation, die klassische Methode zur Ermittlung des Stammkohlenwasserstoffs aromatischer Hydroxy-chinone.

Für die Konstitutionsaufklärung des Hypericins war von Bedeutung, daß das spektroskopische Verfahren, wie im folgenden gezeigt, auch bei vielkernigen Chinonen, wie Helianthron (VI), *meso*-Naphthodianthron (IX) und ihren Hydroxyderivaten, anwendbar ist.

Der Stammkohlenwasserstoff von (VI) ist das von CLAR (*43*) sowie BROCKMANN und KLUGE (*19*) aufgefundene, rote *1,2,11,12-Dibenzperylen* (Helianthren) (VII), das sich im Licht bei Luftzutritt in kürzester Zeit in ein gelbes Photooxyd verwandelt; der Stammkohlenwasserstoff

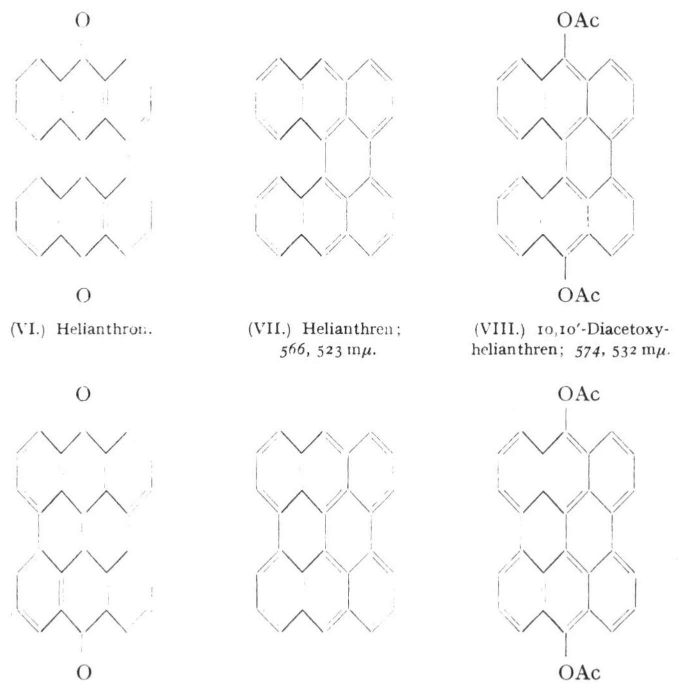

(VI.) Helianthron.　　(VII.) Helianthren; 566, 523 mμ.　　(VIII.) 10,10'-Diacetoxy-helianthren; 574, 532 mμ.

(IX.) *meso*-Naphthodianthron.　　(X.) *meso*-Naphthodianthren; 660, 605 mμ.　　(XI.) 10,10'-Diacetoxy-*meso*-naphthodianthren; 678, 626 mμ.

von (IX) ist das schon länger bekannte blaue, im Licht relativ beständige Bisanthen oder *meso-Naphthodianthren* (X). Beide Kohlenwasserstoffe zeigen im sichtbaren Gebiet zwei Absorptionsmaxima, deren Lage, in Benzol gemessen, unter den Formeln (VII) und (X) angegeben ist.

Durch reduzierende Acetylierung entsteht aus Helianthron (VI) *(66)* 10,10′-Diacetoxy-helianthren (VIII) [BROCKMANN und MÜHLMANN *(23)*], und aus *meso*-Naphthodianthron (IX) das 10,10′-Diacetoxy-*meso*-naphthodianthren (XI) [BROCKMANN und RANDEBROCK *(33)*].

10,10′-Diacetoxy-helianthren (VIII), in seinem Absorptionsspektrum dem Helianthren (VII) ähnlich und in den λ_{max}-Werten etwas längerwellig als dieses, gibt rote Lösungen, die im Licht schnell unter Bildung eines gelben Photooxyds ausbleichen. 10,10′-Diacetoxy-*meso*-naphthodianthren (XI) dagegen ist wie sein Stammkohlenwasserstoff (X) blau und relativ lichtbeständig. Auch seine beiden Maxima sind gegenüber denen des Stammkohlenwassersrtoffs (X) etwas nach Rot verschoben.

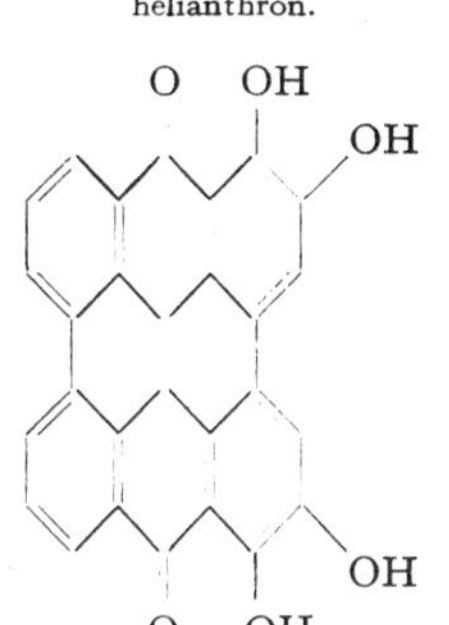

(XII.) 3,4,3′,4′-Tetrahydroxy-helianthron.

(XIV.) 3,4,3′,4′-Tetrahydroxy-*meso*-naphthodianthron.

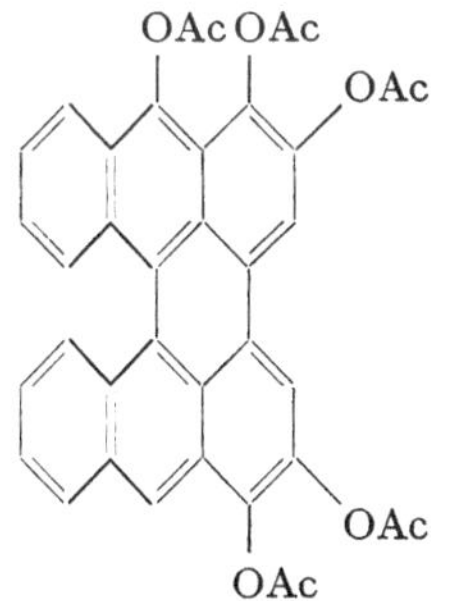

(XIII.) Pentaacetoxy-helianthren; *575, 531* mμ.

(XV.) 3,4,3′,4′-Tetraacetoxy-*meso*-naphthodianthren; *671, 611* mμ.

Die beiden Diacetoxy-verbindungen (VIII) und (XI) unterscheiden sich in der Farbe gar nicht und in Lichtempfindlichkeit und Absorptionsspektrum nur wenig von ihren Stammkohlenwasserstoffen (VII) bzw. (X), und diese Ähnlichkeit zwischen Acetoxy-derivat und Stammkohlenwasserstoff bleibt auch dann erhalten, wenn die Zahl der Acetoxygruppen größer ist. Von den bisher Untersuchten Verbindungen (*21, 26*) soll hier nur das durch reduzierende Acetylierung von 3,4,3′,4′-Tetrahydroxy-helianthron (XII) erhaltene Pentaacetoxy-helianthren (XIII) sowie das aus 3,4,3′,4′-Tetra-hydroxy-*meso*-naphthodianthron (XIV) gewonnene Tetra-acetoxy-*meso*-naphthodianthren (XV) angeführt werden, deren λ_{max}-Wellenlängen unter den Formeln (XIII) und (XV) angegeben sind.

Ähnlich wie bei hydroxylreichen Oxy-anthrachinonen können bei (XII) und (XIV) ein oder auch beide Chinon-Sauerstoffatome reduktiv entfernt werden. Ob diese Abspaltung eintritt oder nicht, hängt von den Reaktionsbedingungen ab und ist für die spektroskopische Identifizierung des Stammkohlenwasserstoffs einerlei. Wichtig ist nur, daß das Reduktionsprodukt einheitlich und nicht ein Gemisch aus Reduktionsprodukten mit und ohne *meso*-Acetoxygruppen ist. Denn dann wird, da die Lage der Maxima von der Zahl der Acetoxygruppen abhängt, die Absorptionskurve naturgemäß verschmiert.

Zusammenfassend kann man sagen, daß sich auch bei Hydroxyhelianthronen und Hydroxy-*meso*-naphthodianthronen aus der Absorptionskurve ihrer acetylierten Reduktionsprodukte die Absorptionskurve des Stammkohlenwasserstoffs herauslesen und dieser so ermitteln läßt.

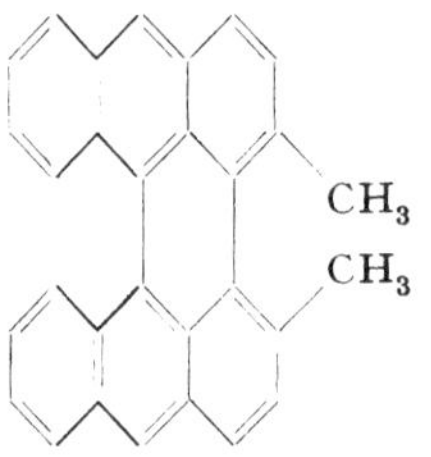

(XVI.) 2,2′-Dimethyl-helianthren; *543, 505* mμ.

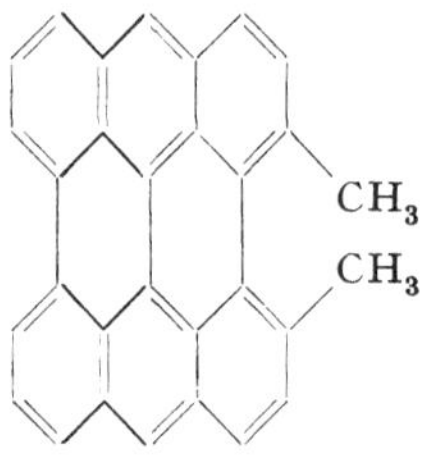

(XVII.) 2,2′-Dimethyl-*meso*-naphthodianthren; *627, 578* mμ.

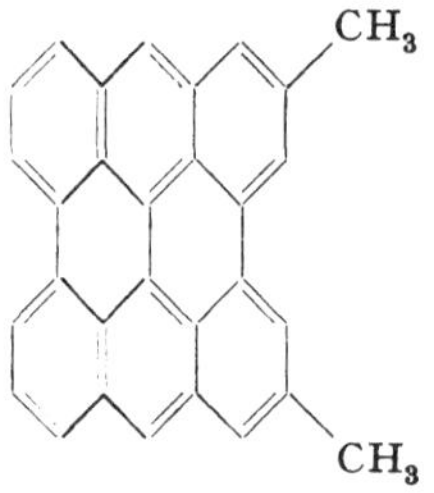

(XVIII.) 3.3′-Dimethyl-*meso*-naphthodianthren; *663, 609* mμ.

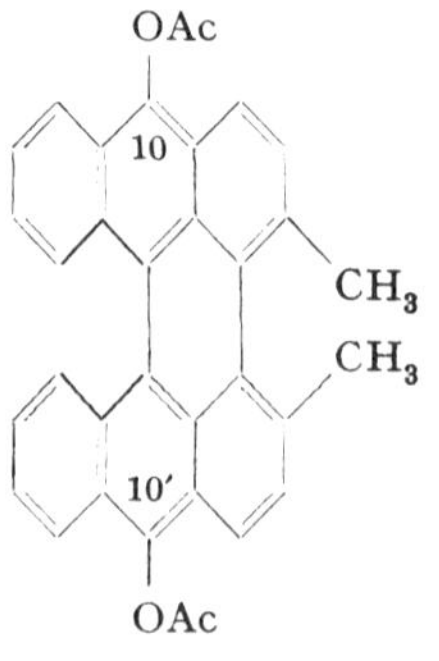

(XIX.) 10,10′-Diacetoxy-2,2′-dimethyl-helianthren; *554, 513* mμ.
(XIX a.) Ac = H.

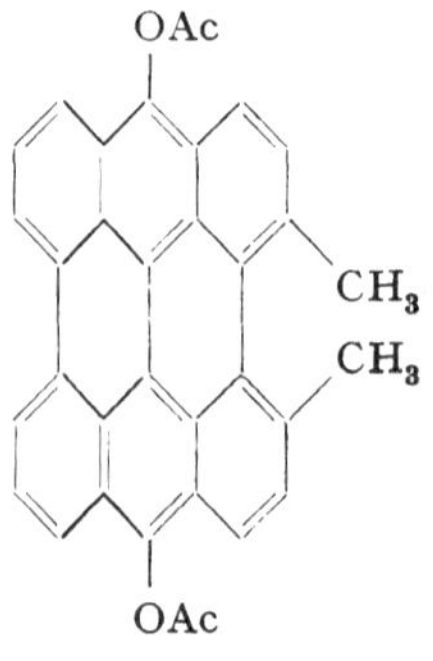

(XX.) 10,10′-Diacetoxy-2,2′-dimethyl-*meso*-naphthodianthren; *644, 593* mμ.
(XX a.) Ac = H.

Um das spektroskopische Verfahren zur Ermittlung des Stammkohlenwasserstoffs auf Hypericin anwenden zu können, d. h. um zu entscheiden, ob dieser Farbstoff ein Hexahydroxy-derivat des 2,2'-Dimethyl-helianthrons (III, S. 147) oder 2,2'-Dimethyl-*meso*-naphthodianthrons (I, S. 147) ist, mußten die noch unbekannten Stammkohlenwasserstoffe von (I) und (III), das 2,2'-Dimethyl-helianthren (XVI) und das 2,2'-Dimethyl-*meso*-naphthodianthren (XVII) dargestellt werden. Das gelang durch Zinkstaubschmelze von (III) (*44*) sowie durch Reduktion von (I) mit

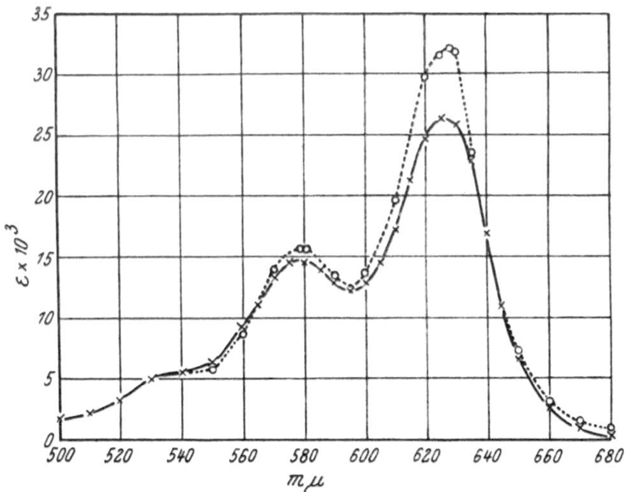

Abb. 3. Absorptionsspektren in Benzol. 2,2'-Dimethyl-*meso*-naphthodianthren · · · · · · · ·; Lage der Maxima: 627, 578 mμ.
Blaues Hypericin-Derivat (4,5,7,4',5',7'-Hexaacetoxy-2,2'-dimethyl-*meso*-naphthodianthren) ————; Lage der Maxima: 625, 578 mμ. Nach BROCKMANN und Mitarb. [Aus: Chem. Ber. *84*, 865 (1954).]

Zinkstaub-Pyridin-Eisessig und anschließende Dehydrierung mit Choranil [BROCKMANN und RANDEBROCK (*33*)]. Die λ_{max}-Werte beider Verbindungen (unter XVI und XVII angegeben) sind kürzerwellig als die des Helianthrens (VII) bzw. *meso*-Naphthodianthrens (X, S. 150).

Ferner wurde durch reduzierende Acetylierung von (III, S. 147) das rote, lichtempfindliche 10,10'-Diacetoxy-2,2'-dimethyl-helianthren (XIX) (*17*) und aus (I) das blaue 10,10'-Diacetoxy-2,2'-dimethyl-*meso*-naphthodianthren (XX) (*33*) gewonnen. Bei beiden Acetoxy-derivaten sind, wie zu erwarten, die Maxima der langwelligen Banden gegenüber denen des Stammkohlenwasserstoffs [(XVI) bezw. (XVII)] nach Rot verschoben.

Auf Grund dieser Vorarbeiten ließ sich die spektroskopische Methode zur Ermittlung des Stammkohlenwasserstoffs auch auf Hypericin anwenden. Bei der reduzierenden Acetylierung des Hypericins entstand eine kristallisierte blaue Verbindung, die fast das gleiche Absorptionsspektrum hatte wie 2,2'-Dimethyl-*meso*-naphthodianthren (XVII) (*Abb. 3*) und sich dadurch als *meso*-Naphthodianthren-derivat zu erkennen gab. Damit war bewiesen, daß Hypericin ein Hexahydroxy-2,2'-dimethyl-*meso*-naphthodianthron ist. Bei der reduzierenden Acetylierung wurden abhängig von den Reduktionsbedingungen ein oder auch beide Chinon-

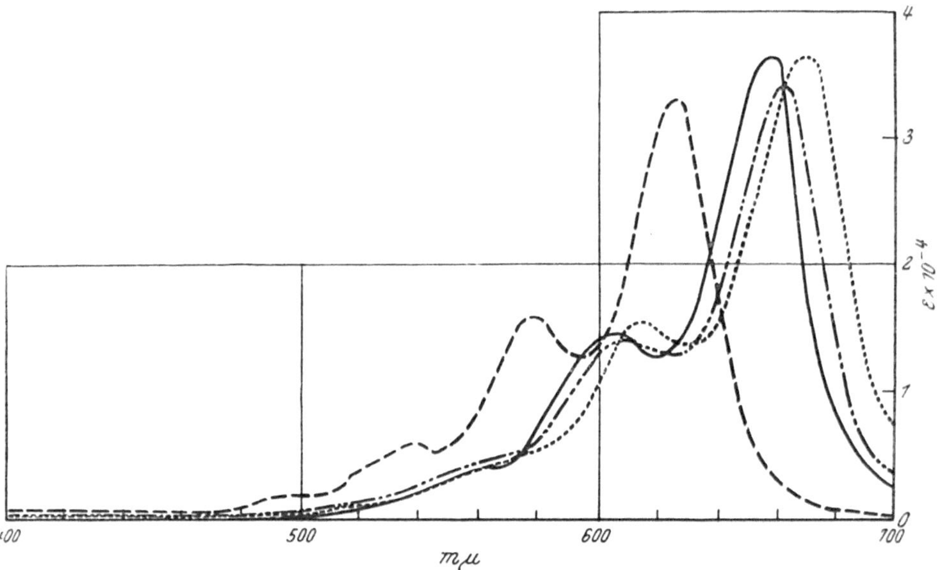

Abb. 4. Absorptionsspektren in Benzol. Naphthodianthren ————; Lage der Maxima: *660, 605* m*μ*. 2,2'-Dimethyl-naphthodianthren — — —; Lage der Maxima: *627, 578* m*μ*. 3,3'-Dimethyl-naphthodianthren — ·· — ·· —; Lage der Maxima: *663, 609* m*μ*. 4,4'-Dimethyl-naphthodianthren · · · · · · ·; Lage der Maxima: *669, 614* m*μ*. Nach BROCKMANN und RANDEBROCK. [Aus: Chem. Ber. *84*, 533 (1951).]

Sauerstoffatome abgespalten. Das hier angeführte blaue Reduktionsprodukt ist das unter rigorosen Bedingungen (Entfernung beider Chinonsauerstoffatome) entstehende Hexaacetat.

Auffällig war, daß die Absorptionsmaxima des blauen Reduktionsprodukts fast die gleiche Lage hatten wie die des 2,2'-Dimethyl-*meso*-naphthodianthrens (XVII). Denn nach allen bis dahin vorliegenden Beobachtungen mußte man von den sechs Acetoxygruppen des Reduktionsprodukts einen stark bathochromen Effekt erwarten. Eine Erklärung dieser Anomalie haben folgende Befunde gegeben.

Das 2,2'-Dimethyl-*meso*-naphthodianthren (XVII) hat Absorptionsmaxima, die um 33 m*μ* bzw. 27 m*μ* kürzerwellig liegen als die des *meso*-Naphthodianthrens (X) *(Abb. 4)*, ein zunächst überraschender Befund. Denn im allgemeinen wirken Methylgruppen bei aromatischen Kohlenwasserstoffen schwach bathochrom. Daß diese Regel trotz des 2,2'-Dimethyl-*meso*-naphthodianthren-Spektrums auch für das Ringsystem des *meso*-Naphthodianthrens (X) gilt, konnten BROCKMANN und RANDEBROCK (*33*) durch Synthese des 3,3'-Dimethyl-*meso*-naphthodianthrens (XVIII) und 4,4'-Dimethyl-*meso*-naphthodianthrens beweisen, die beide nur um wenige mμ größere λ_{max}-Werte haben als ihre Stammverbindung (X) (Abb. 4). Der hypsochrome Effekt der 2,2'-Methylgruppen in (XVII) ist demnach anomal. Zweifellos kommt er dadurch zustande, daß sich diese Gruppen infolge sterischer Hinderung nicht koplanar einstellen können und infolgedessen das Ringsystem verzerren. Der hypsochrome Effekt einer solchen Verzerrung ist bei einfacheren Verbindungen als „S-Effekt" schon länger bekannt (*58*).

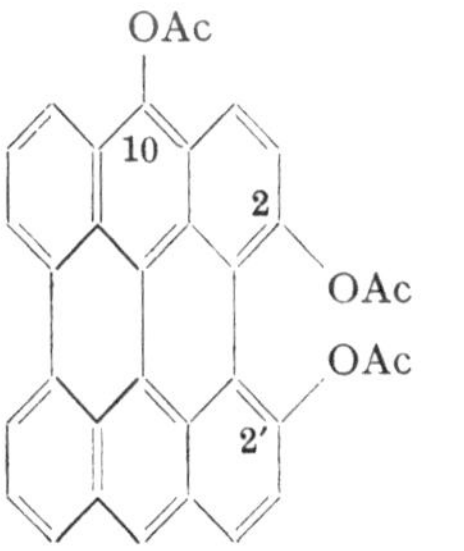

(XXI.) 2,2',10-Triacetoxy-*meso*-naphthodianthren; 639, 581 mμ.

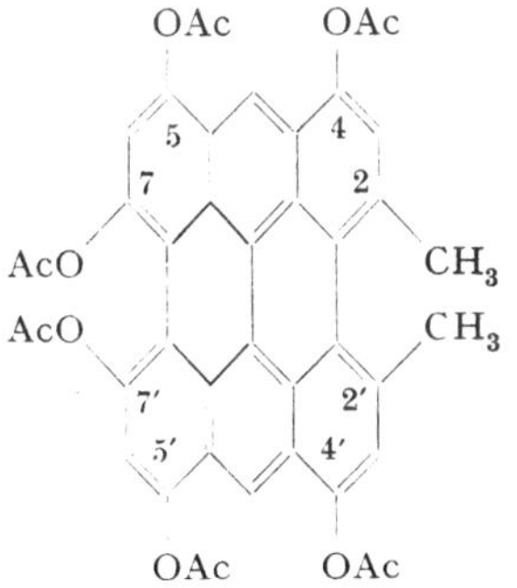

(XXII.) 4,4',5,5',7,7'-Hexaacetoxy-2,2'-dimethyl-*meso*-naphthodianthren; 625, 578 mμ.

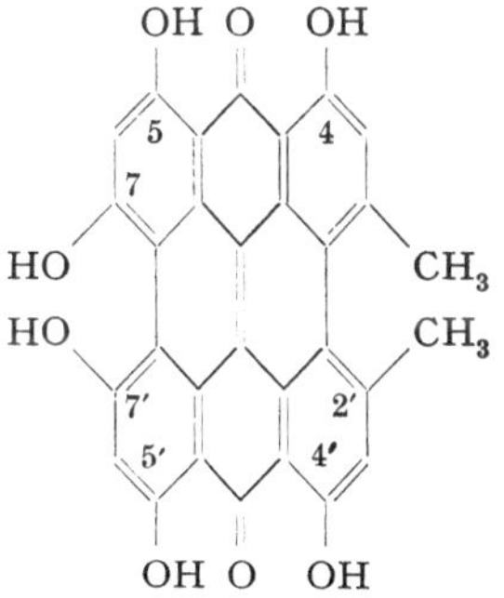

(XXIII.) Hypericin.

Nach diesen Ergebnissen war zu erwarten, daß auch die im allgemeinen bathochrom wirkenden Acetoxygruppen beim *meso*-Naphthodianthren dann hypsochrom sind, wenn sie sich sterisch hindern, d. h. an den C-Atomen 2,2' oder 7,7' stehen. In der Tat ist das der Fall.

Wie BROCKMANN und GEEREN (*15*) fanden, hat das durch reduzierende Acetylierung von 2,2'-Dihydroxy-*meso*-naphthodianthron gewonnene blaue 2,2',10-Triacetoxy-*meso*-naphthodianthren (XXI) trotz seiner bathochromen 10-Acetoxygruppe Maxima, die kürzerwellig liegen als die des *meso*-Naphthodianthrens (X, S. 150). Damit wurde nun auch verständlich, warum das blaue Reduktionsprodukt des Hypericins sich spektroskopisch scheinbar anomal verhält. Daß diese Verbindung trotz ihrer sechs Acetoxygruppen nicht längerwellig absorbiert als ihr Stammkohlenwasserstoff (XVIII) liegt daran, daß der bathochrome Effekt ihrer vier, an den C-Atomen 4,4',5,5' stehenden Acetoxygruppen kompensiert wird durch hypsochrome Acetoxygruppen. Hypsochrom aber können Acetoxygruppen beim 2,2'-Dimethyl-*meso*-naphthodianthren (XVII) nur wirken, wenn sie an $C_{(7)}$ und $C_{(7')}$ stehen und sich dadurch sterisch hindern. Mit anderen Worten: daß das blaue Reduktionsprodukt des

Hypericins fast die gleichen λ_{max}-Werte hat wie sein Stammkohlenwasserstoff (XVII), beweist, daß es zwei 7,7'-Acetoxygruppen enthält und somit die Konstitution (XXII) hat. Damit ist die Stellung der beiden mit Keten acetylierbaren Hydroxygruppen des Hypericins bewiesen und die Konstitution des Farbstoffs aufgeklärt. *Hypericin ist das 4,5,7,4',5',7'-Hexahydroxy-2,2'-dimethyl-meso-naphthodianthron* (XXIII) (*Abb. 5*).

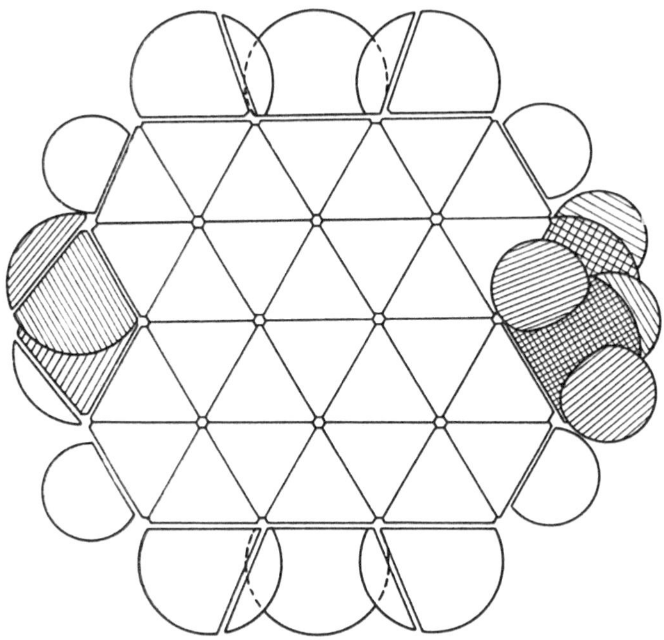

Abb. 5. Molekülmodell des Hypericins aus Atomkalotten nach Briegleb (5). [Aus: Fortschr. chem. Forsch. *1*, 642 (1950).]

Mit den klassischen Abbaumethoden wäre es kaum möglich gewesen, die Stellung der beiden Hydroxygruppen an $C_{(7)}$ und $C_{(7')}$ festzulegen. Die vorstehenden Befunde sind daher ein gutes Beispiel dafür, was ein systematischer, spektroskopischer Vergleich bei Konstitutionsaufklärungen zu leisten vermag.

3. Synthesen des Hypericins.

Totalsynthese des Hypericins über 1-Brom-emodin.

Stammchinon des Hypericins ist das 2,2'-Dimethyl-*meso*-naphthodianthron (XXVI), das sich ausgehend vom 1-Jod-2-methyl-anthrachinon auf dem Wege (XXIV—XXVI) gewinnen läßt. Dabei wird 2,2'-Dimethyl-dianthrachinonyl-(1,1'), das durch Umsetzen von 1-Jod-2-methyl-anthrachinon mit Kupferpulver nach ULLMANN gut zugänglich ist, in konz. Schwefelsäure mit Kupferpulver reduktiv zum 2,2'-Dimethyl-helianthron (XXV) cyclisiert und (XXV) durch Belichten seiner Lösung in (XXVI) überführt (*61*). Wasserstoffacceptor bei der quantitativ verlaufenden photochemischen Dehydrierung (XXV) → (XXVI) ist der Luftsauerstoff, oder wenn dieser ausgeschlossen wird, ein zweites Molekül 2,2'-Dimethyl-helianthron, das dabei zum blauen 10,10'-Dihydroxy-2,2'-dimethyl-helianthren (XIXa, S. 152) reduziert wird [BROCKMANN und MÜHLMANN (*22*)].

(XXIV.) 2,2'-Dimethyl-dianthrachinonyl-(1,1').

(XXV.) 2,2'-Dimethyl-helianthron.

(XXVI.) 2,2'-Dimethyl-*meso*-naphthodianthron.

Analog dieser Darstellung von (XXVI) wurde die erste Totalsynthese des Hypericins durchgeführt [BROCKMANN, KLUGE und MUXFELDT (*18, 20, 24*)]. Ausgangsmaterial war dabei der Trimethyläther (XXXVII) des 1-Brom-emodins (XXXVIIa), das als Zwischenprodukt einer von ADAMS und JACOBSON (*2*) ausgearbeiteten *Emodin*-Synthese bereits bekannt war. Da die Darstellung von (XXXVIIa) erheblich verbessert werden konnte (*20, 24*), soll sie hier kurz beschrieben werden (*Formelübersicht 1*, S. 159—160).

Ausgangsmaterial ist der 3,5-Dimethoxy-benzoesäure-methylester (XXVII), der mit Chloral bei Gegenwart von konz. Schwefelsäure kondensiert das Phthalid (XXVIII) liefert. Dessen Verseifung führt zur Säure (XXIX) und deren Decarboxylierung zum Phthalid (XXX). Die durch Permanganat-Oxydation aus (XXX) gewonnene 3,5-Dimethoxy-phthalsäure (XXXI) wird dann als Anhydrid (XXXII) nach FRIEDEL-CRAFTS mit *m*-Kresol (XXXIII) zum Benzoyl-benzoesäure-derivat (XXXIV) kondensiert. Der nun erforderliche Ringschluß zum Anthrachinon-Ringsystem gelang mit konz. Schwefelsäure nur in sehr geringer Ausbeute.

Von dem Gedanken ausgehend, daß in (XXXIV) ein Bromatom an $C_{(5')}$ den Ringschluß an $C_{(6')}$ erleichtern könnte, haben ADAMS und

Mitarb. (*1, 2*) Verbindung (XXXIV) bromiert und das dabei erhaltene Monobrom-derivat, dem sie ohne Beweis die Konstitution (XXXV) zuschrieben, der Einwirkung von konz. Schwefelsäure (7% Schwefeltrioxyd und 10% Borsäure enthaltend) unterworfen. In mäßiger Ausbeute entstand dabei der 1-Brom-emodin-dimethyläther (XXXVI). Er lieferte mit Jodwasserstoffsäure Emodin-anthron-(9) (XLV), das bei vorsichtiger Oxydation in Emodin (XXXVIIb) überging.

Dieser Weg zum 1-Brom-emodin bzw. Emodin hatte zwei Engpässe, die beseitigt werden mußten, um für die Hypericin-Synthese ausreichende Mengen 1-Brom-emodin-trimethyläther (XXXVII) in die Hand zu bekommen. Der erste lag bei der Kondensation des 3,5-Dimethoxy-phthalsäure-anhydrids (XXXII) mit *m*-Kresol (XXXIII), die nur geringe Mengen an (XXXIV) lieferte. Hier gelang es, die Ausbeute an (XXXIV) auf 65% d. Th. zu steigern, als man in kleinen Ansätzen in Benzol mit 2 Mol. Aluminiumchlorid kondensierte (*20, 24*).

Der zweite Engpaß war der Ringschluß von (XXXV) zum 1-Brom-emodin-dimethyläther (XXXVI), der nur 10% Ausbeute gab. Einen überraschenden Erfolg brachte hier die Verkürzung der Reaktionszeit. Als nämlich die 7% Schwefeltrioxyd und 10% Borsäure enthaltende konz. Schwefelsäure statt der vorgeschriebenen 3 Stunden (*2*) nur 15 Minuten auf (XXXV) einwirkte, entstand (XXXVI) in nahezu quantitativer Ausbeute. Nicht, weil der Ring schwer zu schließen ist, sind also früher die Ausbeuten so gering gewesen, sondern weil bei längerer Schwefelsäure-Einwirkung der zunächst in fast quantitativer Ausbeute gebildete 1-Brom-emodin-dimethyläther (XXXVI) zum größten Teil wieder zerstört wird. Für die weitere Umsetzung methylierte man (XXXVI) zum Trimethyläther (XXXVII).

Wie oben erwähnt, wurde (XXXIV) nur deswegen bromiert, weil man sich davon eine Erleichterung des Ringschlusses versprach. Nachdem die Verkürzung der Reaktionszeit einen so eindrucksvollen Erfolg gebracht hatte, wurden die neuen Reaktionsbedingungen auch auf die nichtbromierte Verbindung (XXXIV) angewandt. Dabei entstand ein Gemisch von Emodin-monomethyläther und Emodin-dimethyläther, das entmethyliert in 65%iger Ausbeute (bezogen auf XXXIV) reines Emodin gab (*20*). Im Rahmen der Emodin-Synthese ist die Bromierung von (XXXIV) demnach überflüssig.

Der erste Schritt von (XXXVII) zum Hypericin bestand darin, 2 Mol. 1-Brom-emodin-trimethyläther mit Kupferpulver nach Ullmann in das Dianthrachinonyl-derivat (XXXVIII) zu überführen. Während diese Reaktion glatt verlief, ergab, im Gegensatz zu (XXIV) → (XXV), die mit Kupferpulver in konz. Schwefelsäure durchgeführte Reduktion von (XXXVIII) zum Helianthron-derivat (XXXIX) nur ganz geringe Ausbeuten.

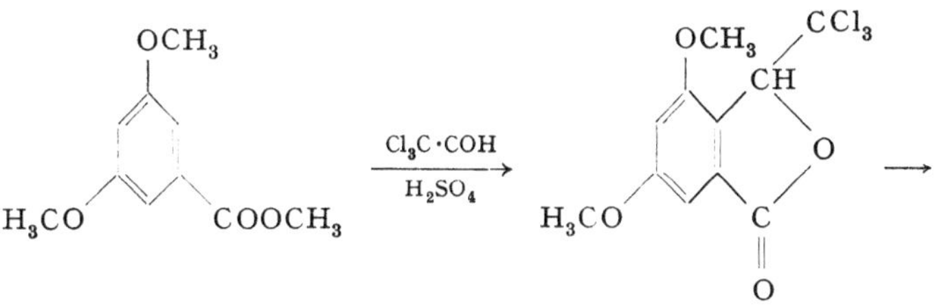

(XXVII.)

(XXVIII)

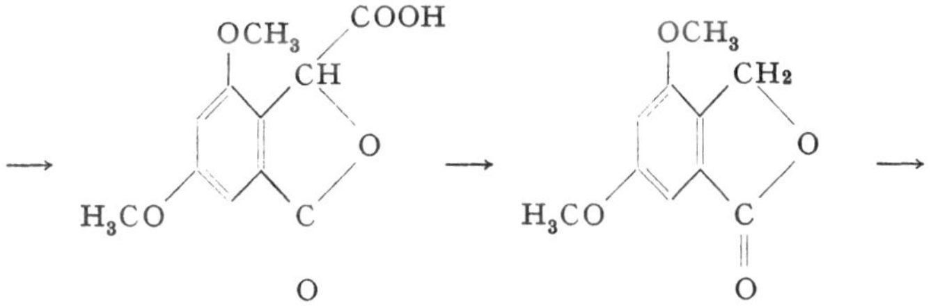

(XXIX.)

(XXX.)

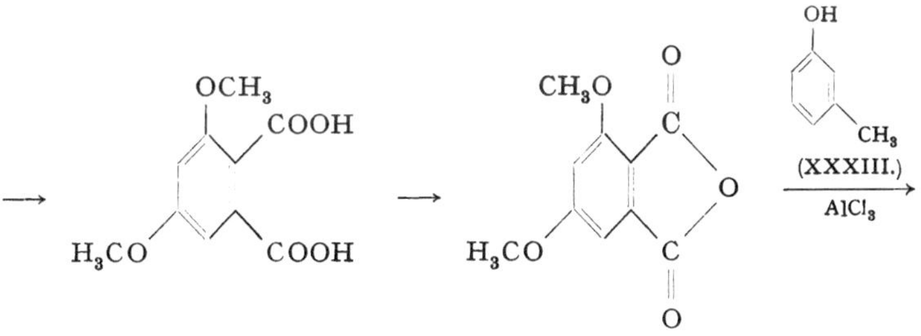

(XXXI.)

(XXXII.)

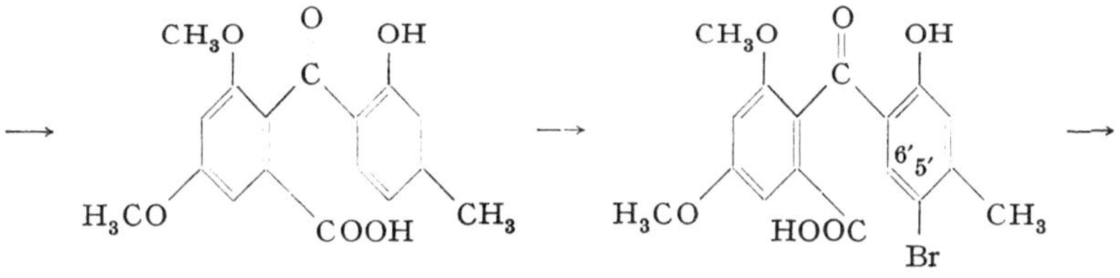

(XXXIII.)

(XXXIV.)

(XXXV.)

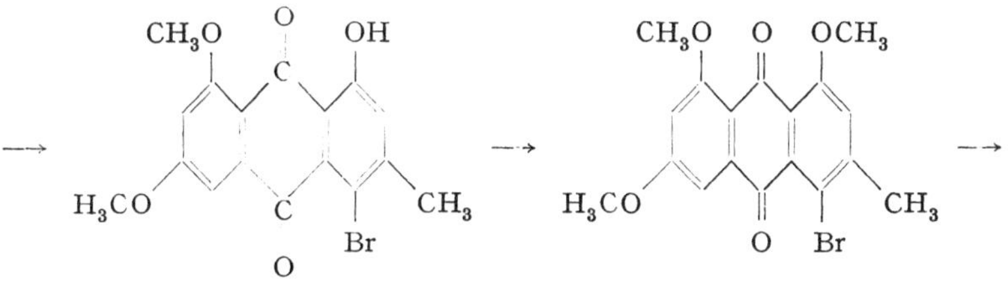

(XXXVI.) 1-Brom-emodin-dimethyläther.

(XXXVII.) 1-Brom-emodin-trimethyläther.
(XXXVII a.) $CH_3O = OH$.
(XXXVII b.) $CH_3O = OH$, $Br = H$. Emodin.

(XXXVIII.)
(XXXVIII a.) R = H. 4,5,7,4',5',7'-
Hexahydroxy-2,2'-dimethyl-dianthrachinonyl-(1,1').

(XXXIX.) 5 R = CH_3, 1 R = H.
(XXXIX a.) 6 R = H.

(XL.) 5 R = CH_3, 1 R = H.
(XL a.) 6 R = H. Hypericin.

Formelübersicht 1.

Das lag nicht, wie man zunächst vermuten konnte, an einer sterischen Hinderung des Ringschlusses durch die Substituenten an $C_{(2)}$, $C_{(2')}$ bzw. $C_{(7)}$, $C_{(7')}$, sondern am Reaktionsmilieu. Als nämlich die Umsetzung mit Kupferpulver statt in konz. Schwefelsäure in Eisessig-Salzsäure (20 : 1) bei Raumtemperatur erfolgte, gelang der Ringschluß fast quantitativ. Dabei wurde eine Methoxygruppe verseift; das Reaktionsprodukt war ein Pentamethyläther (XXXIX). Seine Photodehydrierung durch Luftsauerstoff gab in guter Ausbeute das *meso*-Naphthodianthron-derivat (XL). Entmethylierung mit Kaliumjodid in Phosphorsäure verwandelte (XL) in das kristallisierte, dunkelrote 4,5,7,4',5',7'-Hexahydroxy-2,2'-dimethyl-*meso*-naphthodianthron (XLa), das in allen Eigenschaften, auch denen seiner Derivate, mit dem aus *Hypericum hirsutum* isolierten Hypericin übereinstimmte. Damit ist die Konstitution des Hypericins auch durch Synthese gesichert. Gleichzeitig beweist diese Synthese, daß das Monobrom-derivat der Verbindung (XXXIV) die von ADAMS (*2*) angenommene Konstitution (XXXV) hat.

Überraschenderweise wird der in Wasser unlösliche, rote Pentamethyläther (XL) von 0,1 *n*-Salzsäure leicht mit grüner Farbe aufgenommen. Diese auffällige Basizität beruht zum Teil darauf, daß das Proton der Säure zwischen den nahe beieinanderstehenden Sauerstoffatomen der Carbonyl- und Methoxygruppe eine „kurze" Wasserstoffbrücke bildet und damit als Bestandteil eines resonanz-stabilisierten Ringes dem aromatischen Ringsystem angegliedert wird [BROCKMANN und FRANCK (*14*)].

Synthese des Proto-hypericins und Hypericins aus Emodin-anthron-(9).

Außer der oben angeführten, über (XXIV) und (XXV) verlaufenden *meso*-Naphthodianthron-Synthese gibt es noch eine zweite, die vom Anthranol ausgeht, dieses oxydativ zum Dianthron (XLI) verknüpft und dessen Enolform, das Dianthranol (XLII), zum Dehydro-dianthron (XLIII) oxydiert (*Formelübersicht 2*). Luftsauerstoff dehydriert (XLIII)

XLI.) Dianthron.   (XLII.) Dianthranol.   (XLIII.) Dehydro-dianthron.   (XLIV.) *meso*-Naphthodianthron.

Formelübersicht 2.

bei Belichtung zum *meso*-Naphthodianthron (XLIV). Wie BROCKMANN und EGGERS (*12*) fanden, läßt sich Hypericin auch nach dem Vorbild dieser Synthese aufbauen (*Formelübersicht 3*), ein Weg, der deswegen von Interesse ist, weil so höchstwahrscheinlich das Hypericin in der Pflanze entsteht. Ausgangsmaterial war Emodin-anthron-(9) (XLV), das jetzt durch die oben angeführten Verbesserungen der Emodin-Synthese gut zugänglich ist.

Die oxydative Verknüpfung von 2 Mol. Emodin-anthron-(9) (XLV) gelang in Pyridin-Piperidin beim Durchleiten von Luftsauerstoff. Aus dem Reaktionsprodukt ließ sich chromatographisch in 10proz. Ausbeute eine dunkelviolette, kristallisierte Verbindung $C_{30}H_{18}O_8$ abtrennen, die beim Belichten ihrer Lösungen in Hypericin überging und bei reduzierender Acetylierung ein rotes, sehr lichtempfindliches Helianthren-derivat bildete.

(XLV.) Emodin-anthron-(9).

(XLVI.)

$-2\,H$

(XLVII.)

(XLVIII.)

$-4\,H$

(XLIX.) Proto-hypericin.
(XLIX a.) —CH_3 = —$CHOH \cdot CH_3$. Proto-pseudo-hypericin.

$-2\,H$ / $h\nu$

(L.) Hypericin.

Formelübersicht 3.

Diesen Reaktionen nach mußte das Oxydationsprodukt ein Helianthron-derivat sein, für das zunächst die Formeln (XLIX) und (LII)
zur Diskussion standen. (LII) ist in Form seines Pentamethyläthers
(XXXIX) Zwischenprodukt bei der Hypericin-Synthese aus 1-Brom-
emodin-trimethyläther (XXXVII, S. 159). Da das bei Entmethylierung von
(XXXIX) erhaltene Helianthron-derivat (XXXIX a) nicht mit dem
aus Emodin-anthron-(9) gewonnenen identisch war, kommt diesem die
Formel (XLIX) zu. Ebenso wie bei der vorstehenden Hypericin-Synthese
ist (XLIX) auch in der Pflanze Vorstufe des Hypericins und wurde daher
Proto-hypericin genannt (vgl. S. 173).

Bei der Luftoxydation des Emodin-anthron-(9) (XLV) bleibt die Reaktion nicht wie beim einfachen Anthron-(9) auf der Stufe des Dehydro-dianthrons (XLIII) stehen, sondern geht zum Helianthron (VI, S. 150) weiter. Das ist zweifellos auf die in Ring A und A' p- und o-ständig angeordneten Hydroxygruppen zurückzuführen. Durch sie wird die Verknüpfung der Ringe A und A' zum Spezialfall der schon lange bekannten oxydativen Verknüpfung von Phenolen zu Diphenyl-derivaten. Die Verbindung der Ringe A und A' erfolgt leichter als die von C und C', weil die Verknüpfungsstelle in A und A' durch *zwei* Hydroxygruppen aktiviert wird, während C und C' nur *eine* Hydroxygruppe und außerdem noch sterisch hindernde Methylgruppen enthalten.

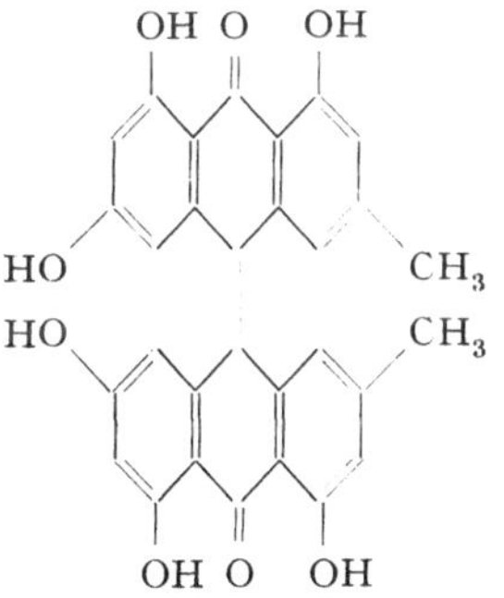

(LI.) 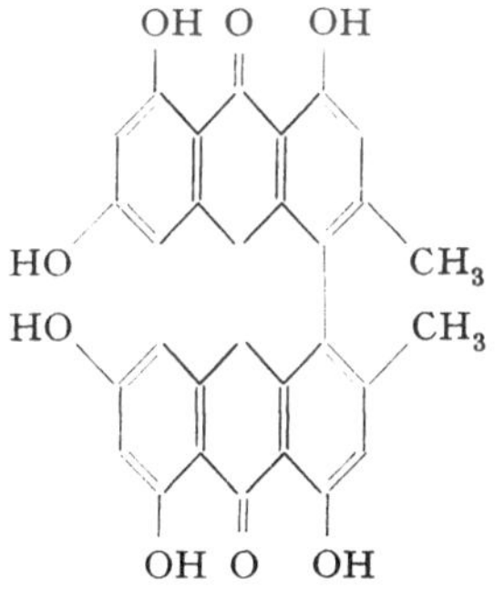 (LII.) 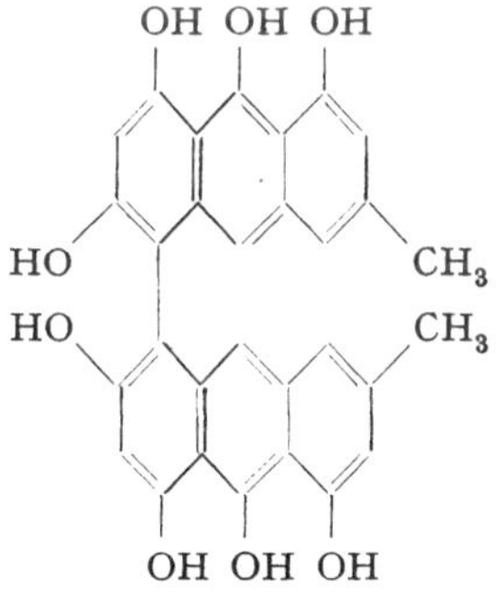 (LIII.)

(LI a.) $CH_3 = CH(OH) \cdot CH_3$.

Die Verknüpfung von 2 Mol. Emodin-anthron-(9) (XLV) zum Proto-hypericin verläuft, da Piperidin enolisierend wirkt, zweifellos über das Emodin-anthranol-(9) (XLVI). Ob dabei zuerst die *meso*-Kohlenstoffatome des Emodin-anthranols (XLVI) unter Bildung des Dianthron-derivates (XLVII) miteinander verknüpft werden, und sich dieses dann über ein Dehydro-dianthron-derivat (LI) in (XLIX) verwandelt, oder ob umgekehrt zunächst aus (XLVI) das Dianthrachinonyl-derivat (LIII) ent-

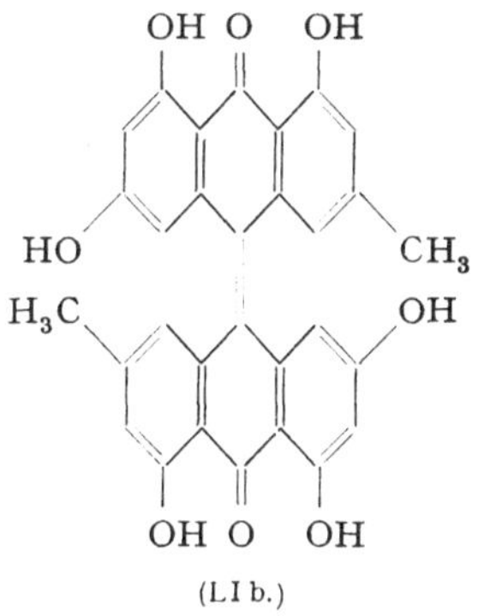

(LI b.)

steht und danach erst Ringschluß in *meso*-Stellung erfolgt, ist noch nicht entschieden. Vielleicht laufen beide Reaktionen nebeneinander her.

Hervorzuheben ist, daß sich aus dem Dianthron (XLVII) bzw. dessen Enol (XLVIII) bei Dehydrierung auch das Dianthron (LIb) und daraus eventuell ein „Iso-protohypericin" und „Iso-hypericin" bilden könnte. Ob das der Fall ist, muß noch geklärt werden. Diese Iso-verbindungen könnten nicht entstehen, wenn bei der Dehydrierung von (XLV) bzw. (XLVI) als erstes die beiden Ringsysteme zum Dianthranol (LIII) verknüpft werden.

Partialsynthese des Proto-hypericins und Hypericins aus Penicilliopsin.

1887 isolierte REINKE (*65*) aus *Penicilliopsis clavariaeformis* eine amorphe Substanz, die er wegen ihres porphyrinähnlichen Absorptionsspektrums „Mykoporphyrin" nannte. 43 Jahre später verglichen FISCHER und HESS (*51*) diese Substanz spektroskopisch mit rohen Hypericinpräparaten und schlossen aus der Ähnlichkeit der Spektren auf Identität von Mykoporphyrin und Hypericin.

In neuester Zeit wurde *Penicilliopsis clavariaeformis* von OXFORD und RAISTRICK (*62*) untersucht, Sie isolierten aus dem Mycel eine kristallisierte, gelbe Verbindung $C_{30}H_{22-24}O_8$, das *Penicilliopsin*, die sie als Dimeres des Emodin-anthranols (XLVI) ansahen. Durch Luftoxydation in Pyridin-Piperidin entstand daraus ein „*Oxypenicilliopsin*" und aus diesem bei Belichtung ein Produkt mit den Eigenschaften des „Mykoporphyrins". Sein Vergleich mit rohem Hypericin ergab zwar weitgehende Übereinstimmung im Absorptionsspektrum, jedoch Unterschiede im Verhalten gegen wäßriges Alkali, Ammoniak und methanolisches Methylamin, so daß eine Identität von Hypericin und belichtetem „Oxypenicilliopsin" zweifelhaft erschien.

Nach den Befunden von OXFORD und RAISTRICK (*62*) bestanden zunächst keine Bedenken, dem Penicilliopsin die Formel (XLVIII) oder, wenn es in der Ketoform vorliegt, Formel (LIVa) zuzuschreiben. Dann aber sollte es sich durch Dehydrierung in Proto-hypericin (LIX) und durch anschließende Belichtung in Hypericin überführen lassen, d. h. „Mykoporphyrin" müßte doch, wie schon FISCHER und HESS (*51*) vermutet haben, mit Hypericin identisch sein. Um diese Schlußfolgerung zu beweisen, haben BROCKMANN und NEEFF (*25*) Penicilliopsin in Pyridin mit Pyridiniumchlorid unter Luftzutritt erwärmt und anschließend belichtet.

Chromatographische Auftrennung des Belichtungsprodukts gab in sehr geringer Ausbeute eine dunkelrote, amorphe Fraktion, die in allen Eigenschaften mit Hypericin übereinstimmte. Damit war die Identität von Hypericin und „Mykoporphyrin" erwiesen, ein Ergebnis, durch das zunächst auch die Penicilliopsinformel (LIVa) gesichert erschien.

Später hat sich die Umwandlung von Penicilliopsin in Hypericin soweit verbessern lassen, daß diese Reaktion zu einer ergiebigen Partialsynthese des Hypericins geworden ist [BROCKMANN und EGGERS (9)]. Bevor darauf eingegangen wird, soll kurz auf Arbeiten hingewiesen werden, die die Penicilliopsin-Formel (LIVa) widerlegt und die Konstitution des Penicilliopsins endgültig bewiesen haben [BROCKMANN und EGGERS (10)]. Ausgangspunkt für diese Untersuchungen war folgende Überlegung.

Wenn Penicilliopsin die Konstitution (LIVa) hätte, wäre es die Stammverbindung des aus „Chrysarobin" isolierten „Dehydro-emodin-anthranol-monomethyläthers" (LIVb) (50) und ein naher Verwandter des von A. STOLL und Mitarbeitern (69, 70) isolierten, in seiner Konstitution aufgeklärten und synthetisch gewonnenen *Sennidins* (LV). Die Verbindungen (LIVb) und (LV) lassen sich sowohl oxydativ wie reduktiv an der $C_{(10)}, C_{(10')}$-Bindung spalten. Bei der Reduktion (Zinkstaub-Essigsäure) entsteht aus (LIVb) der Emodin-anthron-(9)-monomethyläther und aus Sennidin (LV) das Rhein-anthron-(9). Oxydation spaltet (LIVb) in 2 Mol. Emodin-monomethyläther und Sennidin (LV) in 2 Mol. Rhein.

Demzufolge müßte sich ein Penicilliopsin der Formel (LIVa) durch Reduktion zu Emodin-anthron-(9) (XLV, S. 162) und durch Oxydation zu Emodin (XXXVIIb, S. 159) abbauen lassen. Beides ist jedoch nicht der Fall. Beim Erhitzen mit Zinkstaub-Eisessig bleibt Penicilliopsin unverändert und bei Oxydation liefert es eine Verbindung mit gleicher Anzahl Kohlenstoffatomen, auf die weiter unten eingegangen wird.

Diese der Formel (LIVa) widersprechenden Ergebnisse zusammen mit der Beobachtung, daß Penicilliopsin bei Luftoxydation und anschließender Belichtung in Hypericin übergeht, werden verständlich, wenn die beiden Anthron-Ringsysteme des Penicilliopsins, statt an $C_{(10)}$ und $C_{(10')}$, entweder an $C_{(1)}$, $C_{(1')}$ oder $C_{(8)}$, $C_{(8')}$ miteinander verbunden sind.

Zwischen beiden Möglichkeiten hat sich an Hand des 4,5,7,4',5',7'-Hexahydroxy-2,2'-dimethyl-dianthrachinonyl-(1,1') (XXXVIIIa, S. 160) entscheiden lassen. Diese Verbindung, deren Methyläther (XXXVIII) Zwischenprodukt bei der Hypericin-Synthese aus 1-Brom-emodin ist, wurde mit Stannochlorid zum Di-[emodin-anthronyl]-(1,1') (LXI) reduziert. (LXI) ist dem Penicilliopsin sehr ähnlich, aber nicht mit ihm identisch. Somit kann dem Penicilliopsin nur Formel (LVI) zukommen (10). Ihr entsprechend müßte es durch Oxydation in das Dianthrachinonyl-derivat (LXII) übergehen, eine Verbindung, die HOWARD und RAISTRICK (57) aus *Penicillium islandicum* isoliert und „Skyrin" genannt haben. Ihre Konstitution wurde von SHIBATA, TANAKA und KITAGAWA (67) aufgeklärt; ihre Synthese (in Form des β,β'-Dimethyläthers) gelang TANAKA und KANEKO (71). Tatsächlich ließ sich acety-

liertes Penicilliopsin durch Chromsäureoxydation in Skyrin überführen
[BROCKMANN und EGGERS (*11*)], wodurch die Penicilliopsinformel (LVI)
vollends gesichert ist.

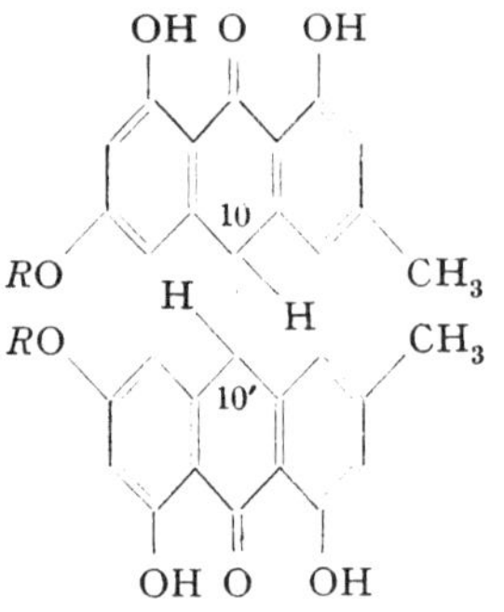

(LIV a.) $R = H.$
(LIV b.) $R = CH_3.$

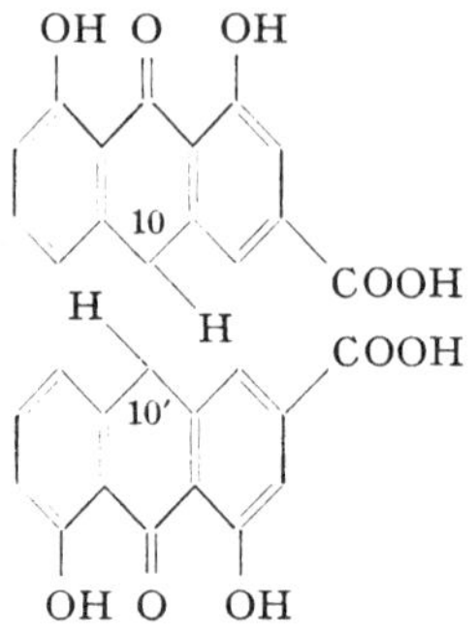

(LV.) Sennidin.

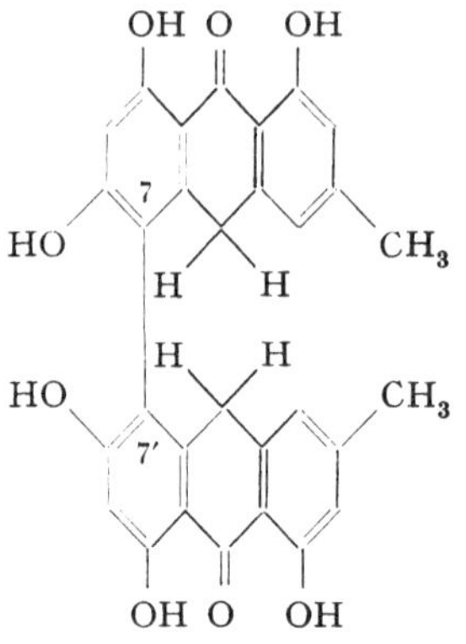

(LVI.) Penicilliopsin.

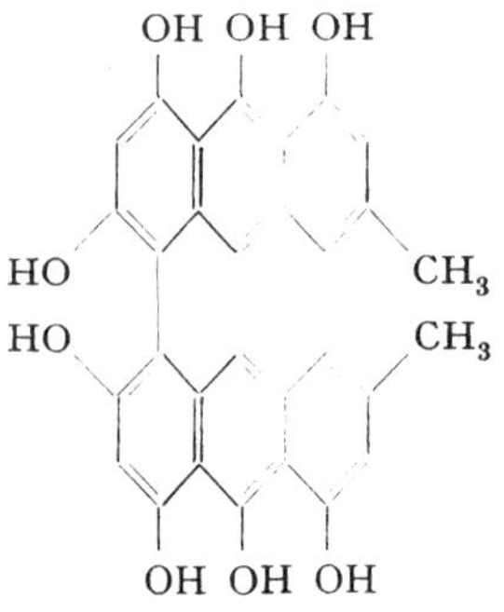

(LVII.)

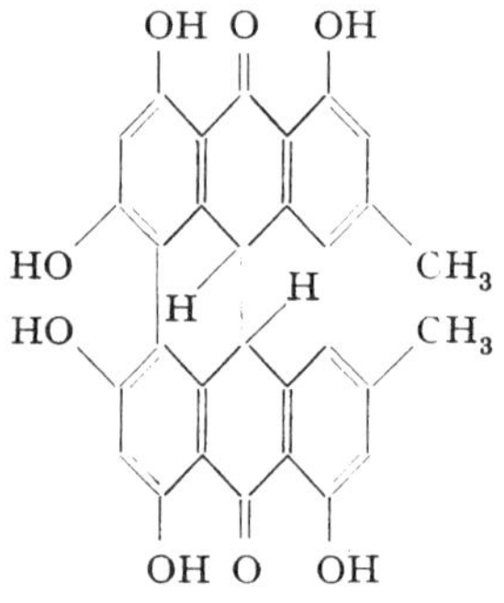

(LVIII.)

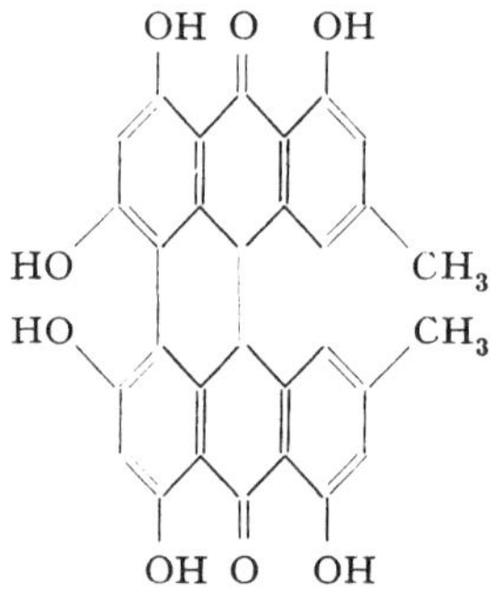

(LIX.) Proto-hypericin.

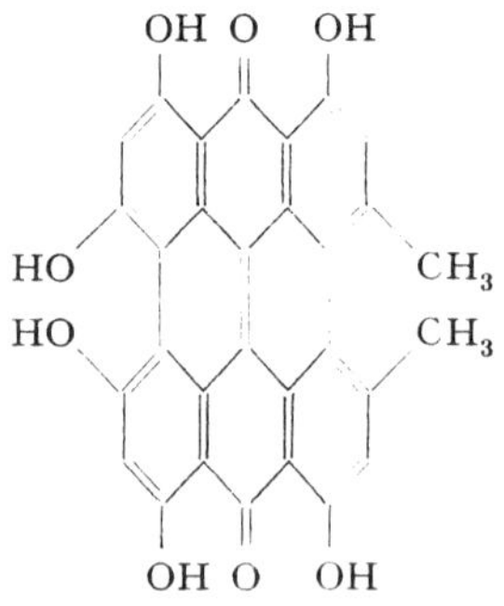

(LX.)

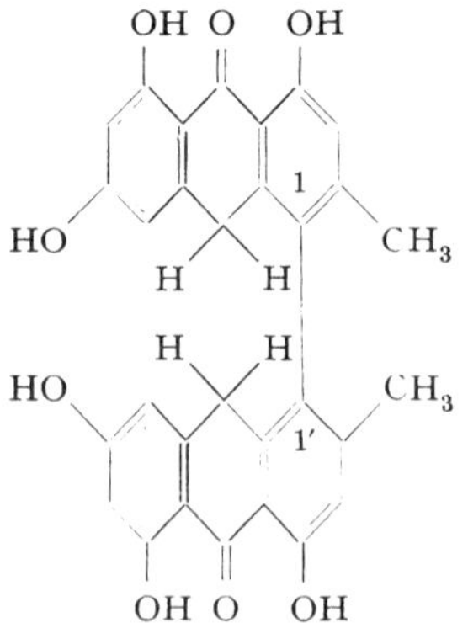

(LXI.)

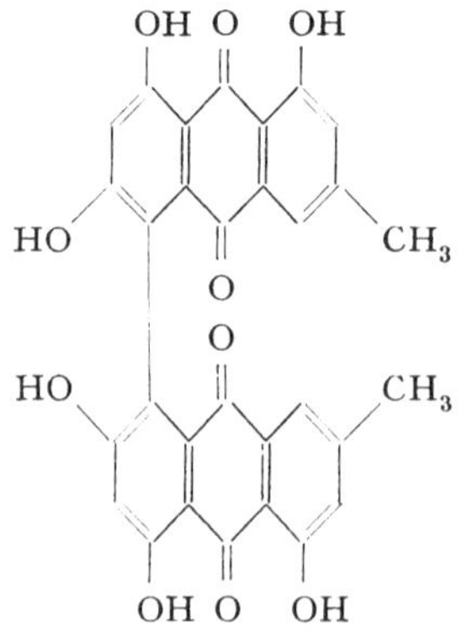

(LXII.)

Wie oben erwähnt, konnte die Umwandlung von Penicilliopsin in
Hypericin erheblich verbessert werden (*9*). Dabei wurde statt des früher

benutzten Pyridins schwach alkalisches, wasserhaltiges Methanol als Lösungsmittel verwendet. Aus dem Oxydationsprodukt ließ sich durch chromatographische Adsorption in 60proz. Ausbeute eine dunkelviolette, kristallisierte Verbindung $C_{30}H_{18}O_8$ abtrennen, die sich bei der reduzierenden Acetylierung als Helianthron-derivat zu erkennen gab. Belichten ihrer Lösungen lieferte kristallisiertes Hypericin. Danach konnte dem Oxydationsprodukt des Penicilliopsins nur die Konstitution (LIX) zukommen, d. h. es mußte mit dem aus Emodin-anthron-(9) (XLV) erhaltenen *Proto-hypericin* (XLIX) identisch sein. Ein Vergleich der Präparate und ihrer Hexabenzoate hat das auch bestätigt.

Statt Proto-hypericin zunächst zu isolieren und dann photochemisch in Hypericin umzuwandeln, kann man das Reaktionsgemisch nach der Luftoxydation auch sofort belichten und so in einem Arbeitsgang 50% des eingesetzten Penicilliopsins als kristallisiertes Hypericin gewinnen.

Die Luftoxydation des Penicilliopsins verläuft, da das Milieu alkalisch ist, zweifellos über die Enolform (LVII), wobei zunächst die Verbindung (LVIII) entstehen dürfte. Ihre Enolisierung und anschließende Dehydrierung führt dann zum Proto-hypericin (LIX).

Die Partialsynthese des Hypericins aus Penicilliopsin zeigt, daß Mikroorganismen auch als Lieferanten von Synthese-Zwischenprodukten Bedeutung gewinnen können.

4. Pseudo-hypericin.

Belichtet man die grüne Schwefelsäurelösung von Hypericin-Präparaten, die aus *Hypericum perforatum* isoliert sind, so verschieben sich, wie zuerst Pace und Mackinney (*63*) beobachtet haben, die Absorptionsmaxima um 15 mμ nach Blau und die rote Fluoreszenz der Lösung wird intensiver. Das gleiche geschieht, allerdings viel langsamer, bei Lichtabschluß. Hypericin aus *H. hirsutum* und synthetisch gewonnenes dagegen bleiben beim Belichten in Schwefelsäure unverändert (*35*). Dieses unterschiedliche Verhalten erklärt sich dadurch, daß die aus *H. perforatum* stammenden Präparate einen dem Hypericin sehr ähnlichen, bis dahin unbekannten Begleitfarbstoff, das *Pseudo-hypericin*, enthalten, das für die Bandenverschiebung in konz. Schwefelsäure verantwortlich ist [Brockmann und Sanne (*35*)].

Wie Brockmann und Pampus (*27*) zeigen konnten, lassen sich Pseudo-hypericin und Hypericin im Ring-papierchromatogramm trennen, wenn Phosphatpuffer (pH 8,2)-Formamid (3 : 1) als stationäre und Butylacetat als mobile Phase verwendet werden. Pseudo-hypericin hat in diesem System den kleineren R_F-Wert.

Isolierung des Pseudo-hypericins.

Versuche, das „Hypericin" aus *Hypericum perforatum* in präparativem Maßstab durch Verteilungschromatographie an Cellulose-Säulen in Hypericin und Pseudo-hypericin zu zerlegen, sind bisher erfolglos geblieben. Dagegen gelang eine präparative Trennung im Papierpack nach BROCKMANN und PATT (*31, 32*) (*Abb. 6*).

Bei diesem Verfahren werden in der Mitte gelochte Filtrierpapierbögen, die mit stationärer Phase getränkt und mit 1—1,5 mg Substanz beschickt sind, zu lockeren

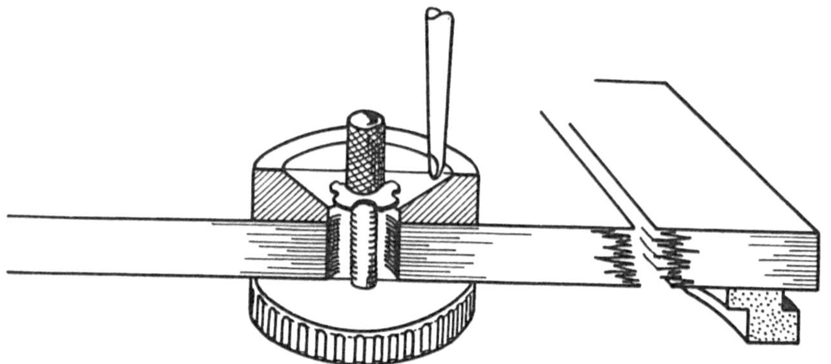

Abb. 6. Tränkvorrichtung für Papierpack-Chromatographie nach BROCKMANN und PATT (*32*). [Aus: Chem. Ber. *88*, 1455 (1955).]

Packs von etwa 60 Bögen aufeinandergeschichtet und von der Mitte her durch eine Tränkvorrichtung mit mobiler Phase versorgt (*Abb. 6*); eine zwar mühsame, aber leistungsfähige Methode, die wenig Lösungsmittel braucht und sich bei der Trennung von Rhodomycinonen (*32*) und Ommochromen (*39*) bewährt hat. Verarbeitung von *H. perforatum*-Hypericin auf 4000 Bögen lieferte neben reinem Hypericin ausreichende Mengen an kristallisiertem Pseudo-hypericin [BROCKMANN und PAMPUS (*27*)].

Konstitution des Pseudo-hypericins [BROCKMANN und PAMPUS (*27*)].

Pseudo-hypericin, aus Formamid in dunkelroten Nadeln kristallisierend, hat die Bruttoformel $C_{32}H_{20}O_{10}$. Es enthält zwei C-Methylgruppen und laut Analyse seines gelben Benzoates acht Hydroxygruppen.

Die Absorptionsbanden des Pseudo-hypericins haben in allen Lösungsmitteln die gleiche Lage wie die des Hypericins, und auch im Verhalten gegen Pyroboracetat fanden sich keine Unterschiede. Reduzierend acetyliert gab Pseudo-hypericin ein blaues *meso*-Naphthodianthren-derivat, das die gleichen Absorptionsbanden zeigte wie das aus Hypericin erhaltene blaue 4,5,7,4′,5′,7′-Hexaacetoxy-2,2′-dimethyl-*meso*-naphthodianthren (XXII, S. 155). Aus diesen Befunden war zu schließen, daß Pseudo-hypericin ein an $C_{(2)}$, $C_{(2')}$ und $C_{(7)}$, $C_{(7')}$ substituiertes Hydroxy-

meso-naphthodianthron ist, in dem sechs phenolische Hydroxygruppen die gleiche Stellung einnehmen wie im Hypericin.

Vom Hypericin *unterscheidet* sich das Pseudo-hypericin, abgesehen vom Mehrgehalt an zwei Hydroxygruppen, durch die Bandenverschiebung in konz. Schwefelsäure und das Verhalten gegen Alkali. Während Lösungen von Hypericin in wäßrigem oder alkoholischem Alkali eine smaragdgrüne, beständige Farbe haben, schlägt in den gleichen Lösungsmitteln die anfänglich grüne Farbe des Pseudo-hypericins in kürzester Zeit nach Blau und bald darauf nach Braun um.

In welchem Teil des Moleküls der konstitutionelle Unterschied der beiden Farbstoffe zu suchen ist, hat die Untersuchung des in konzentrierter Schwefelsäure belichteten Pseudo-hypericins gezeigt. Aus dem Belichtungsprodukt ließ sich nämlich ein gelbes Hexa-acetat $C_{32}H_{10}O_8(CH_3CO)_6$ gewinnen [BROCKMANN und PAMPUS (*28*)], das bei reduzierender Acetylierung in eine rote Verbindung mit charakteristischem Absorptionsspektrum überging. Da dieses Spektrum dem des *meso*-Anthrodianthrens (II, S. 147) gleicht, ist das Belichtungsprodukt ein Hexahydroxy-derivat des *meso*-Anthrodianthrons.

Nach allen diesen Befunden mußte Pseudo-hypericin ein $4,5,7,4',5',7'$-Hexaoxy-*meso*-naphthodianthron sein, das sich vom Hypericin nur durch

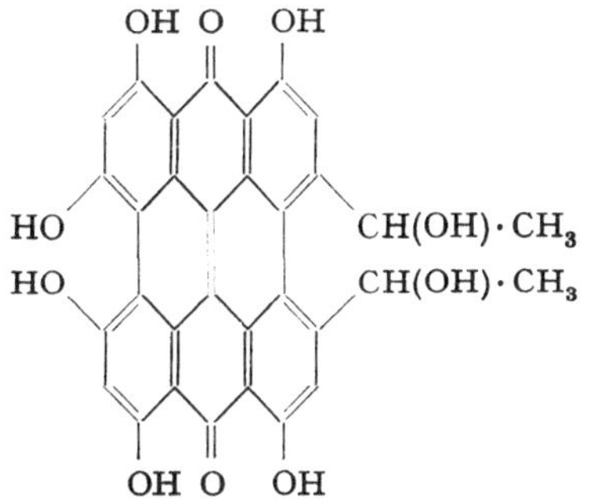

(LXIII.) Pseudo-hypericin.

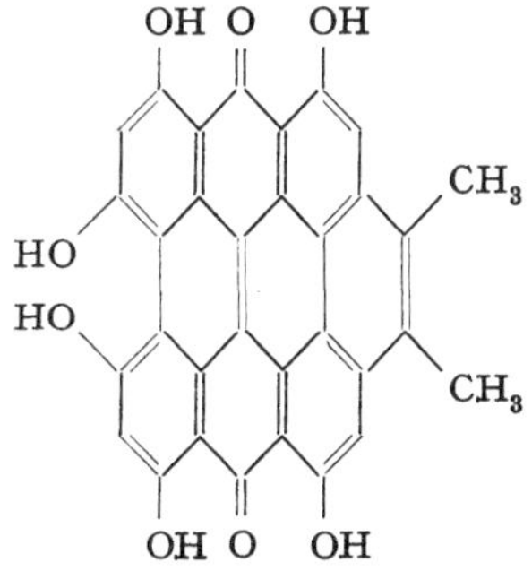

(LXIV.) Cyclo-pseudo-hypericin.

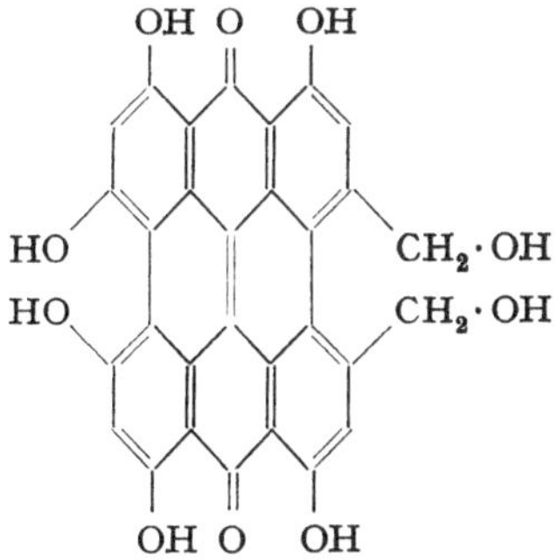

(LXV.) Desmethyl-pseudo-hypericin.

die Substituenten an $C_{(2)}$ und $C_{(2')}$ unterscheidet. Über diese Substituenten ließ sich folgendes sagen: a) Sie geben bei der Kuhn-Roth-Oxydation 1,3 — 1,4 Mol. Essigsäure und enthalten demnach insgesamt zwei Methylgruppen. b) Sie schließen beim Belichten unter Abspaltung von 2 Mol. Wasser einen Ring und verwandeln dadurch das Ringsystem des *meso*-Naphthodianthrons in das des *meso*-Anthrodianthrons. c) Sie lassen sich in Jodoform überführen, denn dieses wurde bei der Hypojodit-Oxydation des Pseudo-hypericins nachgewiesen.

Diese drei Reaktionen werden nur möglich, wenn die beiden Substituenten an $C_{(2)}$ und $C_{(2')}$ α-Hydroxy-äthylgruppen sind. Pseudo-hypericin hat demnach die Konstitution (LXIII) und seinem als *Cyclo-pseudo-hypericin* bezeichneten Belichtungsprodukt muß die Formel (LXIV) zugeschrieben werden.

Daß Pseudo-hypericin durch Erhitzen und Alkali-einwirkung leicht verändert wird, beruht wahrscheinlich darauf, daß die Wasserabspaltung aus den Seitenketten auch zur Bildung von Allylgruppen führen kann, die dann Polymerisationsreaktionen eingehen.

Cyclo-pseudo-hypericin (LXIV) ist in kleiner Menge in Hypericin-Präparaten nachgewiesen worden, die ohne jede Anwendung von Säure aus *H. perforatum* isoliert worden waren [Brockmann, Pampus und Costa Pla (*30*)]. Da unter diesen Bedingungen eine nachträgliche Entstehung aus Pseudo-hypericin so gut wie ausgeschlossen ist, kann Cyclopseudo-hypericin als neuer Hypericum-Farbstoff angesehen werden.

Verschiedene Beobachtungen sprechen dafür, daß Pseudo-hypericin als Begleitfarbstoff ein *Desmethyl-pseudo-hypericin* enthält (LXV). Seine Reindarstellung steht noch aus.

Pseudo-hypericin-Gehalt der zur Konstitutionsaufklärung verwendeten Hypericin-Präparate.

Da die zur Konstitutionsaufklärung des Hypericins verwendeten Präparate vorzugsweise aus *H. perforatum* dargestellt waren, haben sie zweifellos Pseudo-hypericin enthalten, wenn auch dessen Hauptmenge sicherlich beim Umkristallisieren aus Pyridin-Methanol-Salzsäure in in der Mutterlauge verblieben bzw. zerstört worden ist. Bei den Analysen ist der Pseudo-hypericin-Gehalt nicht in Erscheinung getreten, weil die Präparate zur Entfernung hartnäckig festgehaltenen Lösungsmittels im Hochvakuum bei 180° getrocknet waren und Pseudo-hypericin dabei unter Wasserabspaltung in Produkte übergeht, die ähnliche Analysenzahlen geben wie Hypericin. Deutlich erkennbar ist der Pseudo-hypericin-Gehalt der früher beschriebenen Hypericin-Präparate an der Braunfärbung ihrer anfänglich grünen Lösung in wäßrigem Alkali und am zu niedrigen Schmelzpunkt des gelben Hexabenzoats.

5. Vorkommen von Hypericin und Pseudo-hypericin in *Hypericum*-Arten.

Gesamtgehalt an Hypericinfarbstoffen.

Nachdem als Vergleichssubstanz kristallisiertes Hypericin zur Verfügung stand, wurde eine Mikromethode zur kolorimetrischen Hypericin-Bestimmung in der Pflanze entwickelt [BROCKMANN und Mitarbeiter (*17*)]. Mit ihr ließ sich zeigen, daß bei *Hypericum perforatum* die auf Trockensubstanz bezogene Menge an Hypericinfarbstoffen in den Blüten und Blütenknospen etwa zehnmal größer ist als in Blättern und Stengeln. Die Farbstoffbildung setzt schon in einem frühen Entwicklungsstadium der Pflanze ein; bereits bei ganz jungen Exemplaren ist der Hypericin-Gehalt der Blätter und Stengel der gleiche wie bei ausgewachsenen.

Ebenso wie in den Blütenblättern sind die Hypericinfarbstoffe auch in Stengel und Blatt in eng umgrenzten Bereichen abgelagert, die mit bloßem Auge als schwarze Pünktchen und Striche erkennbar sind (*68*). Das gleiche gilt für andere *Hypericum*-Arten. Bemerkenswert ist, daß sich der Farbstoff bei *H. hirsutum* nur an den Kelchblatträndern findet, und zwar in kleinen, gestielten Drüsen.

Bei der Ausarbeitung der eben genannten kolorimetrischen Methode und ihrer Anwendung auf verschiedene *Hypericum*-Arten [HAGEN-STRÖM (*52, 53*)] konnte das erst später aufgefundene Proto-hypericin, Pseudo-hypericin und Proto-pseudo-hypericin (Kapitel IV, SS. 173—174) noch nicht berücksichtigt werden; die Gesamtmenge dieser Farbstoffe wurde als „Hypericin" mitbestimmt. Das gleiche gilt für Untersuchungen, bei denen verschiedene *Hypericum*-Arten qualitativ auf Hypericin geprüft wurden [VAN DER KUY und HEGENAUER (*75*)].

Hypericin und Pseudo-hypericin in verschiedenen Hypericum-Arten.

Nachdem sich gezeigt hatte, daß die oben geschilderte papierchromatographische Trennung von Hypericin und Pseudo-hypericin auch auf die nativen Farbstoffe (siehe unten) anwendbar ist, haben BROCKMANN und SANNE (*35, 36*) mit diesem Verfahren 22 *Hypericum*-Arten qualitativ auf ihren Gehalt an Hypericin und Pseudo-hypericin untersucht. Etwa vorhandenes Proto-hypericin oder Proto-pseudo-hypericin wurde vor der Bestimmung durch Belichten in Hypericin bzw. Pseudo-hypericin umgewandelt.

Tabelle 1, in der die Ergebnisse dieser Untersuchung zusammengestellt sind, zeigt, daß Pseudo-hypericin weiter verbreitet ist als Hypericin. Fünf Arten enthielten Pseudo-hypericin neben Hypericin, bei vier Arten war die neben Pseudo-hypericin vorhandene Hypericinmenge sehr klein und vier führten nur Pseudo-hypericin. Nur eine Art, *H. hirsutum*, enthielt neben Hypericin kein Pseudo-hypericin.

Tabelle 1. Farbstoffgehalt verschiedener *Hypericum*-Arten (*35, 36*).
+ vorhanden; — nicht vorhanden; (?) fraglich, sehr kleine Mengen.

Spezies	Hypericin + Pseudo-hypericin (mg/g trockener Blüten)	Hypericin	Pseudo-hypericin
H. perforatum L.	1,4	+	+
H. hirsutum	1,7	+	—
H. elegans	1,9	+	+
H. maculatum	2,4	+	+
H. acutum	2,0	+	+
H. pulchrum	0,9	+	+
H. montanum	1,3	—	+
H. humifusum	0,8	?	+
H. coris	2,0	+	+
H. olympicum	0,25	?	+
H. inodorum	1,3	—	+
H. lobocarpum	0,5	—	+
H. barbatum	1,4	—	+
H. densiflorum	0,6	?	+
H. gentianoides	0,64	?	+

Frei von Hypericin-Farbstoffen waren: *H. androsaceum*; *H. aureum* L.; *H. calycium* L.; *H. Moserianum*; *H. patulum*; *H. Przewalskyanum*; *H. polyphyllum*.

Tabelle 2 zeigt den Hypericin- und Pseudo-hypericin-Gehalt von *H. per-. foratum* und *H. hirsutum* verschiedener Standorte.

Tabelle 2. Farbstoffgehalt von *Hypericum perforatum* und *H. hir-sutum* verschiedener Standorte.

Spezies	Standort	mg Hypericin in 1 g trockener Blüten	mg Pseudo-hypericin in 1 g trockener Blüten
H. perforatum	Göttingen	0,7	0,7
H. perforatum	Sooden-Allendorf	0,8	0,9
H. perforatum	Lübeck	0,8	1,0
H. perforatum	Hameln	1,4	0,5
H. perforatum	Bevensen	1,1	0,8
H. hirsutum	Göttingen	0,8	—
H. hirsutum	Sooden-Allendorf	1,3	—
H. hirsutum	Hedemünden	1,05	—

IV. Zur Biogenese der photodynamisch wirksamen *Hypericum*-Farbstoffe.

1. Vorstufen des Hypericins.

Der zunächst überraschende Befund, daß die Pflanze ein Kohlenstoff-gerüst mit acht kondensierten Sechsringen aufbauen kann, hat die Frage aufgeworfen, auf welchem Wege dieser Aufbau vor sich geht.

Bereits 1942 hat BROCKMANN (*16*) darauf hingewiesen, daß dieser Weg wahrscheinlich über das Emodin-anthranol-(9) (XLVI, S. 162) führt. Nimmt man an, daß die Zelle zwei Moleküle dieser bereits in verschiedenen Pflanzen nachgewiesenen Verbindung oxydativ zum Di-[emodin-anthron] (XLVII) verknüpfen kann, so würden die weiteren Schritte der Biosynthese lediglich in der Dehydrierung von (XLVII) zum Dehydro-dianthron-derivat (LI, S. 163) und dessen photochemischen Dehydrierung zum Proto-hypericin (XLIX, S. 162) bzw. Hypericin (L) bestehen. Alle Teil-reaktionen dieser Synthese sind Spezialfälle der lange bekannten ring-verknüpfenden Phenoloxydation (einfachster Fall: Phenol → 4,4′-Di-hydroxy-diphenyl), die mit Luftsauerstoff in schwach alkalischem Milieu bereits bei Raumtemperatur eintreten kann. Mit anderen Worten, kein Schritt der Reaktionsfolge wäre unbedingt auf die Mitwirkung eines Ferments angewiesen.

Daß sich auf diesem Wege Hypericin *in vitro* aus Emodin-anthron-(9) (XLV) bzw. dessen Enol (XLVI) aufbauen läßt, ist, wie oben gezeigt, bewiesen. Um zu sehen, ob die Zelle den gleichen Weg geht, mußte ver-sucht werden, die von der Hypothese geforderten Vorstufen des Hypericins aus der Pflanze zu isolieren. Arbeiten in dieser Richtung wurden zunächst mit *Hypericum hirsutum* durchgeführt, weil diese Art nur Hypericin bildet und die Abtrennung der Synthese-Zwischenprodukte daher einfacher erschien [BROCKMANN und SANNE (*34*)].

Proto-hypericin.

Durch chromatographische Adsorption gelang es, aus rohem *H. hirsutum*-Farbstoff eine dunkelrote, kristallisierte Verbindung $C_{30}H_{18}O_8$ abzu-trennen, die durch ein gelbes, kristallisiertes Hexabenzoat charakteri-siert wurde. Da sie beim Belichten ihrer Lösungen Hypericin und bei reduzierender Acetylierung ein rotes, lichtempfindliches Helianthren-derivat lieferte, mußte sie ein Helianthron-derivat sein. Damit war die Verbindung als Vorstufe des Hypericins identifiziert. Sie wurde „Proto-hypericin" genannt.

Von den beiden Formeln (XLIX) und (LII, S. 163), die für Proto-hypericin zunächst zur Diskussion standen, kommt (LII) dem Helianthron-derivat zu, das als Pentamethyläther (XXXIX, S. 160) Vorstufe des Hypericins bei dessen Synthese aus 1-Brom-emodin ist. Da (LII), das Entmethylierungsprodukt von (XXXIX), nicht mit Proto-hypericin identisch war, hat dieses die Konstitution (XLIX, S. 162).

Hyperico-dehydro-dianthron.

Bei der chromatographischen Adsorption des aus *H. hirsutum* ge-wonnenen Rohfarbstoffs bildete sich unter der Hypericin- und Proto-hypericin-Zone eine dritte rote Zone aus. Ihr Inhaltsstoff, der noch nicht zur Kristallisation gebracht werden konnte, gab beim Belichten seiner Lösungen zunächst Proto-hypericin und dann Hypericin. Bei Reduktion mit Zinkstaub-Eisessig wurde er zu Emodin-anthron-(9) (XLV) abgebaut. Diesen Reaktionen nach muß er die Konstitution (LI) haben und demnach die Vorstufe des Proto-hypericins sein. Er wurde „Hyperico-dehydro-dianthron" genannt (34).

Emodin-anthron-(9).

Auch das von der Hypothese als Hypericin-Muttersubstanz angenommene Emodin-anthranol-(9) (XLVI) bzw. dessen Ketoform, das Emodin-anthron-(9) (XLV, S. 162) konnte aus *H. hirsutum*-Blüten abgetrennt und durch Überführung in kristallisierten Emodin-trimethyläther charakterisiert werden (34). Dagegen gelang es noch nicht, die Vorstufe des Hyperico-dehydro-dianthrons, das Di-[emodin-anthranol] (XLVIII) oder dessen Ketoform (XLVII) aus *Hypericum*-Pflanzen zu isolieren.

Nachdem nunmehr Proto-hypericin, Hyperico-dehydro-dianthron und Emodin-anthron-(9) aus *H. hirsutum* isoliert sind und die Hypericin-Synthese aus Emodin-anthron-(9) *in vitro* gelungen ist, kann kaum mehr bezweifelt werden, daß sich Hypericin in der Pflanze so bildet, wie es die obige Hypothese vorausgesagt hat.

2. Vorstufen des Pseudo-hypericins.

Aus Rohfarbstoff von *Hypericum montanum*, das nur Pseudo-hypericin bildet, wurde chromatographisch eine Fraktion abgetrennt, die spektroskopisch sowie in ihren Farbreaktionen mit Proto-hypericin übereinstimmte und durch Belichten in Pseudo-hypericin überging [Brockmann und Sanne (34)]. Diese Fraktion war demnach Proto-pseudo-hypericin, dem in Analogie zum Proto-hypericin die Konstitution (XLIX a, S. 162) zuzuschreiben ist.

Aus Rohfarbstoff von *H. perforatum* (das Hypericin und Pseudo-hypericin nebeneinander aufbaut) ließ sich mit Dioxan eine Fraktion extrahieren, die zunächst über das Benzoat gereinigt und dann (nach Abspaltung der Benzoesäure) im Papierpack im System Phosphatpuffer (pH 8,2)-Formamid (3 : 1)-Butylacetat chromatographiert wurde. Dabei trennte sie sich in Proto-hypericin und *Proto-pseudo-hypericin* (XLIX a), das als kristallisiertes, gelbes Octabenzoat isoliert wurde (36).

Ferner gelang es, aus Rohfarbstoff von *H. perforatum* durch Gegenstromverteilung eine Fraktion zu gewinnen, die als Gemisch aus Hyperico-dehydro-dianthron (LI) und Pseudo-hyperico-dehydro-dianthron (LI a, S. 163) identifiziert wurde (34). Nach diesen Befunden darf man annehmen, daß Pseudo-hypericin, wie zu erwarten, in der Zelle auf dem gleichen Wege entsteht wie Hypericin.

Daß in *H. perforatum* eine rote, nicht fluoreszierende Vorstufe des Hypericins („precursor") vorkommen kann, beobachteten zuerst Betty und Trikojus (*3*), als sie die Blüten bei weitgehendem Lichtausschluß aufarbeiteten. Junge, im Frühjahr geerntete Pflanzen enthielten beachtliche Mengen des „precursor", im Herbst gewonnene dagegen nur sehr wenig. Durch chromatographische Adsorption ließ sich der „precursor" von Hypericin abtrennen, konnte aber aus Materialmangel weder zur Kristallisation gebracht noch näher untersucht werden.

3. Zur Stereochemie des Hypericins.

Aus Di-[emodin-anthranol] (XLVIII, S. 162), in dem die beiden Ringsysteme praktisch noch frei um die $C_{(10)}$—$C_{(10')}$-Achse drehbar sind, könnte sich bei der Dehydrierung neben Hyperico-dehydro-dianthron (LI) auch das isomere Dehydro-dianthron-derivat (LIb) bilden, das bei photochemischer Dehydrierung ein „Iso-proto-hypericin" bzw. „Iso-hypericin" liefern müßte. Beide konnten bisher nicht gefunden werden. Möglich ist, daß ihre Bildung aus sterischen Gründen unterbleibt. Wie im nächsten Abschnitt gezeigt, sind nämlich in der Pflanze entweder eine oder auch beide 7,7'-Hydroxygruppen des Hypericins mit Resten unbekannter Konstitution verbunden, die bei der Isolierung des Farbstoffs abgespalten werden. Hängen solche Reste, was sehr wahrscheinlich ist, bereits am Di-[emodin-anthranol] (XLVIII, S. 162), so könnten sie die Ringe räumlich derart festlegen, daß bei der Dehydrierung allein das Hyperico-dehydro-dianthron (LI) entsteht.

In diesem Zusammenhang ist noch eine andere sterische Frage zu erörtern. Da sich die 2,2'-Methylgruppen ebenso wie die 7,7'-Hydroxygruppen infolge sterischer Hinderung (*Abb. 5*, S. 156) nicht in die Ringebene einstellen können und das Hypericinmolekül dadurch asymmetrisch wird, müssen zwei Spiegelbildisomere existieren. Kristallisiertes Hypericin ist, wie die Untersuchung seines gelben Hexabenzoats gezeigt hat, optisch inaktiv und liegt somit als Racemat vor. Das ist nicht überraschend, sondern seiner Biogenese nach sogar zu erwarten. Denn das erste Synthese-Zwischenprodukt, bei dem allenfalls Molekülasymmetrie auftreten könnte, ist das Hyperico-dehydro-dianthron (LI, S. 163). Da dieses aber durch Dehydrierung aus dem um die $C_{(10)}$—$C_{(10')}$-Achse praktisch frei drehbaren Di-[emodin-anthranol] (XLVIII) hervorgeht, muß es als racemisches Gemisch anfallen und infolgedessen bei der photochemischen Dehydrierung racemisches Proto-hypericin und Hypericin liefern.

Dagegen dürfte man die Bildung von optisch aktivem Hypericin erwarten, wenn die beiden Ringsysteme des Di-[emodin-anthranols] (XLVIII, S. 162) durch irgendwelche Faktoren (z. B. die Reste an den 7,7'-Hydroxygruppen oder Adsorption an Zellbestandteile) in einer bestimmten Lage festgehalten werden und dadurch die Bildung des einen

Antipoden bevorzugt wird. Ob Hypericin dann auch in optisch aktiver Form isoliert werden könnte, hängt von der Racemisierungsgeschwindigkeit ab, d. h. von der Leichtigkeit, mit der die beiden 2,2'-Methyl- und 7,7'-Hydroxygruppen sich aneinander vorbeidrehen können. Daß ein solches „Vorbeidrehen" möglich ist, zeigen interessante Untersuchungen von Theilacker und Baxmann (74), die 2,2'-Dimethyl-helianthron (über ein Menthoxy-acetyl-derivat der Dehydroverbindung) in die Antipoden spalten konnten und fanden, daß sich diese in Benzollösung innerhalb weniger Tage racemisieren. Danach ist, selbst wenn sich zunächst optisch aktives Proto-hypericin oder Hypericin bildete, nicht damit zu rechnen, daß die isolierten Produkte noch optische Aktivität zeigen.

4. Natives Proto-hypericin und Hypericin.

Hypericin ist in kristallisierter Form in Methanol praktisch unlöslich, während es sich aus der Pflanze leicht mit Methanol extrahieren läßt. Dieser große Löslichkeitsunterschied erklärt sich daraus, daß der Farbstoff in der Zelle an Stoffe unbekannter Konstitution gebunden ist, die abgespalten werden, wenn bei der Aufarbeitung Salzsäure zur Anwendung kommt.

Um natives Hypericin zu gewinnen, wurden daher Methanolauszüge von *Hypericum hirsutum* ohne Anwendung von Salzsäure aufgearbeitet [Brockmann und Sanne (36)]. Dabei gelang es, durch Gegenstromverteilung und chromatographische Adsorption natives Proto-hypericin und Hypericin als chromatographisch einheitliche, in Methanol gut lösliche rote Pulver zu gewinnen. Ihr Gehalt an Proto-hypericin bzw. Hypericin betrug etwa 50%. Behandlung dieser Präparate mit Salzsäure lieferte Proto-hypericin bzw. Hypericin sowie wasserlösliche, stickstoff-freie, in saurer Lösung schnell braun werdende Spaltprodukte, die keine Zuckerreaktionen gaben. Über ihre chemische Natur ist noch nichts bekannt.

Natives Proto-hypericin und Hypericin haben die gleichen Absorptionsbanden wie kristallisiertes Proto-hypericin bzw. Hypericin. Daraus folgt, daß in den nativen Farbstoffen die vier α-Hydroxygruppen frei sind. Denn schon bei Veresterung oder Verätherung nur einer dieser Gruppen würde sich das Absorptionsspektrum des nativen Hypericins von dem des Hypericins unterscheiden. Träger der noch unbekannten Reste müssen daher die 7,7'-Hydroxygruppen sein, wobei zunächst offenbleibt, ob nur *eine* Hydroxygruppe *einen* Rest trägt oder *beide* mit *zwei* gleichen oder auch verschiedenen Resten verbunden sind.

Gewisse Hinweise auf die Bindungsart dieser Reste geben Beobachtungen bei der Acetylierung des kristallisierten Hypericins. Führt man diese Reaktion mit reinem Acetanhydrid oder besser noch mit Keten durch, so werden nur die beiden 7,7'-Hydroxygruppen acetyliert (13).

Das so erhaltene rote, kristallisierte Hypericin-diacetat hat Absorptionsbanden, die um 10 mμ kürzerwellig sind als die des Hypericins.

Behandelt man in gleicher Weise natives Hypericin, so bleiben dessen Absorptionsbanden unverändert, was darauf schließen läßt, daß beide 7,7'-Hydroxygruppen mit Resten blockiert sind.

Wären diese Reste esterartig gebunden, so sollten die Absorptionsbanden des nativen Hypericins analog denen des Hypericin-diacetats etwas kürzerwellig liegen als die des kristallisierten Hypericins. Daß dies jedoch nicht der Fall ist, und sich die Blockierung der 7,7'-Hydroxygruppen spektroskopisch nicht auswirkt, spricht für eine ätherartige Verknüpfung der Reste.

Bei der fraktionierten Gegenstromverteilung von nativem Hypericin ließen sich hydrophile und lipophile Substanzen abtrennen, die als Lösungsvermittler fungieren; denn nach ihrer Entfernung wurde der anfangs gut in Chloroform lösliche Farbstoff von diesem Lösungsmittel kaum noch aufgenommen (*36*).

Derartigen Lösungsvermittlern ist es wahrscheinlich zuzuschreiben, daß etwa die Hälfte des in frischen Blüten vorkommenden Hypericins bzw. Pseudo-hypericins sich mit pflanzlichen Ölen extrahieren läßt. Solche Lösungen, die als „Oleum hyperici" offizinell sind, sollen unter anderem eine gute Heilwirkung bei Brandwunden haben.

Pharmakologisches.

Hypericum perforatum und auch andere *Hypericum*-Arten sind seit altersher in der Volksmedizin verwendet worden. Mystische Vorstellungen, mit dem blutroten Preßsaft der gelben Blüten in Zusammenhang stehend, haben dabei sicherlich eine Rolle gespielt. In neuester Zeit hat DANIEL (*45—47*) über eine günstige Beeinflussung von Depressionszuständen durch *Hypericum*-Extrakte berichtet, und auch von anderer Seite sind derartige Effekte beobachtet (*60*). Ein abschließendes Urteil über diese psychosomatische Wirkung ist noch nicht möglich.

V. Photodynamisch wirksame Farbstoffe des Buchweizens.

Versuche, aus Buchweizenpflanzen photodynamisch wirksame Verbindungen zu isolieren, sind lange erfolglos geblieben. Noch 1941 konnte BLUM (*4*) feststellen, daß ein Vorkommen solcher Verbindungen im Buchweizen nicht einwandfrei bewiesen sei. Diese Ansicht wurde fast zur gleichen Zeit durch CHICK und ELLINGER (*41, 42*) widerlegt. Ihnen gelang es, aus getrockneten Buchweizenblüten drei amorphe, rote, rot fluoreszierende Farbstoff-Fraktionen abzutrennen, von denen eine bei Ratten in Tagesdosen von 10 mg/kg Körpergewicht photodynamisch wirksam war. Charakterisiert wurden die Präparate lediglich durch ihr Absorptionsspektrum, das dem des Hypericins sehr ähnlich war.

Kurze Zeit darauf gaben Wender, Gortner und Inman (76) an, aus blühenden Buchweizenpflanzen drei kristallisierte, rote, rot fluoreszierende und in ihrem Absorptionsspektrum dem Hypericin sehr ähnliche Farbstoffe isoliert zu haben, mit denen sich Meerschweinchen gegen Licht sensibilisieren ließen. Analysen und Einzelheiten über das chemische Verhalten der Farbstoffe wurden nicht mitgeteilt.

Aufklärung über die Natur der roten, photodynamisch wirksamen Buchweizenfarbstoffe haben Untersuchungen von Brockmann, Weber und Pampus (29, 37, 38) gebracht, nach denen es mindestens zwei derartige Farbstoffe gibt, nämlich *Proto-fagopyrin* und das daneben in geringer Menge vorhandene *Fagopyrin*. Proto-fagopyrin geht beim Belichten seiner Lösungen in Fagopyrin über.

Da eine präparative Trennung der beiden Farbstoffe schwierig und Fagopyrin leichter zu reinigen ist, wurde bei Versuchen zur Isolierung der Farbstoffe in einem bestimmten Stadium der Anreicherung das Proto-fagopyrin durch Belichten in Fagopyrin umgewandelt. Auf diese Versuche, die schließlich zur Isolierung von kristallisiertem Fagopyrin geführt haben, soll kurz eingegangen werden.

Isolierung des Fagopyrins.

Die Bearbeitung des Fagopyrins und Proto-fagopyrins ist dadurch erschwert worden, daß beide nur in geringer Menge in der Buchweizenpflanze vorkommen.

Für die Isolierung des Fagopyrins ging man daher von 30 kg getrockneter Blüten aus (der Ernte eines 2500 m² großen Feldes) die nach Vorextraktion mit Äther erschöpfend mit essigsäurehaltigem 90proz. Aceton ausgezogen wurden. Der aus dem eingeengten Acetonauszug mit Wasser ausgefällte Niederschlag, getrocknet ein violettes, etwa 0,5% Farbstoff enthaltendes Pulver, diente als „Ausgangsmaterial" für alle Versuche zur Anreicherung und Isolierung des Fagopyrins.

Für diese Arbeiten war günstig, daß Fagopyrin in Pyridin die gleichen Absorptionsbanden hat wie Hypericin, denn das erlaubte, die Anreicherung des Proto-fagopyrins und Fagopyrins durch spektral-kolorimetrischen Vergleich mit einer Hypericinlösung zu verfolgen. Proto-hypericin wurde vor der Bestimmung durch Belichten in Fagopyrin überführt.

Die erste Anreicherung gelang durch chromatographische Adsorption des „Ausgangsmaterials" aus Dioxan an Kieselgel, die Fraktionen mit 5—20% Farbstoff lieferte. Anschließende 30stufige Gegenstromverteilung zwischen 50proz. Methylglykol und Essigester steigerte den Farbstoffgehalt auf maximal 50%. Da dieser Wert weder durch Wiederholung der Gegenstromverteilung noch mit anderen Methoden zu erhöhen war, wurde der Rohfarbstoff nunmehr in Pyridin belichtet, wobei das aus dem Proto-fagopyrin gebildete Fagopyrin als schwerlöslicher, dunkelroter Niederschlag ausfiel. Da alle Verunreinigungen des Proto-fagopyrins, die sich durch Chromatographie oder Gegenstromverteilung nicht entfernen lassen, beim Belichten unverändert und daher gelöst bleiben, werden sie bei der photochemischen Umwandlung des Proto-fagopyrins in Fagopyrin abgetrennt. Man erreicht also durch die Belichtung eine erhebliche Farbstoffanreicherung.

Das aus dem Belichtungsprodukt mit methanolischem Alkali extrahierte und dann mit Säure wieder ausgefällte Fagopyrin kristallisierte aus Phenol-Wasser in dunkelroten Blättchen.

Zur Konstitution des Fagopyrins.

Fagopyrin enthält im Gegensatz zu Hypericin und Pseudo-hypericin Stickstoff. Als vorläufige Summenformel wurde $C_{42}H_{36}O_{10}N_2$ angenommen (*37*).

Fagopyrin zeigt in Pyridin das gleiche Absorptionsspektrum wie Hypericin und löst sich wie dieses in methanolischem Alkali und konz. Schwefelsäure mit grüner Farbe. Wie Hypericin enthält es zwei *C*-Methylgruppen und, erkenntlich an der Existenz eines kristallisierten Hexa-*p*-nitrobenzoats, sechs acylierbare Hydroxygruppen.

Reduzierende Acetylierung des Fagopyrins lieferte ein blaues *meso-*Naphthodianthren-derivat, dessen Absorptionsbanden nur um wenige $m\mu$ längerwellig lagen als die des blauen Hypericin-Reduktionsprodukts. Noch deutlicher als durch die vorstehend geschilderten Reaktionen wurde die nahe Beziehung zwischen Fagopyrin und Hypericin bei der Spaltung des Fagopyrins mit Pyridiniumchlorid. Dabei entstand nämlich Hypericin.

Alle diese Beobachtungen ließen sich zunächst befriedigend durch die Annahme deuten, daß Fagopyrin ein Hypericin-derivat ist, in dem die beiden 7,7'-Hydroxygruppen ätherartig mit zwei stickstoffhaltigen Resten der Gesamtsummenformel $C_{12}H_{22}O_2N_2$ verbunden sind. Neuere Untersuchungen von BROCKMANN und PAMPUS (*29*) lassen eine solche Bindung jedoch zweifelhaft erscheinen.

Bei diesen Arbeiten fand man nämlich, daß sich mit Phosphorsäure-Kaliumjodid, einem Reagenz, das Hypericin-pentamethyläther glatt entmethyliert, aus Fagopyrin kein Hypericin abspalten läßt. Ebensowenig gelang diese Abspaltung mit kochender Jodwasserstoffsäure und Phosphor. Dagegen entstand beim Erhitzen von Fagopyrin mit einer 17proz. Lösung von Kaliumhydroxyd in Glykol-Wasser (2 : 1) in guter Ausbeute Hypericin.

Das alles spricht gegen eine ätherartige Bindung der stickstoffhaltigen Reste. Und schwer vereinbar damit ist auch die Beobachtung, daß Fagopyrin, mit Brom in Eisessig erwärmt, in ein stickstoff-freies Bromprodukt übergeht, das die gleichen Eigenschaften hat, wie unter gleichen Bedingungen bromiertes Hypericin.

Da die stickstoffhaltigen Reste des Fagopyrins in Form definierter Abbauprodukte nicht zu fassen waren, wurde versucht, den Stickstoff erschöpfend zu methylieren und dann die Spaltung vorzunehmen. Methylierung mit Dimethylsulfat-Kaliumcarbonat lieferte einen Fagopyrinmethyläther mit fünf Methoxy- und vier Methylimidgruppen, der mit Dimethylsulfat ein wasserlösliches, quartäres Alkylammoniumsalz bildete. Im Gegensatz zum Fagopyrin konnte das Methylierungsprodukt mit Jodwasserstoffsäure zu Hypericin abgebaut werden. Beim Behandeln des Methylierungsprodukts mit 17proz. Lösung von Kaliumhydroxyd in Glykol-Wasser (2 : 1) entstand Trimethylamin.

OH O OH

HO $CH_2[C_5H_8(CH_3)ON]$
HO $CH_2[C_5H_8(CH_3)ON]$

OH O OH

(LXVI.) Fagopyrin.

OH O OH

HO $CH_2[C_5H_8(CH_3)ON]$
HO $CH_2[C_5H_8(CH_3)ON]$

OH O OH

(XLVII.) Proto-fagopyrin.

Nach diesen und einigen anderen hier nicht angeführten Befunden scheint es nicht ausgeschlossen, daß die stickstoffhaltigen Reste im Sinne der Formel (LXVI) über eine Methylengruppe mit dem Ringsystem verbunden sind. Die in Formel (LXVI) eingeklammerten Reste müßten dann so gebaut sein, daß sie beim Erhitzen des Fagopyrins mit Alkali, Pyridiniumchlorid und bei der Jodwasserstoff-Spaltung des methylierten Fagopyrins abgelöst und die beiden Methylengruppen dabei zu Methylgruppen werden. Die bei der KUHN-ROTH-Oxydation des Fagopyrins entstehende Essigsäure würde dann aus C-Methylgruppen der stickstoffhaltigen Reste stammen.

Gegen die Annahme von freien 7,7'-Hydroxygruppen könnte geltend gemacht werden, daß Fagopyrin in wäßrigem Alkali unlöslich ist. Das ist jedoch kein entscheidendes Argument, denn die Unlöslichkeit in wäßrigem Alkali könnte sehr wohl durch die stickstoffhaltigen Substituenten an $C_{(2)}$ und $C_{(2')}$ bedingt sein, die ja auch dafür verantwortlich zu machen sind, daß sich Fagopyrin in organischen Solvenzien viel schwerer löst als Hypericin.

Wie BROCKMANN und PAMPUS (29) fanden, können sich Fagopyrin-Präparate verschiedener Ernten in der Konstitution ihrer stickstoffhaltigen Reste offenbar unterscheiden. Dadurch wird verständlich, daß die oben erwähnten, von WENDER, GORTNER und INMAN (76) beschriebenen Präparate andere Löslichkeitseigenschaften gehabt haben, als die von BROCKMANN und PAMPUS untersuchten.

Proto-fagopyrin.

Diese Vorstufe des Fagopyrins, deren Kristallisation noch nicht gelang, wurde durch reduzierende Acetylierung in ein rotes, lichtempfindliches Helianthren-derivat überführt und damit eindeutig als Helianthronderivat charakterisiert. Wenn für Fagopyrin die Formel (LXVI) gilt, kann man dem Proto-fagopyrin in Analogie zum Proto-hypericin die Formel (LXVII) zuschreiben (29).

VI. Zusammenfassung.

Hypericismus und Fagopyrismus sind die einzigen Lichtkrankheiten, deren Entstehung mit Sicherheit auf photodynamisch wirksame, mit der Nahrung aufgenommene Pflanzenfarbstoffe zurückgeführt werden kann. Gemeinsam ist diesen Farbstoffen, daß sie entweder ein 4,5,7,4',5',7'-Hexaoxyhelianthron- oder ein 4,5,7,4',5',7'-Hexaoxy-naphthodianthron-Ringsystem enthalten. Variiert dagegen werden die Substituenten an $C_{(2)}$ und $C_{(2')}$, die bei *Hypericum* Methylgruppen (Hypericin), α-Oxyäthylgruppen (Pseudo-hypericin) und wahrscheinlich Oxy-methylgruppen (Desmethyl-pseudo-hypericin) sein können. Bei *Fagopyrum* dagegen bestehen sie aus stickstoffhaltigen Gruppen noch unbekannter Konstitution, die sich durch energische Hydrolyse unter Hinterlassung von Methylgruppen abspalten lassen.

Charakteristisch für alle *Hypericum*-Arten ist, daß die Hauptmenge der Farbstoffe *meso*-Naphthodianthron-derivate sind. Beim Buchweizen *(Fagopyrum)* dagegen bleibt aus unbekannten Gründen das Helianthron-Ringsystem weitgehend vor dem Übergang in das Naphthodianthrongerüst bewahrt.

Die obige Behauptung, daß Hypericismus und Fagopyrismus die einzigen Lichtkrankheiten sind, die durch photodynamisch wirksame, mit der Nahrung aufgenommene Pflanzenfarbstoffe hervorgerufen werden, bedarf noch einer Ergänzung durch den Hinweis auf eine als „Geldikkopp" bezeichnete Lichtkrankheit, die in größerem Umfang bei Schafen in Südafrika aufgetreten ist (4). Durch Fressen von *Tribulus*-Arten entsteht durch bestimmte Inhaltsstoffe dieser Pflanzen eine mit Icterus verbundene Schädigung der Leber. Sie hat zur Folge, daß das im Darm aus dem Chlorophyll der Futterpflanzen entstehende *Phylloerythrin* in den Blutkreislauf gelangt und dann dank seiner Fluoreszenz photodynamisch wirkt. Hier wird also das fluoreszierende Umwandlungsprodukt eines Pflanzenfarbstoffs erst auf dem *Umweg* über eine Intoxikation und eine damit verbundene Störung des Stoffwechsels photodynamisch wirksam.

Literaturverzeichnis.

1. Adams, R. and G. D. Graves: Trihydroxy-methyl-anthraquinones. I. J. Amer. Chem. Soc. **45**, 2439 (1923).

2. Adams, R. and R. A. Jacobson: Trihydroxy-methyl-anthraquinones. III. Synthesis of Emodin. J. Amer. Chem. Soc. **46**, 1312 (1924).

3. Betty, R. C. and V. M. Trikojus: Hypericin and a Non-fluorescent Photosensitive Pigment from St. John's Wort (*Hypericum perforatum*). Austral. J. exp. Biol. med. Sci. **21**, 175 (1943).

4. Blum, H. F.: Photodynamic Action and Diseases Caused by Light. New York: Reinhold Publ. Corp. 1941.

5. Briegleb, G.: Wirkungsradien von Atomen in Molekülen (Atomkalotten und Molekülmodelle). Fortschr. chem. Forsch. **1**, 642 (1950).

6. Brockmann, H.: Photodynamically-active Natural Pigments. Progr. Organ. Chem. **1**, 64 (1952).

7. Brockmann, H. und G. Budde: Zur spektroskopischen Identifizierung des Stammkohlenwasserstoffs mehrkerniger Oxychinone. Chem. Ber. **86**, 432 (1952).

8. Brockmann, H. und A. Dorlars: Synthese hypericinähnlicher Oxy-*meso*-naphthodianthrone, II. Mitt. Chem. Ber. **85**, 1168 (1952).

9. Brockmann, H. und H. Eggers: Umwandlung von Penicilliopsin in Protohypericin und Hypericin. Angew. Chem. **67**, 706 (1955).

10. — — Die Konstitution des Penicilliopsins. Angew. Chem. **67**, 706 (1955); Chem. Ber. **90** (im Druck).

11. — — Zur Kenntnis des Penicilliopsins. Angew. Chem. **69** (im Druck).

12. — — Partialsynthese des Proto-hypericins und Hypericins aus Emodin-anthron-(9). Angew. Chem. **67**, 706 (1955); Chem. Ber. **90** (im Druck).

13. Brockmann, H., E. H. v. Falkenhausen, R. Neeff, A. Dorlars und G. Budde: Die Konstitution des Hypericins. Naturwiss. **37**, 540 (1950); Chem. Ber. **84**, 865 (1951).

14. Brockmann, H. und B. Franck: Zur Kenntnis der OH-Streckfrequenz kurzer Wasserstoffbrücken. Naturwiss. **42**, 45 (1955).

15. Brockmann, H. und H. Geeren: unveröffentlicht (H. Geeren: Diplomarbeit, Univ. Göttingen, 1952).

16. Brockmann, H., M. N. Haschad, K. Maier und F. Pohl: Über das Hypericin, den photodynamisch wirksamen Farbstoff aus *Hypericum perforatum*. Naturwiss. **27**, 550 (1939).

17. — — — — Über das Hypericin, den photodynamischen Farbstoff des Johanniskrautes (*Hypericum perforatum*). Liebigs Ann. Chem. **553**, 1 (1942).

18. Brockmann, H. und F. Kluge: Zur Synthese des Hypericins. Naturwiss. **38**, 141 (1951).

19. — — unveröffentlicht (F. Kluge: Diplomarbeit, Univ. Göttingen, 1950).

20. Brockmann, H., F. Kluge und H. Muxfeldt: Synthese des Hypericins. Chem. Ber. **90** (im Druck).

21. Brockmann, H., E. Lindemann, K. H. Ritter und F. Depke: Über Oxy-derivate des Helianthrens und *meso*-Naphthodianthrens; zur Konstitution des Hypericins, III. Mitt. Chem. Ber. **83**, 583 (1950).

22. Brockmann, H. und R. Mühlmann: Über die photochemische Cyclisierung des Helianthrons und Dianthrons zum *meso*-Naphthodianthron. Chem. Ber. **82**, 348 (1949).

23. — — Über photooxydable Derivate des Helianthrens. Chem. Ber. **81**, 467 (1948).

24. Brockmann, H. und H. Muxfeldt: Die Synthese des Hypericins. Naturwiss. **40**, 411 (1953).

25. Brockmann, H. und R. Neeff: Die Umwandlung von Penicilliopsin in Hypericin. Naturwiss. **38**, 47 (1951).

26. Brockmann, H., R. Neeff und E. Mühlmann: Zur Synthese hypericinähnlicher Oxy-naphthodianthrone, I. Mitt. Chem. Ber. **83**, 467 (1950).

27. Brockmann, H. und G. Pampus: Die Isolierung des Pseudo-hypericins. Naturwiss. **41**, 86 (1954).

28. — — Pseudo-hypericin. Chem. Ber. **90** (im Druck).

29. — — Zur Kenntnis des Proto-fagopyrins und Fagopyrins. Chem. Ber. **90** (im Druck).

30. Brockmann, H., G. Pampus und L. Costa Pla: unveröffentlicht.

31. Brockmann, H. und P. Patt: Ring-Papierchromatographie mit Pufferlösungen und Lösungsvermittlern als stationäre Phase. Naturwiss. **40**, 221 (1953).

32. — — Iso-rhodomycin A, ein neues Antibioticum aus *Streptomyces purpurascens*; Rhodomycine, III. Mitt.; Antibiotica aus Actinomyceten, XXXII. Mitt. Chem. Ber. **88**, 1455 (1955).

33. Brockmann, H. und R. Randebrock: Synthese und Absorptionsspektren einiger *meso*-Naphthodianthren-Derivate. Chem. Ber. **84**, 533 (1951).

34. Brockmann, H. und W. Sanne: Zur Biosynthese des Hypericins. Naturwiss. **40**, 509 (1953).

35. — — Pseudo-hypericin, ein neuer, roter Hypericum-Farbstoff. Naturwiss. **40**, 461 (1953).

36. — — Zur Kenntnis des Hypericins. Chem. Ber. **90** (im Druck).

37. Brockmann, H., E. Weber und G. Pampus: Proto-fagopyrin und Fagopyrin, die photodynamisch wirksamen Farbstoffe des Buchweizens (*Fagopyrum esculentum*). Liebigs Ann. Chem. **575**, 53 (1952).

38. Brockmann, H., E. Weber und E. Sander: Fagopyrin, ein photodynamischer Farbstoff aus Buchweizen (*Fagopyrum esculentum*). Naturwiss. **37**, 43 (1950).

39. Butenandt, A., U. Schiedt, E. Biekert und P. Kornmann: Über Ommochrome, I. Mitt. Isolierung von Xanthommatin und Ommatin C aus den Schlupfsekreten von *Vanessa urticae*. Liebigs Ann. Chem. **586**, 217 (1954).

40. Černý, C.: Über das Hypericin (Hypericumrot). Z. physiol. Chem. (Hoppe-Seyler) **73**, 371 (1911).

41. Chick, H. and P. Ellinger: The Sensitising Action to Light of Buckwheat (*Fagopyrum esculentum*). Chem. and Ind. **18**, 347 (1940).

42. — — The Photo-sensitizing Action of Buckwheat (*Fagopyrum esculentum*). J. Physiol. **100**, 212 (1941).

43. CLAR, E.: Aromatische Kohlenwasserstoffe, S. 296. Berlin-Göttingen-Heidelberg: Springer-Verlag. 1952.

44. — Die Zinkstaubschmelze. Eine neue Methode zur Reduktion organischer Verbindungen (Aromatische Kohlenwasserstoffe, XXIII. Mitt.). Ber. dtsch. chem. Ges. **72**, 1645 (1939).

45. DANIEL, K. W. O.: Weitere Mitteilungen über die Wirkung des photodynamischen Körpers Hypericin. Hippokrates **20**, 526 (1950).

46. — Wetterfühligkeit, vegetatives Nervensystem und therapeutische Vorschläge. Konstitutionelle Medizin **2**, 11 (1953/54).

47. — Kurze Mitteilungen über 12jährige therapeutische Erfahrungen mit Hypericin. Klin. Wschr. **29**, 260 (1951).

48. DIMROTH, O.: Boressigsäureanhydrid als Reagens (II). Liebigs Ann. Chem. **446**, 97 (1925).

49. DIMROTH, O. und TH. FAUST: Über die Borsäureester der Oxyanthrachinone. Ber. dtsch. chem. Ges. **54**, 3020 (1921).

50. EDER, R. und F. HAUSER: Neue Untersuchungen über das Chrysarobin. Arch. Pharmaz. **263**, 321, 436 (1925).

51. FISCHER, H. und R. HESS: Vorkommen von Phylloerythrin in Rindergallensteinen. Z. physiol. Chem. (Hoppe-Seyler) **187**, 133 (1930).

52. HAGENSTRÖM, U.: *Oleum hyperici*, 2. Mitt. Beitrag zur Galenik des Johanniskrautöles. Scientia pharmaceutica **23**, 83 (1955).

53. — Über den Wirkstoffgehalt unserer heimischen Hypericum-Arten unter besonderer Berücksichtigung von *Hypericum perforatum* L. Dissert., Univ. Hamburg, 1952.

54. HAUSMANN, W.: Hypericismus. Strahlentherapie **41**, 145 (1931).

55. — Grundzüge der Lichtbiologie und Lichtpathologie. Strahlentherapie, VIII. Sonderband. Berlin: Urban & Schwarzenberg. 1923.

56. HAUSMANN, W. und F. ZARIBNICKI: Zur Kenntnis des Hypericismus. Klin. Wschr. **8**, 74 (1929).

57. HOWARD, B. H. and H. RAISTRICK: The Colouring Matters of *Penicillium islandicum*, SOPP. Part 3. Skyrin and Flavoskyrin. Biochem. J. **56**, 56 (1954).

58. JONES, R. N.: Some Factors Influencing the Ultraviolet Absorption Spectra of Polynuclear Aromatic Compounds. I. A General Survey. J. Amer. Chem. Soc. **67**, 2127 (1945).

59. LUTZ, H. E. W. und G. SCHMID: Über Fagopyrismus. Eine biochemische Untersuchung, zugleich eine kritische Studie über seine Pathogenese. Biochem. Z. **226**, 67 (1930).

60. MEIXNER, K. L.: Neuzeitliche Gesichtspunkte zur Phytotherapie. Dtsch. Medizin. Journ. **5**, 9 (1954).

61. MEYER, H., R. BONDY und A. ECKERT: Über Zweikernchinone der Anthrachinonreihe. Monatsh. Chem. **33**, 1447 (1912).

62. OXFORD, A. E. and H. RAISTRICK: Penicilliopsin, the Colouring Matter of *Penicilliopsis clavariaeformis* SOLMS-LAUBACH. Biochem. J. **34**, 790 (1940).

63. PACE, N. and G. MACKINNEY: Hypericin, the Photodynamic Pigment from St. John's Wort. J. Amer. Chem. Soc. **63**, 2570 (1941).

64. RAAB, O.: Über die Wirkung fluoreszierender Stoffe auf Infusorien. Z. Biol. **39**, 524 (1900).

65. REINKE, J.: Mykoporphyrin. Ann. Jardin botan. Buitenzorg **6**, 73 (1887).

66. SCHOLL R. und J. MANSFELD: *meso*-Benzdianthron (Helianthron), *meso*-Naphthodianthron und ein neuer Weg zum Flavanthren. Ber. dtsch. chem. Ges. **43**, 1734 (1910).

67. SHIBATA, S., O. TANAKA and J. KITAGAWA: Metabolic Products of Fungi. V. The Structure of Skyrin. Pharm. Bull. (Tokyo) 3, 278 (1955).

68. SIERSCH, E.: Anatomie und Mikrochemie der Hypericumdrüsen. Planta 3, 481 (1927).

69. STOLL, A. and B. BECKER: Sennosides A and B, the Active Principles of Senna. Fortschr. Chem. organ. Naturstoffe 7, 248 (1950).

70. STOLL, A., B. BECKER und A. HELFENSTEIN: Die Konstitution der Sennoside. Helv. Chim. Acta 33, 313 (1950).

71. TANAKA, O. and C. KANEKO: Metabolic Products of Fungi. VI. The Structure of Skyrin (2). Synthesis of Skyrin β,β'-Dimethyl Ether. Pharm. Bull. (Tokyo) 3, 284 (1955).

72. TAPPEINER, H. v.: Über die Wirkung fluoreszierender Stoffe auf Infusorien nach Versuchen von O. RAAB. Münch. med. Wschr. 1900, Nr. 1.

73. — Die photodynamische Erscheinung (Sensibilisierung durch fluoreszierende Stoffe). Ergebn. Physiol. 8, 698 (1909).

74. THEILACKER, W. und F. BAXMANN: Optische Isomerie durch Moleküldeformation. Naturwiss. 40, 220 (1953); Liebigs Ann. Chem. 581, 117 (1953).

75. VAN DER KUY, A. und R. HEGENAUER: Het Voorkomen van Hypericine in enkele Soorten van het Geslacht Hypericum. Pharmaz. Weekblad 87, 179 (1952).

76. WENDER, S. H., R. A. GORTNER and O. L. INMAN: The Isolation of Photosensitizing Agents from Buckwheat. J. Amer. Chem. Soc. 65, 1733 (1943).

(Eingelaufen am 11. Januar 1957.)

Biosynthetic Relations of Some
Natural Phenolic and Enolic Compounds.

By **A. J. BIRCH**, Manchester.

Contents.

I. Introduction: Historical Survey and Premises.

Until the advent of isotopes the most fruitful method of examining biosynthetic relations in natural products was by a study of the "comparative anatomy" of series of natural molecules. In recent years the biochemical approach, based chiefly on applications of isotopically labelled compounds and of mutants of microorganisms, has made great progress in defining both the structural units involved and the sequences of reactions leading to many natural substances. With the convergence of the different approaches the time seems ripe for a critical review of the evidence in certain fields with the particular idea in mind of suggesting profitable lines of future inquiry.

Comparisons of structures in connection with potentially fruitful biosynthetic theories appear to have been made first by Collie (24–26) and by Robinson (65). The ideas of Collie on the role of acetic acid remained undeservedly sterile until recently, but the work of Robinson (e. g. 66), and of Schöpf (71), and others [e. g., Hughes and Ritchie (41)] on alkaloids led to consistent and satisfying, if undetailed, hypotheses concerning the biosyntheses of large numbers of alkaloids. Several other recent hypotheses (80, 79) have proved to be capable of providing elegant explanations of the relations between large series of compounds. It is noteworthy also that the "isoprene rule" is essentially a biogenetic correlation which has proved of the utmost value (67).

In the present state of biochemical knowledge it is often difficult to know exactly what biochemical realities such structure correlations represent, nevertheless the derived generalisations are not of speculative interest only. They draw attention to previously unsuspected relations between classes of substances; they are useful in structure determinations to limit the number of possible formulae; they often suggest laboratory methods of synthesis, and they may assist and greatly shorten fundamental biochemical investigations by indicating potentially profitable lines of approach.

It is clear that biochemical investigations and structure correlations can, and should, act and react upon one another. Suggestions from one approach can be used to advance the others. In particular it is now possible in some cases to test the suggestions of organic chemists by using isotopically labelled compounds in biochemical experiments. The organic chemist is also entitled to attempt to extrapolate to compounds not hitherto biochemically investigated the newer findings of the bio-chemist, who has, for instance, discovered by the use of isotopes the fundamental importance of acetic acid in the biosynthesis of fats, triterpenes, and steroids.

The structural units in isoprenoid compounds are marked out by carbon atoms, and in alkaloids by carbon and nitrogen atoms, and to a lesser extent by oxygen atoms. These units are remarkably persistent because of the stability of the molecular skeleton. They are usually easy to distinguish and are often quite large, a fact which is useful in some connections, but which is not very helpful in illuminating some of the more fundamental biosynthetic processes. Units which would be marked out by oxygen atoms attached to the skeleton may not be easily seen because of the ease of occurrence of biological oxidation-reduction processes. The almost complete lack of oxygen in many steroids and fatty acids renders impossible detection of the acetic acid units merely by inspecting the formulae. Structure comparisons of phenolic compounds would appear to be more suitable for the investigation of hypotheses dependent on the positions of oxygen atoms attached to the skeleton since chemical removal of oxygen* from an aromatic ring is difficult and to our knowledge no definite biochemical examples have been observed. There is no difficulty in assuming the introduction of oxygen, for which there are known laboratory and biochemical analogies (*54*).

Two distinct schemes for the biosynthesis of phenolic compounds now seem to be well established, those based on acetic acid and on dehydroquinic acid, and others are probable in view of the natural occurrence of considerable numbers of compounds which do not obviously fit into either of these classifications.

II. Biosynthesis of Phenols and Enols from Acetic Acid.

1. Structural Evidence.

Collie (*24–26*) in several remarkable papers was the first to suggest that the "head-to-tail" linkage of acetic acid might be involved in the biosynthesis of many phenolic compounds. The boldness of his hypothesis lay chiefly in the assumption that acetic acid could be treated as a biologically reactive compound of linking to form carbon chains. He also assumed that biochemical reactions could be explained in some cases on the basis of laboratory analogies. His paper of 1907 and preceding ones (*24–26*) seem to have been forgotten and no further publications discussing the subject can be traced in the original scientific literature up to 1953. This was presumably because no way of testing the hypothesis could be found before the discovery of isotopes, and possibly also because of a suspicion that C_2 units are so small that little difficulty would be experienced in building practically anything from them. In the sequel, however, an independent revival of the idea based on the consideration outlined in the preceding section (*7*) has led to the proof of its biochemical authenticity in at least two cases (*15, 16*) to be discussed below.

Similar views were held by Robinson and expounded in lectures (*66*, there p. 7) but of these views we were not aware when our first publication (*7*) was made two years previous to his first published exposition of the subject (*66*).

The contrasting origins of our ideas and those of Collie are of some interest. His hypothesis originated from his studies on the reactions of β-polyketones (cf. p. 189), condensations of which led to substances such

---

* The term "oxygen" in this connection is used to denote any group joined to the ring by a C—O bond, and would include hydroxyl, ester, ether or even quinone carbonyl groups.

as orcinol, which was a known natural products, or substances which were reminiscent in their structures (cf. p. 195) of many natural substances such as anthraquinones. Our ideas were, as noted above, an extrapolation of the known importance of acetic acid in the biosynthesis of fats and terpenoids, and our development of the subject was conditioned by the expectation that such origins might be revealed by "marker" oxygen atoms in phenolic compounds. Of COLLIE's prior work we were unaware until it was pointed out to us by Dr. P. MAITLAND (Cambridge).

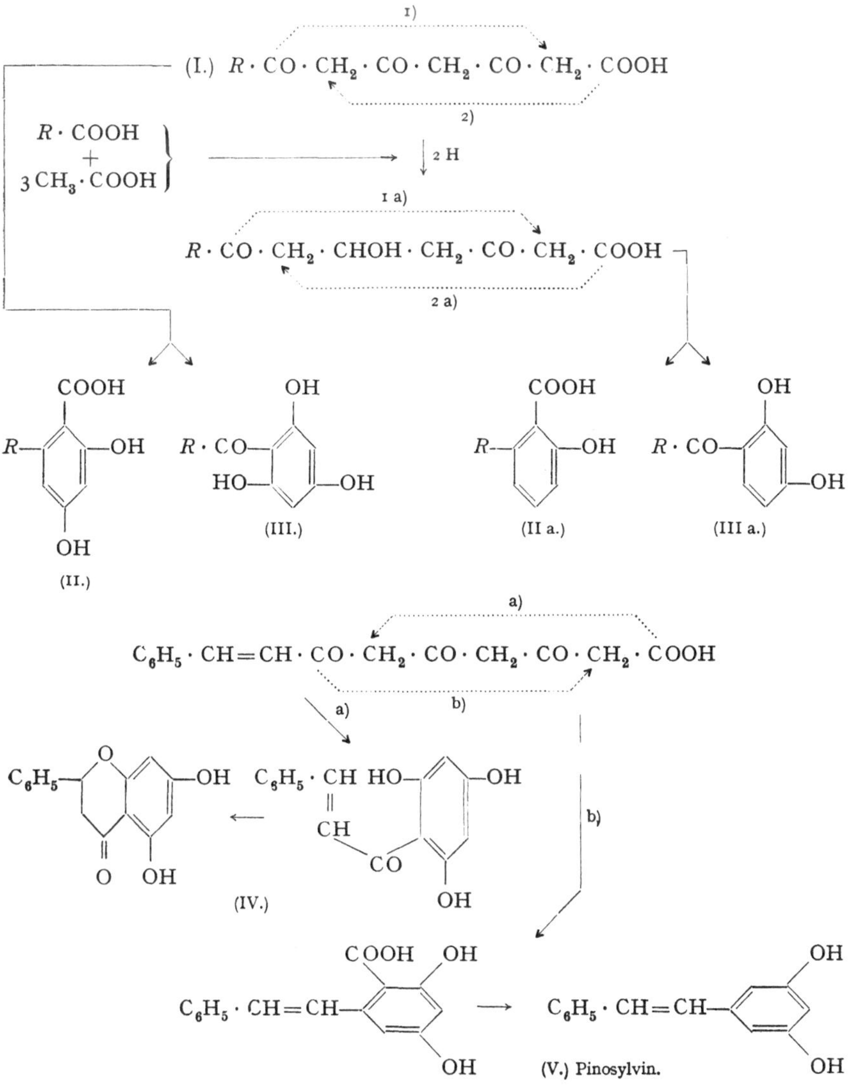

$$1)$$

$$(I.)\ R \cdot CO \cdot CH_2 \cdot CO \cdot CH_2 \cdot CO \cdot CH_2 \cdot COOH$$

$$2)$$

$$\begin{array}{c} R \cdot COOH \\ + \\ 3\,CH_3 \cdot COOH \end{array} \Bigg\} \longrightarrow \quad \downarrow 2\,H$$

$$1\,a)$$

$$R \cdot CO \cdot CH_2 \cdot CHOH \cdot CH_2 \cdot CO \cdot CH_2 \cdot COOH$$

$$2\,a)$$

(II.)   (III.)   (II a.)   (III a.)

$$a)$$

$$C_6H_5 \cdot CH{=}CH \cdot CO \cdot CH_2 \cdot CO \cdot CH_2 \cdot CO \cdot CH_2 \cdot COOH$$

$$a) \qquad b)$$

(IV.)

$$b)$$

$$C_6H_5 \cdot CH{=}CH{-} \qquad \longrightarrow \qquad C_6H_5 \cdot CH{=}CH{-}$$

(V.) Pinosylvin.

Scheme 1.

The head-to-tail linkage of acetic acid units could lead to phenolic compounds in many ways according to the number of units present and the modes of ring closure. The simplest routes to phenols containing *one* aromatic ring are shown above in *Scheme 1*. Continuation of the known process of elaboration of a fatty acid $R \cdot COOH$ (R if a straight chain necessarily contains an *odd* number of carbon atoms) by the addition of unreduced acetic acid units* could lead to a polyketone of type (I) which could by ring-closure through aldol-condensation 1) or C-acylation 2) produce phenols of the orcinol or acylphloroglucinol type, respectively.

By reduction to an hydroxyl group of a carbonyl group not involved in the cyclisation, ring-closure would be accompanied by loss of water to give, respectively, derivatives of *m*-cresol (route 1a) or acylresorcinol (route 2a, *Scheme 1*, p. 189).

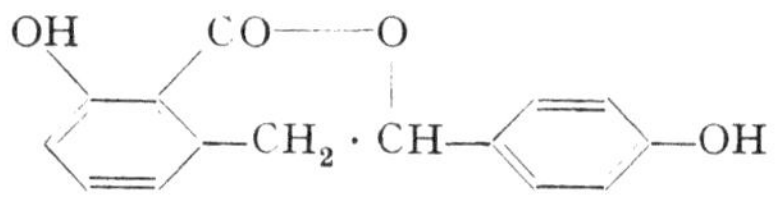

(VI.) Hydrangenol.

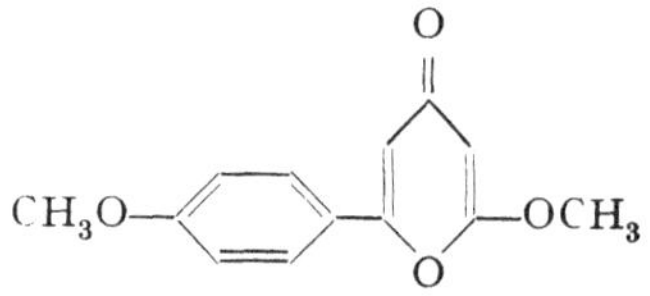

(VII.) Yangonin.

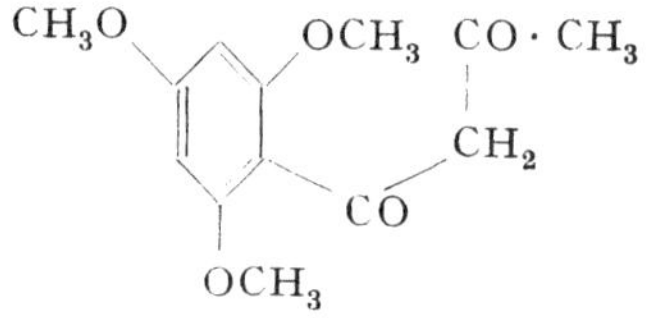

(VIII.) Eugenone.

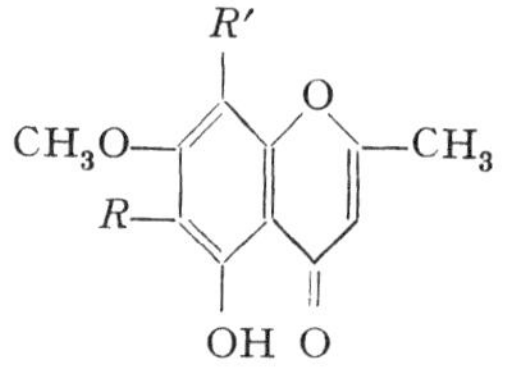

(IX.) ($R = R' = $ H.) Eugenin.
(IX a.) ($R = CH_3$, $R' = $ H.) Eugenitin.
(IX b.) ($R = $ H, $R' = CH_3$.) Isoeugenitin.
(IX c.) ($R = R' = CH_3$.) Angustifolionol.

The acid $R \cdot COOH$ could conceivably be any acid known or suspected to appear in nature; in particular, fatty acids and derivatives of cinnamic acid appear to be frequently involved. The co-occurrences of derivatives of flavanoids (e. g. IV) and pinosylvin (V) in many pine heartwoods discussed by LINDSTEDT and MISIORNY (*53*) is an attractive example of the simultaneous operation of both methods of ring closure, the starting material being cinnamic acid or some closely related compound. It is notable that cinnamic acid has also been found in pine heartwoods (*32*). Decarboxylation of type (II) is known to be facile but several natural compounds are encountered, e. g. hydrangenol (VI) in which the carboxyl group is stabilised by lactonisation and by the loss of one oxygen from the ring.

---

* It is, of course, possible that serial β-oxidation of a fatty acid, itself originating from acetic acid, could also lead to (I); this could be investigated using O^{18}-acetic acid.

Other compounds which are at first sight quite distinct may be related biogenetically. Yangonin (VII) and its analogues methysticin and kawain could be derived by a variation of the flavone process which stops after the addition of two acetic acid units and is completed by cyclisation on to oxygen rather than to carbon. The biosynthesis of flavanoids and anthocyanins will be considered in more detail below (Chapter IV, p. 206).

Eugenone (VIII) and the similar methyl-5 : 7-dihydroxychromone derivatives eugenin (IX), eugenitin (IXa), isoeugenitin (IXb), and angusti-folionol (IXc) are examples corresponding to the phloroglucinol route 2) from (I, $R=CH_3 \cdot CO \cdot CH_2$), if we neglect the extra methyl groups which are discussed in Chapter III (p. 200).

Particularly convincing examples of the orcinol scheme 1) can be found in the large family of depsides from lichens, which appear to be mould metabolic products since lichens are symbionts of moulds and algae. Formulae (X) and (XI) (*Scheme 2*) show the frequencies of occurrence

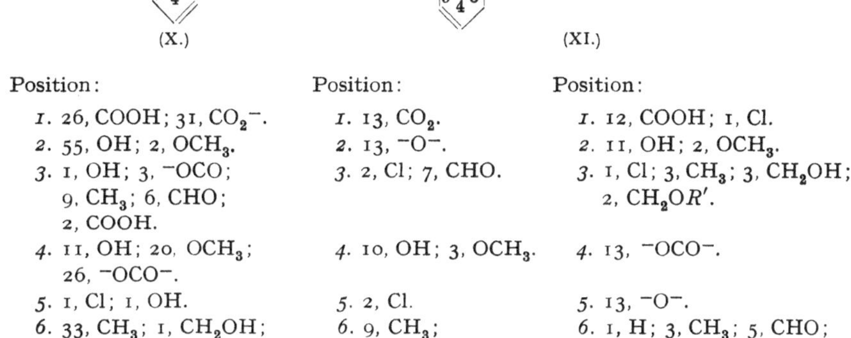

(X.)   (XI.)

Position:	Position:	Position:
1. 26, COOH; 31, CO_2^-.	*1.* 13, CO_2.	*1.* 12, COOH; 1, Cl.
2. 55, OH; 2, OCH_3.	*2.* 13, $^-O^-$.	*2.* 11, OH; 2, OCH_3.
3. 1, OH; 3, ^-OCO; 9, CH_3; 6, CHO; 2, COOH.	*3.* 2, Cl; 7, CHO.	*3.* 1, Cl; 3, CH_3; 3, CH_2OH; 2, CH_2OR'.
4. 11, OH; 20, OCH_3; 26, $^-OCO^-$.	*4.* 10, OH; 3, OCH_3.	*4.* 13, $^-OCO^-$.
5. 1, Cl; 1, OH.	*5.* 2, Cl.	*5.* 13, $^-O^-$.
6. 33, CH_3; 1, CH_2OH; 8, $C_3H_7^-n$; 10, $C_5H_{11}^-n$; $C_7H_{15}^-n$; 3, $CH_2 \cdot CO \cdot C_5H_{11}^-n$; 1, $CH_2 \cdot CO \cdot C_3H_7^-n$.	*6.* 9, CH_3; 3, $CH_2 \cdot CO \cdot C_5H_{11}$; 1, $CO \cdot C_4H_9^-n$.	*6.* 1, H; 3, CH_3; 5, CHO; 2, $C_5H_{11}^-n$; 2, $CH_2 \cdot CO \cdot C_5H_{11}^-n$.

Scheme 2. Frequencies of Occurrence of Substituents in Depsides and Depsidones.
(The italicised figures represent positions in rings.)

of substituents in all the depsides and depsidones, respectively, of un-doubted structure which are described in a review by NOLAN (*59*). In the depsides, e. g. olivetoric acid (XII), the units are joined by esterification only and all units are included in (X); in the depsidones, e. g. (XIII), there is an additional ether link joining $C_{(2)}$ of one unit with $C_{(5)}$ of another and the units are shown separately to avoid confusion (XI). It seems clear that, whether the acetic acid hypothesis is accepted or not, the formulae possess a common factor expressible by (XIV). This formula (XIV) can be related directly to (II, p. 189). It is notable that R invariably is found to contain an *odd* number of carbon atoms and that, with one

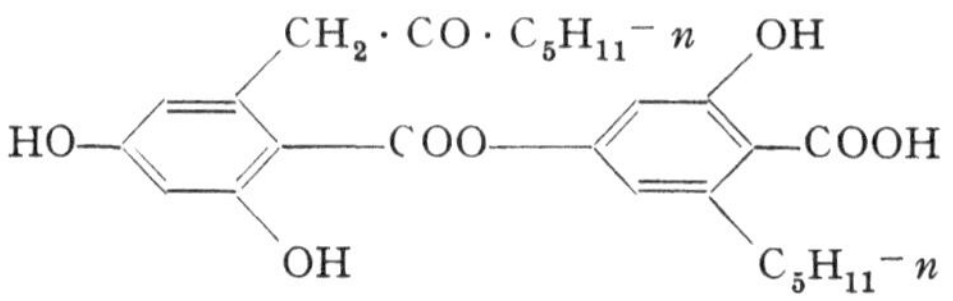

(XII.) Olivetoric acid.

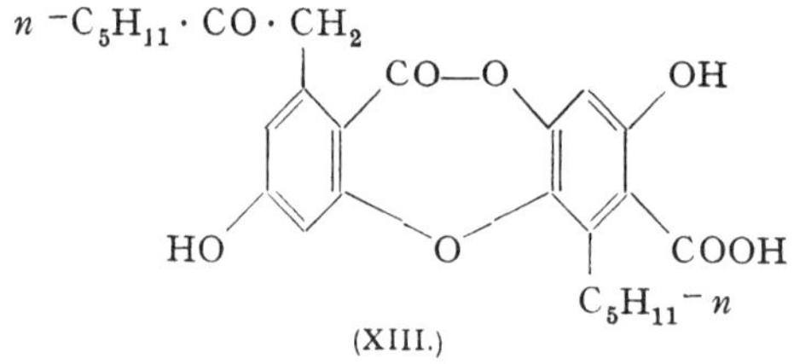

(XIII.)

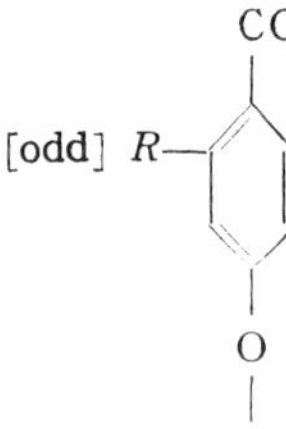

[odd] (XIV.)

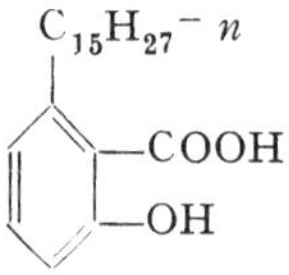

(XV.) Anacardic acid.

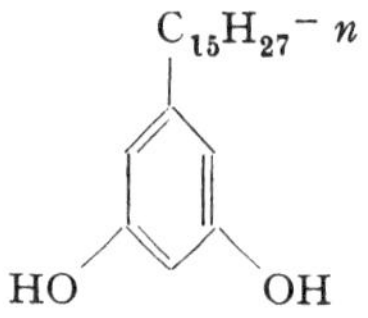

(XVI.) Cardol.

exception, a carbonyl group in the side-chain is in the β-position and presumably marks out another unreduced acetic acid unit. Related to this series are a number of long-chain phenols which have either a $C_{(15)}$ or a $C_{(17)}$ side-chain and possess structural affinities to palmitic or stearic acid. The formulae often lack an expected hydroxyl or carboxyl group, but it seems significant that anacardic acid (XV) and cardol (XVI) occur together, as do the analogous ginkgolic acid and bilobol. Possible routes involved in loss of oxygen are described in Chapter III (p. 198). Other structural evidence, for example in the anthraquinone series, is given by Birch and Donovan (7, 9, 10).

2. Evidence Based on Biological Experiment.

The only obvious way to prove such schemes is by the use of isotopically labelled acetic acid in feeding experiments. The first of such attempts by Birch, Massy-Westropp and Moye (15) has provided a strong support for the orcinol scheme (p. 189, 1). *Penicillium griseofulvum* Dierckx produces 2-hydroxy-6-methylbenzoic acid (XVII), and the labelled product obtained

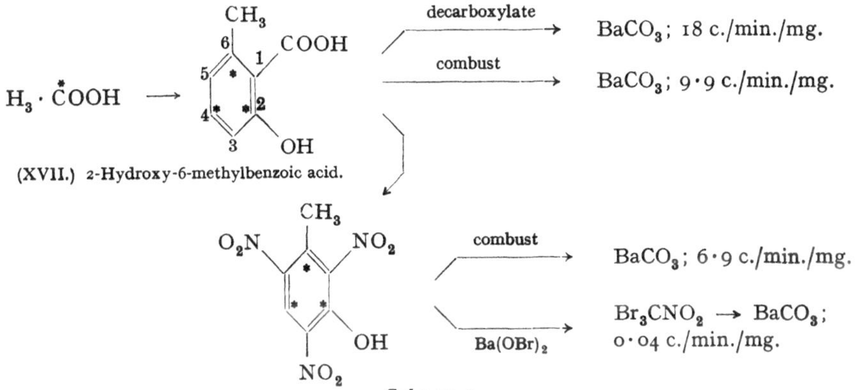

$H_3 \cdot \overset{*}{C}OOH \longrightarrow$ (XVII.) 2-Hydroxy-6-methylbenzoic acid.

decarboxylate $\longrightarrow$ $BaCO_3$; 18 c./min./mg.

combust $\longrightarrow$ $BaCO_3$; 9·9 c./min./mg.

combust $\longrightarrow$ $BaCO_3$; 6·9 c./min./mg.

$Ba(OBr)_2$ $\longrightarrow$ $Br_3CNO_2 \longrightarrow BaCO_3$; 0·04 c./min./mg.

Scheme 3.

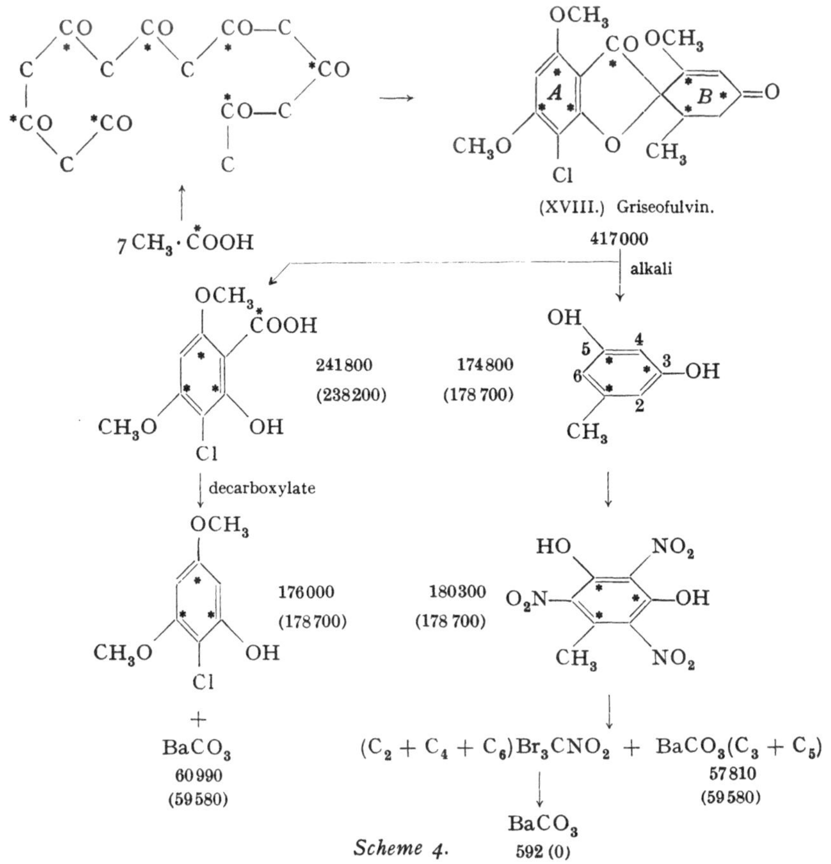

$7\,CH_3 \cdot \overset{*}{C}OOH$ $\longrightarrow$

(XVIII.) Griseofulvin.

417000

alkali

241800 (238200)

174800 (178700)

176000 (178700)

180300 (178700)

decarboxylate

+

$BaCO_3$
60990
(59580)

$(C_2 + C_4 + C_6)Br_3CNO_2 + BaCO_3(C_3 + C_5)$
57810
(59580)

$BaCO_3$

Scheme 4.   592 (0)

The figures above are the products of molecular weight and the counts/100 secs. for an "infinitely thick" sample of 1 cm.² cross-sectional area. The figures in parentheses are those calculated on the basis of the activity of griseofulvin and the expected distribution of labelling.

by feeding sodium acetate* was degraded with the results shown above (*Scheme 3*). The virtual inactivity of the bromopicrin from $C_{(1)} + C_{(3)} + C_{(5)}$, derived from CH_3 of acetic acid, is particularly convincing. Assuming that the value of 18.0 c./min./mg. for the carboxyl group is the more likely to be accurate, the calculated value for the total combustion is 9.0c./min./mg. and for combustion of trinitro-*m*-cresol 7.7 c./min./mg.**

[Added in Proof: Degradations of the phloroglucinol ring and of acetic acid from the orcinol ring decisively favour the isotopic distribution shown].

Further work now in progress, but incomplete (*16*), strongly supports the hypothesis in other substances. Griseofulvin (XVIII) is a particularly interesting case since it contains both a phloroglucinol ring *A* and a (potential) orcinol ring *B*, and a proof in its case would go far to support the hypothesis with both types of ring. It is interesting also to compare ring *B* with 2-hydroxy-6-methylbenzoic acid (XVII) which is produced by a variety of the same mould. The degradations (*Scheme 4*, p. 193) agree, within the probable accuracy of the measurements, with the theoretical values based on the activity of the griseofulvin and the expected distribution of labels on the acetic acid theory.

Another case will be discussed under Chapter IV (p. 206), where the phloroglucinol ring of cyanidin is shown to arise in the predicted manner (*7*).

3. Uses of the Hypothesis in Structure Determination.

It is already well known that biogenetic relations, such as the isoprene rule, can be used to assist structure determinations. Numerous examples can be found in the literature of the use of such relations in compounds derived by the C_6—C_3 route, e. g. flavanoids or alkaloids, where a characteristic oxygenation pattern is encountered. Several successful examples are now available connected with the acetic acid theory:

The substance eleutherinol was originally formulated by Schmid (*30*), on very good chemical grounds, as (XIX). It is clear that this formula could conceivably be built from acetic acid units by head-to-tail linkage in two sections which meet head-to-head at the asterisked positions. Formula (XX), on the other hand, can be built completely by head-to-tail linkage of acetic acid units. Reinvestigation on these grounds by Birch and Donovan (*8*) confirmed formula (XX) and this was also done independently by Schmid (*70*).

Flaviolin was shown by Astill and Roberts (*1*) to be (XXI) in which the position of one hydroxyl group is uncertain. The remainder of the molecule is consistent with formation by the head-to-tail linkage of

---

* Acid labelled in the carboxyl group is initially being used in this work to avoid the mixing of the label which occurs with methyl-labelled acetic acid in the moulds.

** More recent experiments have confirmed some of these figures to a higher order of accuracy.

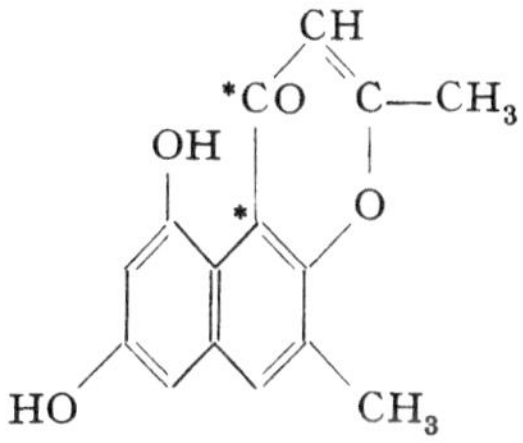

(XIX.)

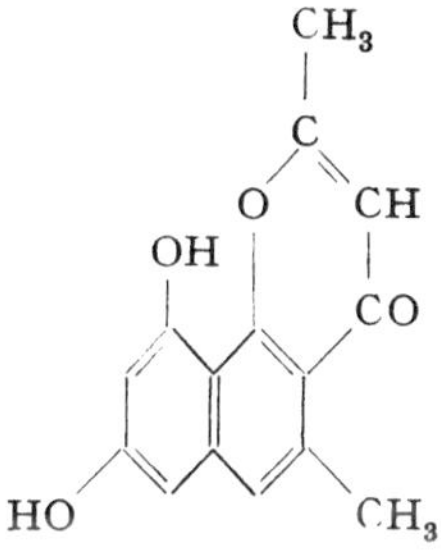

(XX.) Eleutherinol.

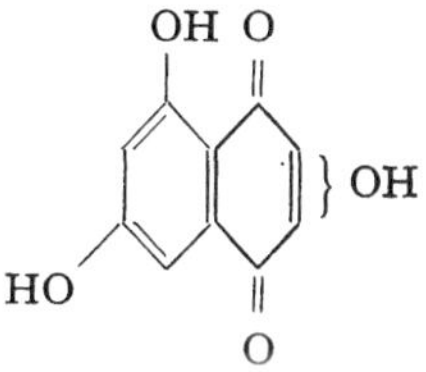

(XXI.)

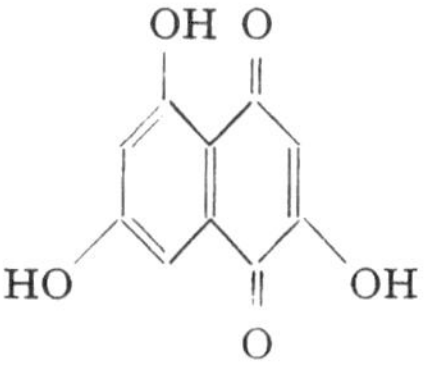

(XXII.) Flaviolin.

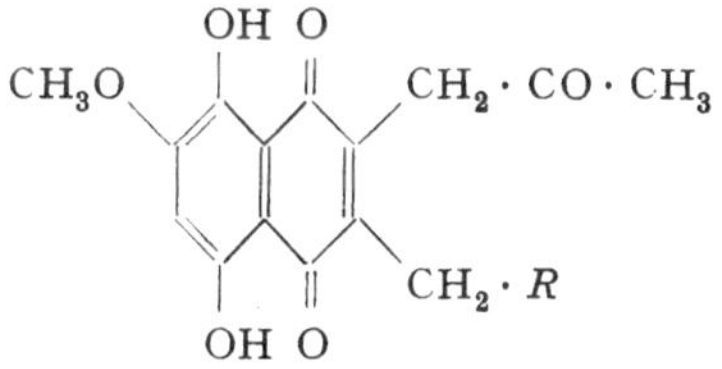

(XXIII.)

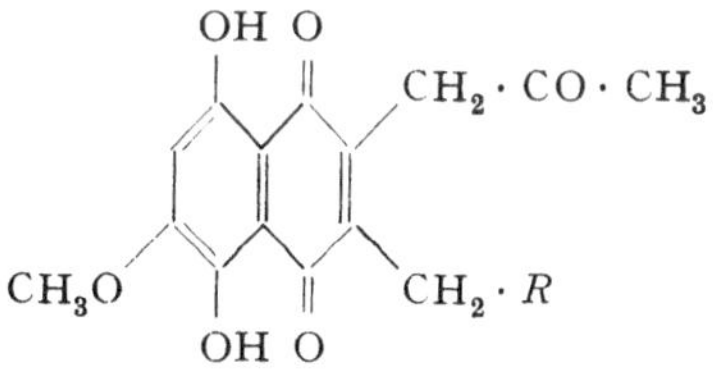

(XXIV.)

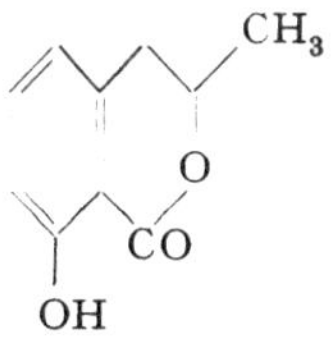

(XXV.) Mellein (ochracin).

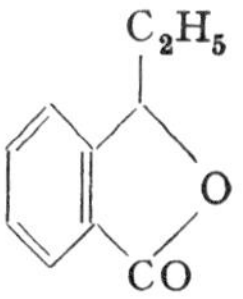

(XXVI.)

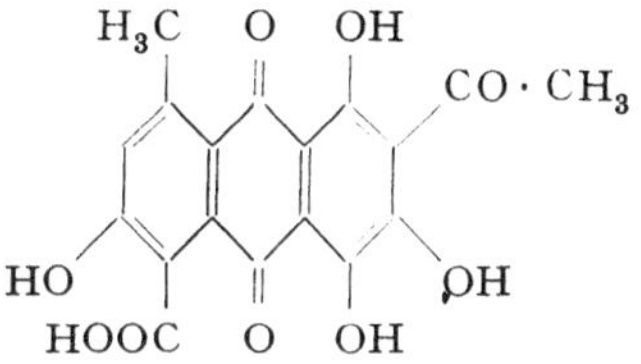

(XXVII.) Kermesic acid.

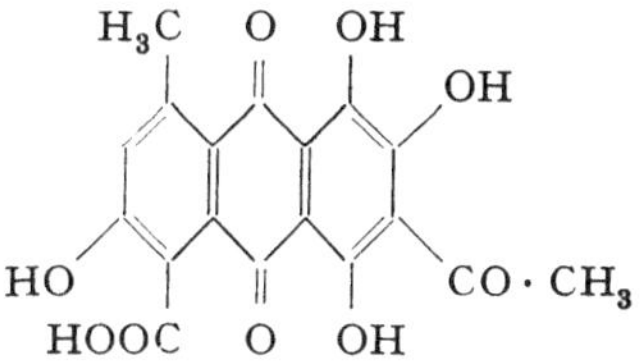

(XXVIII.)

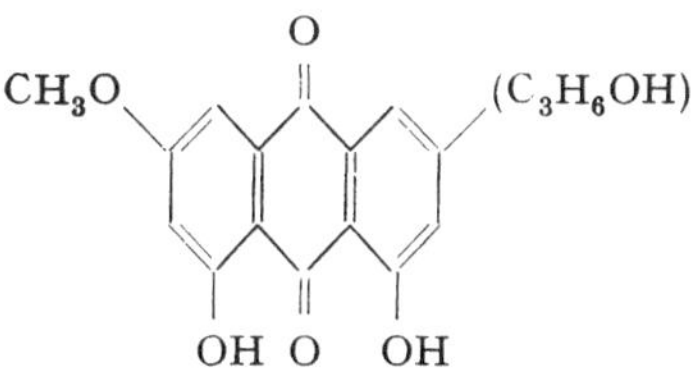

(XXIX.)

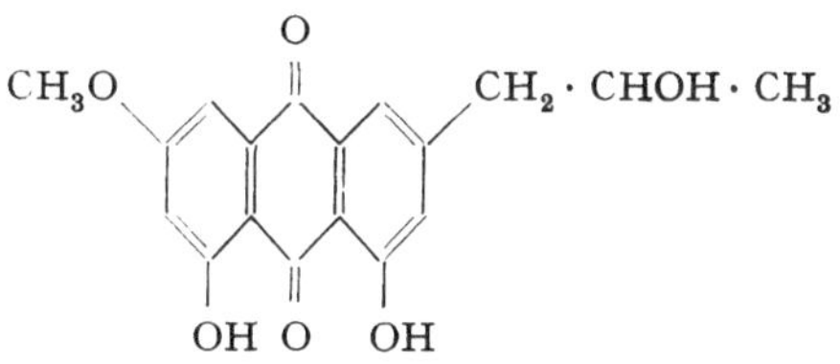

(XXX.) Nalgiovensin.

acetic acid units and introduction of a quinone oxygen by oxidation, leading to formula (XXII). This formula was shown to be correct by BIRCH and DONOVAN (*9, 10*), and independently by DAVIES, KING and ROBERTS (*28, 28a*).

Fusarubin and javanicin should be (XXIII, $R=$H or OH, respectively) rather than (XXIV, $R=$ H or OH, respectively) but no proof at present exists.

Mellein (ochracin) could on the chemical evidence (*58, 81*) be either (XXV) or (XXVI); the latter formula is usually quoted although the former seemed to us (*9*) more probable even on the basis of the purely chemical evidence. By comparison with the depsides above it is clear that (XXV) and not (XXVI) is consistent with the acetic acid hypothesis. Formula (XXV) has been proved correct by BLAIR and NEWBOLD (*20, 21*). Other examples can readily be found, for example kermesic acid can be either (XXVII) or (XXVIII) according to the chemical evidence, although the former is favoured by colour reactions (*29*). It is also strongly indicated by the acetic acid theory.

A further example is the mould quinone nalgiovensin which was formulated (*61*) as (XXIX). We felt that the prediction of a correct structure in this case would support the origin of many mould quinones in general by the acetic acid route (*9*). The formula (XXX) to be expected has now in fact been proved correct (*14*).

Biosynthetic ideas have also led in many cases, notably in the alkaloid field, to new laboratory methods of synthesis. This has not so far been true of the acetic acid theory, although some cyclisations of β-polyketones to orcinol and naphthalene derivatives have been carried out by COLLIE (*24–26*). The reason for this failure is twofold: that β-polyketones are difficult to prepare—no tetraketone or higher has been made—and that cyclisations under laboratory conditions occur preferentially to give oxygen heterocycles rather than carbocyclic compounds. COLLIE's most notable examples are shown below:

JERDAN (*45, 46*) made similar observations. Attempts to close to carbon rings compounds such as the benzal-diacetylacetone below have so far failed, although diacetylacetone itself can be ring-closed to orcinol (*18*) under milder conditions than those used by COLLIE (*24–26*).

$$C_6H_5 \cdot CH = CH \cdot CO \cdot CH_2 \cdot CO \cdot CH_2 \cdot CO \cdot CH_3$$
Benzal-diocetylaceton.

Such observations demonstrate at least that the kind of mechanisms postulated—aldol condensation and C-acylation—are chemically feasible, a feature lacking in a number of other biogenetic hypotheses. These were advanced with no biological support and no laboratory analogies and brought such speculations into disrepute. The exact laboratory catalysts required in such model reactions seem to us to matter less than the mechanisms involved, since the reactions must be enzyme-catalysed, and Nature is already known to achieve its ends in some cases by more subtle, but fundemantally similar methods to those employed in the laboratory. Examples are, the condensation of acetyl coenzyme-A with itself to form acetoacetic acid, and with oxaloacetic acid to form citric acid. These reactions are biochemical models for the processes postulated above. Here the necessity for using powerful catalysts is avoided in Nature chiefly by the device of using an ester of a thiol group in a coenzyme rather than the ester of an alcohol which is used in the laboratory.

It must be noted that the acetic acid theory is at present a purely *structural* one. The biosynthesis of ring compounds is usually represented as the cyclisation of a straight chain β-polyketo-acid. This is attractive, but there is so far no evidence of intermediates. In some cases a straight-chain intermediate is impossible, e. g. with kermesic acid (XXVII). Even such a simple compound as (XVII, p. 193) could arise in at least three ways, the intermediates involved being acetoacetic acid, 3 : 5-diketo-hexanoic acid or β-hydroxy-β-methylglutaric acid. Some evidence is now available from tracer work that the last compound is not an intermediate, but that 3 : 5-diketohexanoic acid (triacetic acid) is probably an inter-mediate (*64*).

III. Extensions of the Acetic Acid Hypothesis.

In order to include in the scope of the theory some compounds which appear to be related to substances clearly within its scope, three extensions are required. These are concerned: 1. with introduction of oxygen; 2. with removal of oxygen; and 3. with the introduction of substituent groups, notably methyl and isopentenyl or related groups.

1. Introduction of Oxygen.

There is little difficulty in accepting the possibility of introducing oxygens in ortho- or para-orientations to hydroxyls already present (e. g. *54*). A very obvious example is found in flaviolin (XXII, p. 195) and *p*-quinones generally, including anthraquinones. The alkyl hydroxy-benzoquinones (e. g. XXXI) could readily arise from type (II, p. 189). It is significant that with one exception all side-chains of such quinones have an odd number of carbon atoms, and the one exception, maesaquinone with a C_{20} side-chain, might well be reinvestigated in view of the difficulty in determining exactly chain lengths of this size. Seshadri and his co-workers in a series of papers (e. g. *73, 74*) have developed the subject of the introduction of hydroxyl groups into natural phenolic compounds, particularly flavonoids. A number of anthraquinones, if derived from acetate units, must contain introduced oxygen apart from one quinone oxygen (e. g. XXXII); some must have had oxygen removed, usually from the 7-position, and sometimes an oxygen then re-introduced (e. g. XXXIII). (Compare the theoretical acetate distribution XXXIV.)

2. Removal of Oxygen.

A number of natural phenols show evidence in their structures of origin from acetic acid units, except that one or more of the expected oxygens is missing; examples may be found in the flavonoid series and the anthraquinone series, e. g. (XXXV) may be compared with emodin (XXXIV). 2-Hydroxy-6-methylbenzoic acid (XVII, p. 193) is a deoxy-derivative of orsellinic acid (XXXVI) and, as already stated, it arises in the expected manner.

Seshadri and his co-workers (*39, 42–44*) have postulated that phenolic hydroxyl groups can be removed reductively, and as models have reduced aryl *p*-toluene sulphonates with Raney nickel. The mechanism of this reduction does not, however, appear to bear any relation to what is known of biological reduction. On the acetic acid theory reduction can occur in an open-chain keto-acid to give the hydroxy-acid; cyclisation would then be accompanied or followed by dehydration, e. g. (XXXVII) →
→ (XXXVIII) → (XVII). A biochemical analogy is the reduction of acetoacetic acid to β-hydroxybutyric acid and dehydration to crotonic acid:

$$CH_3 \cdot CO \cdot CH_2 \cdot COOH \rightarrow CH_3 \cdot CHOH \cdot CH_2 \cdot COOH \rightarrow$$

$$\rightarrow CH_3 \cdot CH = CH \cdot COOH.$$

This hypothesis provides an explanation for the presence of the acyl-resorcinol derivative butein (XXXIX) in certain strains of *Dahlia variabilis* in which its production apparently competes with that of acylphloroglucinol derivatives such as apigenin (XL). Both could be formed from similar starting materials; the gene Y which results in formation of butein presumably acts by causing enzymatic reduction of a carbonyl group in an intermediate.

(XXXI.)

(XXXII.)

(XXXIII.)

(XXXIV.) Emodin.

(XXXV.)

(XXXVI.) Orsellinic acid.

(XXXVII.)

(XXXVIII.)

(XXXIX.) Butein.

(XL.) Apigenin.

Dehydroangustione (LII) is another case of loss of oxygen, and the formula has been revised on this basis. The formula (LIV) for this substance was originally assigned (6) chiefly on the basis of the infra red spectrum. Formula (LII) would be expected on the biogenetic grounds above and has in fact been confirmed (12) as the result of a re-investigation. Such a demonstration of the usefulness of the hypotheses leads to greater confidence in their essential correctness.

The recent assignment of structures to some mould quinones (75) such as flavoskyrin (LV) supplies some examples of the type of reduced non-aromatic intermediates postulated. These substances are readily dehydrated to the fully aromatic quinone e. g. (LV) → (XXXV).

3. Introduction of Methyl and Isopentenyl and Related Groups.

A number of natural products have very evident structural affinities to the types considered above except that they contain extra groups, usually either methyl groups, or isopentenyl groups or relations or multiples thereof (13). The supposition that such groups are introduced independently of the formation of the main skeleton rests not only on general structural resemblances but also on the fact that series of compounds with a common skeleton are known in which the numbers of the extra groups vary from 0 to 4 in one ring. For example, the series (p. 190), eugenone, eugenin, eugenitin, angustifolionol, or the series, xanthoxylin (XLI), baeckeol (XLII), butanofilicinic acid (XLIII), tasmanone (probably XLIV), and leptospermone (XLV). The isopentenyl series are more complicated because of opportunities for ring-closure; some simple examples include evodionol (XLVI), euparin (XLVII), and the hops "phenols", for example humulone (XLVIII) or lupulone (XLIX). The

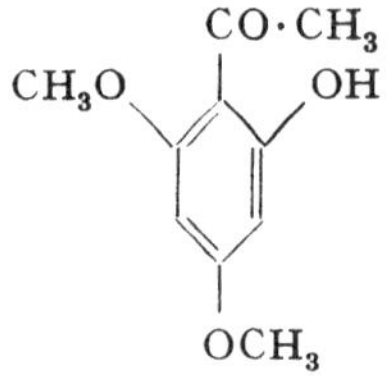

(XLI.) Xanthoxylin.

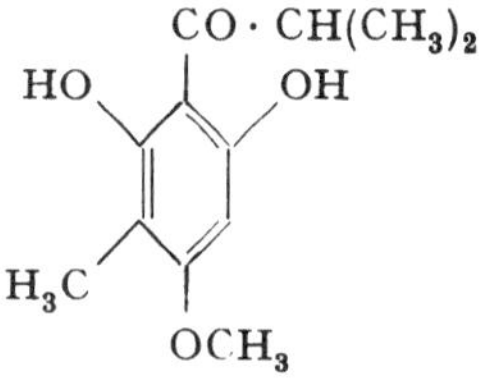

(XLII.) Baeckeol.

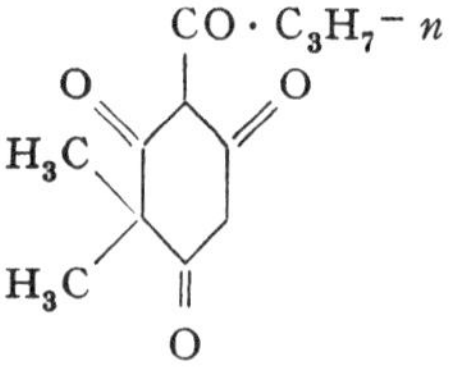

(XLIII.) Butanofilicinic acid.

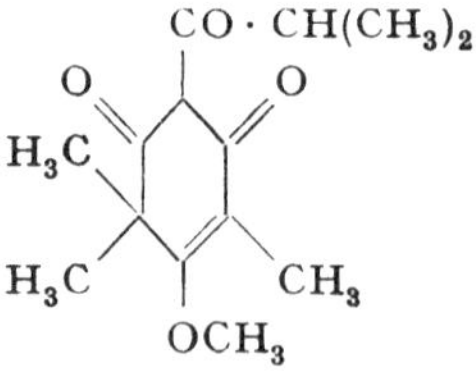

(XLIV.) Tasmanone (?).

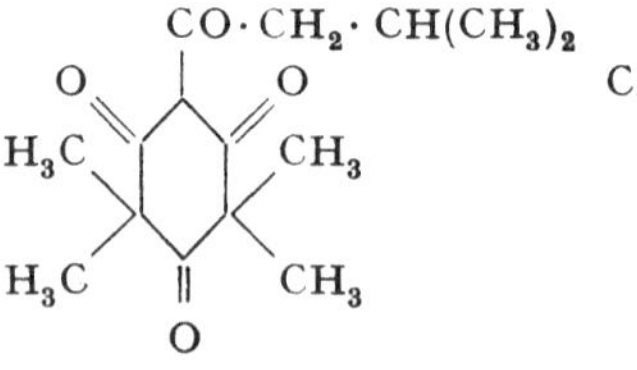

(XLV.) Leptospermone.

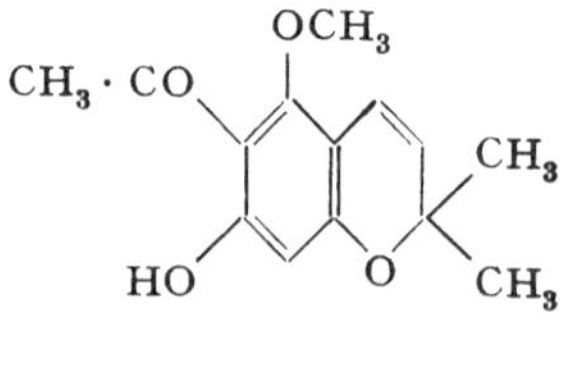

(XLVI.) Evodionol.

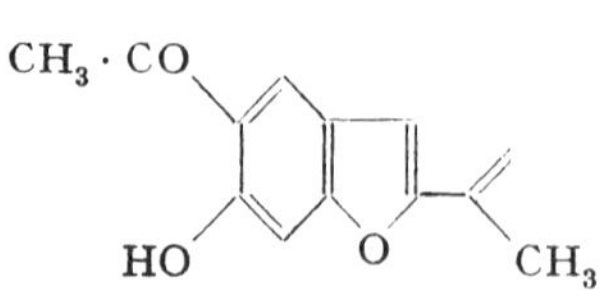

(XLVII.) Euparin.

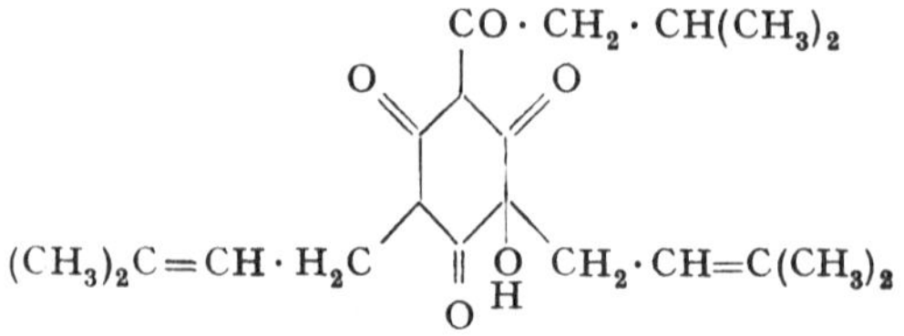

(XLVIII.) Humulone.

$$CO \cdot CH_2 \cdot CH(CH_3)_2$$

(XLIX.) Lupulone.

(L.) Mycophenolic acid.

(LI.)

(LII.) Dehydroangustione.

(LIII.) Xanthostemone.

(LIV.)

(LV.) Flavoskyrin.

nature of the acyl side-chain is unimportant and varies considerably; recently (*40*) variations of the humulone-lupulone skeleton have been found with the acyl side-chains $CO \cdot CH(CH_3)_2$, $CO \cdot CH_2 \cdot CH(CH_3)_2$, and $CO \cdot CH(CH_3)$ (C_2H_5).

In view of the well-known anionoid activity of the phloroglucinol nucleus there is no difficulty in accepting from a mechanistic point of view that introduction of such groups directly into an acyl phloroglucinol ring could occur through the cations such as $\overset{\oplus}{C}H_3$ or $(CH_3)_2C{=}CH \cdot \overset{\oplus}{C}H_2$. The process would therefore be exactly analogous to S-, N- or O-methylation, and it is evident from the formulae above, and many others, that O- and C-methylations are of frequent occurrences in the same and in related compounds. Presumably the process is one of transmethylation either through choline or methionine, or through hitherto unknown isopentenyl analogue of one or other of these substances. Work is in progress on mould metabolic products aimed to test this hypothesis by

the use of labelled compounds. Evidence is already available which
proves that the OCH_3 and the ring C—CH_3 of mycophenolic acid (L,
p. 201) can both be supplied by methyl-labelled methionine (*17*).

Biological methylation could conceivably occur either in the phenol
or in a ring-open β-polyketo-precursor. A clue pointing to methylation
at the ring-open stage may be found in a most interesting series of compounds comprising those related to resorcinol rather than to phloroglucinol. Examples are (LI, $R = CH_3$, or $CH=CH \cdot CH=CH \cdot CH_3$),
dehydroangustione (LII) and xanthostemone (LIII). In these resorcinol
derivatives the anionoid activity of the ring will be considerably reduced,
and although no experimental evidence is available other than laboratory
analogy, it would appear that C-alkylation is less likely than with the
phloroglucinol derivatives. This is particularly true of the production
of gem-dimethyl groups such as are found in (LII) and (LIII). The
laboratory formation of gem-dialkyl groups in the alkylation of phloroglucinol derivatives [e. g. (*62, 63*)] is undoubtedly assisted by the resonance
energy of the carbonyl groups formed in the process. Thus in some cases
at least the evidence is in accord with alkylation at the ring-open stage,
followed by reduction of a carbonyl group. In other cases alkylation
could equally well occur before or after ring-closure.

The Mycins.

A series of interesting antibiotics which may well be elaborated bio-
synthetically on the basis of schemes such as those above are the "mycins":
methymycin, erythromycin, picromycin, and magnamycin. All of these
show traces in the skeleton of a β-polyketo chain with interspersed methyl
groups. This has been interpreted (*80, 37*) on the basis of incorporation
of propionic acid units in place of acetic acid units, a process which fairly
certainly occurs in the elaboration of some animal fats. The alternative
scheme, such as that below for the skeleton of methymycin, has the
advantage of deriving all these compounds from straight-chain C_{14}-, C_{16}-
or C_{18}-acids which could be divergences from the usual route to myristic,
palmitic or stearic acids and their unsaturated relatives:

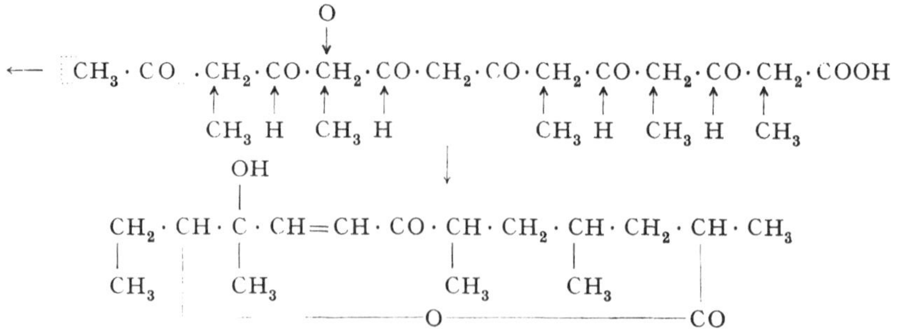

$$\xleftarrow{\quad} CH_3 \cdot CO \cdot CH_2 \cdot CO \cdot CH_2 \cdot CO \cdot CH_2 \cdot CO \cdot CH_2 \cdot CO \cdot CH_2 \cdot CO \cdot CH_2 \cdot COOH$$

$$CH_2 \cdot CH \cdot C \cdot CH=CH \cdot CO \cdot CH \cdot CH_2 \cdot CH \cdot CH_2 \cdot CH \cdot CH_3$$

Methymycin.

IV. Biosynthesis of C_6-C_3 Compounds.

1. The Dehydroquinic Acid Route.

Another most important route to aromatic compounds, including
phenylalanine (LVI, $R=$H), tyrosine (LVI, $R=$OH), tryptophan and
p-aminobenzoic acid has been revealed by the elegant researches of
DAVIS and his associates (e. g. *48, 69, 78*). The work stemmed from an
ingenious method, using the observation that dilute penicillin will not
kill dormant bacteria, for the isolation of mutants deficient in the ability
to produce essential substances such as those above. The organisms
chiefly used have been *Escherichia coli* and *Aerobacter aerogenes*.

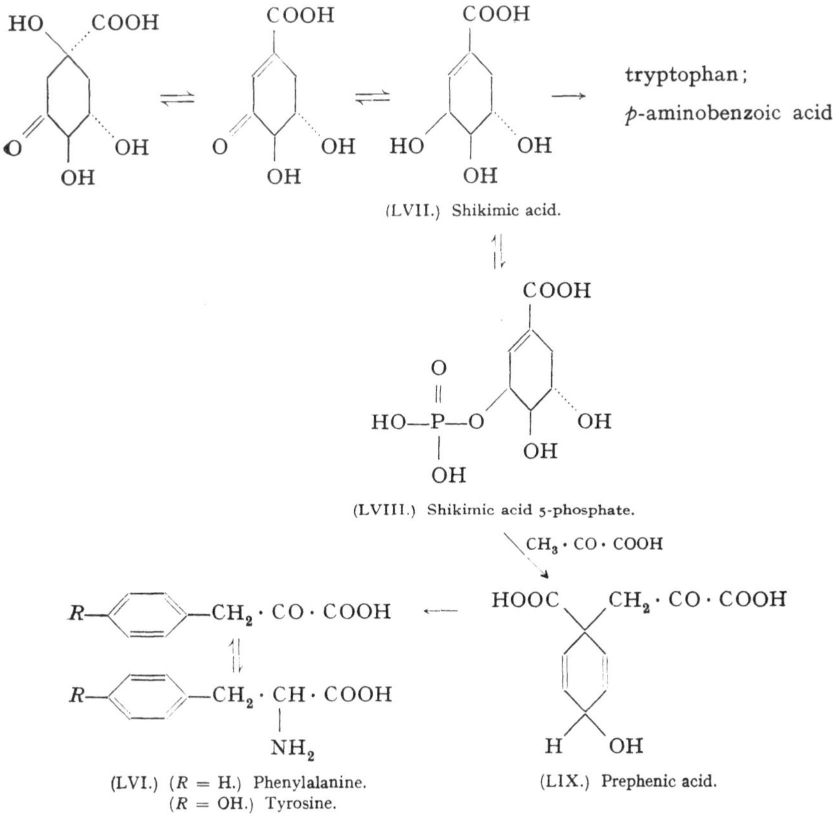

tryptophan;

p-aminobenzoic acid

(LVII.) Shikimic acid.

COOH

$HO-P-O$

(LVIII.) Shikimic acid 5-phosphate.

$CH_3 \cdot CO \cdot COOH$

$R-\langle\rangle-CH_2 \cdot CO \cdot COOH$ ⟵ $HOOC\quad CH_2 \cdot CO \cdot COOH$

$R-\langle\rangle-CH_2 \cdot CH \cdot COOH$

NH_2

H　OH

(LVI.) ($R =$ H.) Phenylalanine.
($R =$ OH.) Tyrosine.

(LIX.) Prephenic acid.

Scheme 5.

Initially a certain amount of speculation seems to have been required
as to the type of substance involved in the scheme, but rapid progress
was made once it was discovered that the (then rare) natural acid shikimic
acid (LVII) could fully replace phenylalanine in certain mutants.
Enzymatic blocks at various stages of the sequence permitted the use

of replacement experiments, of isolations of accumulated substances, and investigations of the enzymes responsible for the transformations. The discovery that specific enzymes are responsible, and that they can be detected in normal cells capable of producing the substances above leads to great confidence in the general validity of *Scheme* 5 (p. 203).

The stages between shikimic acid 5-phosphate (LVIII) and prephenic acid (LIX) are not at present clear. Prephenic acid may possibly be converted to tyrosine (LVI) directly rather than through phenylalanine (LVI), although oxidation of the latter is known to be possible (*54*).

Several excellent reviews of this work exist (e. g. *27*).

2. Lignin and its Congeners.

Phenylalanine (LVI) or hydroxylated derivatives or congeners are the logical precursors of the widespread C_6—C_3 series of natural products. Recently Brown and Neish (*23*) have shown that shikimic acid and phenylalanine act as direct precursors of about the same efficiency for the C_6—C_3 polymer lignin. According to Freudenberg and his collaborators (*33*, *33a*) lignin-like products can be obtained by the enzyme-catalysed oxidative polymerisation of hydroxylated cinnamyl alcohols, as can also be obtained the simpler crystalline lignans such as (±)-pinoresinol (LX).

A number of features of the reactions remain to be explained. It is not clear, for example, whether the hydroxyl groups of shikimic acid are invariably removed, as in the formation of phenylalanine, and then re-introduced to the characteristic 4-, 3 : 4-, or 4 : 5-oxygenated pattern, or whether some or all of them survive. Possibly both routes may be encountered.

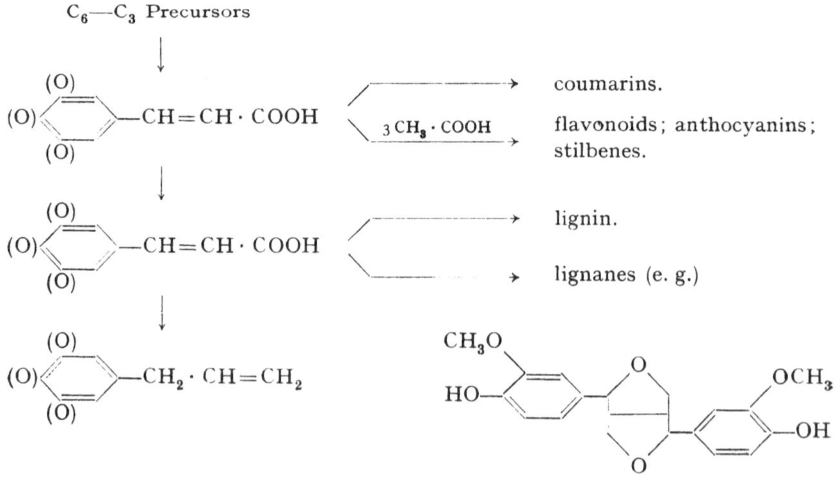
C6—C3 Precursors
(O)
(O)
(O)
—CH=CH · COOH
coumarins.
3 CH3 · COOH
flavonoids; anthocyanins; stilbenes.
(O)
(O)
(O)
—CH=CH · COOH
lignin.
lignanes (e. g.)
(O)
(O)
(O)
—CH2 · CH=CH2
CH3O
HO—
O
O
OCH3
—OH

(LX.) Pinoresinol.

Scheme 6.

Scheme 6 summarises some of the probable inter-relatives of C_6—C_3 compounds, the cinnamic acids forming attractive starting-materials. It is probable that the phenylpyruvic acids are intermediates in the formation of cinnamic acids (e. g. *72*).

3. Allyl- and Propenylbenzene Derivatives.

The natural occurrence of C_6—C_3 derivatives lacking side-chain oxygens (e. g. LXI, LXII) is of great interest. In several plant genera are found closely related species, or "physiological forms" of species, in which these compounds seem to be biologically interchangeable with compounds containing side-chain oxygen. In *Cinnamonum* the oils can be fairly sharply divided into three classes, according to whether the C_6—C_3 components are principally cinnamic aldehyde (LXIII) safrole (LXI) or eugenol (LXII), and stricter sampling might be expected to sharpen the differences judging by the recent work of PENFOLD and WILLIS and their collaborators on physiological forms (e. g. *60*). In *Ocimum* methyl cinnamate and methyl chavicol (LXIV) are similarly interchangeable.

The relationship between safrole (LXI) and eugenol (LXII) seems clear from work on the biosynthesis of the methylenedioxy group of the alkaloid protopine (*76*) since the methyl and methylenedioxy carbon must have a common source (e. g. methionine). In the trees producing safrole there is an extra oxidation stage not found in those producing eugenol.

The clue to the relation between the safrole-eugenol oils and the cinnamic aldehyde oils is probably to be found in the complete lack of occurrence in nature of either allyl- or propenylbenzene, whereas cinnamic aldehyde ($\rightleftharpoons$ cinnamyl alcohol) and cinnamic acid are not uncommon. The apparent necessity for the presence of a 4-oxygen atom for removal of oxygen from the side-chain can be rationalised by the scheme below on the basis of what is known of the mechanism of action of reducing coenzymes. The rate-determining step would be the production of the

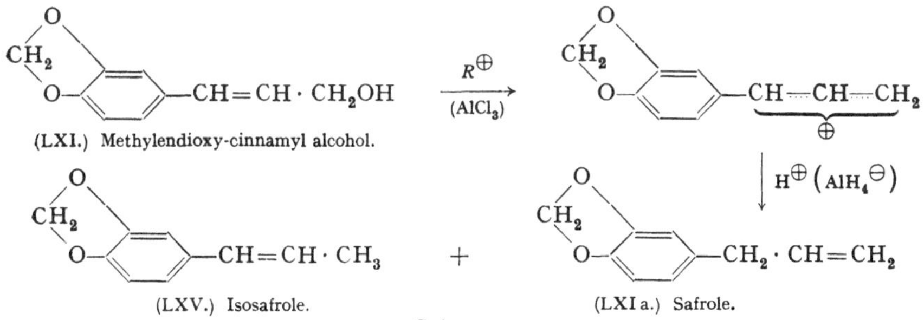

(LXI.) Methylendioxy-cinnamyl alcohol.

(LXV.) Isosafrole.   +   (LXI a.) Safrole.

Scheme 7.

mesomeric cation which is greatly facilitated by a nucleophilic 4-substituent. A chemical model has been provided for this cheme (*19*) whereby methylenedioxy-cinnamyl alcohol (LXI) has been reduced to a mixture of safrole (LXI a) and isosafrole (LXV) by means of aluminium chloride and lithium aluminium hydride (*Scheme 7*, p. 205).

$$CH_3O,\ HO—\langle\ \rangle—CH_2 \cdot CH=CH_2$$

(LXII.) Eugenol.

$$CH_3O—\langle\ \rangle—CH_2 \cdot CH=CH_2 \qquad C_6H_5 \cdot CH=CH \cdot CHO$$

(LXIV.) Methyl chavicol.   (LXIII.) Cinnamic aldehyde.

4. Flavonoids and Anthocyanins.

It has been noted that the most likely route to the biosynthesis of flavonoids and anthocyanins is from a cinnamic acid, produced by *Scheme 8* below (p. 207), and three acetic acid units (*7*). Work on *Chlamydomonas eugametos* (*11*) would appear to indicate that the phloroglucinol ring of quercetin (LXVI) is derived from mesoinositol. This conclusion was based on the effects of added and isolated substances on the sexual processes of the organism observed by Dr. F. Moewus. However, a communication from Professor F. J. Ryan and his associates at Columbia University (*68*) informs us that some fundamental experiments in this connection could not be repeated even with Moewus' assistance. Accordingly we consider that the communication of Birch, Donovan and Moewus (*11*) should be disregarded. We had not in fact abandoned our original acetic acid scheme (*7, 11*) even when the inositol work seemed strongly supported, regarding it as a special case.

Recent work on the biosynthesis of cyanidin in red cabbage (*38*) using ^{14}C-labelled acetic acid strongly supports the origin of the phloroglucinol ring from acetic acid. This involved degradation of the resulting labelled cyanidin (LXVIII) to phloroglucinol and degradation of the latter through its trinitro-derivative to bromopicrin (*Scheme 8*).

Cyanidin from carboxyl-labelled acetic acid was found to have the labelling mainly on the ring-carbons carrying oxygen atoms. With methyl-labelled acetic acid about two-thirds of the labelling was found on the carbons between the hydroxyl groups. Some mixing of the label is to be expected in this case through incorporation of some of the acetic acid in the di- or tricarboxylic acid cycle. Glucose had little effect on the incorporation.

In an effort to throw some light on the possible conversion of flavonoids to anthocyanins we first analysed the oxygen patterns of the two series

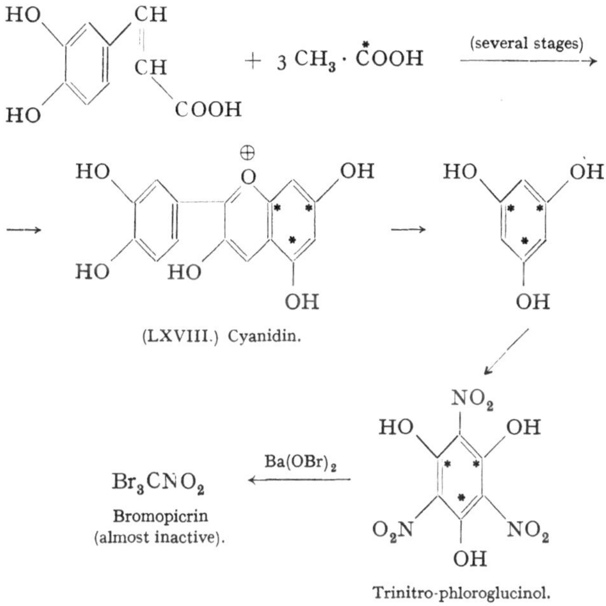

$$HO \text{—} \langle \text{ring} \rangle \text{—CH=CH—COOH} \quad + \ 3\ CH_3 \cdot \overset{*}{C}OOH \quad \xrightarrow{\text{(several stages)}}$$

(LXVIII.) Cyanidin.

Br$_3$CNO$_2$

Bromopicrin
(almost inactive).

$\xleftarrow{\text{Ba(OBr)}_2}$

Trinitro-phloroglucinol.

Scheme 8.

the data being taken from a review (*36*) omitting only substances of
doubtful or recently disproved structures. The frequencies are averaged
over the pairs 3′ : 5′-; 2′ : 6′-; 5 : 9; and 6 : 8- which are indistinguishable
for this purpose. From the data below (*Scheme 9*) it is clear that some
marked differences exist; in particular the *B*-ring of the anthocyanins
is in a more highly oxidised state and the *A*-ring is of a purer phloroglucinol type. Little difference is found between the various classes of
flavonoids. This evidence implies that only certain kinds of flavonoid
pigment can be converted biologically to anthocyanins, or else that
there is no direct connection.

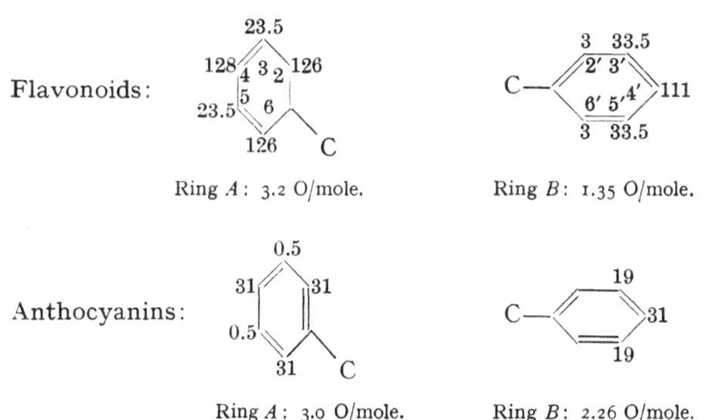

Scheme 9. Distribution of Oxygen in Flavonoids and Anthocyanins.

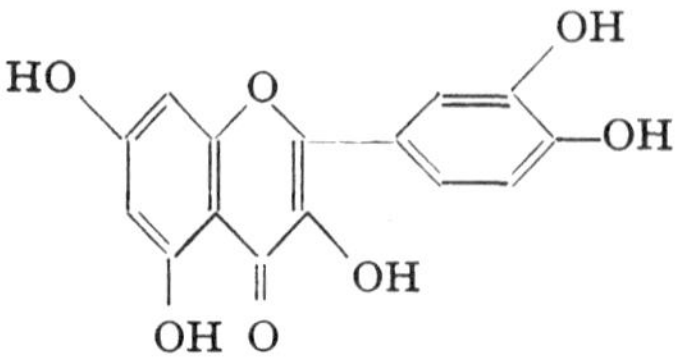

(LXVI.) Quercetin.

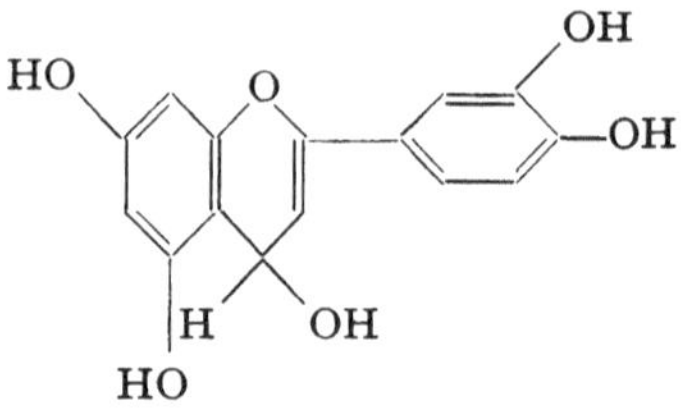

(LXVII.)

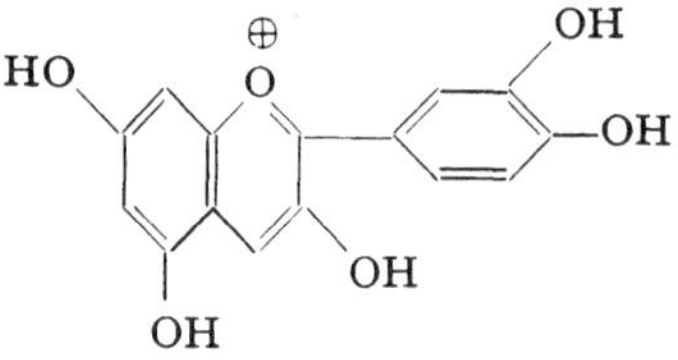

(LXVIII.)

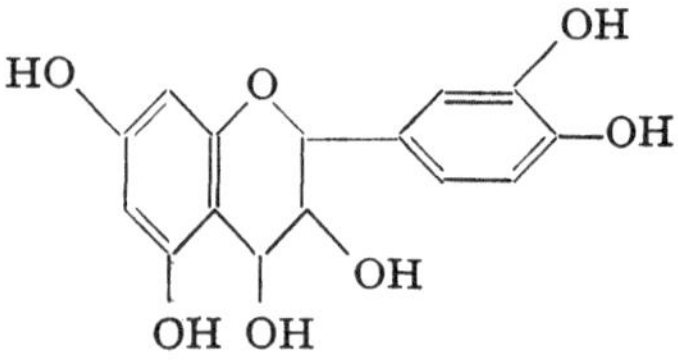

(LXIX.)

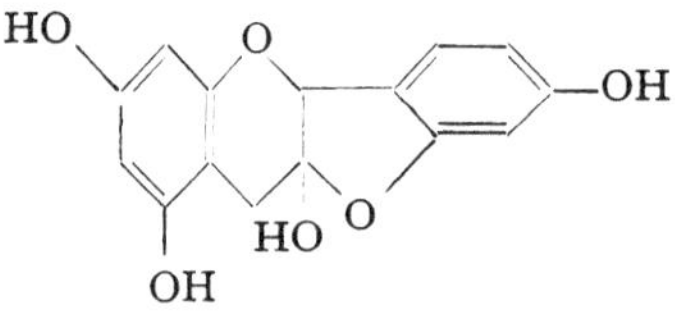

(LXX.) Cyanomaclurin.

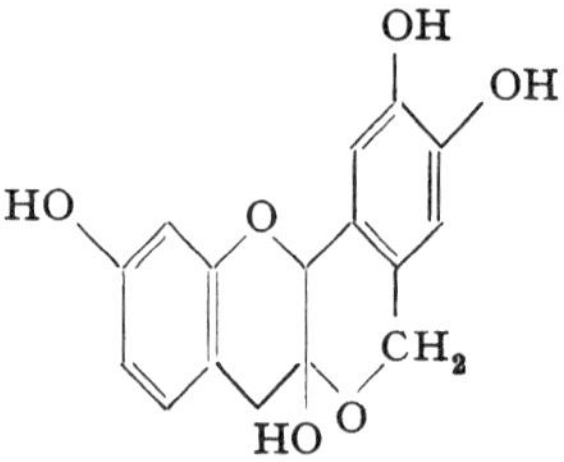

(LXXI.) Peltogynol.

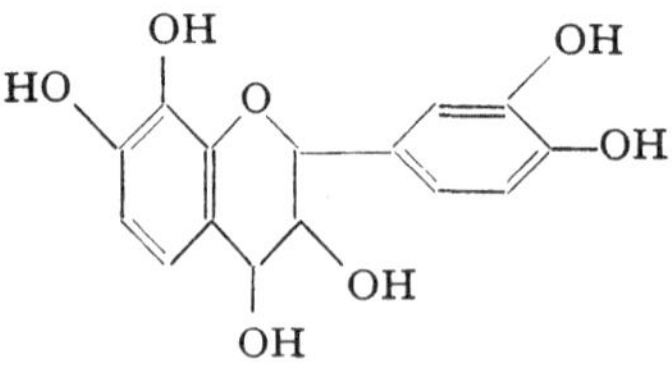

(LXXII.) Melacacidin.

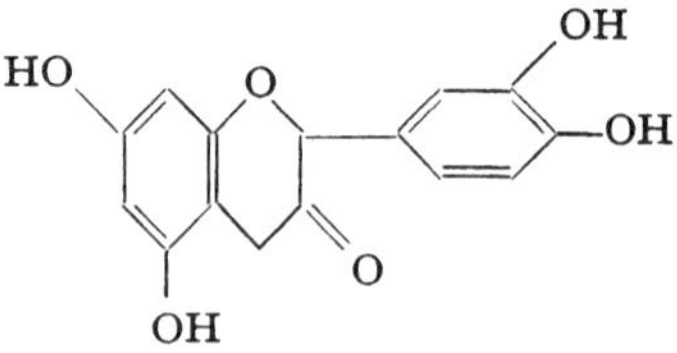

(LXXIII.)

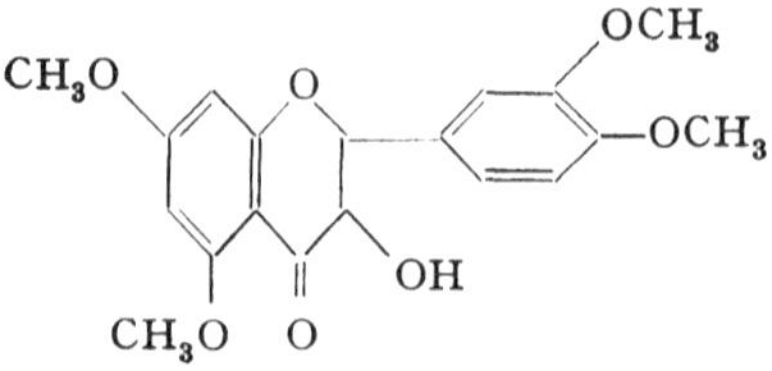

(LXXIV.) Taxifolin tetramethylether.

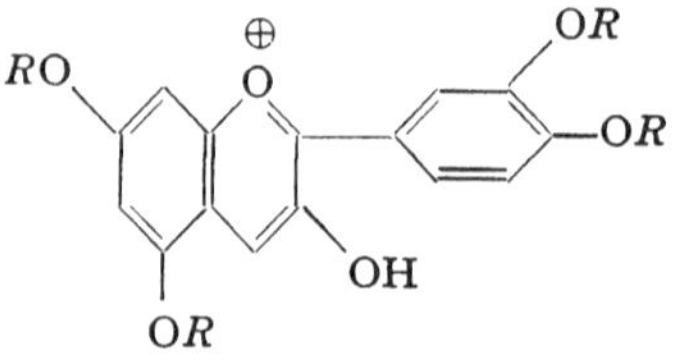

(LXXV.) (R = CH_3) Cyanidin chloride tetramethyl-ether.

A most outstanding difference is the presence of a 4-oxygen atom in all flavonoids (e. g. LXVI) and with two exceptions of a 3-oxygen in all anthocyanins (e. g. LXVIII). Any mechanism for the conversion of the former to the latter must account for this difference, and it was on this basis that further investigations were undertaken (3).

Reduction of the 4-keto group of a flavonol to an hydroxyl group gives the ψ-base of an anthocyanin, e. g. quercetin (LXVI) $\rightarrow \psi$-base (LXVII) $\rightarrow$ flavylium salt (cyanidin) (LXVIII). An argument which has been advanced against this type of transformation as a possible biosynthetic reaction (e. g. 35) is that the yields are very low by reduction with acid-metal combinations. However, we felt that this is not necessarily a valid objection, since biological reduction occurs through coenzymes which appear to act as donors of hydrogen anions rather than electrons and the nearest chemical reagents would therefore be the complex hydrides.

MIRZA and ROBINSON (57) obtained cyanidin from quercetin by reduction with lithium aluminium hydride, the chief difficulties being due to lack of solubility. Solubility was increased (3) by the use of the fully acetylated flavonol, e. g. pentaacetyl quercetin which then gave directly about 35% yield of cyanidin chloride, probably through (LXVII). Reduction of flavonols would therefore appear to be a likely biosynthetic route.

Another route which would explain the loss of a 4-oxygen atom involves the acid-catalysed dehydration of a flavan-3 : 4-diol (3). The mechanism of this reaction has been discussed in relation to the corresponding tetrahydronaphthalene derivative (5). The intermediate substance would then be a flavan-3-one (e. g. LXXIII), and it is notable that the only two leucoanthocyanins whose structures had been defined prior to the commencement of our work (the beginning of 1953) were both protected derivatives of flavan-3-one: cyanomaclurin (LXX) and peltogynol (LXXI). We were struck by the fact that the properties of the leucoanthocyanins of ROBINSON and ROBINSON (64) could be explained by a flavan-3 : 4-diol formula, and about the same time BATE-SMITH (2) suggested the same possibility. KING and BOTTOMLEY (49, 50) isolated a natural flavan-3 : 4-diol, melacacidin (LXXII) whose structure was determined. It was shown (22, 51, 52) to give rise by treatment with hot acid to an anthocyanin, which was not a natural one, but the diol structure was suggested as a general one for leucoanthocyanins. Prior to this, we (3, 4) had obtained from the pentaacetyl quercetin reduction, noted above, a fraction producing cyanidin in good yield by the action of *hot* acid and believed to contain the diol (LXXIII), although no crystalline substance, or crystalline derivative, could be isolated. The tetraacetyl derivative of the flavanonol aromadendrin similarly gave a diol convertible to pelargonidin (*3*). We then examined the reduction of the tetramethyl ether of the flavanonol taxifolin (LXXIV) with lithium aluminium hydride to a crystalline substance (LXXIII, $R=CH_3$) convertible by hot alcoholic acid to crystalline cyanidin chloride tetramethyl ether (LXXV) (*4*). Swain (*77*) reduced taxifolin itself and methylated the product to what is probably a stereoisomer of the substance above. He also demonstrated its conversion to tetramethyl cyanidin. Freudenberg and Roux (*34*) converted the flavanonol robinetin to the corresponding diol with leucoanthocyanin properties. Attempts to synthesise the intermediate flavan-3-ones have so far been unsuccessful, since the substances appear to be very unstable (*4*).

From this evidence it appears possible that anthocyanins could be derived by reduction of flavan-4-on-3-ol derivatives or flav-4-on-3-ol derivatives either of which could arise from flavanones ($\rightleftharpoons$ chalcones). The hypothetical (*7*) *Scheme 10* is:

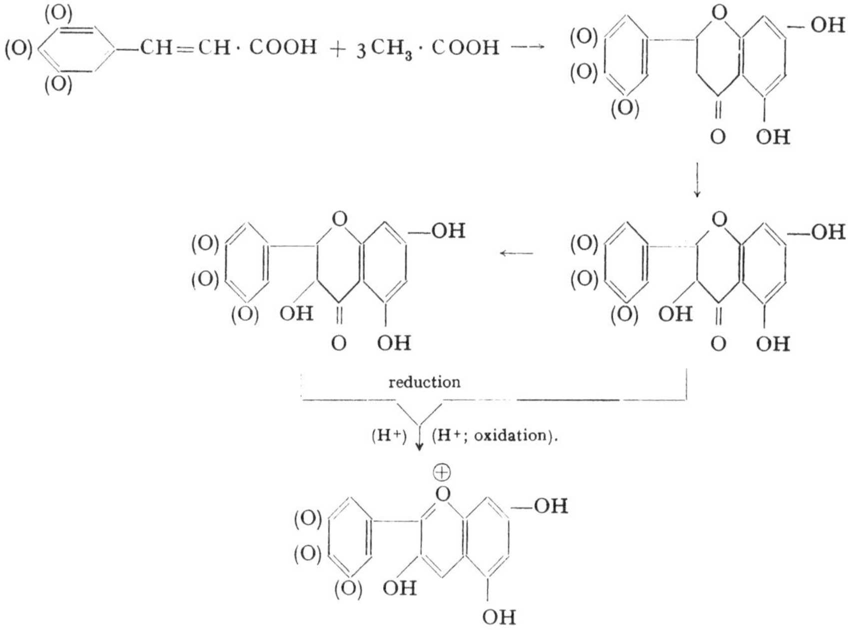

$$\text{(O)}_2\text{C}_6\text{H}_3\text{—CH=CH·COOH} + 3\,CH_3·COOH \longrightarrow$$

reduction

(H+) (H+; oxidation).

Scheme 10.

V. Some Other Natural Phenols.

1. Terpenoid-derived Phenols.

Many natural phenols do not fit comfortably into any of the above classes so far as mere inspection of formulae can reveal. They may be examples of different classes, or result from extensive alteration or degradation. In other cases an indirect origin from acetic acid by way of terpenoid intermediates is indicated.

A straightforward example of this is the A-ring of oestrone which probably arises from the A-ring of an oxidised testosterone (55, 56):

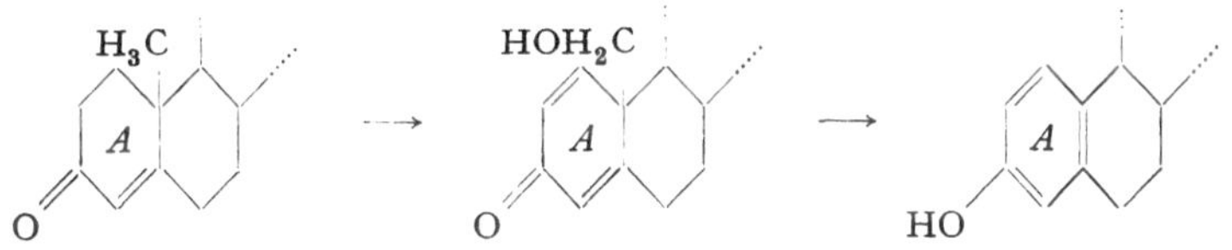

The aromatic ring of the tocopherols (LXXVI, LXXVII) probably arises similarly from a terpenoid ring carrying gem-dimethyl groups, partly through methyl migration and partly through oxidative elimination (*Scheme 11*):

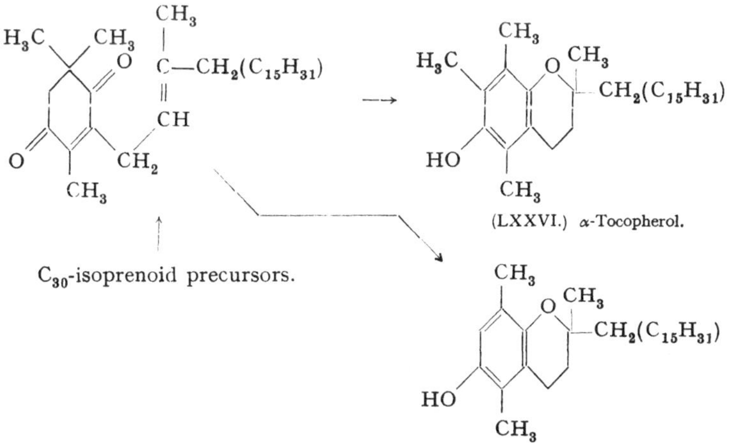

C_{30}-isoprenoid precursors.

(LXXVI.) α-Tocopherol.

(LXXVII.) β-Tocopherol (etc.).

Scheme 11.

2. Tropolones.

The isopropyl tropolones (thujaplicins) and the C_{15}-tropolone nootkatin probably arise from terpenes (e. g. *31*).

A more interesting series is that of the mould tropolones stipitatic acid (LXXVIII), puberulic acid (LXXIX), and puberulonic acid (LXXX). It is suggested that they come from C_6—C_3 precursors related to prephenic acid (LIX, p. 203) and its precursors (*Scheme 12*):

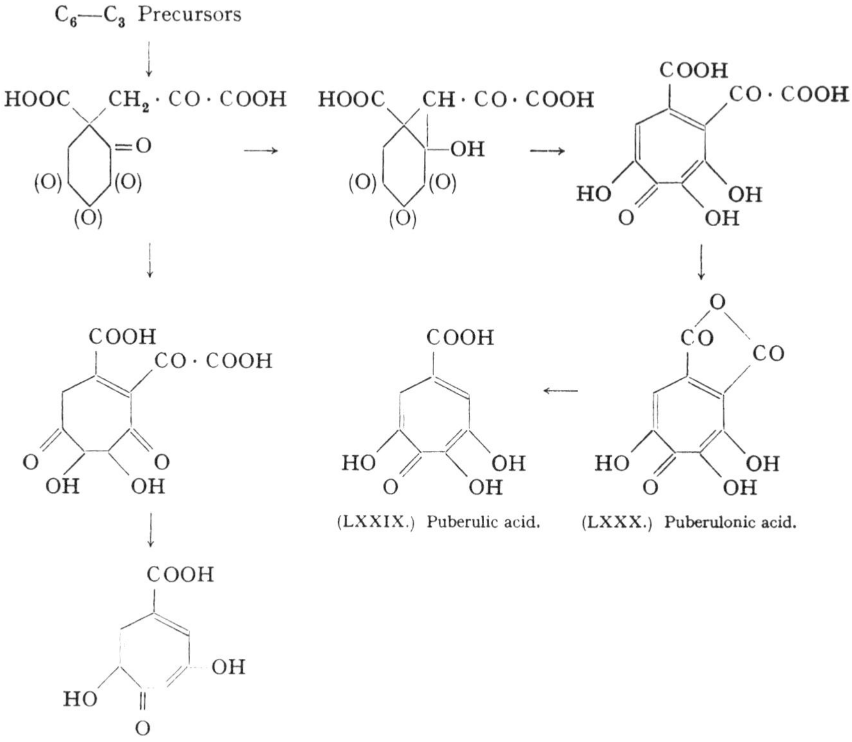

C$_6$—C$_3$ Precursors

HOOC CH$_2$·CO·COOH $\longrightarrow$ HOOC CH·CO·COOH $\longrightarrow$

(LXXIX.) Puberulic acid.

(LXXX.) Puberulonic acid.

(LXXVIII.) Stipitatic acid.

Scheme 12.

VI. Conclusions.

The foregoing exposition is essentially an expression of an attitude of mind which the organic chemist can adopt towards the study of natural products. In it a number of assumptions are implicit: notably that the fundamental mechanisms of biosynthesis differ little from plants to moulds or even animals, and that the mechanisms of biochemical reactions can be formulated in terms similar to those in which laboratory reactions can be expressed. Such assumptions may be oversimplifications, but the approach does not claim to provide proofs, merely suggestions. The success of the biochemical experiments in moulds suggested by the acetic acid hypothesis, which was worked out on the basis of plant products in general, clearly demonstrates the validity of the approach.

The lesson for the organic chemist is that the determination of the structure of a natural molecule is not a final end: rather it is the beginning of a new investigation whereby is defined the relationship of the substance to other natural substances and finally to biochemical processes.

References.

1. ASTILL, B. D. and J. C. ROBERTS: Studies in Mycological Chemistry. I. Flaviolin, 2(or 3) : 5 : 7-Trihydroxy-1 : 4-naphthaquinone, a Metabolic Product of *Aspergillus citricus* (WEHMER) MOSSERAY. J. Chem. Soc. (London) **1953**, 3302.

2. BATE-SMITH, E. C.: Colour Reactions of Flowers Attributed to (a) Flavanols and (b) Carotenoid Oxides. J. exp. Botan. **4**, 1 (1953).

3. BAUER, L., A. J. BIRCH and W. E. HILLIS: Some Synthetic Leucoanthocyanidins. Chem. and Ind. **1954**, 433.

4. BAUER, L., A. J. BIRCH and A. V. ROBERTSON: unpublished.

5. BIRCH, A. J.: Homocyclic Compounds. Annu. Rep. Chem. Soc. (London) **47**, 177 (1950).

6. — β-Triketones. I. The Structure of Angustione, Dehydroangustione, Calythrone, and Flavaspidic Acid. J. Chem. Soc. (London) **1951**, 3026.

7. BIRCH, A. J. and F. W. DONOVAN: Studies in Relation to Biosynthesis. I. Some Possible Routes to Derivatives of Orcinol and Phloroglucinol. Austral. J. Chem. **6**, 360 (1953).

8. — — Studies in Relation to Biosynthesis. III. The Structure of Eleutherinol. Austral. J. Chem. **6**, 372 (1953).

9. — — The Structures of Some Natural Naphthoquinones. Chem. and Ind. **1954**, 1047.

10. — — Studies in Relation to Biosynthesis. V. The Structures of Some Natural Quinones. Austral. J. Chem. **8**, 529 (1955).

11. BIRCH, A. J., F. W. DONOVAN and F. MOEWUS: Biogenesis of Flavonoids in *Chlamydomonas eugametos*. Nature (London) **172**, 902 (1953).

12. BIRCH, A. J. and P. ELLIOTT: Studies in Relation to Biosynthesis. VIII. Tasmanone, Dehydroangustione, and Calythrone. Austral. J. Chem. **9**, 95 (1956).

13. BIRCH, A. J., P. ELLIOTT and A. R. PENFOLD: Studies in Relation to Biosynthesis. IV. Angustifolionol. Austral. J. Chem. **7**, 169 (1954).

14. BIRCH, A. J. and R. A. MASSY-WESTROPP: Studies in Relation to Biosynthesis. XI. The Structure of Nalgiovensin. J. Chem. Soc. (London) (in press).

15. BIRCH, A. J., R. A. MASSY-WESTROPP and C. J. MOYE: Studies in Relation to Biosynthesis. VII. 2-Hydroxy-6-methylbenzoic Acid in *Penicillium griseofulvum* DIERCKX. Austral. J. Chem. **8**, 539 (1955).

16. BIRCH, A. J., R. A. MASSY-WESTROPP, R. W. RICKARDS and H. SMITH: unpublished.

17. BIRCH, A. J., R. A. MASSY-WESTROPP, M. SLAYTOR and H. SMITH: unpublished.

18. BIRCH, A. J. and R. W. RICKARDS: unpublished.

19. BIRCH, A. J. and M. SLAYTOR: Reduction of Cinnamyl Alcohols with Aluminium Chloride and Lithium Aluminium Hydride. Chem. and Ind. **1956**, 1524.

20. BLAIR, J. and G. T. NEWBOLD: The Structure of Mellein. Chem. and Ind. **1955**, 93.

21. — — Lactones. II. The Structure of Mellein. J. Chem. Soc. (London) **1955**, 2871.

22. BOTTOMLEY, W.: The Conversion of Melacacidin into 3 : 3' : 4' : 7 : 8-Pentahydroxyflavylium Chloride. Chem. and Ind. **1954**, 516.

23. BROWN, S. A. and A. C. NEISH: Shikimic Acid as a Precursor in Lignin Biosynthesis. Nature (London) **175**, 688 (1955).

24. COLLIE, J. N.: The Production of Naphthalene Derivatives from Dehydracetic Acid. J. Chem. Soc. (London) **63**, 329 (1893).

25. — Derivatives of the Multiple Keten Group. J. Chem. Soc. (London) **91**, 1806 (1907).

26. Collie, J. N. and T. P. Hilditch: An Isomeric Change of Dehydracetic Acid. J. Chem. Soc. (London) **91**, 787 (1907).

27. Dalgliesh, C. E.: Metabolism of the Aromatic Amino Acids. Adv. Protein Chem. **10**, 31 (1955).

28. Davies, J. E., F. E. King and J. C. Roberts: Studies in Mycological Chemistry. II. Proof of the Constitution of Flaviolin (2 : 5 : 7-Trihydroxy-1 : 4-naphthaquinone) by a Synthesis of Tri-O-methylflaviolin. J. Chem. Soc. (London) **1955**, 2782.

28a. — — — The Structure of Flaviolin. Chem. and Ind. **1954**, 1110.

29. Dimroth, O. und R. Fick: Über den Farbstoff des Kermes. (3. Abh.) Liebigs Ann. Chem. **411**, 315 (1916).

30. Ebnöther, A., Th. M. Meijer und H. Schmid: Über Eleutherinol, ein natürliches Naphtopyron. [Inhaltsstoffe aus *Eleutherine bulbosa* (Mill.) Urb. VI.] Helv. Chim. Acta **35**, 910 (1952).

31. Erdtman, H.: Chemistry of Some Heartwood Constituents of Conifers and their Physiological and Taxonomic Significance. Progr. Organ. Chem. **1**, 22 (1952).

32. — Organic Chemistry and Conifer Taxonomy. In: Perspectives in Organic Chemistry. New York: Interscience Publ. 1956, p. 453 (especially, p. 464).

33. Freudenberg, K.: Lignin im Rahmen der polymeren Naturstoffe. Angew. Chem. **68**, 84 (1956).

33a. — Neuere Ergebnisse auf dem Gebiete des Lignins und der Verholzung. Fortschr. Chem. organ. Naturstoffe **11**, 43 (1954).

34. Freudenberg, K. und D. G. Roux: Umwandlungen des Dihydro-robinetins in das zugehörige Anthocyanidin. Naturwiss. **41**, 450 (1954).

35. Geissman, T. A. and R. O. Clinton: Flavanones and Related Compounds. II. The Colored Reduction Products of Polyhydroxyflavanones. J. Amer. Chem. Soc. **68**, 700 (1946).

36. Geissman, T. A. and E. Hinreiner: Theories of the Biogenesis of Flavonoid Compounds (Part 1). Botan. Rev. **18**, 77 (1952).

37. Gerzon, K., E. H. Flynn, M. V. Sigal, Jr., P. F. Wiley, R. Monahan and U. C. Quarck: Erythromycin. VIII. Structure of Dihydroerythronolide. J. Amer. Chem. Soc. **78**, 6396 (1956).

38. Grisebach, H.: personal communication.

39. Gupta, V. N., A. C. Jain and T. R. Seshadri: Nuclear Reduction of Anthoxanthins — Complete Removal of Phenolic Hydroxyl Groups. Proc. Indian Acad. Sci. **38 A**, 470 (1953).

40. Howard, G. A. and A. R. Tatchell: The Synthesis of *DL*-Cohumulone. Chem. and Ind. **1954**, 514.

41. Hughes, G. K. and E. Ritchie: Alkaloid Biosynthesis. Rev. Pure Appl. Chem. (Australia) **2**, No. 3 (1953).

42. Jain, A. C., O. P. Mittal and T. R. Seshadri: Nuclear Reduction in the Biogenesis of Xanthones. J. Sci. Ind. Res. (India) **12 B**, 647 (1953).

43. Jain, A. C. and T. R. Seshadri: Nuclear Reduction in the 5-Position of Anthoxanthins. Proc. Indian Acad. Sci. **38 A**, 294 (1953).

44. — — Nuclear Reduction of Anthoxanthins in the Side Phenyl Nucleus. Proc. Indian Acad. Sci. **38 A**, 467 (1953).

45. Jerdan, D. S.: A new Synthesis of Phloroglucinol. J. Chem. Soc. (London) **71**, 1106 (1897).

46. — The Condensation of Ethylic Acetonedicarboxylate and Constitution of Triethylic Orcinoltricarboxylate. J. Chem. Soc. (London) **75**, 808 (1899).

47. Joshi, C. G. and A. B. Kulkarni: Synthesis of Flavan-3 : 4-diols. Chem. and Ind. **1954**, 1421.

48. KALAN, E. B., B. D. DAVIS, P. R. SRINIVASAN and D. B. SPRINSON: The Conversion of Various Carbohydrates to 5-Dehydroshikimic Acid by Bacterial Extracts. J. Biol. Chem. **223**, 907 (1956).

49. KING, F. E. and W. BOTTOMLEY: The Isolation from *Acacia melanoxylon* of a Flavan-3 : 4-diol and its Possible Bearing on the Constitution of Phlobatannins. Chem. and Ind. **1953**, 1368.

50. — — The Chemistry of Extractives from Hardwoods. Part XVII. The Occurrence of a Flavan-3 : 4-diol (Melacacidin) in *Acacia melanoxylon*. J. Chem. Soc. (London) **1954**, 1399.

51. KING, F. E. and J. W. CLARK-LEWIS: The Synthesis of a Crystalline Leucoanthocyanidin. Chem. and Ind. **1954**, 757.

52. — — The Constitution and Synthesis of Leucoanthocyanidins. J. Chem. Soc. (London) **1955**, 3384.

53. LINDSTEDT, G. and A. MISIORNY: Constituents of Pine Heartwood. XXV. Investigation of Forty-eight *Pinus* Species by Paper Partition Chromatography. Acta Chem. Scand. **5**, 121 (1951).

54. MASON, H. S.: Comparative Biochemistry of the Phenolase Complex. Adv. Enzymology **16**, 105 (1955).

55. MEYER, A. S.: 19-Hydroxylation of Δ^4-Androstene-3,17-dione and Dehydroepiandrosterone by Bovine Adrenals. Experientia **11**, 99 (1955).

56. — Conversion of 19-Hydroxy-Δ^4-androstene-3,17-dione to Estrone by Endocrine Tissue. Biochim. Biophys. Acta **17**, 441 (1955).

57. MIRZA, R. and R. ROBINSON: Conversion of Flavonols into Anthocyanidins. Nature (London) **166**, 997 (1950).

58. NISHIKAWA, E.: Biochemistry of Moulds. III. A Metabolic Product of *Aspergillus melleus* YUKAWA. J. Agric. Chem. Soc. Japan **9**, 1059 (1933).

59. NOLAN, T. J.: Lichen Substances: Depsides. In: Thorpe's Dictionary of Applied Chemistry, 4th Ed., Vol. VII, p. 293. London-New York-Toronto: Longmans, Green & Co. 1946.

60. PENFOLD, A. R., H. H. G. McKERN and M. C. SPIES: The Essential Oil of *Backhousia myrtifolia* HOOKER et HARVEY. II. The Occurrence of Physiological Forms. J. Proc. Roy. Soc., N. S. Wales **87**, 102 (1953).

61. RAISTRICK, H. and J. ZIFFER: Studies in the Biochemistry of Micro-organisms. 84. The Colouring Matters of *Penicillium nalgiovensis* LAXA. Part 1. Nalgiovensin and Nalgiolaxin. Isolation, Derivatives and Partial Structures. Biochemic. J. **49**, 563 (1951).

62. RIEDL, W.: IV. Mitt. über Hopfenbitterstoffe. Synthese einiger Lupulon-Analoga mit abgewandeltem Acyl-Rest. Liebigs Ann. Chem. **585**, 38 (1954).

63. RIEDL, W. und K. H. RISSE: Kernmethylierung von Phloracetophenon. Über Bestandteile von *Filix mas* (II) und über Hopfenbitterstoffe (VII). Liebigs Ann. Chem. **585**, 209 (1954).

64. ROBINSON, G. M. and R. ROBINSON: A Survey of Anthocyanins. III. Notes on the Distribution of Leuco-anthocyanins. Biochemic. J. **27**, 206 (1933).

65. ROBINSON, R.: A Theory of the Mechanism of the Phytochemical Synthesis of certain Alkaloids. J. Chem. Soc. (London) **111**, 876 (1917).

66. — The Structural Relations of Natural Products. Oxford: Clarendon Press. 1955.

67. RUZICKA, L.: Bedeutung der theoretischen organischen Chemie für die Chemie der Terpenverbindungen. In: Perspectives in Organic Chemistry. New York: Interscience Publ. 1956. p. 265 (especially, p. 297).

68. RYAN, F. J.: personal communication.

69. SALAMON, I. I. and B. D. DAVIS: Aromatic Biosynthesis. XI. The Isolation of a Precursor of Shikimic Acid. J. Amer. Chem. Soc. **75**, 5567 (1953).

70. Schmid, H.: Natürlich vorkommende Chromone. (Mit Anhang über weitere Eleutherine-Inhaltsstoffe.) Fortschr. Chem. organ. Naturstoffe **11**, 124 (1954) (speziell S. 138).

71. Schöpf, Cl.: Die Synthese von Naturstoffen, insbesondere von Alkaloiden, unter physiologischen Bedingungen und ihre Bedeutung für die Frage der Entstehung einiger pflanzlicher Naturstoffe in der Zelle. Angew. Chem. **50**, 779 (1937).

72. Schubert, W. J., S. N. Acerbo and F. F. Nord: Investigations on Lignin and Lignification. XVIII. Incorporation of p-Hydroxyphenyl-pyruvic Acid into Lignin. J. Amer. Chem. Soc. **79**, 251 (1957).

73. Seshadri, T. R.: Nuclear Oxidation in the Flavones and Related Compounds. XIII. A Discussion of the Results. Proc. Indian Acad. Sci. **28 A**, 1 (1948).

74. — Some New Considerations in the Biogenesis of Sap-soluble Pigments. Proc. Indian Acad. Sci. **32 A**, 367 (1950).

75. Shibata, S., T. Murakami, I. Kitagawa and M. Takido: On the Fungal Coloring Matters. The Structures of Rugulosin, Rubroskyrin, and Flavoskyrin. Proc. Japan Acad. **32**, 356 (1956).

76. Sribney, M. and S. Kirkwood: Origin of the Methylenedioxy Groups of the Alkaloid Protopine. Nature (London) **171**, 931 (1953).

77. Swain, T.: Leucocyanidin. Chem. and Ind. **1954**, 1144.

78. Weiss, U., B. D. Davis and E. S. Mingioli: Aromatic Biosynthesis. X. Identification of an Early Precursor as 5-Dehydroquinic Acid. J. Amer. Chem. Soc. **75**, 5572 (1953).

79. Wenkert, E.: The Role of Oxidation in the Biogenesis of Alkaloids. Experientia **10**, 346 (1954).

80. Woodward, R. B.: Neuere Entwicklungen in der Chemie der Naturstoffe. Angew. Chem. **68**, 13 (1956).

81. Yabuta, T. and Y. Sumiki: Ochracin, a new Metabolic Product of *Aspergillus ochraceus*. J. Agric. Chem. Soc. Japan **10**, 703 (1934).

(Received, February 25, 1957.)

The Aminochromes.

By **Harry Sobotka**, **Norman Barsel** and **J. D. Chanley**, New York.

With 2 Figures.

Contents.

I. Chemistry.

Introduction.

The class of cyclic oxidation products of phenylethyl amines with carbonyl groups in position 5 and 6 of a dihydroindole system and including variants in the heterocyclic moiety has been designated 1951 as "*Aminochromes*" (92). We have coined this term as a shorthand description of these compounds.

Adrenochrome, a cyclic oxidation product of adrenaline (epinephrine)*, is the best known member of this class of compounds. Aminochromes are

---

* The terms *adrenaline* and *epinephrine* are used interchangeably throughout this review.

formed in nature and in the laboratory as intermediates in the oxidation of tyrosine, dihydroxy-phenylalanine, epinephrine and their congeners to melanine, the pigment of the animal integument and some other tissues. Like intermediates in other metabolic reactions, the aminochromes exert certain physiological functions; it would be vain to attempt a decision as to whether the mechanism by which they evolve preceded the evolution of their functional usefulness or whether this mechanism developed amongst possible variants because of the physiological effect of the intermediates.

Aminochromes are 2,3-dihydroindole-5,6-quinones or 2,3,5,6-tetrahydroindole-5,6-diones; they are produced by the oxidation and cyclization of 3,4-dihydroxy-phenylethylamines. They are unstable substances subject to further oxidation and to rearrangement by acid and alkali. They are dark red to violet and may be obtained as glistening crystals. All these compounds melt with decomposition and their m. p. depends on the rate of heating. Thus, the m. p. of adrenochrome has been variably reported within the range of $125°$ and $135°$.

These compounds form only monoderivatives with carbonyl reagents and only some ill-defined products with o-phenylene diamine. They are soluble in water, moderately soluble in alcohol, and insoluble in ether and benzene. They are more deeply colored than would be expected from open-chain orthoquinones. These facts, considered together, suggest that they exist predominantly as "zwitter"ions (*48*):

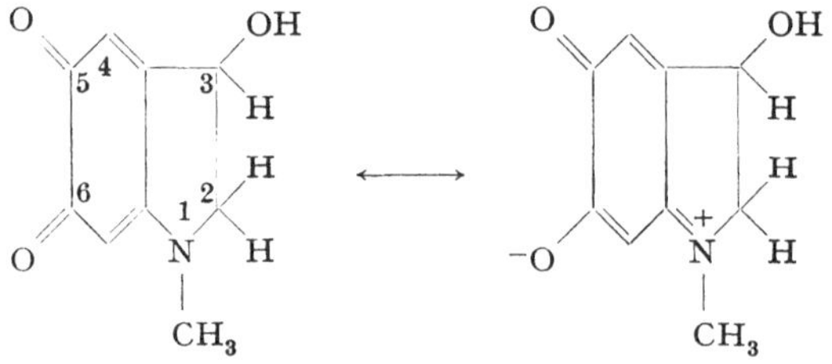

(I a.)   (I b.)

Their formation is the basis of certain analytical procedures for the determination of epinephrine. In fact, about the time when adrenaline was first synthesized, a red coloration had been noticed in adrenaline solutions upon reaction with such oxidizing agents as iodine, bromine, potassium iodate, or air. Fränkel and Allers (*43*) developed a quantitative test for adrenaline by oxidation with iodate, but the nature of the red oxidation product was unknown; and it remained for Raper and his collaborators (*33, 36, 77*) in their work on the formation of melanin by the enzymatic oxidation of tyrosine, 3,4-dihydroxy-phenylalanine ("dopa") (II, p. 222), tyramine, and epinine, to formulate the red oxidation products as aminochromes.

Structure and Preparation.

RAPER (*77*) had observed that on oxidation of tyrosine or "dopa" by tryrosinase a red solution was obtained, which on standing in an hydrogen atmosphere, after the removal of oxygen and enzyme, slowly decolorized. The reaction of the decolorized solution with dimethyl sulfate and alkali led to the isolation of the 5,6-dimethoxy derivatives of indole and of its 2-carboxylic acid. RAPER surmised that the red color was due to the 5,6-quinone of dihydroindole-2-carboxylic acid and that decoloration was an internal oxidation-reduction process with or without loss of carbon dioxide. By analogous reactions, he showed that tyramine yielded 5,6-dimethoxyindole, while epinine (3,4-dihydroxyphenylethyl methyl-amine) gave the N-methyl derivative (*33*). The oxidation of "dopa" and epinine by silver oxide gave red solutions which decolorized spontaneously and yielded on methylation 5,6-dimethoxyindole-2-carboxylic acid and 5,6-dimethoxy-N-methylindole, respectively (*20, 33*). The identity of the red products, obtained both by silver oxide and by enzymatic oxidation, was proved spectroscopically (*67*).

The reaction of L-adrenaline with potassium iodate yielded a crystalline compound designated as the 2-iodo-derivative of adrenochrome (*78*). This product, $C_9H_8O_3NI$, was optically active and could be reduced by sulfur dioxide to a colorless compound which gave a positive ferric chloride reaction (*78*). GREEN and RICHTER reported about the same time the isolation of crystalline adrenochrome by the enzymatic oxidation of adrenaline (*47*). They prepared from adrenochrome a monoxime and the same iodo-derivative as previously described by RICHTER and BLASCHKO (*78*). The orthoquinoid indole structure of the red oxidation products, deduced by RAPER on the basis of transformation to known indole derivatives, was thus confirmed. BERGEL and MORRISON (*13*) subsequently prepared from 2-iodo-adrenochrome both 5,6-dihydroxy-1-methyl-indole and its 2-iodo-derivative and converted the latter into the former.

The oxidation of epinephrine and of its congeners to aminochromes is accomplished by a variety of reagents, either enzymatic or by air, oxygen, halogen, iodate, silver oxide, manganese dioxide, lead dioxide, persulfate, or potassium ferricyanide (*72, 75, 87*). The amount and rate of oxygen consumption in the aerial oxidation of adrenaline without or with enzyme depends upon the presence of heavy metal ions, upon the p_H, and upon the nature of the buffer (*21–24, 75*). In the absence of heavy metal the absorption of oxygen from air by adrenaline in phosphate buffer is negligible at p_H 7.0 and 37°. Under the same conditions 0.5 atoms of oxygen are consumed within 50 min. in pure oxygen, while 2.26, 2.80, and 3.85 atoms of oxygen are absorbed in the presence of nickel, copper, and manganese salts, respectively. With a bicarbonate buffer only

Table 1. Oxidation of Catecholamines
(% = reported yield; (+) indicates aminochrome

Compound	R'	R''	R'''
Hydroxy-tyramine	H	H	H
2-Methyl-hydroxytyramine	H	CH_3	H
"Dopa"	H	COOH	H
Ethyl Ester of "Dopa"	H	$COOC_2H_5$	H
Noradrenaline	H	H	OH
2-Methyl-noradrenaline (Corbasil)	H	CH_3	OH
2-Ethyl-noradrenaline	H	C_2H_5	OH
Epinine	CH_3	H	H
Epinine-2-carboxylic acid	CH_3	COOH	H
2-Carbethoxy-epinine	CH_3	$COOC_2H_5$	H
Epinephrine	CH_3	H	OH
Aludrine	$i\text{–}C_3H_7$	H	OH

1 atom of oxygen is absorbed during the same period, in the presence of copper as catalyst. However, the absorption of 2 atoms of oxygen, both enzymatically and non-enzymatically, coincides with the formation of aminochromes (*47, 54, 63, 75*).

Silver oxide and potassium ferricyanide have found most favor for preparative purposes (*16, 90, 95, 96*).

Table 1 summarizes the oxidation of catecholamines to aminochromes by various oxidizing agents. In some cases the product was isolated, in others a derivative was obtained, in others again the presence of the aminochrome was demonstrated spectroscopically or by rearrangement to the corresponding indoles to be discussed below.

Oxidative cyclization is not confirmed to catecholamines, but may also be applied to other compounds, especially 2,5-dihydroxy-phenyl-ethylamines, and utilized for the synthesis of a number of naturally occurring, physiologically important indole derivatives. As prototype of this reaction we shall consider the oxidation and cyclization of 2,5-di-hydroxy-phenylalanine, which is accompanied by decarboxylation to to Aminochromes.

formation but yield not given.)

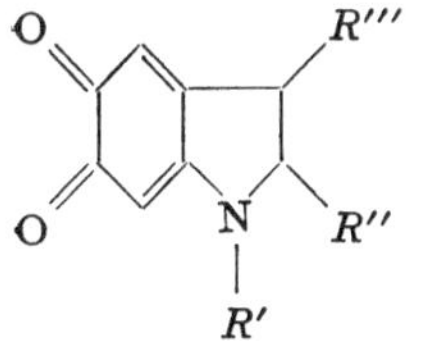

$$\text{(structure: indole-4,7-dione with substituents } R',\ R'',\ R''')$$

Oxidizing Agents, Yields, and Literature			
Ag_2O	KIO_3	$K_3[Fe(CN)_6]$	Enzymatic
—	3-Iodo (?) (+) (7) (cf. *18*)	trace[a] (*18*)	(+) (*33*)[a]
—	o (*18*)	trace[a] (*18*)	—
(+)[a, b] (*33, 67, 77*)	o (*18*)	5–30%[d] (*18*)	(+)[a, b] (*33, 67, 77*)
—	3-Iodo 30% (*18*)	—	—
(+)[b] (*11, 17, 18*)	2-Iodo 16% (*7, 17, 18*)	o (*18*)	—
—	2-Iodo 44% (*18*)	20%[c] (*17, 18*)	—
(+)[b, c] (*11*)	—	—	—
40% (*11, 33, 92*)	3-Iodo 50–90% (*7, 18, 92*)	60%[a] (*18*)	(+)[a] (*33*)
—	—	40%[d] (*18*)	—
(+)[b] (*92*)	—	—	—
60% (*11, 16, 49, 65, 92, 95, 97*)	2-Iodo 65–97% (*18, 78, 89, 92*)	62%[a] (*18*)	(+) (*47*)
(+) (*11*)	2-Iodo 20% (*7, 17, 18*)	40%[a, c] (*17, 18*)	—

a) Identification and yield based on rearrangement to indole derivative.
b) Spectroscopic identification.
c) Aminochrome isolated as semicarbazone derivative.
d) Identification and yield based on rearrangement to decarboxylated indole derivative.

5-hydroxyindole, by means of potassium ferricyanide. Similarly, serotonin, 5-hydroxytryptamine (Va), may be formed from the dihydroxydiamine (IVa) and bufotenin (Vb), the N-dimethyl derivative of serotonine, from (IVb); eserolin (VII), the parent substance of eserine, may be obtained by the analogous reaction of the di-methylamine (VI); in this instance a second ring closure ensues (*50, 94*) (pp. *222–223*).

Hallachrome is a red pigment isolated from the integument of the marine annelid worm *Halla parthenopaea* COSTA (*68*). This compound was believed to be identical with the red oxidation product obtained from tyrosine and dihydroxy-phenylalanine (II). However, this assumption was discarded when the solubility of hallachrome in organic solvents was found to be much higher. The spectrum is different from that of "dopachrome" (III), and the compound undergoes reversible changes on treatment with acid or alkali, while (III) is irreversibly altered (*19, 45, 56*). The structure of hallachrome is still unknown.

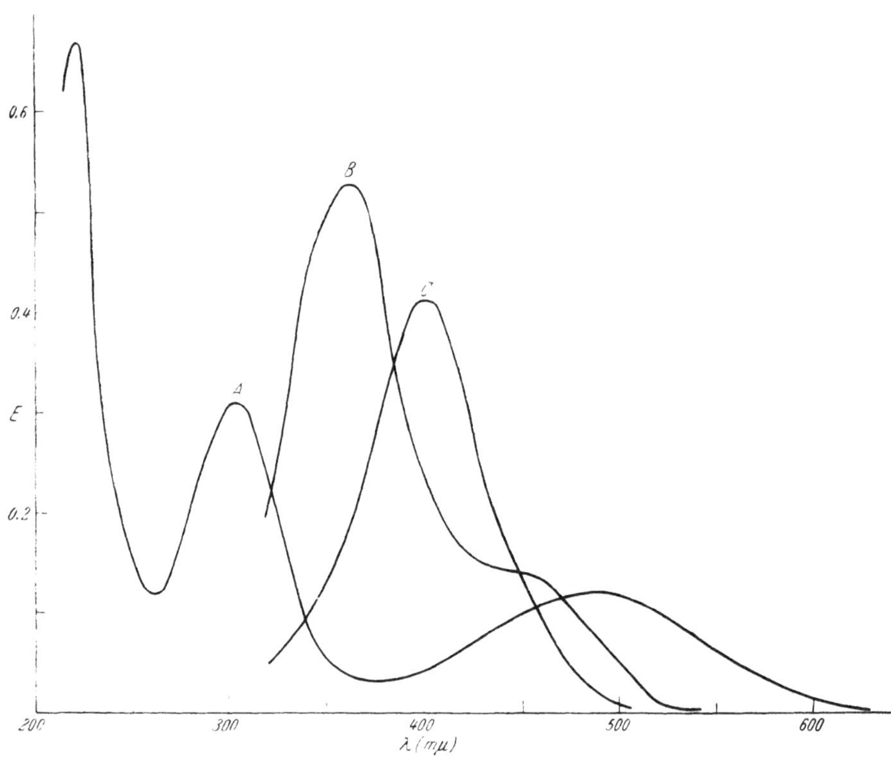

Fig. 1. Spectra of adrenochrome (*A*), adrenochrome semicarbazone (*B*), and adrenochrome N-methyl-semicarbazone (*C*) in water (E = opt. density; molar concentrations, respectively, 3.35×10^{-5}; 2.12×10^{-5}; and 2.12×10^{-5}.

(II.) 3,4-Dihydroxy-phenylalanine (Dopa).   (III.) Dopachrome.

(IV a.) $R = $ H.
(IV b.) $R = $ CH$_3$.

(V a.) $R = $ H: Serotonin.
(V b.) $R = $ CH$_3$: Bufotenin.

$$\text{(VI.)} \qquad \xrightarrow{K_3[Fe(CN)_6]} \qquad \text{(VII.) Eseroline.}$$

Spectra.

The spectra of various aminochromes and of their derivatives have been reported. They show in general two maxima in the spectral regions 215 mμ and 300 mμ and a broad inflection or maximum at 480 mμ. The halogen derivatives exhibit maxima around 230 mμ and 300 mμ and a

Table 2. Spectra of Some Aminochromes.

Substance	Solvent	Maximum Absorption						References
		λ	ε	λ	ε	λ	ε	
Epinochrome	Ethanol	205	—	305	10750	470	3900	(92, 11)
3-Iodo-epinochrome ...	,,	217	11400	305	8900	510	2550	(92)
Noradrenochrome	Water	205	—	310	—	490	—	(11)
2-Ethyl-noradreno-chrome	,,	227	—	296	—	490	—	(11)
Adrenochrome	,,	220	20000	301	9000	488	3000	(92, 11)
Adrenochrome	Ethanol	—	—	—	—	475	3000	(92, 11)
2-Iodo-adrenochrome ..	,,	234	10550	302	4470	530	1550	(92)
2-Bromo-adrenochrome	,,	227	10400	306	6830	520	2270	(92)
N-Isopropyl-noradreno-chrome	Water	220	—	300	—	480	—	(11)

broad plateau around 520 mμ. The semicarbazones have a maximum at 350 mμ and an inflection around 430 mμ. The wavelengths and molecular extinction coefficients, reported in the literature, are given in *Tables 2 and 3* and some spectral curves are demonstrated in *Figures 1 and 2*.

Optical Activity.

The optical activity of aminochromes proper has not yet been quantitatively reported because of the difficulties due to the deep color of their solutions. However, it was found recently (*25*) that a 0.095% aqueous solution of freshly prepared *L*-adrenochrome shows a rotation of 0.08° in a 5 cm. tube at λ = ca. 630 mμ, corresponding to a specific rotation $[\alpha]_{630}^{25°}$ = ca. + 150°. The optical rotation of adrenochrome is thus of the opposite sign than that of the adrenaline from which it is derived.

Table 3. Spectra of Some Aminochrome Derivatives.

Substance	Solvent	Maximum Absorption*						References
		λ	ε	λ	ε	λ	ε	
Epinochrome Girard T Derivative	Ethanol	217	11400	350	23950	—	—	(92)
2-Carbetoxyepino-chrome Girard T Derivative	,,	230	9160	358	12600	—	—	(92)
2-Ethylnoradreno-chrome-semicarba-zone	,,	—	—	350	2200	—	—	(11)
Adrenochrome-oxime ..	Water	—	—	320	1300	436	4700	(25)
Adrenochrome-oxime ..	Ethanol	—	—	326	1300	412	5300	(25)
Adrenochrome-semi-carbazone	Water	—	—	355	24300	(440)	6800	(92, 73)
Adrenochrome-semi-carbazone	Ethanol	—	—	357	26900	(425)	6200	(25)
Adrenochrome-2-methylsemicarba-zone	,,	—	—	401	20000	—	—	(25)
Adrenochrome-thiosemicarbazone...	Water	—	—	400	21000	(475)	6180	(25)
Adrenochrome-thiosemicarbazone...	Ethanol	—	—	411	22900	—	—	(25)
Adrenochrome-isonico-tinylhydrazone	Water	—	—	363	23600	(435)	7500	(25)
Adrenochrome-isonico-tinylhydrazone	Ethanol	—	—	366	24500	(425)	8900	(25)
Adrenochrome Girard T Derivative	Water	—	—	362	20200	—	—	(92)
Adrenochrome Girard P Derivative	,,	—	—	350	23900	—	—	(92)
Aludrine-semicarbazone	Ethanol	—	—	356	18000	—	—	(11)

* Wavelengths in parentheses signify inflections.

The rotatory power of L-adrenochrome semicarbazone is $[\alpha]_{579}^{15°} = +135°$ in methanol and $+352°$ in pyridine. Inversely, the figures for the semicarbazone of D-adrenochrome are $-135°$ and $-395°$, respectively (12). The optical activity of the reduction product of L-adrenochrome has been reported to be positive (49).

Pathway of Formation.

Although no intermediates, prior to the formation of the red products, had been isolated or demonstrated in either the silver oxide or the enzymatic oxidation of "dopa", Raper (33, 77) postulated the following *Scheme 1* (p. 226) for the formation of aminochromes (VIII–XIII).

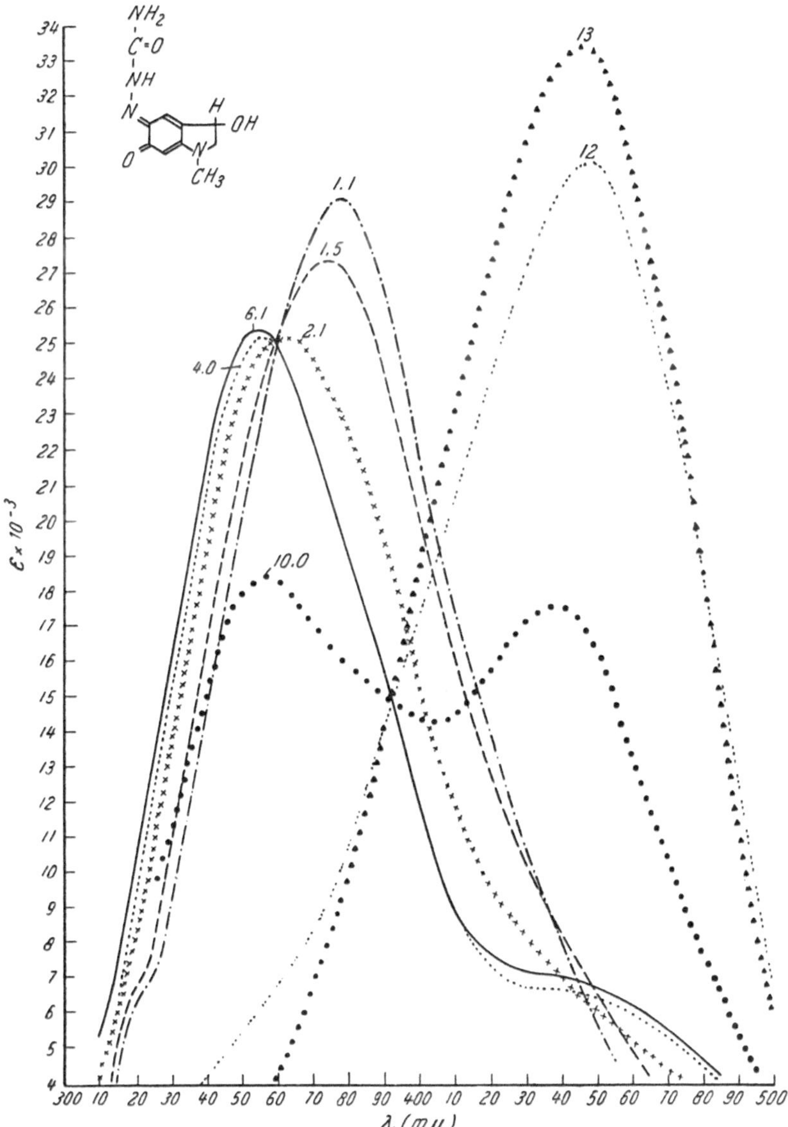

Fig. 2. Spectrum of adrenochrome monosemicarbazone in water as a function of p_H, according to RAMIREZ and VON OSTWALDEN. (The curves at p_H 7.1 and 6.1 are identical.) [From: J. organ. Chem. (U. S. A.) 20, 1676 (1955).]

The formulation of the open-chain quinoid oxidation product (IX) in RAPER's scheme appears most probable; it has been shown (*17, 76, 84*)

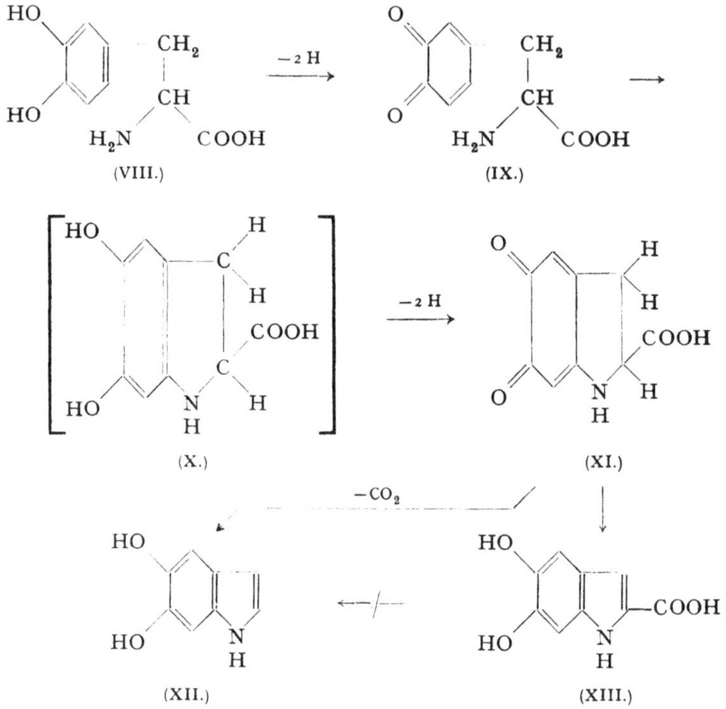

$$(VIII.) \xrightarrow{-2H} (IX.) \longrightarrow$$

$$\longrightarrow (X.) \xrightarrow{-2H} (XI.)$$

$$(XI.) \xrightarrow{-CO_2} (XII.) \qquad (XIII.)$$

Scheme 1. Formation of aminochromes.

that oxidation of adrenaline by lead dioxide under strongly acidic conditions leads to a yellowish orange solution containing a product, called adrenoerythrin, which gives no ferric chloride test and may again be reduced to adrenaline. However, on making the oxidized filtrate basic, adrenochrome is formed as shown spectroscopically; and the intensity of the color may be increased by addition of silver oxide to the alkaline solution. These observations are consistent with the formulation of the primary oxidation product as an open-chain orthoquinone. The oxidation of the postulated primary cyclization product (XVII) of adrenaline to adrenochrome in the absence of other oxidizing agents is effected by the open-chain quinone (XVI), which in turn is reduced back to adrenaline (XIV) *(Scheme 2).* The inability to demonstrate the presence of an open-chain quinone during silver oxide oxidation may be explained by the extremely rapid cyclization process and further oxidation to aminochrome at the relatively high p_H of the reaction mixture (cf. 5).

It may be mentioned at this point that the work of Ball and Chen (6) on the redoxpotentials of catechol, epinephrine, epinine, and "dopa" has indicated that the first step in the oxidation is a two-electron change. Since the redoxpotential was essentially the same in all cases, we surmise

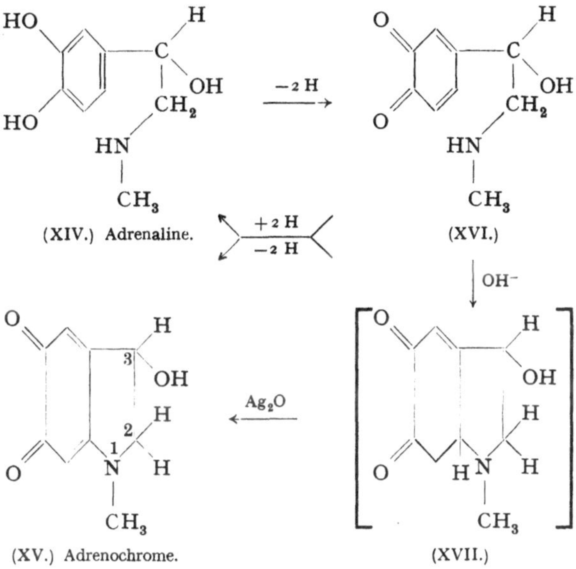

Scheme 2. Formation of adrenochrome.

(XIV.) Adrenaline. (XVI.) (XV.) Adrenochrome. (XVII.)

that the initial product is the open-chain quinone. However, it was noted that the primary oxidation product in the case of the aminocatechols was extremely unstable, with a half-life time of but 0.06 seconds. This observation is in line with the assumption of instantaneous cyclization of the open-chain quinone; this is prevented by high acidities.

Similar results were obtained (*17*) in the lead dioxide oxidation of noradrenaline, 2-methyl-noradrenaline, 1-isopropyl-noradrenaline, 2-(3,4-dihydroxy)-phenylethylamine, 2-(3,4-dihydroxy)-phenylethyl methyl-amine (epinine), and 3,4-dihydroxy-phenylalanine ("dopa"). It would appear that the formation of aminochromes depends primarily upon the ease of cyclization which in turn parallels the basicity of the amines; thus, in general, higher yields of aminochromes are obtained with secondary than with primary amines. Whereas e. g. adrenaline is completely oxidized with manganese dioxide to adrenochrome between $p_H = 3$ and 7, the conversion of noradrenaline to noradrenochrome by the same reagent is negligible at $p_H = 3$ and becomes complete only at $p_H = 6.5$ (*35, 63*). As the free base is the species which is cyclized, the rate of aminochrome formation decreases with p_H.

Halogenation.

The reaction of adrenaline with iodine and iodate leads first to adrenochrome as shown spectroscopically (*14, 27, 54, 49*) and by isolation of adrenochrome semicarbazone (*64*). Iodate in excess in acid medium leads, by substitution, to iodo-adrenochrome which, when prepared from L-adrenaline, is optically active (*47*). This indicates that the asymmetric carbon atom 3 has remained undisturbed and that the iodine has been substituted on carbon atom 2. The substitution of iodine creates a new center of asymmetry and may lead to a diastereomeric mixture. In the case of DL-adrenochrome iodination would lead to a mixture of two diastereomeric racemates; separation of these mixtures has not yet been reported.

The reduction of iodo-adrenochrome with sodium hydrosulfite leads to 2-iodo-5,6-dihydroxy-1-methylindole (*13*). (This reduction involves a dehydration to be discussed in the following Section.) From this compound a diacetate (m. p. 153–155°) was obtained. Harley-Mason (*18, 51*) and Austin, Chanley and Sobotka (*2*) prepared an iodo-epinochrome and rearranged it with zinc acetate; it yielded a diacetate, m. p. 146–147°. The iodine in this case is presumed to be in position 3. As expected, the spectra of the 2- and 3-iodo-epinochrome are similar. In analogous manner, adrenaline may be oxidized with bromine to 2-bromo-adrenochrome (*2, 49*). Here again, there is evidence that adrenaline, and also epinine, are first oxidized and cyclized to the respective aminochrome, and that substitution constitutes the subsequent step (*59*).

Rearrangements.

Solutions of aminochromes are unstable, particularly in acid or basic media. The various red aminochrome solutions obtained by enzymatic oxidation are slowly decolorized on standing (*33, 67, 77*); immediate decolorization of epinochrome solutions is observed upon addition of strong alkali (*20*). The red color of adrenochrome (XV) disappears in 35 min. at p_H 7.3 and 37°, while the decolorization in 1% hydrochloric acid is almost instantaneous (*47*). Adrenochrome in the presence of alkali and also upon heating with pyridine-acetic anhydride is immediately bleached. In all these instances the reaction product is an indole derivative. The overall reaction consists in the removal of two hydrogen atoms from the

(XVIII.)   (XIX.)   (XX.)

(XVIII a.) $R' = R''' = H$; $R'' = COOH$.

heterocyclic ring and the subsequent addition of two hydrogen atoms to the quinone. This reaction is catalyzed both by H^+ and OH^- and bears a certain resemblance to the often encountered dienone → phenol rearrangement. The conversion may be represented as (XVIII–XX).

A particularly interesting example is the decolorization of the oxidation product of "dopa" (XVIIIa). The red solution after decolorization yielded on standing predominantly the decarboxylated derivative 5,6-dihydroxyindole. In the presence of small quantities of sulfur dioxide the corresponding 2-carboxylic acid was formed, a difference which may be attributed to the acidity of the medium. It was shown spectroscopically (67) that the original aminochrome yields the corresponding 2-carboxyindole in *acid* medium, while the decarboxylated product predominates at $p_H = 5.6$ to 8.0. Moreover, it had been demonstrated that the 2-carboxyindole derivative is stable under conditions which produce the decarboxylated derivative from aminochromes. Obviously, the decarboxylated indole cannot be derived from the 2-carboxy-indole. This appears plausible on the basis of the mechanism given on p. 228 (XVIII → XX).

In *alkaline* solution the following transformation is suggested (XXI → XXII). The RAPER scheme of melanin formation from tyrosine and "dopa" must thus be modified by eliminating the indole carboxylic acid (XIII, p. 226) as intermediate: decarboxylation occurs only simultaneously with, but not subsequently to, rearrangement.

(XXI.) $\xrightarrow{-CO_2}$ (XXII.)

Treatment of an aminochrome with *acetic anhydride* invariably leads to the corresponding acetoxy-indole; e. g. adrenochrome yields 3,5,6-triacetoxy-1-methylindole, while epinochrome gives 5,6-diacetoxy-1-methylindole (3, 13). In the special instance of 2-methyl-2-iodo-3-hydroxy-5,6-diketo-tetrahydroindole, treatment with acetic anhydride plus pyridine yields 1-acetyl-5,6-diacetoxy-2-methyl-2-iodo-3-ketodihydroindole (17), since no hydrogen atom is available on carbon atom 2 (XXIII → XXV, p. 230). In this case the decomposition of the postulated intermediate (XXIV) must involve the loss of a proton from the hydroxy group on carbon atom 3; by analogy, the rearrangement of other aminochromes with a hydroxy group in position 3 may run the same course.

(XXIII.)   (XXIV.)   (XXV.)
2-Methyl-2-iodo-3-hydroxy-   1-Acetyl-5,6-diacetoxy-2-methyl-
5,6-diketo-tetrahydroindole.   2-iodo-3-keto-dihydroindole.

It is interesting to note that green *fluorescence* was observed rather early in the oxidation of adrenaline in alkaline solution (*62*). This observation is employed in the quantitative determination of adrenaline (*46*) and for the differential determination of adrenaline and noradrenaline (*34, 46, 52, 63, 72, 88*). The latter shows only one-tenth the fluorescence (at 520 mμ) as compared with adrenaline (at 540 mμ). The compound responsible for the green fluorescence was shown to be 3,5,6-trihydroxy-1-methylindole, often referred to as "adrenolutin" (*10, 37–40, 49, 63*). As observed previously, it is easily prepared by treatment of adrenochrome with alkali. Its identity is confirmed by the formation of the same triacetyl derivative as may be obtained from adrenochrome by treatment with acetic anhydride and pyridine.

The rearrangement of aminochromes to indole derivatives may also be brought about by *zinc* or *aluminum salts* (*18, 37–40, 51*). The reaction leads in general to the same product as alkaline rearrangement, but zinc acetate is often preferred because of its mildness, especially in the case of halogenated aminochromes. It has been suggested (*18, 51*) that rearrangement is facilitated by the formation of a zinc complex (XXVI).

(XXVI.) Zinc complex.

All halogenated aminochromes have been rearranged by zinc acetate to the corresponding halogenated indoles, but the products in most instances have not been isolated. Their formulation is indicated by the green fluorescence observed on alkalinization or reduction to the dehalogenated indole (*17, 18*). In the case of "dopa" and of its N-methyl derivative the zinc acetate rearrangement is accompanied by decarboxylation (*18*). The ethyl ester of "dopa" has been oxidized by potassium iodate to the 3-iodo-aminochrome (isolated) which rearranges to give 5,6-dihydroxy-3-iodo-2-carbethoxyindole by zinc acetate or alkali or by mere standing (*18*). The retention of the carbethoxy group is not surprising and agrees with the rearrangement shown in formulas (XVIII—XX, p. 228) which postulates that decarboxylation predominates only in the rearrangement of the anionic form of the free acid.

A signal difference has been noted in the case of rearrangement between aminochromes with and without hydroxyl groups in position 3. Epinochrome bleaches on storage in the crystalline state (*2, 3*); 2-carbethoxy-3-iodo-5,6-diketo-1-methyl-tetrahydroindole rearranges on storage in a manner similar to epinochrome (*18*). The former also undergoes rearrangement in alcoholic solution under nitrogen, in the presence of palladium, within 3 minutes, yielding 5,6-dihydroxy-1-methyl-indole (*2, 3*). In contrast, adrenochrome does not rearrange under these conditions. The mechanism of the rearrangement mentioned is not clear; we surmise that it differs from the scheme given for H^+- and OH^--catalyzed rearrangements (p. 228).

Reduction.

The reduction of aminochromes has usually been carried out either catalytically (hydrogen on palladium or platinum) or with sodium dithionite, $Na_2S_2O_4$; the situation is complicated by the simultaneous occurrence of the rearrangements discussed above. The instances best studied are those of adrenochrome and epinochrome. The latter, under the conditions of catalytic hydrogenation, rearranges, as noted above, to 5,6-dihydroxy-1-methyl-indole before any hydrogen has been absorbed. Subsequently, the solution absorbs two moles of hydrogen, over palladium on charcoal, to yield 5-hydroxy-6-keto-1-methyl-2,3,4,5,6,9-hexahydroindole whose chemical properties suggest the "zwitter"ion formula (XXVII, cf. below) (*3*). Insignificant amounts of the leucoderivative of epinochrome viz. 5,6-dihydroxy-1-methyl-2,3-dihydroindole, have been isolated which is assumed to be the primary reduction product of the rearranged epinochrome. Complete hydrogenation may be achieved in acetic acid with PtO_2, where two more moles of hydrogen are absorbed to yield the perhydrogenated product 5,6-dihydroxy-1-methyl-octahydroindole.

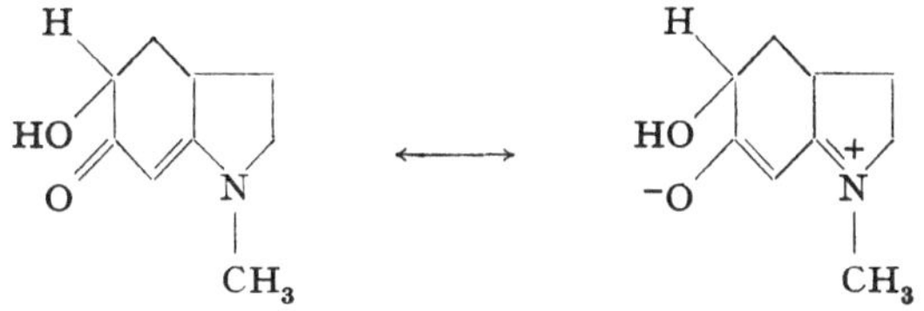

(XXVII a.)　　　　　　　　　　(XXVII b.)

Adrenochrome does not rearrange under the conditions of hydrogenation, but absorbs 1 atom of hydrogen (49). Two products may then be isolated in equal yields: 5,6-dihydroxy-1-methyl-indole can be extracted by ether from the reaction mixture; alkalinization of the aqueous phase and subsequent acidification precipitates 3,5,6-trihydroxy-1-methylindole. Both products may also be obtained by dithionite reduction. Starting with *L*-adrenochrome, one finds the reduction mixture to be optically active and it so remains after extraction with ether. The optical activity of the aqueous phase (cf. XXXI) disappears on treatment with alkali (XXXII). The ether extract yields the optically inactive indole derivative (XXX). The following *Scheme 3* (XXVIII → XXXII) has been advanced by Harley-Mason (49) to account for these observations.

(I.) *L*-Adrenochrome (p. 218).

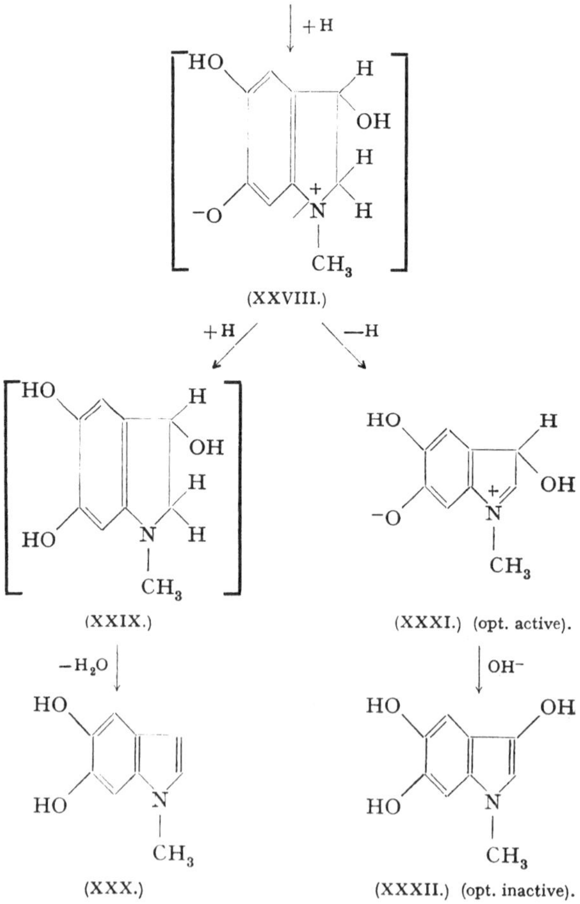

$+H$

(XXVIII.)

$+H$ $-H$

(XXIX.)   (XXXI.) (opt. active).

$-H_2O$ OH^-

(XXX.)   (XXXII.) (opt. inactive).

Scheme 3. Reduction of adrenochrome.

It should be noted that a polarographic study of the oxidation-reduction potential of adrenochrome only indicates a reversible 2-electron reaction without evidence of semiquinone formation (*59, 98*). It is presumed that reduction under these conditions follows a different course, yielding as primary reduction product leuco-adrenochrome which is very unstable and dehydrates immediately to 5,6-dihydroxy-1-methyl-indole. The presumed ease of dehydration of this leucoproduct is substantiated by the observation that Raney nickel (a reagent known to reduce indoles to 2,3-dihydroindoles) reduces 3,5,6-trihydroxy-1-methyl-indole to 5,6-dihydroxy-1-methyl-indole *via* 3,5,6-trihydroxy-1-methyl-2,3-dihydroindole (*18*).

Oxidation.

Adrenochrome solutions are subject to aerial oxidation, but at a slower rate than adrenaline (*21, 23, 24, 26, 32, 54, 57*). The rate depends on the p_H of the medium but not on the presence of copper or other heavy metals. The amount of oxygen consumed is between 2 and 3 moles. This oxidation may be effected at p_H 6 or above; since rearrangement of adrenochrome to adrenolutin may take place at this p_H, it is difficult to decide which of the two species is being oxidized. Besides melanin-like substances, only carbon dioxide has been isolated amongst the reaction products.

As is well known *melanins* are a group of dark, insoluble condensation products, occurring in nature as pigments of the integument throughout the animal kingdom, but also as end products of enzymatic or chemical reactions *in vitro*. In both cases the aminochromes are known to be their precursors. The mechanism by which melanins are formed and their composition have not been elucidated.

Aminochrome Derivatives.

Aminochromes condense with only one mole of carbonyl reagents, an observation, which strongly supports the "zwitter"ion formulation. These condensation products are more stable than the aminochromes themselves but share with them certain important physiological effects; thus, they are of practical therapeutic importance.

The following *derivatives of adrenochrome* have been prepared: the oxime described with varying amounts (1 to 2 moles) of water of hydration, m. p. 178–190° (*15, 47, 55, 95*); the carboxyhydrazone m. p. 167–169° (*25*); the semicarbazone with 2 moles of water, m. p. 203° and 212° (*12, 15, 85, 92*). These and the following derivatives have been obtained from *L*-adrenochrome, but the semicarbazone has also been prepared from the dextrorotatory and the racemic forms (*12, 92*). The thiosemicarbazone has been obtained, m. p. 215–220° (*42*), as well as the condensation products (*90, 92*) with *Girard* reagents T, m. p. 260°, and P, m. p. 210°, (the latter of brown color); the phenylhydrazone (*93*); the *p*-nitrophenylhydrazone with 4 moles of water, m. p. 200° (*93, 95*); the *p*-carboxyphenylhydrazone, m. p. 195–200° (*25*);

the benzthiazylhydrazone, m. p. 236—238° (*25*); the isonicotinylhydrazone, m. p. 210—213° (*9*), and the 2′-methylsemicarbazone (*25*).

The *Girard* compounds of *epinochrome* have also been prepared, the T-compound melting at 140° (*90, 92*); also the *Girard* compounds of 2-carbethoxy-epinochrome (*92*), and of *DL*-1-isopropyl-noradrenochrome, m. p. 195° (*90, 92*). Finally, the semicarbazone of the latter compound and of *DL*-2-ethyl-noradrenochrome have been described (*11*).

All these substances melt with decomposition.

Table 3 (p. 224) contains the reported spectrographic data.

The structure of these compounds is of some interest. They may exist, in general, in the quinoid and in the azophenol form. As expected, the azophenol structure predominates in alkaline, the quinoid structure in neutral solution. This tautomerism has been studied spectroscopically, especially in the case of the adrenochrome semicarbazone (*25, 73*). At $p_H \sim 6$ the compound exhibits a maximum at $\lambda = 356$ mμ and a long flat inflection from 425 to 440 mμ. At p_H 12 and above, the maximum at 356 mμ disappears and a new one is observed at 447 mμ. The spectra through the intermediate p_H range display an isobestic point at 393 mμ*. The large shift of the maximum cannot be solely ascribed to the dissociation of a phenol to a phenoxide ion but would rather indicate a p_H-dependent equilibrium between the azophenol ion (**XXXV**) and the tautomeric mixture (p_H-independent) of monohydrazone (**XXXIII**) and

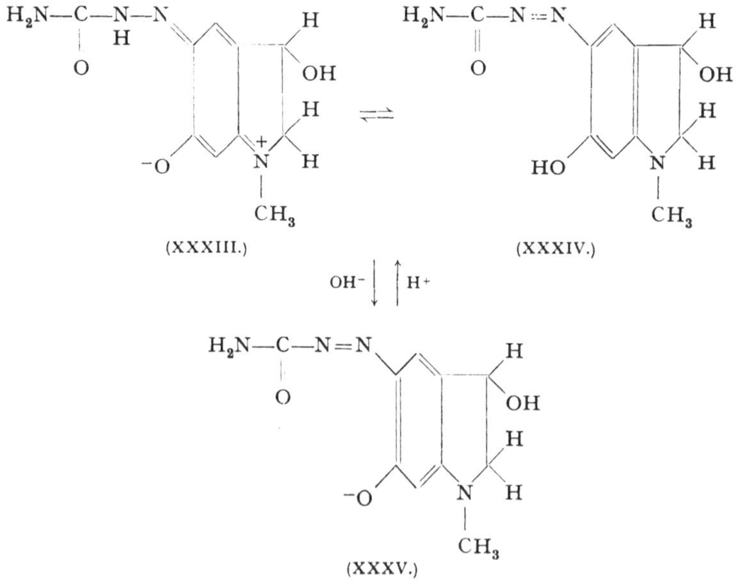

(XXXIII.)   (XXXIV.)

(XXXV.)

---

* The isobestic point is that wavelength where the absorbancy of a mixture of compounds is independent of their relative concentration and depends only on the total concentration.

undissociated azophenol (XXXIV). The concentrations of this mixture and of the ion are equal at p_H 11. This interpretation agrees with the behavior of the 2'-methylsemicarbazone of adrenochrome in which the hydrogen on nitrogen 2' is substituted by methyl, thus rendering the elimination of a proton impossible. Although the absorption maximum is found at 401 mμ without inflection towards larger wavelengths, it resembles more the spectrum of the unsubstituted semicarbazone at neutral p_H; moreover, no spectral change is observed on alkalinization, when this compound slowly decomposes (*25*).

Tagged adrenochrome has been prepared starting from chloroacetic acid-C^{14}-1, which yields by the conventional methods chloroaceto-pyrocatechol, adrenalone, and *DL*-adrenaline from which radioactive *DL*-adrenochrome-C^{14}-3 was obtained (*86*).

II. Physiology and Pharmacology.

Numerous physiological and pharmacological functions have been ascribed to adrenochrome. Effects of adrenochrome on many enzymes have been reported, e. g. inhibition of the anaerobic glycolysis of brain tissue (*74*) or of the action of tyrosinase (*75*). As an example, complete inhibition of the hydrolysis of glycerophosphate at p_H 9.4 by serum phosphatase has been observed; inhibition to a lesser degree by quinones and other oxidizing agents on one hand and by adrenaline on the other, suggest that the high redoxpotential of adrenochrome as well as structural factors were involved (*1*).

Although the presence of adrenochrome and noradrenochrome in the circulation or in other parts of the animal body is hard to prove because of their great reactivity, the possibility cannot be excluded that they form a member in a normal metabolic chain and, moreover, possess some specific metabolic function. This is the more likely, since adrenochrome introduced into the body as a pharmaceutical agent is effective in less than milligram quantities such as may be formed as an ephemeral inter-mediate in the normal catabolism of the catecholamines. The pharma-cological aspects of adrenochrome have been critically discussed by KISCH (*58*) who had studied oxidized adrenaline solutions prior to the isolation of adrenochrome and had termed the red oxidation product "omega".

Amongst the effects ascribed to adrenochrome, its homologs and its derivatives, some have been confirmed and form the basis of certain therapeutic measures; others stand on less solid ground and will sooner or later fall by the wayside. Among the latter, we shall discuss the purported hypoglycemic and hallucinogenic effects.

Induction of Hypoglycemia.

The effect of adrenaline and noradrenaline in carbohydrate metabolism fills volumes of physiological and pharmacological periodicals. These investigations yielded findings of astounding variability depending on dosage, species, time of observation, and other features of the experiment. One factor, which was recognized long before the isolation of adrenochrome, was the contamination of adrenaline by colored oxidation products; and some authors ascribed the divergency of the results to the presence of varying amounts of these compounds. The early preparations of adrenochrome contained, on the other hand, varying amounts of unchanged adrenaline and possibly also of oxidation products other than adrenochrome. This casts doubt on claims (*65*) that adrenochrome *per se* be capable of lowering the blood sugar level and diminishing glycosuria, and that objective therapeutic benefits may be gained by its administration as an insuline sparing agent. The effect is said to be independent of the sense of optical activity; *D*-adrenochrome had the advantage that contamination by traces of starting material, *D*-adrenaline, was less objectionable than in the *L*-series (*66*). Snyder et al. (*89*), in carefully controlled experiments with adrenochrome, prepared according to Veer (*95*) and with a German preparation made according to Buchnea (*16*), showed the absence of hypoglycemic effects of adrenochrome in rats; unimpressive effects were observed with large doses by Ingle et al. (*55*).

Hallucinogenic Effects.

Some formal, and we may say superficial, structural similarities of adrenochrome with mescaline, lysergic acid, and other hallucinogens, and also observations of mental reactions to deteriorated "pink" adrenaline preparations induced Hoffer et al. (*53*, cf. *79*) to study adrenochrome for its hallucinogenic effects. Although their description of observations on themselves with the parenteral injection of not more than 5 mg. includes rather severe and prolonged mental effects, we feel that they fell victim to their imagination and that some of the objectively ascertained effects were due to the unchanged adrenaline and other oxidation products in their preparation. Much larger doses (up to 200 mg.) have been injected by us into patients without any psychic effects. Nevertheless, the story of the hallucinogenic action of adrenochrome continues to be mentioned in the psychiatric literature.

In a study of the effect of drugs on the building of webs by spiders, specific features have been described for adrenochrome (*99*).

Antipressor Effects.

Oster (*69*) considered the possibility that adrenochrome exerts an antipressor activity in antagonism to adrenaline and related pressor amines. The latter may undergo two types of reaction, one which does not concern us at this point, namely the condensation with tissue aldehydes to form Schiff bases which could give rise to isoquinoline derivatives, related to the papaverine alkaloids in structure and, possibly, in pharmacological activity. On the other hand, their enzymatic oxidation on the way to melanin may yield aminochromes. If these are endowed with antipressor activity, one could envisage a homeostatic system which strives to keep a balance between pressor amines and their antipressor catabolites.

Freshly prepared adrenochrome in amounts of 10 mg., dissolved in olive oil or propylene glycol, was administered by intraperitoneal or intramuscular injection on three successive days to rats which had been made hypertensive by wrapping either one or both kidneys with cellophane. This treatment lowered their blood pressure from values averaging 200 mm. Hg to values between 120–140 mm. where they persisted for several weeks (*70, 71*). Analogous results were obtained by OSTER and SOBOTKA in hypertensive dogs, prepared by GOLDBLATT's technique; however, the hyperthermic reactions, induced in this species as a sequel to the injection of propylene glycol, rendered the findings doubtful.

Hemostatic Action.

The hemostatic effect of adrenaline and other pressor amines has for a long time formed the subject of study and discussion. Particularly in the case of *L*-adrenaline, its concurrent vasoconstrictor effect overshadows any action upon the permeability of the capillary walls. The Belgian school of ROSKAM at the University of Liège has devoted its efforts to an extensive examination of these questions (*30, 81, 82*). In the course of these studies it was observed that the oxidation products of adrenaline, in particular adrenochrome (*29*), exert a strong hemostatic action. It was found that the blood clotting mechanism was not affected, but that the average bleeding time was shortened by the action of the drugs on the capillaries. In contrast to the pressor amines, whose hemostatic effect is only felt after an incubation period of about 15 minutes, the aminochromes act immediately; this indicates that the hemostatic effect of the pressor amines is predicated upon prior oxidation (*80*).

Pure adrenochrome has been demonstrated to be completely devoid of any pressor activity. It shows a perceptible effect upon the average bleeding time in doses of $1-2\,\mu g./kg.$ of body weight. A thousandfold increase of the dosage does not alter the nature of this effect and remains still several orders of magnitude below the lethal dosage; in other words, the therapeutic index is extremely high. Similar observations have been made with a number of other pressor amines and their oxidation products (*80*), but also with the rearranged product, trihydroxy-N-methylindole. The effect is counteracted by antihistaminics which suggests that histamine acts in some manner as a mediator of the reaction (*60*).

Therapeutic Use of Some Derivatives.

Adrenochrome itself is not sufficiently stable for practical application. Hence, certain mono-derivatives with carbonyl reagents have been prepared and tested for their pharmacological efficacy; and indeed, their greater stability permits their therapeutic application. The mono-semicarbazone of adrenochrome (*4, 31, 83*) has been introduced into human therapy under the name of Adrenoxyl (*28, 93*), but its solubility in water is limited to concentrations of about 1 : 2000. An important improvement has been its combination with sodium salicylate which increases the solubility, probably due to complex formation (cf. *8*). A preparation containing 5 mg. of the semicarbazone and 125 mg. of sodium salicylate is being widely used under the name Adrenosem (*41*).

The semicarbazone appears to be stable for at least 5 years. The thiosemicarbazone (*42*), while extremely stable, does not dissolve even in salicylate solution to any extent. The oxime, on the other hand, may be dissolved in the same proportion as the semicarbazone but its stability is limited. The isonicotinic acid hydrazone (*9*) has been dissolved in the proportion of 10 mg. to 100 mg. of the sodium salt of 3-hydroxy-2-naphthoic acid per ml., but is inferior to the semicarbazone with respect to its stability. The mono-*Girard* compounds of adrenochrome and other aminochromes have been prepared and were found to be extremely water-soluble, although less stable (*90, 92*).

The therapeutic dose of the semicarbazone is 5 mg. in 1 ml. and may be given by intramuscular injection as frequently as every two hours. It is being used to stop capillary bleeding and oozing in epistaxis and tonsillectomy and especially in dental surgery (*87, 91*).

Conclusion.

The physiological and pharmacological effects of the aminochromes must be ascribed to a combination of their structure and their high redoxpotential. The hemostatic effect which is apparently shared with the aminochromes by the pressor amines (and, possibly, by the reduced indole homologs), is difficult to verify with pressor amines because it is overshadowed by stronger effects peculiar to them. This effect is probably due to the *in vivo* formation of aminochromes from pressor amines. In support of this assumption it may be noted that the specific effects of adrenaline and its congeners are influenced by the optical configuration of the molecule, whereas the hemostatic effects, common with the aminochromes, are independent of the optical configuration.

References.

1. ANDERSON, A. B.: Inactivation of Serum Alkaline Phosphatase by Adrenaline and Related Substances. Biochemic. J. **45**, XXXVI (1949).

2. AUSTIN, J., J. D. CHANLEY and H. SOBOTKA: The Rearrangement of Epinochrome. J. Amer. Chem. Soc. **73**, 2395 (1951).

3. — — — Hydrogenation of Epinochrome. J. Amer. Chem. Soc. **73**, 5299 (1951).

4. BACQ, Z. M.: La semicarbazone de l'adrénochrome. C. R. Séances Soc. Biol. **141**, 536 (1947).

5. BACQ, Z. M. et P. FISCHER: Sur l'existence de l'adrénaline-quinone. Arch. int. Physiol. **57**, 271 (1949–50).

6. BALL, E. G. and T. T. CHEN: Studies on Oxidation-Reduction. XX. Epinephrine and Related Compounds. J. Biol. Chem. **102**, 691 (1933).

7. BARER, R., H. BLASCHKO and H. LANGEMANN: Iodochromes of Substances Related to Adrenaline. J. Physiol. **112**, 21 P (1951).

8. BARSEL, N.: Therapeutic Complexes. U. S. Patent 2 691 662, 12 October (1954).

9. — Adrenochrome Isonicotinic Acid Hydrazone. U. S. Patent 2 728 772, 27 December 1955.

10. BEAUDET, C.: Activité optique des produits de réduction de l'adrénochrome. Experientia **6**, 186 (1950).

11. — Substances nouvelles apparentées à l'adrénochrome. Experientia **7**, 291 (1951).

12. BEAUDET, C., F. DEBOT, H. LAMBOT et J. TOUSSAINT: La mónosemicarbazone de l'adrénochrome. Experientia **7**, 293 (1951).

13. BERGEL, F. and A. L. MORRISON: The Oxidation of Adrenaline. J. Chem. Soc. (London) **1943**, 48.

14. BOUVET, P.: Études sur l'adrénochrome. I. Virage de l'adrénochrome et de son dérivé iodé en milieu acide. V. Oxydation de l'adrénaline par l'iode, le brome et l'acide iodique. Ann. pharm. franç. **7**, 514, 721 (1949).

15. BRACONIER, F., H. LE BIHAN et C. BEAUDET: L'adrénochrome et ses dérivés. Arch. int. Pharmacodyn. **69**, 181 (1943).

16. BUCHNEA, D.: Adrenochrome (Reported by C. L. MCCARTHY). Report No. 47, Off. Pub. Board, Dept. Comm., Washington, D. C. (1945).

17. BU'LOCK, J. D. and J. HARLEY-MASON: The Chemistry of Adrenochrome. II. Some Analogues and Derivatives. J. Chem. Soc. (London) **1951**, 712.

18. — — Melanin and its Precursors. III. New Syntheses of 5 : 6-Dihydroxyindole and its Derivatives. J. Chem. Soc. (London) **1951**, 2248.

19. BU'LOCK, J. D., J. HARLEY-MASON and H. S. MASON: Hallachrome and Dopachrome. Biochemic. J. **47**, XXXII (1950).

20. BURTON, H.: The Oxidation of β-3 : 4-Dihydroxyphenylethylmethylamine with Silver Oxide. The Isolation of 5 : 6-Dihydroxy-1-methylindole and a Synthesis of 5 : 6-Dimethoxy-1-methylindole. J. Chem. Soc. (London) **1932**, 546.

21. CHAIX, P., J. CHAUVET et J. JÉZÉQUEL: Étude cinétique de l'oxydation de l'adrénaline en solution tampon-phosphate. Biochim. Biophys. Acta **4**, 471 (1950).

22. CHAIX, P. et D. GAUTHERON: Sur l'oxydation de l'acide maléique et l'acide fumarique en presence d'adrénochrome. Biochim. Biophys. Acta **12**, 405 (1953).

23. CHAIX, P., G. A. MORIN et J. JÉZÉQUEL: Participation des phosphates aux réactions d'oxydation de l'adrénaline. C. R. hebd. Séances Acad. Sci. **230**, 790 (1950).

24. CHAIX, P. et C. PALLAGET: Caractères comparés de l'oxydation de la nor-adrénaline et de l'adrénaline évoluant en solution tampon phosphate ou bi-carbonate. Biochim. Biophys. Acta **10**, 462 (1953).

25. Chanley, J. D., N. Barsel and H. Sobotka: Unpublished observations.
26. Cohen, G. N.: Études sur la mélanisation. I. Sur le premier produit de transformation de l'adrénochrome au cours de la mélanisation de l'adrénaline. II. Sur le sort de l'oxoadrénochrome au cours de la mélanisation de l'adrénaline. Structure des mélanines d'origine adrénalinique. Bull. soc. chim. biol. (Paris) **28**, 104, 107 (1946).
27. Correia Alves, A.: Oxidation of Adrenaline by Iodate. Anais fac. farm. Porto **12**, 79 (1952) [Chem. Abstr. **48**, 330 (1954)].
28. Dechamps, G., H. Le Bihan and C. Beaudet: Adrenochrome Mono-Semicarbazone Compound and Hemostatic Composition. U. S. Patent 2506294, 2 May 1950.
29. Derouaux, G.: Étude expérimentale de l'action hémostatique de l'adrénochrome. C. R. Séances Soc. Biol. **131**, 830 (1939).
30. — Étude du mécanisme de l'action hémostatique de l'adrénaline. Arch. int. Pharmacodyn. **66**, 202 (1941).
31. — Étude expérimentale de l'action hémostatique de la monoxime et de la mono-semicarbazone de l'adrénochrome. Étude de l'oxydation "in vitro" de l'adrénaline et d'autres amines diphénoliques par la phénoloxydase. Arch. int. Pharmacodyn. **69**, 142, 205 (1943).
32. Drevon, B. et M. Stupfel: L'évolution des solutions aqueuses de l'adrénaline base soumise à l'action de l'oxygène. C. R. Séances Soc. Biol. **143**, 271 (1949).
33. Dulière, W. L. and H. S. Raper: The Tyrosinase-Tyrosine Reaction. VII. The Action of Tyrosinase on Certain Substances Related to Tyrosine. Biochemic. J. **24**, 239 (1930).
34. Euler, U. S. v.: Noradrenaline. Springfield, Ill.: Charles C. Thomas. 1956.
35. Euler, U. S. v. and U. Hamberg: Colorimetric Estimation of Noradrenalin in the Presence of Adrenalin. Science (Washington) **110**, 561 (1949).
36. Evans, W. S. and H. S. Raper: The Accumulation of *l*-3 : 4-Dihydroxyphenylalanine in the Tyrosinase-Tyrosine Reaction. Biochemic. J. **31**, 2162 (1937).
37. Fischer, P.: Sur la substance responsable de la fluorescence de l'adrénaline. Bull. soc. chim. Belges **58**, 205 (1949).
38. Fischer, P. et Z. M. Bacq: La fluorescence de l'adrénaline et de l'adrénochrome. C. R. Séances Soc. Biol. **143**, 1159 (1949).
39. Fischer, P. et G. Derouaux: Étude du comportement de l'adrénochrome en présence des sels de Zn ou d'Al. C. R. Séances Soc. Biol. **144**, 707 (1950).
40. Fischer, P., G. Derouaux, H. Lambot et J. Lecomte: Adrénochrome. Fluorescence et cations. Bull. soc. chim. Belges **59**, 72 (1950).
41. Fleischhacker, D. and N. Barsel: Adrenochrome Compositions. U. S. Patent 2581850, 8 January 1952.
42. — — Adrenochrome Derivative and Process. U. S. Patent 2712024, 28 June 1955.
43. Fränkel, S. und R. Allers: Über eine neue charakteristische Adrenalinreaktion. Biochem. Z. **18**, 40 (1909).
44. Friedenwald, J. S., H. Michel and W. Buschke: The Adrenochrome Redox System. Addendum. The Chemical Oxidation of Epinephrine to Adrenochrome and Higher Oxidation Products. Arch. Biochem. Biophys. **32**, 382 (1951).
45. Friedheim, E. A. H.: Atmungskatalyse durch ein natürliches Redoxsystem. Zwischenprodukt der Melaninbildung. Schweiz. med. Wschr. **65**, 256 (1935) (spez. Fußnote); vgl. Biochem. Z. **259**, 257 (1933).
46. Gaddum, J. H. and H. Schild: A Sensitive Physical Test for Adrenaline. J. Physiol. **80**, 9P (1934).

47. GREEN, D. E. and D. RICHTER: Adrenaline and Adrenochrome. Biochemic. J. **31**, 596 (1937).

48. HARLEY-MASON, J.: The Structure of Adrenochrome and its Reduction Products. Experientia **4**, 307 (1948).

49. — The Chemistry of Adrenochrome and its Derivatives. J. Chem. Soc. (London) **1950**, 1276.

50. — Synthesis and Biosynthesis in the Indole Alkaloid Field. In: Recent Work on Naturally Occurring Nitrogen Heterocyclic Compounds. The Chemical Society, London, Special Publication No. 3, p. 45. 1955.

51. HARLEY-MASON, J. and J. D. BU'LOCK: Synthesis of 5 : 6-Dihydroxyindole Derivatives: an Oxido-reduction Rearrangement Catalysed by Zinc Ions. Nature (London) **166**, 1036 (1950).

52. HELLER, J. H., R. B. SETLOW and E. MYLON: Fluorimetric Studies of Epinephrine and Arterenol. Amer. J. Physiol. **161**, 268 (1950).

53. HOFFER, A., H. OSMOND and J. SMYTHIES: Schizophrenia: A New Approach. II. Result of a Year's Research. J. Mental Sci. **100**, 29 (1954).

54. HOLTZ, P. und G. KRONEBERG: Über die Oxydation des Adrenalins und Arterenols (Adrenochrom und Nor-Adrenochrom). Biochem. Z. **320**, 335 (1949/50).

55. INGLE, D. J., D. A. SHEPHERD and W. J. HAINES: Effect of Adrenochrome upon Experimental Glycosuria in the Rat. J. Amer. Pharmaceut. Assoc. Sci. Ed. **37**, 375 (1948).

56. KERTÉSZ, D.: "Corps rouge" (Red Body) et Hallachrome. Experientia **6**, 473 (1950).

57. — Études sur la mélanogénèse: Sur l'existence des 5 : 6-dihydroxyindoles comme produits intermédiaires essentiels pendant l'oxydation enzymatique de la tyrosine, de la dopa et de l'adrénaline. Bull. soc. chim. biol. (Paris) **35**, 1157 (1953).

58. KISCH, B.: Metabolic Effects of Oxidized Suprarenin. Exp. Med. Surg. **5**, 166 (1947).

59. KOELLE, G. B. and J. S. FRIEDENWALD: The Adrenochrome Redox System. Arch. Biochem. Biophys. **32**, 370 (1951).

60. KUSCHINSKY, G., U. HILLE und H. SCHIMASSEK: Über Histamin als Mittler-Substanz bei der Wirkung von Adrenochrom auf die Blutungszeit. Arch. exper. Pathol. Pharmakol. **215**, 48 (1952).

61. LECOMTE, J. et P. FISCHER: Action du trihydroxy-N-méthylindole sur le temps de saignement et la perméabilité capillaire. Arch. int. Pharmacodyn. **87**, 225 (1951).

62. LOEW, O.: Über die Natur der Giftwirkung des Suprarenins. Biochem. Z. **85**, 295 (1918).

63. LUND, A.: Fluorimetric Determination of Adrenaline in Blood. I. Isolation of the Fluorescent Oxidation Product of Adrenaline; The Chemical Constitution of Adrenolutine; Simultaneous Fluorimetric Determinations of Adrenaline and Noradrenaline in Blood. Acta Pharm. Tox. **5**, 75, 121 (1949); **6**, 137 (1950).

64. MACCIOTTA, E.: I prodotti di ossidazione dell'adrenalina. Gazz. chim. ital. **81**, 485 (1951).

65. MARQUARDT, P.: Pharmakologie und Chemie der Adrenochrome. Z. ges. exp. Medizin **114**, 112 (1944).

66. — Die Auf- und Abbaustufen des Adrenalins (in ihrer Bedeutung für Pharmakologie und physiologische Chemie). Enzymologia **12**, 166 (1946–48).

67. MASON, H. S.: The Chemistry of Melanin. III. Mechanism of the Oxidation of Dihydroxyphenylalanine by Tyrosinase. J. Biol. Chem. **172**, 83 (1948).

68. Mazza, F. P. and G. Stolfi: Ricerche sul pigmento di *Halla parthenopaea* Costa. Arch. Sci. biol. **16**, 182 (1931).

69. Oster, K. A.: Antipressor and Depressor Effects of Oxidation Products of Pressor Amines. Nature (London) **150**, 289 (1942).

70. Oster, K. A. and O. Martinez: Water Metabolism in Hypertensive Rats. J. exp. Medicine **78**, 477 (1943).

71. Oster, K. A. and H. Sobotka: Antipressor Effects of Orthoquinoid Epinephrine Derivatives in Experimental Hypertension in the Rat. J. Pharmacol. exp. Therapeut. **78**, 100 (1943).

72. Persky, H.: Chemical Determination of Adrenaline and Noradrenaline in Body Fluids and Tissues. In: D. Glick, Methods of Biochemical Analysis, Vol. II, p. 57. New York: Interscience Publ. 1955.

73. Ramirez, F. and P. v. Ostwalden: The Structure of Adrenochrome Mono-semicarbazone. J. Organ. Chem. (USA) **20**, 1676 (1955).

74. Randall, L. O.: The Inhibition of the Anaerobic Glycolysis of Rat Brain by Adrenochrome. J. Biol. Chem. **165**, 733 (1946).

75. Randall, L. O. and G. H. Hitchings: Effect of Tyrosinase on Phenylethyl-amine Derivatives. J. Pharmacol. exp. Therapeut. **146**, 77 (1943).

76. Rangier, M.: Étapes intermédiaires au cours de la transformation de l'adrénaline en adrénochrome. C. R. hebd. Séances Acad. Sci. **220**, 246 (1945).

77. Raper, H. S.: The Tyrosinase-Tyrosine Reaction. V. Production of l-3 : 4-Dihydroxyphenylalanine from Tyrosine; VI. Production from Tyrosine of 5 : 6-Dihydroxyindole and 5 : 6-Dihydroxyindole-2-carboxylic Acid — the Precursor of Melanin. Biochemic. J. **20**, 735 (1926); **21**, 89 (1927).

78. Richter, D. and H. Blaschko: An Oxidation Product of Adrenaline. J. Chem. Soc. (London) **1937**, 601.

79. Rinkel, M., R. W. Hyde, H. C. Solomon and H. Hoagland: Experimental Psychiatry. II. Clinical and Physico-chemical Observations in Experimental Psychosis. Amer. J. Psychiatr. **111**, 881 (1955).

80. Rogister, Ch.: Dérivés colorés des amines sympathicomimétiques et hémostase spontanée. Arch. int. Pharmacodyn. **89**, 28 (1952).

81. Roskam, J.: Le système nerveux adrénergique et l'action hémostatique des amines sympathicomimétiques, quinones et phénols. Acta phys. pharm. Néerland., num. dédié au Prof. Ten Cate (in press, 1957).

82. Roskam, J. et G. Derouaux: Hémostase spontanée et fonction sympathique. Bull. Soc. Med. **7**, 227 (1942); Interprétation de l'action hémostatique générale des substances sympathicomimétiques et théorie des transmissions neuro-humorales. Arch. int. Pharmacodyn. **69**, 348 (1944).

83. Roskam, J., G. Derouaux, L. Meys et L. Swalue: Un nouvel hémostatique biologique: la monosemicarbazone d'adrénochrome ou adrénoxyl. Arch. int. Pharmacodyn. **74**, 162 (1947).

84. Ruiz-Gijon, J.: Preparation and Biological Activity of Adrenoerythrin (? Adrenalinquinone). Nature (London) **166**, 831 (1951).

85. Runti, C. S.: Un conveniente metodo di preparazione del monosemicarbazone dell'adrenochroma. Gazz. chim. ital. **80**, 21 (1950).

86. Schayer, R. W.: Synthesis of dl-Adrenalin-β-C^{14} and dl-Adrenochrome-β-C^{14}. J. Amer. Chem. Soc. **74**, 2441 (1952).

87. Sherber, D. A.: The Control of Bleeding. Amer. J. Surg. **86**, 331 (1953).

88. Snell, F. D. and C. T. Snell: Colorimetric Methods of Analysis, Vol. III, 3rd. Ed. New York: Van Nostrand. 1953.

89. SNYDER, S. H., E. LEVA and F. W. OBERST: An Evaluation of Adrenochrome and Iodoadrenochrome based on Blood Sugar Levels in Rabbits. J. Amer. Pharmaceut. Assoc. Sci. Ed. **36**, 253 (1947).

90. SOBOTKA, H.: Water-Soluble Monobetaine Hydrazones of the Aminochromes and Process of Preparing Same. U. S. Patents 2655510, 13 October 1953; 2726244, 6 December 1955.

91. SOBOTKA, H. and N. ADELMAN: Shortening of Bleeding Time by a Water-soluble Adrenochrome Derivative. Proc. Soc. exp. Biol. Med. **75**, 789 (1950).

92. SOBOTKA, H. and J. AUSTIN: Betaine Hydrazones of Aminochromes. J. Amer. Chem. Soc. **73**, 3077 (1951).

93. Société Belge de l'Azote et des Produits Chimiques du Marly: Procédé de préparation de dérivés hémostatiques stables de l'adrénochrome. Belg. Pat. 453374, 31 December 1943.

94. SUMPTER, W. C. and F. M. MILLER: Heterocyclic Compounds with Indole and Carbazole System. In: A. WEISSBERGER, Chemistry of Heterocyclic Compounds, Vol. VIII. New York: Interscience Publ. 1954.

95. VEER, W. L. C.: Melanin and its Precursors. II. On Adrenochrome. Rec. trav. chim. Pays-Bas **61**, 638 (1942).

96. VELLUZ, L.: Adrénochrome. In: Substances naturelles de synthèse, Vol. VI, p. 20. Paris: Masson. 1953.

97. WEINSTEIN, S. and R. J. MANNING: Intermediate Oxidation Products of Epinephrine. Proc. Soc. exp. Biol. Med. **32**, 1096 (1934–35).

98. WIESNER, K.: Polarographische Untersuchung des Adrenochroms. Biochem. Z. **313**, 48 (1942-43).

99. WITT, P. N.: Die Wirkung von Substanzen auf den Netzbau der Spinne als biologischer Test. Berlin: Lange und Springer. 1956.

(Received, January 28, 1957.)

Visual Pigments.

By **R. A. Morton** and **G. A. J. Pitt**, Liverpool.

With 19 Figures.

Contents.

I. Introduction.

The study of vision concerns physical optics, chemistry, biochemistry, anatomy, electrophysiology, psychology as well as other disciplines in comparative zoology. Ophthalmology is a wide subject [cf. Pirie and van Heyningen (*159*)], quite apart from defects and diseases of the eye. Progress in so far-ranging a subject is bound to be uneven and no surprise should be felt if investigators in one section are sometimes unaware of or unable to grasp new ideas couched in the language of another discipline.

From the point of view of the chemist the prime difficulty in isolating and characterising visual pigments is scarcity of material in the sense that individual retinas contain very small amounts of pigment which are moreover unstable, particularly to light.

In this article the problems to be discussed are in the main the chemistry and biochemistry of visual pigments, but we shall not hesitate to deal with other aspects of vision when the need arises. A true picture here is not necessarily a simple one; as the magnitude of the problems emerges more clearly, so the satisfaction experienced over a neat and tidy but provisional pattern gives way to a sense of the challenge still to be met.

A great deal of very important research has been left out of this review, mainly because the authors have borne in mind their own limitations, the interests of their readers in this volume and the space allotted to them (see *63, 81, 82, 90, 159, 224, 226*).

Rods and Cones.

The microscopic anatomy of the retina has for long been known [Schultze (*178, 179*)] to display two kinds of photoreceptors in vertebrates. These receptors, *rods* and *cones*, comprise an inner segment and a rod-like or cone-shaped outer segment sensitive to light. It is broadly true that bright light (*photopic*) vision, which includes colour vision, is mediated by cones and that dim light, achromatic (*scotopic*) vision is mediated by rods. The cones probably begin to function in vision at not less than twenty times the minimum intensity to which rods will respond. This minimum intensity may be as low as one quantum per molecule of visual purple; the number of quanta is certainly very small. In passing from very dim illumination to bright light the spectral sensitivity of the eye changes, a phenomenon first described by Purkinje (*164*) and discussed in present-day terms by Barlow (*15*). The change reflects the properties of rods and cones and is illustrated in *Fig. 1*.

The *fovea*, a shallow depression in the centre of the retina, contains only cones. This area (smaller than a pinhead in man) subtends an angle of 1.7 degrees whereas the retina as a whole subtends 240 degrees. Visual acuity is centred on the fovea whereas scotopic vision involves more peripheral areas, and in dim light the eye works best when the object is not viewed quite directly. In man and a few primates only, the fovea and the area immediately surrounding it *(macula lutea)* are coloured yellow due to the presence of a xanthophyllic pigment.

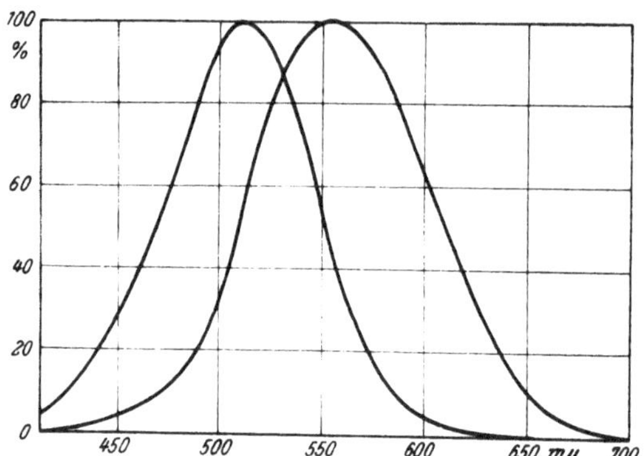

Fig. 1. Photopic and scotopic luminosity curves of man. Ordinates: Percentage luminosity. Equal energy spectrum. Photopic curve (right) is the international standard (I. C. I.) curve; scotopic curve (left) is plotted from the data summarized by GRANIT. [From: Sensory Mechanisms of the Retina (*81*).]

The *lens*, which is also very slightly yellow [PIRIE and VAN HEYNINGEN (*159*)] absorbs ultraviolet light; this fall in transmission is very sharp, but occurs at different wavelengths in various species (59). Some valuable work has, however, been done on the lensless (aphakic) human eye (see Figs. 8 and 18, pp. 270 and 303).

Early Work on Visual Purple.

BOLL (*22*) discovered that the frog's retina is a pinkish purple when freshly exposed, but soon loses its colour in daylight. KÜHNE (*132*) found a method of extracting from the retina a pigment — *visual purple or rhodopsin* — and established that under the action of daylight it first turned yellow and afterwards became colourless. The middle portion of the visible spectrum was more effective in the photochemical decomposition ("bleaching") than either the violet or the red radiation. KÜHNE also showed that visual purple could be regenerated after bleaching and that the process was facilitated by unknown materials present in the pigment layer behind the retina or in the fluid bathing the retina. The pigment was also decolourised by acids or by ethanol or ether, but was resistant to ammonia, alum, sodium chloride and even hydrogen peroxide. KÜHNE probably carried the work as far as it could have been taken at the time. In present-day terms he showed that visual purple behaved like a conjugated protein of a special kind. KÜHNE was himself aware that his discoveries were only a beginning; he knew that it was possible for an animal to see well in daylight for instance, although no visual purple could be found in the retina. As HECHT (*99*) put it, "frogs placed in bright sunlight showed not a trace of visual purple in the retina; and still such frogs caught flies with their usual skill and themselves avoided being caught — with their customary agility."

Early studies on the absorption spectrum of visual purple [KÖNIG (*130*); KÖTTGEN and ABELSDORFF (*131*); TRENDELENBURG (*190*)] established that the pigment could be obtained from several species (man, cat, frog, monkey, rabbit) and that in all cases it exhibited a broad absorption curve with its peak (λ_{max}) near 500 mμ.

Pioneer Work of HECHT.

The work of HECHT immediately after the 1914–18 War rested upon the idea that the absorption spectra of pigments and "action spectra" were related. Beginning with the sensitivity to light of an ascidian *Ciona* (*91*), HECHT studied similar responses in the clam *Mya* (*92*) and then passed logically to human vision [HECHT and WILLIAMS (*104*)].

The technique used by HECHT and WILLIAMS (*104*) is still of interest. Instead of working at the low limit of visibility, they used intensities bright enough to be seen easily by dark-adapted subjects, but still a long way below the threshold of colour perception. The method was photometric, in that the subject was asked to match a comparison pattern, kept at constant brightness, with a similar pattern viewed under monochromatic illumination of intensity which could be varied in a controlled manner by the operator. The energy distribution in the spectrum of the light source was measured separately.

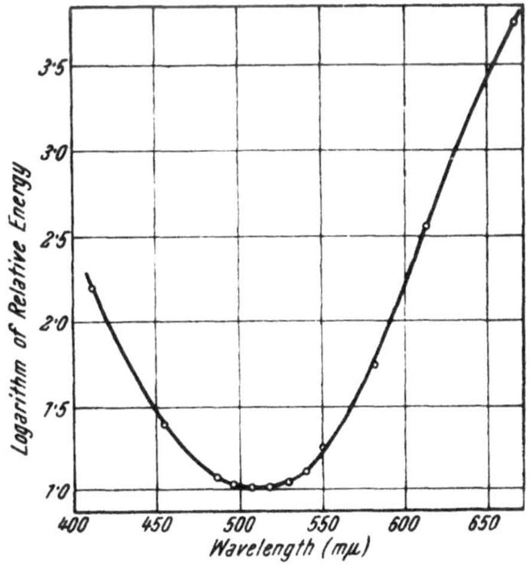

Fig. 2. Relation between energy for achromatic vision and wave-length, according to HECHT and WILLIAMS (*104*). (Each point is the average of 48 determinations.) [From: J. Gen. Physiol. **5**, 1 (1922).]

Measurements made on 48 dark-adapted persons gave the smooth curve with a minimum at 510 mμ, shown in *Fig. 2*. Earlier measurements by HYDE, FORSYTHE and CADY (*120*) carried out on 29 subjects displayed the relative energies necessary to produce a certain brightness using different spectral colours. These measurements on the light-adapted eye showed a maximal sensitivity at 556 mμ. The later International Standard curve (I. C. I.) agreed closely (see Fig. 1, p. 246), although this in its turn has needed refinement.

Hecht recognised clearly that just as the scotopic visibility curve implied an absorbing *substance* — the known pigment visual purple — so also the photopic visibility curve implied the existence of another, possibly related pigment.

A great deal of very accurate work on scotopic vision has been done since Hecht's early measurements were made [for review see Crawford (*48*)] and it may now be accepted [Crescitelli and Dartnall (*52*)] that the agreement between the absorption spectrum of visual purple (human) in digitonin solutions and the scotopic sensitivity curve (corrected for absorption of light before reaching the retina itself) is very close indeed.

This correspondence between selective absorption and (corrected) spectral sensitivity provides a firm base for work on visual pigments. For scotopic vision the fundamental position is clear, but in respect of photopic vision, especially in its colour aspect, the position is altogether less satisfactory.

During the next few years the ideas of Hecht and his colleagues developed in the direction of applying photochemical and kinetic principles to visual processes [Hecht (*93—99*); Hecht and Shlaer (*103*); Chase (*34*)]. There was no attempt to minimise the importance of nerve impulses of ganglia and of reflexes but great significance was rightly attached to the quantitative aspects of the initial absorption of light by the receptor substances. Now since visual purple in the exposed retina or in solution is readily "bleached" by light, it was natural to think in photochemical terms of the receptor process. If in fact the pigment was changed, it also had to be regenerated or else low intensity vision could not be maintained. It was necessary to postulate a primary light reaction and a primary dark reaction together with a secondary process whereby the products of the light reaction "must do something of which the end result is an impulse from the receptor cell" [Hecht (*99*)].

The basic notion was essentially a dynamic concept of photodecomposition and pigment regeneration equilibria.

These ideas were applied in many ways, one being the perception of flicker [Hecht and Shlaer (*103*)]. *Fig. 3* illustrates the discontinuity in the curves which separates rod and cone processes. It is also interesting that the break is not shown for red light (670 mμ) which is not appreciably absorbed by visual purple.

Intensity discrimination (log $I/\Delta I$) at various intensities of light and various wave lenghts, also showed a cone–rod transition.

This and similar work led to the concepts of rod–cone transitions which could be expressed in terms of threshold intensity or transition time measured during normal dark adaption.

The direct physico-chemical attack was at first subject to sharp limitations. Some of HECHT's classical work was done at Liverpool in 1921. We had then only photographic methods of measuring absorption spectra; the light sources were arcs or sparks between metal electrodes, and the sensitive photoelectric spectrophotometer of today had not been developed. Carotene was then a little known plant pigment having

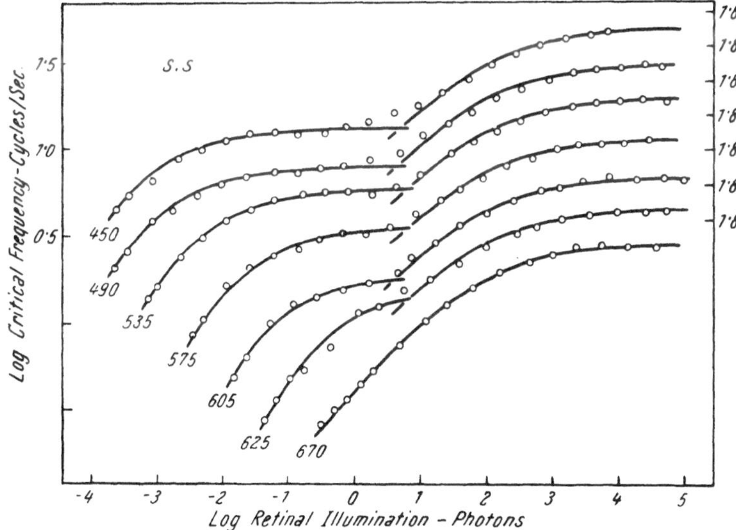

Fig. 3. Critical frequency and intensity for different spectral regions (for the eye of S. SHLAER) plotted as log frequency against log intensity, according to HECHT and SHLAER (*103*). The numbers on the ordinates to the left apply to the topmost data; for convenience the others have been moved down in steps of 0.2 log unit, and their exact positions are indicated to the right. (Photons = trolands in present-day usage.) [From: J. Gen. Physiol. *19*, 965 (1936).]

possibly some relationship to photosynthesis, and vitamin A was merely a postulated accessory food factor of unknown nature. The concept of conjugated proteins with detachable prosthetic groups had restricted currency and the time was not ripe for sweeping advance. The trend of research during this period was, however, both interesting and fortunate.

Rod and Cone Vision.

The difference between rods and cones does not in itself help us to understand colour vision, but the difference in absorption spectrum between visual purple (now usually called rhodopsin) and another pigment now called iodopsin (see p. 299) does correspond approximately with the PURKINJE shift.

If the YOUNG-HELMHOLTZ trichromatic theory of colour vision is taken as a guide there may be either three types of cone or three ways of modifying the properties of a single type of cone by the arrangement of cells and fibres in the retina. The problem for chemistry will be at its simplest if the secret lies in the fine structure of the retina. It will be more difficult and more interesting to the chemist if there is really a multiplicity of pigments in the cones of each eye. Polyak (*163*) discussed this problem with vigour and insight.

As Willmer (*223*) pointed out, many if not most species in which the retinal elements are rod-like in appearance exhibit maximal sensitivity near 500 mμ, whereas in other species where cones clearly predominate the maximum is nearer 570 mμ.

The duplicity theory of vision was originally proposed by Schultze (*178, 179*) in the form that the retinas of nocturnal animals were predominantly rod retinas and those of diurnal aninals were mainly cone retinas. Caution is needed in pressing the distinction very sharply. Denton (*59*) referring to the gecko (see p. 295) points out that an eye lacking cones "is clearly adapted to allow the rods to be useful for vision at much higher external illumination than are the human rods." Species with all-cone retinas, including many birds, behave as if they could see little in dim light but there is no certainty for instance that snakes cannot see on a dark night. It is not always easy to decide when an animal possesses colour vision and there are many species with predominantly cone retinas for which there is no sure knowledge [see Tansley (*188*)].

In spite of such complications there can be little doubt concerning the broad validity of the duplicity theory. It is certain that in man the two mechanisms — scotopic vision and photopic vision concerned respectively with dim light and bright light — are firmly established and that at least two pigments are concerned.

The Electrophysiological Approach.

An approximately constant potential difference exists between the outside and the inside of the eyeball but it varies as the light intensity falling on the retina changes (*86*). Different types of electroretinogram are observed with light-adapted and dark-adapted eyes. When one electrode is placed on the optic nerve fine oscillations are recorded as well as slow potential changes.

The finer variations were explained by Adrian (*2*) and records from single fibres were obtained by Hartline and Graham (*89*). Later [Hartline (*87, 88*)] three responses were differentiated: (*a*) short bursts of impulses when the light was switched on and when it was switched off; half the fibres were of this "on-off" character; (*b*) a burst of impulses recorded only when the light was switched off; these fibres, amounting to about a third of the total, were called "off" fibres; and (*c*) the burst of impulses occurred immediately on exposure to light and continued after a pause so long as the irradiation continued; these were called "on" fibres.

GRANIT and SVAETICHIN (*83*) used micro-electrodes for exploring the retina and obtained a great many records of these kinds of response. GRANIT (*81*), using the decerebrate cat with the cornea and lens removed, was able to explore the retina with a micro-electrode and pick out 10–20 optic nerve units (*Fig. 4.*).

The circuit is connected to an amplifier and the changes are recorded both on a loudspeaker and a cathode ray tube. A noise is heard when the electrode, operated by a micromanipulator, touches the retina. The electrode is withdrawn a little and carefully moved until by simultaneously looking at the oscillograph and listening to the noise a suitable adjustment is found. The micro-electrode "picks up from an optic nerve fibre originating from a ganglion cell."

HARTLINE (*88*) obtained his three types of discharge by micro-dissection of the optic nerve; GRANIT obtained them with his micro-electrode as pure on-elements, pure off-elements and mixed on-off elements. The on- and off-processes usually appeared as increases in spontaneous activity, but sometimes there was no noise without illumination. Pure off-processes were inhibited by re-exposure to light.

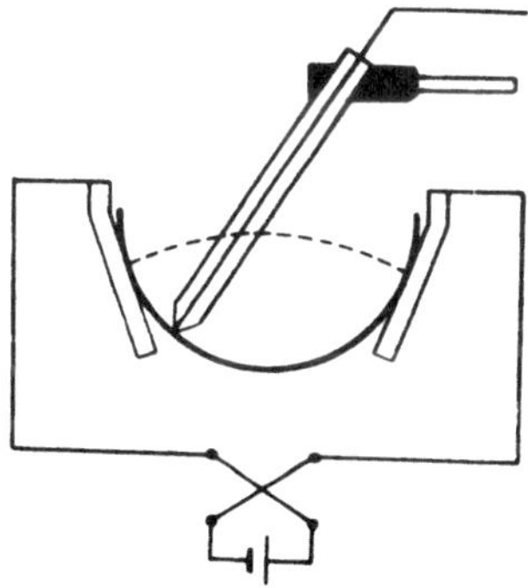

Fig. 4. Diagram demonstrating micro-electrode inserted in retina, polarization electrodes with battery and commutator, according to GRANIT (*81 a*). (A resistance of 50000 Ω in series with the retina and ammeter not included.) [From: J. Neurophysiol. *11*, 239 (1948).]

It was found that 80–90% of the elements in the guinea pig (almost pure-rod) retina were on-elements and the remainder on-off. In the cat retina, which contains both rods and cones (the former predominating), GRANIT and TANSLEY (*84*) found 79% of on-off elements, 16% pure on-elements and 5% pure off-elements. This suggests that the number of pure on-elements runs parallel with the proportion of rods in the retinal receptors. It also suggests that inhibition followed by an off-effect is characteristic. GRANIT (*81, 82*) and his colleagues then used light of different wave-lengths to explore the spectral sensitivity [GERNANDT (*72, 73*)]. When the method was applied to the snake eye (cones) and the light-adapted frog eye a broad curve with a maximum at about 560 mμ was obtained. Such a curve was designated a *photopic dominator*. The same curve was recorded with the dark-adapted snake eye, but the dark-adapted frog or cat gave a different broad curve with λ_{max} about 500 mμ. This curve was called a *scotopic dominator*. Thus the electrophysiological technique reproduces the PURKINJE shift and the evidence for rhodopsin and its photopic analogue.

The situation became more complex with the discovery of narrow curves which were designated *modulators*. Thus, the snake eye showed a narrow band with λ_{max} near 600 mμ, and a peak at 520 mμ was also found in eyes from several species. Using cat retinas it was found that the fully dark-adapted state showed a good scotopic dominator, and the effect of partial adaptation to different wave lengths of light within the rhodopsin "envelope" with many elements was merely a reduction in the sensitivity of the scotopic dominator. "But with a great number of elements, the simple rule did not work at all" and narrow humps appeared in the three spectral regions where modulators had already been observed.

It is not necessary here to go into Granit's further work on electrical polarization in the retina because it tends on the whole to reinforce his main findings. Three modulator regions emerged and Granit was able to conclude that "whatever method one tries, the retina always seems to return the modulators to the three regions of predilection: 440–460 mμ, 500–540 mμ, and 580–620 mμ."

At that stage it could quite plausibly be argued that the photopic dominator was a summation of three modulators but that notion is now repugnant to chemists and it is wiser to say that no thoroughly satisfactory *chemical* explanation of Granit's elegant experimental work has yet been reached. Hartridge (*90*) in expounding Granit's results evidently accepted 7 or 8 modulators grouped in three main parts of the visible spectrum. Chemists wondered, perhaps naively, whether in a given species they should search for one, two, three, six or nine visual substances. Rushton (*170*) however, claimed that the responses which revealed Granit's modulators in the cat retina came from a diffuse type of ganglion cell and not from single optic fibres, but Granit (*82*) is not prepared to write off the modulators. This is a highly specialised field [reviewed by Granit (*81, 82*)] and all that perhaps need be said here is that indirectly the modulators must still be of concern to chemistry.

The transition from rod to cone vision in man is not without complications and the luminosity curve for photopic vision sometimes shows secondary inflexions or peaks.

In facing the large body of important observations on the psychophysical aspects of vision, chemists may be well advised to exercise caution in recognising additional pigments.

Acceptable Criteria for Visual Pigments.

The unambiguous test is to obtain a pigment in solution, with negligible irrelevant absorption in the visible region, and reproducing a spectral sensitivity. So far only rhodopsin is completely satisfactory in this respect although porphyropsin runs it close. Failing such a spectroscopically "clean" preparation, it is necessary to resort to difference spectra based on the photolability of the pigments.

The absorption spectrum of the retinal extract is determined (a) before and (b) after exposure to light. Curve (b) is subtracted from curve (a) to give a *difference spectrum*, which has two portions: one positive, the other negative, indicating respectively the disappearance of the visual pigment and the appearance of the photoproduct (see *Figs. 11, 12, 17,* and *18*). As the absorption spectra of the pigment and the product always overlap, the difference spectrum is a function of the two; if the absorption spectrum of one is known, that of the other can be calculated (e. g. Fig. 17, p. 302). It is essential that difference spectra determined on retinal extracts be scrutinized warily, for other photolabile substances may be present [see WALD (*206*)]. The shapes of the absorption curves of the principal visual pigments are rather similar, although differing on the wavelength scale; equally the absorption of the common photoproducts is known. Provided a difference spectrum agrees with these requirements, it seems reasonable to attribute it to a genuine visual pigment.

The method has been extended in recent years (*26, 174, 221*) to bleaching visual pigments in the eye itself. Although great advances have been made in the measurement of known pigments *in situ* (e. g. *172*), the more complex environment of the living retina makes the interpretation of results difficult, and the existence of "visual pigments" identified only by this means [see MORTON and PITT (*149*)] is sometimes precarious.

It is in respect of scotopic vision that chemical progress has been greatest but it has also been possible to extract a pigment which fits photopic vision in some species. Colour vision, however, remains a complex problem for which the chemist has no answer.

Chemists might have hoped that physiologists could say "to 'explain' vision we shall need x pigments each with its own absorption characteristics, your task is to find x appropriate chemical structures." Such a hope has not yet been realised. It is perhaps also true that physiologists have a plethora of phenomena and look hopefully to the chemists to simplify their ideas by defining the available *substances*. In this field the two disciplines are within hailing distance most of the time and they make contact occasionally.

II. Vitamin A.

Night blindness was known in ancient Egypt and the accepted remedy seems to have been liver eaten in the ordinary way. Vitamin A (I) is of course found in liver, but the first direct proof that animals deprived of vitamin A showed defective night vision and a retardation of rhodopsin formation was due to FRIDERICIA and HOLM (*68, 108*) and was confirmed later by Tansley (*185, 186*), Hecht and Mandelbaum (*101*) and many other workers. Perhaps the most thorough attempt to determine the vitamin A requirement in man was made during the War on British conscientious objectors (*142*). This work showed that, although depletion for at least a year on a vitamin-A-low diet was needed, plasma levels of the vitamin eventually fell and the formation of rhodopsin became very slow.

(I.) Vitamin A (Vitamin A_1).

Discovery and Preparation of Retinene.

The first important advance in the attempts to express in chemical terms the relationship between vitamin A and rhodopsin was made by Wald (*191–195*). When dark-adapted frog retinas were extracted thoroughly in the dark with an inert solvent, e. g. light petroleum, the rhodopsin was not destroyed but subsequent extraction with chloroform at once decolourized the pigment yielding a substance which Wald called *retinene*. Retinene was soluble in organic solvents and gave an absorption band with λ_{max} near 665 mμ in the antimony trichloride test; Wald therefore believed it to be a carotenoid. He also showed that retinas could convert it to vitamin A. A new substance of outstanding importance had been noted, and its nature, equally with its role in the chemistry of vision, offered a new clue and a challenge.

Further progress had to await discovery of the nature of retinene. Morton (*146*), Morton and Goodwin (*147*) and Ball, Goodwin and Morton (*12*) suggested and proved that retinene was the aldehyde of vitamin A_1. This simple solution of the problem was attractive as the retinenes were then known by qualitative spectroscopic characteristics only (*Table 1*), and the amounts obtainable from eyes were clearly too minute to permit orthodox chemical investigation. Vitamin A had by this time become available in concentrated form but the presence in the molecule of a system of five conjugated double bonds did not encourage optimism that a smooth oxidation of the primary alcohol to the aldehyde could be effected in the laboratory (see *119*). In preliminary oxidations with permanganate very small amounts of retinene were recognised and the yield was found to improve when manganese dioxide was formed in the course of the reaction. This led to a simple procedure whereby vitamin A alcohol, dissolved in light petroleum, was converted in high yield at room temperature to its aldehyde merely by contact with manganese dioxide.

Vitamin A_2 and Retinene$_2$.

WALD (*196*) showed that the retinas of fresh-water fish contained not rhodopsin but another pigment absorbing at longer wavelengths, which he called *porphyropsin*. Porphyropsin, when bleached under conditions which yielded retinene from rhodopsin, gave a different product showing λ_{max} above 700 mμ in the antimony trichloride test. Retinas would convert this to another substance giving an antimony trichloride chromogen with λ_{max} near 693 mμ, just as other retinas converted retinene to vitamin A.

It was then possible to explain past observations (*105*) of a 693 mμ chromogen in fish oils as being characteristic of another type of vitamin A, designated as vitamin A_2 (*65, 66, 134*). The initial product of the bleaching of porphyropsin was called retinene$_2$ (*198*) (see *Table 1*).

Table 1. Absorption Maxima of Substances Concerned in Visual Processes.

Substance	λ_{max} (mμ)	Solvent	SbCl$_3$ colour test (in chloroform) λ_{max} (mμ)
Vitamin A_1	326	*cyclo*-Hexane	620
Vitamin A_2	352	*cyclo*-Hexane	693
Rhodopsin (visual purple)....	500 (approx.)	1% aqueous digitonin	
Porphyropsin	522—533	,,	
Retinene$_1$.................	369.5	Petrol	664
	390	Chloroform	
Retinene$_2$.................	385	Petrol	735 (initially)
	407	Chloroform	fades to 705

Research on vitamin A_2 and retinene$_2$ was handicapped by the scarcity of fish liver oils with a high vitamin A content. Certain Indian and Nile fresh water fish have recently been shown to be good sources (*9, 1*) but most freshwater fish contain only small amounts of the vitamins A.

The best preparations of retinene$_2$ in this laboratory from naturally occurring material came from ling cod, a marine fish giving a very rich oil in which the vitamin A_1/A_2 ratio was about 7–10/1. Vitamins A_1 and A_2 behave similarly when subjected to molecular distillation and no chromatographic way of separating the alcohols was then known, although a suitable procedure has since been developed (*107*). The corresponding aldehydes, however, could be separated by adsorption on alumina. The sterol-free unsaponifiable material from ling cod oil was oxidized with manganese dioxide and the retinene$_2$ freed from retinene$_1$

by repeated chromatography on alumina. It could eventually be crystallized from petrol (*33*).

Crystalline retinene$_2$ was reduced by the Ponndorf method and by means of lithium aluminium hydride. The result was that vitamin A$_2$ could be obtained practically pure (*32*); for spectroscopic data, see *Fig. 5* and *Table 2*.

After years of uncertainty [see Baxter (*16*)], the structure of vitamin A$_2$ has been established as 3:4-dehydrovitamin A$_1$ (II) (*67*), which was favoured

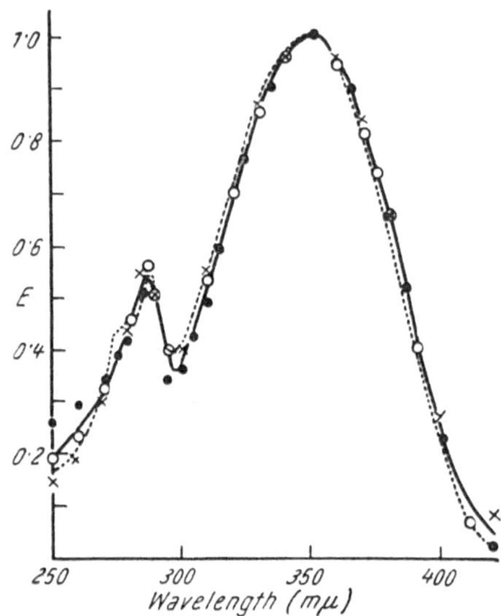

Fig. 5. Absorption spectrum of vitamin A$_2$ in ethanol, ————; preparations obtained by reduction of retinene$_2$ *in vivo*, ●; *in vitro* (Ponndorf), O; (LiAlH$_4$), ·············; vitamin A$_2$ from fish liver oil, ×, according to Cama, Dalvi, Morton and Salah (*32*). [From: Biochemic. J. 52, 542 (1952).]

by Morton, Salah and Stubbs (*150*). An alternative open chain form was suggested on both chemical and biological evidence (*124, 144*); some of the chemical evidence has been withdrawn (*125*) and other workers in a very careful investigation have disagreed with the earlier reports (*106*). The open-chain structure for vitamin A$_2$ must be considered disproved.

The most convenient way of preparing vitamin A_2 and retinene$_2$, now that synthetic vitamin A_1 is readily available, is via retinene$_1$ (MnO_2 oxidation) which is dehydrogenated using N-bromosuccinimide to give retinene$_2$ in over 60% yield. This can be reduced to vitamin A_2 (*106*).

Table 2. Spectroscopic Properties of Retinene$_2$
(m. p. 77–78°) (*33*).

Solvent	λ_{max} (mμ)	ε_{max}	λ of inflexion (mμ) (approx.)
Light petroleum (b. p. 40–60°)	385	42 000	305
cyclo-Hexane.....................	386	40 600	310
Ethanol	397	39 800	315
Chloroform	407	38 400	320
iso-Propanol	396	40 600	315
SbCl$_3$ colour test................	730–740 fades to 705	112 800*	—

III. *Cis-trans* Isomerism of Retinene$_1$.

With an adequate supply of material now available, research on retinene progressed rapidly. The synthetic substance behaved identically in many respects with retinene from eye tissues: it formed "indicator yellow" (p. *273*) analogues with substances containing amino groups (*10*), it was reduced to vitamin A by a DPN-dependent retinal enzyme, retinene reductase (*202, 203*), and — as if to clinch the matter — it united with opsin, the colourless protein moiety of rhodopsin, to form the visual pigment (*209*).

The first hint of complications came from HUBBARD and WALD (*111, 117, 118*) who found that the origin of the vitamin A used for making retinene had an influence on the activity of the product. Retinene made from the vitamin A of fish oil, would form rhodopsin when added to a solution of opsin, but retinene made from crystalline all-*trans*-vitamin A would not effect regeneration. Rhodopsin was however formed if this retinene was first exposed to light. As polyenes readily form *cis*-isomers on irradiation (*225, 226*), it seemed probable that an isomer other than the all-*trans* was implicated. Similarly, vitamin A from fish liver oils is known to consist of a mixture of isomers; one of the corresponding retinenes was presumed to be responsible for the formation of rhodopsin in these *in vitro* experiments.

"Active retinene" was isolated chromatographically from irradiated solutions of retinene (*118, 64*) [details of an improved method were given later by BROWN and WALD (*30*)]. The product was crystallized and reduced by lithium aluminium hydride or sodium borohydride to a

---

* Initially higher, but after 15–20 sec. is steady between 107 000 and 112 800.

vitamin A alcohol (*64*); on illumination it gave an isomerate similar to that formed from all-*trans*-retinene; its ultraviolet spectrum suggested a *cis* retinene, and showed a solvent shift typical of a polyene aldehyde; and finally it gave the same colour intensity with antimony trichloride as did all the other known isomers of retinene (*115*). Thus it was proved beyond doubt that "active retinene" was a *cis* form of retinene.

Such proof was in fact quite necessary. Although, as HUBBARD and WALD (*117*) at once appreciated, the active retinene was likely to be a *cis* form, complications arose on pursuing the idea. Other structures were canvassed, e. g. a dimer (*37*) or even an isomer containing an *x*-ionone ring (*115*). This uncertainty was in a measure due to the predictions made by PAULING (*157, 158*) concerning the number of isomeric forms possible for retinene and vitamin A. According to PAULING, certain *cis* isomers of isoprenoid compounds cannot readily be formed owing to steric hindrance from the methyl branch groups, which causes a twist in the chain. This theory had already proved serviceable in the *cis-trans* isomerism of carotenoids (*225, 226*). According to PAULING, the double bonds in the 7- and 11-positions of vitamin A and retinene (VIII, p. 262) cannot readily assume the *cis* configuration; i. e. such forms will be very unstable "hindered" isomers. The theory requires the only stable mono-*cis* isomers of retinene and vitamin A to be: all-*trans*; 9-*cis*; 13-*cis* and 9:13-di*cis*.

Study of the literature on this problem is complicated by the differences in *numbering systems*. The Distillation Products Industries group have numbered retinene and vitamin A from the functional group (*169*); the system used in the present review numbers from the dimethyl-substituted carbon in the ring (I, VIII). The latter system has the advantage of conforming with the official carotenoid numbering. A third method has been used to denote isomers by numbering the ethylenic links from 1 to 5, beginning with that in the ring (*117, 115, 76*); this seems now to have been abandoned in favour of the system used here.

At the start of the investigation, there appeared no reason to doubt the validity of PAULING's reasoning about vitamins A and retinenes. The predominating isomers in nature seemed to be all-*trans*. The only other widespread form was a mono-*cis* isomer of vitamin A, apparently 13-*cis*, which ROBESON and BAXTER (*167*) called neovitamin A. This had been shown to account for a substantial proportion of the vitamin A of liver lipids (*167, 145*). From neovitamin A, a concentrate of the corresponding aldehyde, neoretinene, was prepared by DALVI and MORTON (*53*). Another isomer of retinene, believed to be 9-*cis*, had been made by GRAHAM, VAN DORP and AHRENS (*76*).

Work on the isolation of retinene isomers was extended in the research laboratories of Distillation Products Industries. Surprisingly, instead of the predicted four isomers, *five* were discovered; the all-*trans* and four others referred to as neoretinene *a* [previously known as neoretinene (*53*)], neoretinene *b* ("active retinene") and isoretinenes *a* and *b* (*118*). Manifestly, either the PAULING theory had proved inadequate or one of these forms was not a simple "unhindered" *cis* isomer of retinene. It was at this stage that other possible structures were contemplated.

Syntheses of Isomers.

To identify the isomers, it was necessary to carry out stereospecific syntheses. The four "unhindered" isomers of vitamin A were prepared by ROBESON et al. (*169*) by condensing β-ionylidene-acetaldehyde with

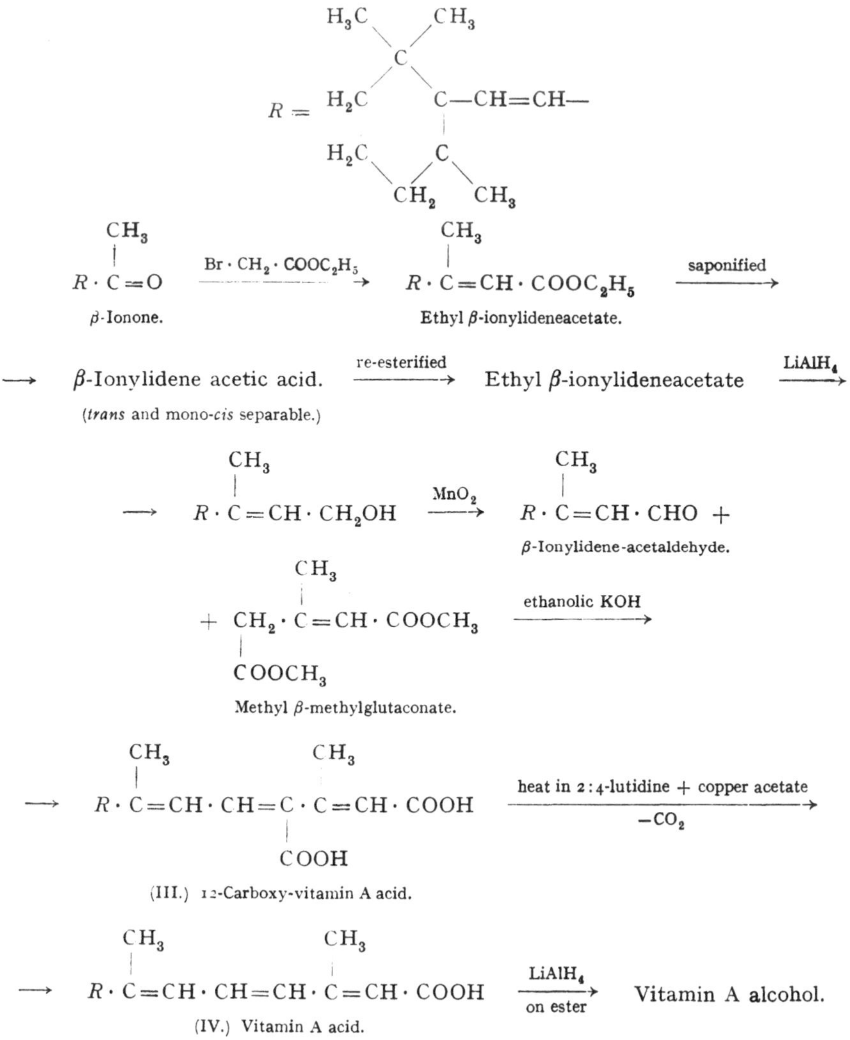

$$R = \quad \begin{array}{c} H_3C \diagdown \diagup CH_3 \\ C \\ H_2C \quad C-CH=CH- \\ H_2C \quad C \diagup \diagdown \\ CH_2 \quad CH_3 \end{array}$$

$$R \cdot \overset{\overset{\displaystyle CH_3}{|}}{C} = O \quad \xrightarrow{Br \cdot CH_2 \cdot COOC_2H_5} \quad R \cdot \overset{\overset{\displaystyle CH_3}{|}}{C} = CH \cdot COOC_2H_5 \quad \xrightarrow{saponified}$$

β-Ionone.   Ethyl β-ionylideneacetate.

$$\longrightarrow \quad \beta\text{-Ionylidene acetic acid.} \quad \xrightarrow{re\text{-esterified}} \quad \text{Ethyl } \beta\text{-ionylideneacetate} \quad \xrightarrow{LiAlH_4}$$

(*trans* and mono-*cis* separable.)

$$\longrightarrow \quad R \cdot \overset{\overset{\displaystyle CH_3}{|}}{C} = CH \cdot CH_2OH \quad \xrightarrow{MnO_2} \quad R \cdot \overset{\overset{\displaystyle CH_3}{|}}{C} = CH \cdot CHO \quad +$$

β-Ionylidene-acetaldehyde.

$$+ \quad \overset{\overset{\displaystyle CH_3}{|}}{\underset{\underset{\displaystyle COOCH_3}{|}}{CH_2 \cdot C}} = CH \cdot COOCH_3 \quad \xrightarrow{ethanolic\ KOH}$$

Methyl β-methylglutaconate.

$$\longrightarrow \quad R \cdot \overset{\overset{\displaystyle CH_3}{|}}{C} = CH \cdot CH = \overset{\overset{\displaystyle CH_3}{|}}{\underset{\underset{\displaystyle COOH}{|}}{C} \cdot C} = CH \cdot COOH \quad \xrightarrow[-CO_2]{heat\ in\ 2:4\text{-lutidine}\ +\ copper\ acetate}$$

(III.) 12-Carboxy-vitamin A acid.

$$\longrightarrow \quad R \cdot \overset{\overset{\displaystyle CH_3}{|}}{C} = CH \cdot CH = CH \cdot \overset{\overset{\displaystyle CH_3}{|}}{C} = CH \cdot COOH \quad \xrightarrow[on\ ester]{LiAlH_4} \quad \text{Vitamin A alcohol.}$$

(IV.) Vitamin A acid.

Scheme 1. Synthesis of Vitamin A Alcohols.

the methyl ester of β-methylglutaconate to form 12-carboxy-vitamin A acid. This was decarboxylated to vitamin A acid, which was reduced to the alcohol (*Scheme 1*, p. 259).

The individual isomers were prepared following this basic plan. The saponification and subsequent re-esterification of ethyl β-ionylidene-acetate was done in order to obtain the free acid, of which the *trans* isomer and a mono-*cis* isomer could be separated by crystallization. The double bond involved in the mono-*cis* isomer was that conjugated to the carboxyl group i. e. corresponding to position 9 in the vitamin A mole-cule. The configuration of this bond was thus fixed, and care was taken to avoid isomerization during the later steps of the synthesis.

After condensation of β-methylglutaconate with the two isomeric β-ionylideneacetaldehydes, two diacids (III) were obtained: one the 9-*cis*, the other the 9-*trans* form. When the 9-*trans* isomer was decarboxyl-ated, the vitamin A acid (IV) produced was the 13-*cis* isomer. The alcohol obtained on reduction was identical with the natural neovitamin A of Robeson and Baxter (*167*). On photoisomerizing the 13-*cis* acid in the presence of iodine, the all-*trans*-vitamin A acid was formed, and from it the vitamin A alcohol. A similar set of operations starting with the 9-*cis* diacid (III) led to 9:13-di*cis*-vitamin A and 9-*cis*-vitamin A.

All these isomers of vitamin A were oxidized to their aldehydes (MnO_2) and identified with four of the known isomers of retinene. All-*trans*-retinene and neoretinene a (old neoretinene) were known; the iso-retinenes a and b were the 9-*cis* and the 9:13-di*cis*-isomers respectively (*168*).

One more isomer remained unidentified: neoretinene b. In respect of visual pigments this was the most important, for it was the active isomer uniting with opsin to form rhodopsin. All-*trans*-retinene, neoretinene a and isoretinene b all failed to act as precursors of rhodopsin *in vitro*.

Isoretinene a and opsin yield a product (isorhodopsin) with λ_{max} near 487 mμ but, although this is an interesting pigment, it is an arti-fact and probably lacks physiological significance (*208*).

To organic chemistry also the structure of neoretinene b is of some importance. It was clearly a *cis* form of retinene and as all the "unhindered" *cis* isomers had been synthesized and found to be different, neoretinene b must then be a "hindered" isomer. This idea was now more acceptable than it seemed to be a few years earlier, for while these investigations were in progress, evidence had accumulated that stable "hindered" *cis* forms could be prepared by synthesis (*154, 155, 69, 70, 71*).

At this stage the problem of the configuration of neoretinene b appeared little nearer solution. If the presence of a "hindered" *cis* bond had to be accepted, a large number of alternative structures were possible.

Largely on the basis of spectroscopic data (infrared and ultraviolet) ROBESON et al. (*168*) considered that the most probable structure for neoretinene *b* was 11:13-di*cis*-retinene. This suggestion was partly supported by the slow reaction of the corresponding vitamin A alcohol with maleic anhydride. Some, but not all, vitamin A isomers will react with maleic anhydride; the adducts involve the 11- and 13-double bonds, and will be formed only if these double bonds are *trans* (*169*). Neovitamin A*b* (the alcohol of neoretinene *b*) will not readily react with maleic anhydride and so must have either the 11- or the 13-bond in the *cis* configuration.

At this stage WALD, BROWN, HUBBARD and OROSHNIK (*212*) put forward a different structure for neoretinene *b*. They concluded from ultraviolet absorption data and observations of the isomerization of the various forms of retinene when heated (3 hr. at 70°) in aqueous digitonin, that neoretinene *b* was not a di-*cis* but a mono-*cis* isomer, i. e. a "hindered" *cis* isomer, either 7-*cis* or 11-*cis*.

In trying to prepare these isomers the pathway to 11-*cis*-retinene was via the "C_{14}-aldehyde" (V) well known as an intermediate in the synthesis of vitamin A (*122*). The "C_{14}-aldehyde" was joined with what was believed

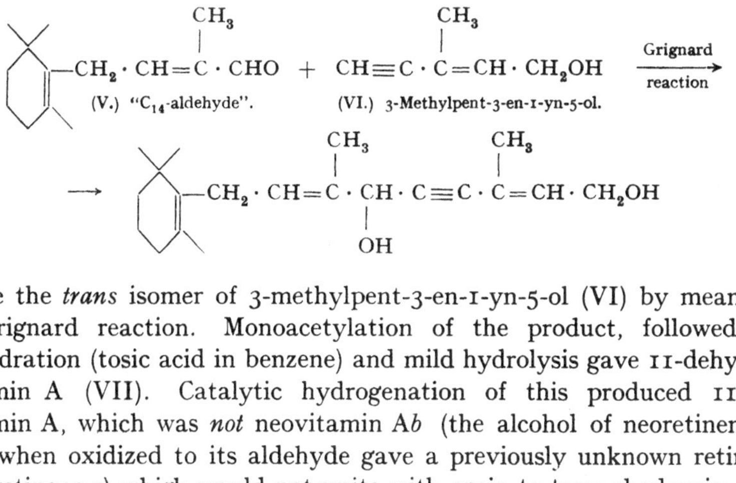

$$-CH_2 \cdot CH = C(CH_3) \cdot CHO \quad + \quad CH \equiv C \cdot C(CH_3) = CH \cdot CH_2OH \xrightarrow[\text{reaction}]{\text{Grignard}}$$

(V.) "C_{14}-aldehyde". (VI.) 3-Methylpent-3-en-1-yn-5-ol.

$$\longrightarrow \quad -CH_2 \cdot CH = C(CH_3) \cdot CH(OH) \cdot C \equiv C \cdot C(CH_3) = CH \cdot CH_2OH$$

to be the *trans* isomer of 3-methylpent-3-en-1-yn-5-ol (VI) by means of a Grignard reaction. Monoacetylation of the product, followed by dehydration (tosic acid in benzene) and mild hydrolysis gave 11-dehydro-vitamin A (VII). Catalytic hydrogenation of this produced 11-*cis*-vitamin A, which was *not* neovitamin A*b* (the alcohol of neoretinene *b*) and when oxidized to its aldehyde gave a previously unknown retinene (neoretinene *c*) which would not unite with opsin to form rhodopsin.

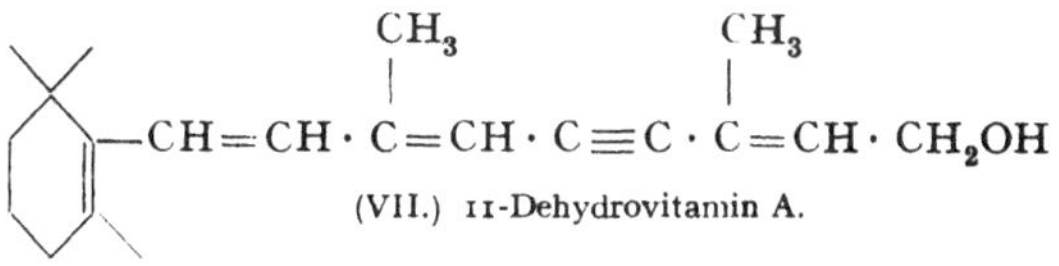

$$-CH = CH \cdot C(CH_3) = CH \cdot C \equiv C \cdot C(CH_3) = CH \cdot CH_2OH$$

(VII.) 11-Dehydrovitamin A.

As neoretinene *b* appeared not to be 11-*cis*-retinene, WALD et al. (*212*) concluded that it must be the other mono-*cis* isomer: 7-*cis*, but attempts to prove this by synthesis failed as it was not found possible to hydrogenate the corresponding acetylene, 7-dehydro-vitamin A.

The alternative structures for neoretinene *b* as 11:13-di*cis* proposed by the Distillation Products Industries workers (*168*) and as 7-*cis* by Wald, Brown, Hubbard and Oroshnik (*212*) were based mainly on tentative interpretations of indirect evidence. There was, however, one apparently direct clash involving established chemical knowledge. If neoretinene *b* was 7-*cis*-retinene, as suggested by Wald et al. (*212*), it should react with maleic anhydride. But Robeson et al. (*168*) had shown that it did not.

In the synthesis of neoretinene *c* (*212*) the identification of the 13-link in the final molecule as *trans* depended on the belief that the predominating isomer of 3-methylpent-3-en-1-yl-5-ol (VI) was *trans*. On further investigation, Oroshnik (*152*, *153*) showed that, contrary to the previously accepted view, this key substance had in fact the *cis* configuration, and that the neoretinene *c* synthesized was 11:13-di-*cis*-retinene. By repeating the synthesis using the *trans* form of 3-methylpent-3-en-1-yl-5-ol, he obtained the true 11-*cis*-retinene, which was identical in all respects with neoretinene *b*.

To summarize this rather tangled story, six isomers of retinene have now been synthesized: all-*trans*; 9-*cis* (isoretinene *a*); 11-*cis* (neoretinene *b*); 13-*cis* (neoretinene *a*); 9:13-di*cis* (isoretinene *b*); and 11:13-di*cis* (neoretinene *c*) (VIII).

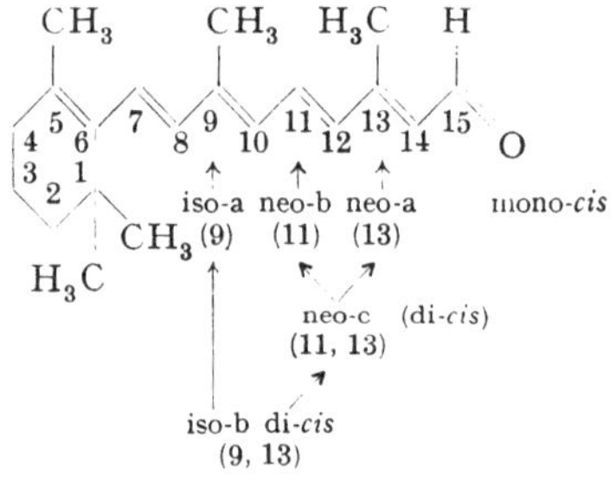

(VIII.)

With the elucidation of the structures of these isomers the trivial names, such as neoretinene *b* will eventually be replaced by the more informative 11-*cis*-retinene, etc. The name retinene itself recalls Wald's (*194*) original notion that the compound was a carotenoid, but when it was identified as vitamin A aldehyde, the suggestion was made (*147*) that *retinaldehyde* or *retinal* would be more suitable. The I. U. P. A. C. rules for the nomenclature of vitamin A_1 at present awaiting approval (*47*) will rename retinene *retinal*. This revision of nomenclature of vitamin A derivatives has for certain purposes been anticipated by Pitt et al. (*160*) in the designation for the $C_{19}H_{27}CH=$ grouping in retinene, but the familiar names of retinene and vitamin A will no doubt continue to be used.

Properties of Isomeric Retinenes and Vitamins A.

Several points of interest emerge from the study of the isomeric forms of retinene. Firstly, it is clear that the reasoning of PAULING (*157, 158*) is not wholly valid in that "hindered" 11-*cis* isomers occur naturally, and are fairly stable. It must be said that PAULING's prediction holds for the 7-*cis* forms and that 11-*cis*-retinene and 11-*cis*-vitamin A are the only

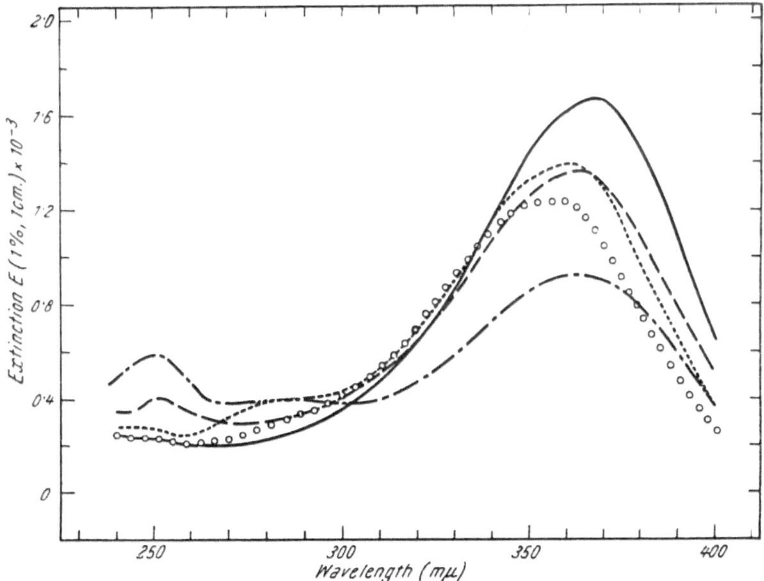

Fig. 6. Absorption spectra of five stereoisomers of retinene in hexane, according to HUBBARD (*113*). ————, all-*trans*; — — —, 13-*cis*; — · — · —, 11-*cis*; - - - - - - -, 9-*cis*; and oooooo, 9:13-di*cis*. 9-*cis* displays a *cis*-peak (282.5 mμ); 11-*cis*, a *cis*-peak and a large subsidiary band (251 mμ); 13-*cis*, raised absorption in the *cis*-peak region and a small subsidiary band (252 mμ). [From: J. Amer. Chem. Soc. *78*, 4662 (1956).]

compounds of this "hindered" type yet found in nature. Furthermore the "hindered" isomers show a greatly lowered ε_{max} and also increased absorption in the shorter ultraviolet. The ultraviolet absorption characteristics of the retinene and vitamin A isomers are of interest in their own right, for these are the most closely studied *cis-trans* sets of naturally occurring compounds.

The data reproduced in *Table 3* (p. 264), and *Figs. 6* and *7* show the absorption curves of all except the 11:13-di*cis* isomers, for which see WALD et al. (*212*). There are still some unsolved problems in the interpretation of these absorption data, in particular the position of λ_{max} in the various retinenes.

On physiological grounds, 11-*cis*-retinene and 11-*cis*-vitamin A can be differentiated sharply from the other isomers. This distinction stems from

Table 3. Ultraviolet Absorption of Isomers of Vitamin A and Retinene (solvent: ethanol).

Trivial name	Configuration	Vitamin A			Retinene		
		λ_{max}	ε_{max}	Ref.	λ_{max}	ε_{max}	Ref.
all-*trans*.....	all-*trans*	325	52800	(*169*)	381	43400	(*168*)
neo *a*.......	13-*cis*	328	48300	(*169*)	375	35600	(*168*)
neo *b*.......	11-*cis*	319	34900	(*30*)	376.5	24900	(*30*)
neo *c*.......	11:13-di*cis*	312	26200	(*212*)	373	19900	(*212*)
iso *a*.......	9-*cis*	323	42300	(*169*)	373	36100	(*168*)
iso *b*........	9:13-di*cis*	324	39500	(*169*)	368	32400	(*168*)

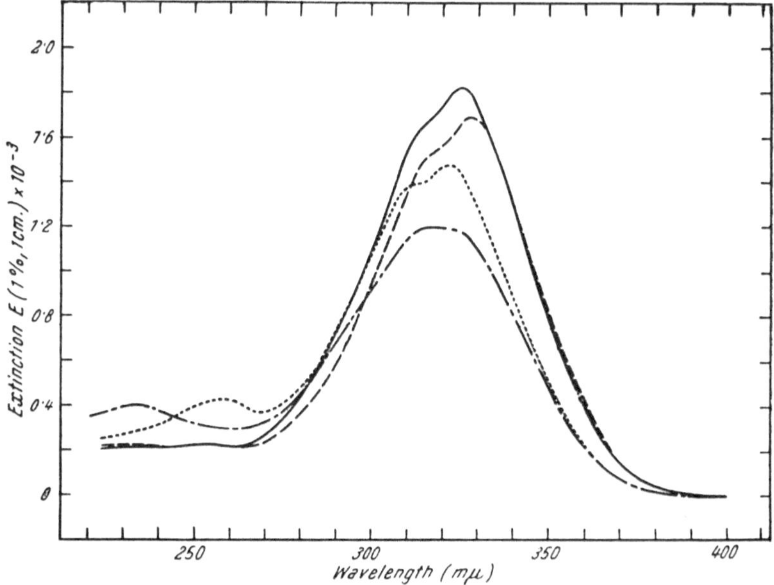

Fig. 7. Absorption spectra of stereoisomers of vitamin A in hexane, according to Hubbard (*113*). ————, all-*trans*; —————, 13-*cis*; — · — · —; 11-*cis*; and ——————, 9-*cis*. The main absorption bands of the unhindered isomers show fine structure; the main band of 11-*cis* is symmetrical but has a flattened peak. 9-*cis* has a *cis*-peak (259 mμ); the extinction of 11-*cis* is raised in the *cis*-peak region, and it has a subsidiary band at 233 mμ. [From: J. Amer. Chem. Soc. 78, 4662 (1956).]

the double mode of action of vitamin A in the animal body. The function of vitamin A as a precursor of visual pigments seems to be quite different from its systemic mode of action, concerned, among other things, with the maintenance of growth and with the health of epithelial tissues (*136*). The 11-*cis* isomers appear to be concerned mainly with the eyes. Only 11-*cis*-retinene will combine with the specific proteins to form the visual pigments rhodopsin and iodopsin. Admittedly, 9-*cis*-retinene will similarly form isorhodopsin and other iso pigments (see p. 304), but the status of these as visual pigments is very dubious. 11-*cis*-Vitamin A occurs in the eyes of many species, including some in which no visual pigment has been detected with certainty. WALD and BURG (*216*) have found 11-*cis*-vitamin A in the eyes of the lobster and PLACK et al. (*162*) have demonstrated its presence in several species of marine crustacea which contain almost all their vitamin A in the eyes (*129*, see also *133*).

Table 4. Relative Vitamin A Potencies in the Rat of Isomeric Forms of Vitamin A Acetate and Retinene, as Measured by Growth and Liver Storage Tests (*4, 5*).

(All-*trans*-vitamin A acetate = 100%.)

Stereoisomeric form	Vitamin A acetate	Retinene*
all-*trans*	100%	91%
9-*cis*	22%	19%
11-*cis*	23%	48%
13-*cis*	75%	93%
9 : 13-di*cis*	24%	17%
11 : 13-di*cis*	15%	—

The usual method of assessing the *"biopotency"* of vitamin A-active substances is the growth test using deprived animals; i. e. the criterion is systemic. The relative potencies of the various isomers of vitamin A and retinene have been tested by AMES, SWANSON and HARRIS (*4, 5*) and are summarized in *Table 4*. The Table shows that the growth-promoting effects of these isomers do not run parallel with their importance in visual pigments. All-*trans*-vitamin A which is the predominating isomer in nature can, however, be converted in the eye to 11-*cis*-retinene by the action of retinene reductase and a retinene isomerase (*114*) which catalyses the formation of 11-*cis* from all-*trans*-retinene. It is probable that this enzyme plays an important physiological role in the formation of visual pigments, for COLLINS, GREEN and MORTON (*38, 39*) have shown that homogenates of retinas (cattle, frog, and rat) will synthesize rhodopsin from all-*trans*-vitamin A. As all-*trans*-vitamin A, long known to be the most potent isomer in growth tests, serves well as a precursor of 11-*cis*-retinene, the all-*trans* isomer remains the desirable one in the diet of at least the higher animals.

IV. Rhodopsin.

Rhodopsin *(visual purple)* was the first of the visual pigments to be discovered; it is the most accessible and the only one yet isolated in a

* In all probability the various retinenes at the dose levels used are enzymatically converted in the lining of the gut initially to the corresponding vitamins A. The aldehydes are not absorbed as such.

state approaching purity. It is consequently the best understood visual pigment and we propose to discuss it in detail (for previous reviews see *37, 187, 206*).

Preparation of Rod Outer Segments.

The receptor end organs — rods and cones — project from the retina towards the back of the eye. Many species have a large number of rods containing high concentrations of rhodopsin; cattle eyes obtained from the abattoir as soon as possible after the death of the animal provide the most readily available starting material for preparing rhodopsin.

The retinas are removed into saline, and moderate shaking then breaks off the outer segments of the rods, which contain almost all the rhodopsin. They can be separated from other pieces of retinal tissue by the method of SAITO (*175*). The retinal material is stirred into strong sucrose solution (40–45%) and centrifuged. The rod outer segments remain in suspension while the rest of the tissue forms a sediment. The sucrose solution is diluted and centrifuged to throw down the rod outer segments, which can be washed free from sugar by further centrifugation.

Differential centrifugation in sucrose solutions of various concentrations is now the accepted method of preparing rod outer segments substantially free from other retinal material. Many individual variations are current (*41, 210, 182, 112, 127*) but all are based on the fact that rod outer segments are less dense than tissue fragments such as red blood cells and nuclei. [Cattle rods are isopycnotic with a 0.88 M (30%) sucrose solution (*41*); frog rods are a little more dense].

Rod outer segments thus prepared contain relatively large amounts of rhodopsin. HUBBARD (*112*) calculated that rhodopsin makes up 14% of the dry weight of rod outer segments of cattle. For this, she made use of the data of COLLINS, LOVE and MORTON (*42*) on the composition of rod outer segments of cattle eyes. From work done later in this laboratory on freeze-dried rods (PITT, unpublished) the rhodopsin content of cattle rod preparations appears to be variable and in some is about a third higher than the value reported by COLLINS, LOVE and MORTON (*42*). Preparations in this laboratory are usually made from eyes obtained from cattle which have not been dark adapted; variations may well arise from this cause. Another factor which should also be considered in all analyses of rod outer segments is the difficulty of getting a meaningful "dry weight" (*135*). COLLINS, LOVE and MORTON (*40*) reported in their analysis 31.9% phospholipid, 38.5% protein, 7% minor components, and what WILLMER (*224*) calls a "tantalising 22.6% unclassified remainder". It is probable that it will be very difficult to remove all water from the tightly organized rod structure [SCHMIDT (*176, 177*)], and much of this "unclassified remainder" may be accounted for by water molecules.

It is not safe to press these analytical results too far, but HUBBARD's (*112*) calculations almost certainly underestimate the rhodopsin content of rods. It seems probable that rhodopsin accounts for at least a third and possibly even half of the total protein of cattle rod outer segments. In frog rods, the concentration of rhodopsin is even higher (*158 a*). It is only because it occurs on this physiologically monstrous scale that rhodopsin is at all readily available for chemical investigations.

Extraction of Rhodopsin.

The chief problem in preparing *pure* rhodopsin is to extract it uncontaminated by other rod material. Rhodopsin is a protein insoluble in water which can be brought into "solution" only by using a dispersing agent. KÜHNE (*132*) in his pioneer work used bile salts. Sodium glycocholate has since been widely used and also sodium deoxycholate (*35*), the plant saponin panaxtoxin, sodium oleate and sodium salicylate (*110*), but the most popular agent since its introduction by TANSLEY (*185*) has been the steroid saponin, digitonin, in 1—2% solution.

Although when rhodopsin "solutions" are dialysed to remove the digitonin, the rhodopsin is always precipitated, reports have appeared from time to time of a water-soluble form of rhodopsin [see HECHT (*100*)]. These are almost certainly very fine suspensions of rod fragments, to judge by their opalescence and very high absorption on the short wavelength side of the absorption curve.

The most recent report of this kind is that of BARER and SIDMAN (*14*); they reported that by subjecting rods or retinas to *ultrasonic* disintegration, a solution of rhodopsin could be obtained. On repeating this work MORTON, PETERSON and PITT (unpublished) confirmed that the ultrasonic treatment gave a product agreeing with that obtained by BARER and SIDMAN (*14*) in that centrifugation at 20000 g to remove fairly large particles sedimented a portion of the visual pigment, but left most in "solution". When this was centrifuged at approximately 100000 g for 2 hrs. however, the rhodopsin was sedimented completely. Since rhodopsin itself has a molecular weight of about 40000 [HUBBARD (*112*)], it is clear that these ultrasonic preparations contain not single rhodopsin molecules, but very small particles. As we have no information about the shape and the density of the particles, it is impossible to give a closer estimate of "molecular weight", than not less than 500000, and "of the order of" 1000000. It is therefore concluded that ultrasonic disintegration of rods gives a suspension of fine particles which are, however, much larger than rhodopsin molecules.

This aspect of the preparation of rhodopsin has been investigated by several workers since KÜHNE. The dispersing agent has here two functions: first, to break down the structure of the rod to liberate the pigment; and second, to solubilize it. KÜHNE (*132*) thought that his bile salts merely broke down the rod, but we now know that the solubilizing action was even more important. Several attempts have been made to separate these two functions of the dispersing agent, usually without gaining much information. It would help considerably with some chemical investigations if rhodopsin could be obtained in true solution without the use of dispersing agents. Methods of preparing cell-free extracts of tissues have been greatly improved in recent years; furthermore, knowledge of protein chemistry now affords more hope that it might be possible to obtain for instance a soluble complex of rhodopsin and another protein. (It is well known that many water-soluble lipo-proteins contain very large amounts of lipid material solubilized by relatively little protein.) In a recent search using this approach [Morton, Peterson and Pitt (unpublished)] no such complex has been found; the most successful method has been the ultrasonic disintegration described above, which yields rhodopsin in what is, on a molecular scale, fairly large particles.

Other procedures which we have tried include simple treatment of rods in a Potter-Elvehjem homogenizer, grinding with alumina (*141*) and shaking with small glass beads ("ballotini") (*128*). None has done more than break the rods mainly into fairly coarse particles, i. e. such as are spun down $< 20\,000\ g$. Digitonin extracts of any of these preparations yield rhodopsin solutions of far lower "spectroscopic" purity (see later) than those obtained by simple extraction of rods, probably because all the mechanical methods produce some very small particles not readily sedimented and these increase the turbidity of the final solution.

Procedures for extraction of rhodopsin may aim at obtaining either rhodopsin uncontaminated with other material, or the highest "yield" of the pigment regardless of its purity. The two objects are usually mutually exclusive. In practice, a compromise is often sought, as moderately impure rhodopsin solutions are adequate for many purposes; as a result a variety of procedures is in use.

The employment of *digitonin* as an extractant is now general. It solubilizes rhodopsin very efficiently, and does not extract an excessive amount of other material.

Synthetic extractants have been tried besides those already mentioned, e. g. Dispersol A [Collins, Love and Morton (*41*)] and cationic detergents of the general formula $CH_3 \cdot (CH_2)_n \overset{+}{N}H_3Cl^-$ which Bridges (*24*) reported briefly to give as high a yield of rhodopsin as did digitonin. Collins, Love and Morton (*41*) found that Dispersol A dissolved much extraneous material, and other commercial dispersing agents would probably do the same.

The great advantage of digitonin is that it is a relatively inefficient (or selective) dispersing agent, able to solubilize rhodopsin but having relatively little action on the other components of the rods.

Contaminants in Rhodopsin Solutions.

Rod outer segments have been analysed by Collins, Love and Morton (*42*) and shown to contain large amounts of protein and phospholipid, much of which can be solubilized by dispersing agents, and many devices have been adopted to reduce the amount of irrelevant matter extracted. Of these, the most helpful appears to be the use of alum introduced by KÜHNE (*132*) to "harden" or "tan" proteins in the rods and inhibit their solubilization. The effect of alum on the rod outer segments is not fully understood. Presumably it denatures some proteins; certainly the amounts of phospholipid and ribonucleic acid extractable with digitonin increase greatly, as would be expected after the denaturation of the protein moieties of rod lipo- and nucleoproteins (*42*).

Another method aimed at inhibiting solubilization of irrelevant proteins by the use of neutralized 40% formaldehyde had somewhat variable effects (*41*).

Despite these modifications, rhodopsin solutions usually contain extraneous proteins. COLLINS, LOVE and MORTON (*41*) showed that when all the rhodopsin in a solution was precipitated with ammonium sulphate, colourless protein was still left in solution.

After the hardening treatment it is necessary to remove the alum and some workers wash several times with the object of leaching out all water-soluble contaminants from the rods (*210*).

The presence of phospholipids in the final extract is even more difficult to avoid. BRODA (*27*) found the weight of phospholipid in his rhodopsin solutions was over a third of that of the protein. Indeed, phospholipid appears to be very closely connected with rhodopsin, for ISHIMOTO and WALD (*121*) extracted rod preparations with light petroleum until only negligible amounts of material containing phosphorus went into solution. When rods were exposed to light appreciable quantities of phospholipids were made extractable, presumably as a result of the decomposition of rhodopsin.

In order to reduce the amount of lipid in rhodopsin extracts, the rod outer segments are sometimes dehydrated, preferably by freeze drying (*210*) or by sodium sulphate (*112*), and are then extracted with petrol. The normal digitonin extraction then follows. Quantitative information on the efficacy of the procedure is lacking but ST. GEORGE (*182*) reports that without it the lipid quickly "saturates" the digitonin solution and reduces its capacity to extract rhodopsin. In the experience of the present writers the petrol extraction of dried rod segments removes no more than a fraction of the phospholipid present and the "spectroscopic" quality of the final digitonin extract (see below) is not improved [see COLLINS, LOVE and MORTON (*42*)]. Estimates of phospholipid content have not been reported for the relatively pure rhodopsin solutions which can nowadays be prepared.

Once impurities have been brought into solution by digitonin, it is very difficult to get rid of them without damaging the rhodopsin. Partial success has been reported by Broda (*27*) who removed much phospholipid by electrodialysis. Solvent extraction seems useless as most organic solvents bleach rhodopsin (*41, 132*) whilst petrol, which does not affect it, fails to remove the phospholipid from digitonin solutions (*27*).

Purity of Rhodopsin Preparations.

The purity of rhodopsin solutions is hard to assess. The usual criteria are *spectroscopic*, and some of the purest solutions of cattle rhodopsin showed absorption spectra similar to that of *Fig. 8.*

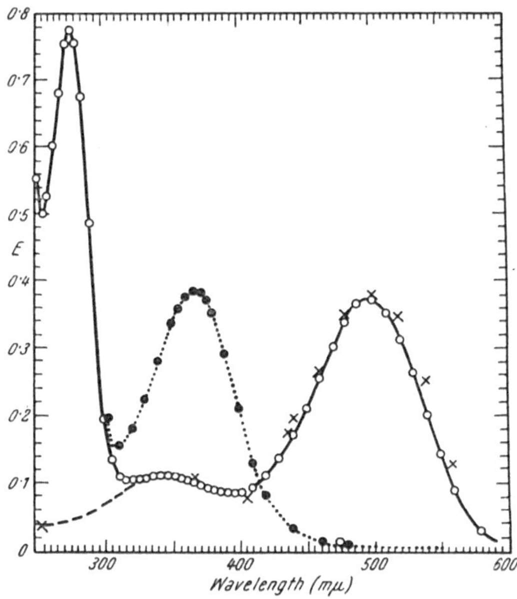

Fig. 8. —O—O—, Absorption spectrum of a very pure solution of cattle rhodopsin, pH 9.2; × × ×, relative photochemical efficiencies $[(\varepsilon_\lambda \times \gamma_\lambda)/\varepsilon_{500\ m\mu} \times \gamma_{500\ m\mu}$ multiplied by a factor so that the two curves correspond at 500 mμ]. ······●······●······, absorption spectrum of bleached solution; and — — — —, extrapolation indicating probable absorption of the rhodopsin chromophore below 320 mμ, according to Collins, Love and Morton (*41*). [From: Biochemic. J. *51*, 292 (1952).]

The absorption curve of rhodopsin shows three bands, α, β and γ; the α-band with λ_{max} at 500 mμ refers to normal scotopic vision; the β-band has a small peak near 350 mμ and is separated from the α-band by a trough in the curve; the γ peak near 275 mμ belongs to the protein portion, opsin. Selective absorption in the γ-band region of the spectrum is associated mainly with aromatic amino acids, so that the extinction at 275–280 mμ is a rough measure of the amount of protein present in solution. The ratio of the extinction at 275 mμ or 280 mμ to the extinction of the α-band at 500 mμ [275 (or 280)/500 ratio] is a sensitive guide to the purity of rhodopsin preparations. The best (i. e. lowest) value so far reported is 2.05 (*41*, *112*).

Another favoured spectroscopic measure is the ratio of the extinction at 400 mμ to that at 500 mμ (400/500 ratio). The 400/500 ratio is affected by many contaminants such as haemoglobin (*43*) not found in the better extracts. The lowest 400/500 values recorded lie between 0.21 and 0.24 (*112*, *166*, *41*, *204*) which cannot be far from that of pure rhodopsin because the value predicted from the photosensitivity of rhodopsin is 0.22 (*74*).

Apart from specific absorption, the 275/500 and 400/500 ratios are increased in turbid solutions. Cloudiness is caused usually by particles of retinal tissue in the rod outer segment preparation or by the fragmentation to which the rods are very prone.

SJÖSTRAND (*180*, *181*) has investigated the structure of rods by electron microscopy. The photographs show that rods are made up of several thousand superimposed disks, each about 3 mμ thick. When the stack is broken up the rod fragments may contain anything from a few disks to many hundreds.

Cattle rods readily fragment under most manipulative procedures. COLLINS, LOVE and MORTON (*41*) found that after one sugar separation, some rods were deformed, but the majority were unchanged. When the sugar separation procedure was repeated, very few intact rods remained. After standing for 3 hours in 0.9% sodium chloride, almost all the rods were destroyed. Rod outer segments from other species behave differently. ARDEN (*6*) has shown that frog rods also are fragile, breaking down readily in RINGER-LOCKE solution, but sucrose appears to protect them. On the other hand DARTNALL [cited by ARDEN (*6*)] has found that sucrose will rapidly attack fish rod preparations, even destroying the visual pigment. Although there are clearly species variations in stability, all rods must be considered fragile.

If disks break off from the rods, it is very improbable that they will be spun down completely from rhodopsin preparations. In the (unpublished) experiments by MORTON, PETERSON and PITT where rod outer segments were mechanically disintegrated, it was found that solutions of rhodopsin extracted from sedimented material were always slightly turbid.

The phospholipid liable to occur in all rhodopsin solutions can increase the absorption at shorter wave-lengths. BRODA (*27*) believes that the gradual rise of extinction, particularly in the ultraviolet region, observed in stored rhodopsin solutions [see (*166*)] is due to oxidation of phospholipids. This would be in accordance with experience that prolonged manipulation results in poorer preparations as judged by increased irrelevant absorption in the ultraviolet region [see COLLINS, LOVE and MORTON (*41*, *135*)].

The spectroscopic test of quality in rhodopsin solutions is sensitive and convenient. It rests on the assumption that any likely impurities will absorb ultraviolet or visible light and while this is probably largely true, other and more chemical criteria are desirable. The only step yet taken in this direction was by Hubbard (*112*) who determined the *nitrogen content* of rhodopsin solutions. The results showed, rather unexpectedly, that although very low 280/500 ratio were found in solutions with a low nitrogen content relative to the extinction at 500 mμ, in slightly impure solutions there was a poor correlation between the nitrogen content and the extinction at 275 mμ. The hitherto unquestioned assumption that the latter is a good measure of the protein content may not be valid. In this part of the ultraviolet however, very slight turbidity or increased phospholipid autoxidation can produce a big rise in extinction which in somewhat impure solutions would severely affect the correlation between protein content and the extinction at 275 mμ. Love (*135*) has found that when rhodopsin is precipitated with ammonium sulphate, and redissolved, after two or three repetitions the 275/500 ratio rises (as indeed does the 400/500 ratio), even though extraneous protein is removed (*41*).

The difficulties met in preparing solutions of rhodopsin and of judging their purity have been dealt with at some length, for they concern crucial issues in the chemistry of the pigment. All visual pigments are insoluble proteins, obtained in solution only by the use of dispersing agents. The resulting complexes of rhodopsin offer little hope of easy purification. The *digitonin-rhodopsin complex* has been studied very thoroughly, first by Hecht and Pickels (*102*) who showed by use of the ultracentrifuge that it had a reproducible molecular weight of about 270000. They assumed, incorrectly, that this was the true molecular weight of rhodopsin, neglecting the contribution from digitonin. This value for the molecular weight of the rhodopsin-digitonin complex was confirmed by Hubbard (*112*) and extended in a very elegant manner. She determined the digitonin content of the rhodopsin-digitonin complex by means of its lytic action on red blood corpuscles, a very sensitive method capable of detecting 1–4 μg of digitonin per millilitre.

The protein content of the complex was estimated by assuming that the nitrogen content (micro-Kjeldahl determination) accounted for 15% of the weight of the protein. These two figures accounted for the total weight of the rhodopsin-digitonin complex as 14% rhodopsin and 86% digitonin. Since the molecular weight of the complex lies between 260000 and 290000, the maximum molecular weight of rhodopsin itself is about 40000. As this contains only one equivalent of retinene, it must be the true molecular weight of rhodopsin. It is therefore apparent, firstly, that rhodopsin has a molecular extinction coefficient of 40600 (*211*) and secondly, that the rhodopsin-digitonin complex is made up of one molecule of protein combined with 180 to 200 molecules of digitonin.

As a result of HUBBARD's work we can see more plainly the difficulties inherent in the purification of rhodopsin once it has been dispersed into "solution". The task is not simply to obtain a pure protein from a mixture of proteins and other substances but to isolate a pure protein-digitonin complex (consisting mainly of digitonin) from a mixture of similar complexes of digitonin with unwanted substances. Doubtless these complexes too consist mainly of digitonin. Not surprisingly, the classic methods of protein purification by salt or solvent precipitation have been of little use in improving the purity of rhodopsin in solutions (*41*). Physical techniques such as chromatography or electrophoresis are handicapped by the protective shell of digitonin around the rhodopsin molecule, but a recent report (*3*) mentions briefly the utility of ion-exchange resins.

Transient Orange and Indicator Yellow.

The work of LYTHGOE and his collaborators just before the second World War gave some coherence to the number of disconnected and often unverified observations made during the 60 years which had elapsed since the discovery of rhodopsin [see LYTHGOE (*137*)]. LYTHGOE (*137*) with QUILLIAM (*140*) reported that the first compound formed by the action of light on rhodopsin was a substance he called *transient orange* with λ_{max} between 470 mμ and 480 mμ. This was unstable in solution at normal temperatures, decomposing rapidly to give another substance *indicator yellow*, so called as it was deep yellow in acid and very pale yellow in alkaline solutions. BRODA and GOODEVE (*28*) by using a 3 : 1 glycerol-water mixture were later able to cool solutions of rhodopsin to —73° and examine them spectroscopically. On exposure to light, λ_{max} moved to shorter wavelengths, but the photoproduct, *transient orange*, remained stable until the temperature rose, when it gave indicator yellow and retinene.

At this stage, lack of knowledge of the chemical nature of retinene was a serious handicap in studying the chemistry of rhodopsin breakdown. Immediately after the identification of retinene as vitamin A aldehyde came the discovery that retinene would combine with many compounds containing amino groups to give substances showing the spectroscopic characteristics of indicator yellow: λ_{max} in acid around 440 mμ ("acid", indicator yellow) and in alkali near 365 mμ ("alkaline" indicator yellow) *(Fig. 9)*. These artificial substances were called *indicator yellow analogues* (*11, 10*). Retinene formed another type of compound with molecules having an amino group attached to an aromatic ring. These compounds in acid showed λ_{max} near 500 mμ (no observations were published for λ_{max} in alkali).

Indicator yellow analogues were readily formed by retinene when added to slightly alkaline solutions. This implied that indicator yellow could be formed in bleached solutions of rhodopsin by the union of retinene with the amino groups of proteins. Indicator yellow might then be a secondary product having no direct relationship with rhodopsin. Could it, however, normally be a true intermediate in the breakdown of rhodopsin to retinene? The question has been discussed in some detail in papers

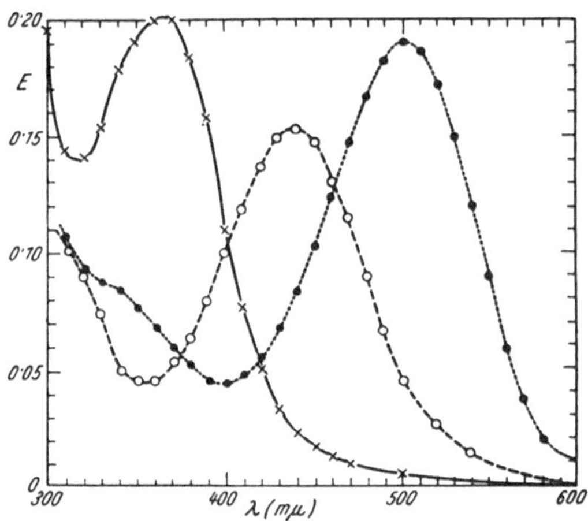

Fig. 9. Indicator yellow preparation from frog rhodopsin, according to COLLINS and MORTON (*44*). ······●······●······ , rhodopsin; —O—O—, acid indicator yellow; —×—×—, alkaline indicator yellow. (All curves have had irrelevant absorption due to scattering subtracted.) [From: Biochemic. J. *47*, 10 (1950).]

from this laboratory (*44, 36, 37, 148*); the evidence is heavily in favour of the view that indicator yellow can be a photodecomposition product.

COLLINS (*36*) showed that when rhodopsin solutions at pH 10 are bleached in the presence of 10 M formaldehyde, "alkaline" indicator yellow is formed directly. Indicator yellow cannot here be a retinene-protein artifact; for the effect of formaldehyde is to block amino groups in the solution. The carbon to nitrogen link in indicator yellow must therefore have been present in the original rhodopsin chromophore.

When rhodopsin solutions are bleached under acid conditions, "acid" indicator yellow is formed quantitatively. Sensitive tests have failed to show the liberation of any free retinene and, even had any been released, it could not have formed any indicator yellow, for retinene will not react with the amino groups in acid solutions (*10, 44, 148*).

These experiments mean that indicator yellow can be a true derivative of rhodopsin which must therefore possess a carbon to nitrogen link between retinene and opsin.

Accepting the existence of this link, COLLINS and MORTON (*45*) suggested tentative formulae for the chromophores of rhodopsin, transient orange and indicator yellow. This first attempt at a structural interpretation was rapidly made inadequate by new work.

Lumi- and Meta-rhodopsin.

First, LYTHGOE's transient orange was shown by WALD, DURELL and ST. GEORGE (*217*) not to be a single molecular species. When cattle or frog rhodopsin was irradiated at $-45°$, $\lambda_{\max}$ moved only 5 mμ to shorter wavelengths and the product was given the name *lumi-rhodopsin*. This was the only photochemical step in the "bleaching" of rhodopsin. If the solution was allowed to warm up in darkness to $-15°$ and re-cooled for measurement, $\lambda_{\max}$ moved another 7–9 mμ towards shorter wavelengths to give *meta-rhodopsin* which, on warming to room temperature in the dark, decomposed to give roughly equal amounts of retinene and what WALD et al. took to be regenerated rhodopsin.

WALD, DURELL and ST. GEORGE made a parallel set of observations on dry gelatin films of rhodopsin made by mixing solutions of rhodopsin in digitonin with gelatin solution which was left to set and dry. The spectrum of the film was found to be very similar to that of an aqueous solution of rhodopsin. On exposure to brief but very intense illumination, the rhodopsin yields lumi-rhodopsin which within the next fifteen minutes (at room temperature) yields meta-rhodopsin. This is stable for days in the dry film and is not affected by light. When the film is wetted, meta-rhodopsin quickly decomposes in the dark.

WALD, DURELL and ST. GEORGE (*217*) suggested that some free radical mechanism might be involved in this series of changes, and COLLINS and MORTON (*45*) independently put forward a free radical structure for transient orange. Physical methods have enabled this hypothesis to be tested. PITT and TINKHAM (*161*) used the findings of WALD et al. (*217*) in a search for free radicals in lumi- and meta-rhodopsin by the technique of electron-spin resonance. Freeze-dried outer segments were examined: first, before exposure to light, i. e. containing rhodopsin; again, after exposure to light at 90° K (lumi-rhodopsin); and finally, after warming to room temperature (meta-rhodopsin). In none of these preparations were free radicals detected.

Owing to their instability in solution at room temperature, lumi-rhodopsin and vertebrate meta-rhodopsin have not been investigated very thoroughly, but squid meta-rhodopsin does not decompose until the temperature rises above 15°.

Some very interesting observations have been made by ST. GEORGE, GOLDSTONE and WALD (*183*) as well as by HUBBARD and ST. GEORGE (*116*). At pH 6.5, squid meta-rhodopsin is stable; as the pH moves up to 9, it dissociates reversibly into retinene and opsin. From their study of the equilibrium at intermediate pH values, Hubbard and St. George (*116*) suggest that the formation of meta-rhodopsin involves the binding of one hydrogen ion: retinene + opsin + $H^+ \rightarrow$ meta-rhodopsin.

The unusual stability of squid meta-rhodopsin offers scope for investigations of its chemical nature. Only very short reports have yet appeared; further developments are awaited with interest.

Attention should also be given to the recent findings of Bridges (*23*). When aqueous digitonin solutions of frog rhodopsin were saturated with ammonium sulphate, the "bleaching" of rhodopsin at room temperature was modified. The initial photoproduct had λ_{max} around 480–485 mμ and decomposed only slowly over a period of two days. If heated to 60°, it was rapidly destroyed, and it readily decomposed if diluted to half-saturated ammonium sulphate. Bridges' work recalls the earlier reports by Berger and Segal (*17*) that extraction with digitonin in a buffer of pH 7 gives stable transient orange, and by Lythgoe and Quilliam (*139*) that 2 *M* sodium chloride reduced the rate of breakdown of rhodopsin solutions.

It is clear that the speed of conversion of lumi-rhodopsin to retinene is affected greatly by the environment. Although lumi-rhodopsin and meta-rhodopsin have only a transitory existence at room or body temperature when in digitonin solution, they may well persist longer in the rods of the living eye, and Rushton (*172*) reports that the orange intermediates *in vivo* do have a decay period of many minutes. These findings have important implications in the interpretation of difference spectra determined on intact eyes or retinal end organs; the problem will be discussed later.

As Bridges (*23*) points out, the 480 mμ chromogen he obtained bears some resemblance to meta-rhodopsin, but it differs in that, when decomposed in the dark at room temperature, it does not reform a pigment with λ_{max} near 500 mμ.

The regeneration of such a pigment was observed by Wald, Durell and St. George (*217*) and by Collins and Morton (*45*). Wald et al. found that meta-rhodopsin decomposed to give a mixture containing roughly equal amounts of retinene and what they took to be rhodopsin. Collins and Morton simultaneously and independently observed this phenomenon but noticed that the regenerated "rhodopsin" had an absorption spectrum different from that of the starting material: λ_{max} had moved about 8 mμ to shorter wavelengths [see also Lythgoe (*138*)]. Collins and Morton called this modified rhodopsin *isorhodopsin*.

The exact chemical difference between rhodopsin and isorhodopsin remained obscure until Hubbard and Wald (*118*) investigated the isomeric forms of retinene. The only isomer of retinene to form rhodopsin on mixing with opsin was 11-*cis* but if 9-*cis*-retinene was added instead. it gave a different pigment with λ_{max} displaced about 10 mμ to 487 mμ, This HUBBARD and WALD called isorhodopsin, and it seems probable that the pigment first called isorhodopsin by COLLINS and MORTON (*45*) is a mixture of rhodopsin and what HUBBARD and WALD (*118*) call isorhodopsin. To avoid ambiguity it is probably better to adopt the usage of HUBBARD and WALD and restrict the term isorhodopsin to the pigment formed from opsin and 9-*cis*-retinene.

No isorhodopsin has been detected in retinal extracts before exposure to light *in vitro* and it seems reasonable to regard it as an artifact (*208*).

The protein opsin shows remarkable ability to isomerize retinene. Although the 11-*cis* is required to form rhodopsin and the 9-*cis* for isorhodopsin, when the pigments are bleached to retinene by light which does not itself isomerize the retinene, the all-*trans* isomer is liberated. The union of retinene with opsin and subsequent liberation by bleaching therefore involves its conversion from the "active" 11-*cis* form to the inactive all-*trans*.

All-*trans*-retinene can be reconverted to 11-*cis* by means of an enzyme, *retinene isomerase* (*114*). The recent discovery of this enzyme in retinas supplies another link in the chain (see *Scheme 2*) but there are still obscure points.

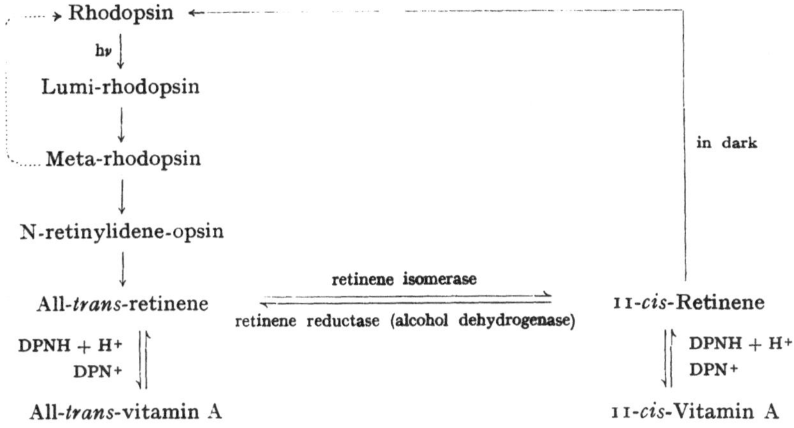

Scheme 2. The Bleaching and Resynthesis of Rhodopsin.

Retinene isomerase is specific for all-*trans*- and 11-*cis*-retinene, and in the dark forms an equilibrium mixture containing about 5% 11-*cis*-retinene. If opsin is added during the incubation, it traps 11-*cis*-retinene, forming rhodopsin. The enzyme can therefore catalyse the slow synthesis of rhodopsin from all-*trans*-retinene in the dark. When illuminated, retinene isomerase is much more effective, giving a mixture which contains about 32% of 11-*cis*. In some ways it seems improbable that the reaction of retinene isomerase in the eye can be accelerated by light, for the lens in most species transmits little light of the effective wavelengths. On the other hand, Granit, Therman and Wrede (*85*) have found that dark adaptation in the frog goes faster after irradiation with blue or violet light, than with green, yellow and orange light. Hubbard (*114*) points out that the spectral sensitivity of this "process" suggests that they were in fact isomerizing retinene. Rushton (private communication) has found no such effect in the human eye and no reliable assessment can yet be made of the physiological role of retinene isomerase, although on teleological grounds it might seem important.

The very interesting findings with squid rhodopsin reported briefly by Hubbard and St. George (*116*) are probably relevant to this. The retinene moiety has already been converted back to the all-*trans* form when the meta-rhodopsin stage is reached in the cycle shown in *Scheme 2* but if squid meta-rhodopsin is irradiated to isomerize it (presumably to the 11-*cis* configuration), rhodopsin is reformed. Light not only breaks down rhodopsin via lumi-rhodopsin to meta-rhodopsin, but in the squid resynthesizes some rhodopsin from meta-rhodopsin. Irradiation of either rhodopsin or meta-rhodopsin alone gives the same equilibrium mixture of 1 part rhodopsin to 2 parts meta-rhodopsin.

No data are available for an assessment of the importance of this process as a short cut in the cycle of *Scheme 2* (p. 277) when operating at body temperature in vertebrate eyes. It seems that it may account for a part of the rhodopsin formed, particularly as meta-rhodopsin probably has a less transitory existence in the eye than was suspected in the past (see earlier), and may explain some of the results of Granit et al. (*85*) mentioned above.

The regeneration of rhodopsin from meta-rhodopsin has given some very odd results (*18*) and deserves further investigation. If it were quantitatively significant it would relieve retinene isomerase of some of its load. Furthermore, it would greatly complicate the interpretations of the technique introduced in recent years (*26, 171, 174, 221*) for the detection of visual pigments in intact retinal end organs. A light is directed into the eye to bleach the pigment, and the difference spectrum measured, the wavelength of maximum bleaching being taken as a close approximation to λ_{max} of the pigment. Provided the photoproduct does not absorb appreciably near λ_{max} of the visual pigment, this is a valid assumption. If the absorption of the photoproduct does not differ much from that of the pigment, then a narrow-banded difference spectrum will be obtained [Hubbard and Wald (*118*) give an example] which will bear no resemblance to the visual pigment bleached. There has been a tendency to discount this possibility, but at least two lines of evidence suggest that more attention should be paid to it.

First, as mentioned above, meta-rhodopsin may decay relatively slowly in intact rods. This almost certainly accounts for the shift to longer wavelengths of the difference spectrum of rhodopsin in the living human eye (*172*) relative to its position when determined in digitonin solutions, in which the meta-rhodopsin of most species has only a transitory existence, for the extent of the shift varies with time. Second, if any measurable amount of rhodopsin is formed directly from meta-rhodopsin, bleaching and regeneration experiments will similarly provide narrow-banded difference spectra. Until these complications are cleared up, one should be wary of accepting the existence of narrow-banded pigments solely on the evidence of difference spectra obtained on intact eyes or retinal end organs. The report by ARDEN (*6a*) of a narrow-banded pigment with λ_{max} 535 mμ in intact frog rods cannot however be disposed of in this way.

N-Retinylidene-opsin.

BALL, COLLINS, DALVI and MORTON (*10*) had shown that retinene would join with aromatic amines to form Schiff's bases, but COLLINS and MORTON (*44*) were unable to accept this structure for the true indicator yellow analogues formed from aliphatic amines. This was partly on chemical grounds but largely because of the difficulty of accounting for the 440 mμ peak in acid solution if only one molecule of retinene was involved (*36, 37*). COLLINS and MORTON (*44*) preferred a compound formed from two molecules of retinene and one of amine, so that in their view transient orange and rhodopsin too contained two conjugated retinene molecules. This structure proposed for indicator yellow was shown to be incorrect when a crystalline indicator yellow analogue was prepared from retinene and methylamine (*160*). By analysis of the compound and comparison with retinene oxime both in the ultraviolet and by the colour reaction with antimony trichloride, the indicator yellow analogue was found to be a Schiff's base, which was called retinylidene methylamine (IX, $R = CH_3$), "retinylidene" being the $C_{19}H_{27}CH=$ grouping.

CH=NR

(IX.) Retinylidene methylamine ($R = CH_3$).

There still remained the difficulty of explaining the shift of λ_{max} from near 360 mμ in alkali to 440 mμ in acid solution. The simplest possibility was the addition of a proton to the nitrogen to form the conjugate acid. On the other hand, the empirical "rules" of ultraviolet spectroscopy did not predict so large a bathochromic shift; indeed it was even thought possible that "acid" indicator yellow might be a dimer (*36, 37, 33*).

To see if this phenomenon was peculiar to retinylidene compounds, a number of Schiff's bases were prepared from unsaturated aldehydes. All showed a bathochromic shift on acidification which was much more marked with the Schiff's bases formed from higher polyene aldehydes such as β-8'-*apo*-carotenal (10 **F**); β-12'-*apo*-carotenal (8 **F**) and retinene (6 **F**) than with cinnamaldehyde and benzaldehyde derivatives.

It seemed probable that the "acid shift" found in retinylidene and these other Schiff's bases is due to their conversion to the conjugate acids (X, $R'=$H in all cases). To confirm this, a compound of structure (X) ($R = R' = CH_3$) was prepared by reacting methyl iodide with retinylidene methylamine. It showed λ_{max} 455 mμ in anhydrous ethanol.

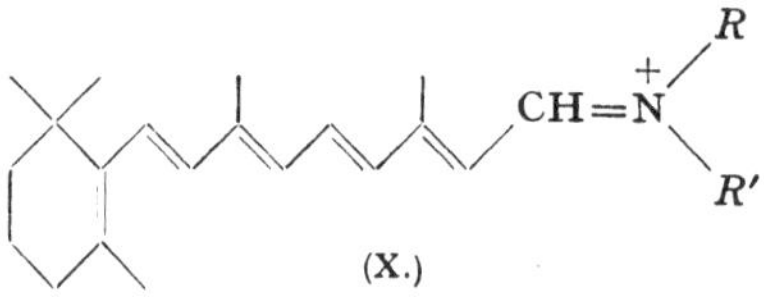

$$CH = \overset{+}{N} \overset{\diagup R}{\diagdown R'}$$

(X.)

It was therefore quite clear that indicator yellow consisted of one molecule of retinene and one molecule of amine (*160*).

Before the final elucidation of the structure of indicator yellow, other work had disproved the idea that the 500 mμ peak of rhodopsin might be explained by the union of two molecules of retinene with opsin. HUBBARD and WALD (*118*) had shown that the synthesis of rhodopsin in solution from opsin and 11-*cis*-retinene followed the course of a bimolecular reaction as though one molecule of retinene combined with one of opsin and HUBBARD (*112*) directly and conclusively proved that each molecule of rhodopsin contained only one molecule of retinene.

The preparation of the crystalline indicator yellow analogue was of value, however, in finally elucidating the status of indicator yellow. MORTON and PITT (*148*) were able to show clearly that indicator yellow is a true derivative of rhodopsin provided that it has not at any time passed through alkaline solution containing an excess of amino groups. If a solution is made alkaline, free retinene will form Schiff's bases with any amino groups available. These findings should harmonize the differing opinions of indicator yellow that have been expressed. MORTON and PITT suggested that these two forms of indicator yellow can be distinguished in writing by using "N-retinylidene-opsin" for the true derivative having the —C—N— bond originally present in rhodopsin, and retaining "indicator yellow" for the mixture of Schiff's bases formed by the combination of retinene in alkaline solution with non-specific amino groups.

Retinene-Opsin Linkages.

Morton and Pitt (*148*) showed that by addition of acid to rhodopsin to bring the pH immediately to 1 (or thereabouts), N-retinylidene-opsin is formed with the retinylidene group still attached to the nitrogen atom involved in the retinene-opsin link. This was the first unequivocal demonstration of a direct derivative of rhodopsin stable in aqueous solution at room temperature and still containing the opsin portion of the molecule. Attempts were made to exploit this to identify the amino group to which retinene is linked in rhodopsin (Pitt, unpublished). The first approach was by deaminating N-retinylidene-opsin in acid solution with nitrous acid. Neutralization would then cause the retinylidene-opsin to hydrolyse off, leaving opsin with only one free amino group — that originally attached to retinene — which could be identified by one of the routine techniques for N-terminal amino acids. Unfortunately, in the conditions required for quantitative deamination of N-retinylidene-opsin, the retinylidene moiety is destroyed. A more direct approach is to reduce the —C=N— link of N-retinylidene-opsin to give an N-retinylamino acid which could be identified in a hydrolysate of opsin. So far, no method has been found which will reduce the —C=N— link in acid conditions without at the same time reducing the polyene chain which is needed as a readily recognizable label.

Even if the "active" amino group of opsin can be identified, it is unlikely that this in itself will be of much help in elucidating the structure of the rhodopsin chromophore. As N-retinylidene-opsin has the same spectroscopic characteristics as retinylidene-methylamine, retinene cannot be conjugated through a —C=N— link to another chromophoric group. Furthermore, hydroxylamine, which readily decomposes Schiff's bases, has no action on meta-rhodopsin (*183*) or rhodopsin. It therefore seems unlikely that an unmodified azomethine link forms part of the rhodopsin chromophore.

There is strong indirect evidence of another type of linkage between retinene and opsin involving an —SH group. Wald and Brown (*210*) found that the formation of rhodopsin from retinene and opsin *in vitro* was optimal at pH values which favour the reaction of retinene with —SH rather than with —NH$_2$ groups, and was inhibited by the sulphydryl reagent, *p*-chloromercuribenzoate. Using an amperometric silver titration, they showed that sulphydryl groups were liberated in the bleaching of rhodopsin, two —SH groups apparently being set free for each molecule of retinene.

When more accurate values for the extinction coefficients of rhodopsin and retinene were later determined by Wald and Brown (*211*), the stoichiometric relationship between retinene and the liberated —SH groups became less clear cut, figures for the number of —SH groups set free per molecule of retinene varying between 2 and 3. The accuracy of these measurements was not very high, possibly because rhodopsin once it is bleached is rapidly denatured, a process which would be expected to free additional —SH groups. More carefully controlled later observations, however, have shown that the liberation of between 2 and 3 —SH groups per molecule of rhodopsin is intimately related to its bleaching and is not a secondary effect due to subsequent denaturation (*165*).

The release of functional groups when rhodopsin is bleached has been studied in detail by Radding and Wald (*165*). Rhodopsin is stable between pH 4 and 10 and within this range can be titrated with acid and alkali to show the presence of 54 titratable groups per molecule of cattle rhodopsin; 34 react with sodium hydroxide, 20 with hydrochloric acid. As these workers point out, it is puzzling that a protein with the relatively low molecular weight of 40000 should have so many titratable groups and still be insoluble in water. Although Radding and Wald took all reasonable precautions, including dialysing their rhodopsin solutions against a digitonin solution to remove all soluble diffusible impurities, it is difficult to be certain that no impurities were present which might give falsely high values. Impurities could interfere with the initial titration, but they could not affect the differences found after bleaching rhodopsin. Two types of pH change were seen on irradiation: (a) immediate changes connected with the light reaction; and (b) relatively slow changes. The immediate change involves the exposure of one new acid-binding group per molecule of rhodopsin, with a pK about 6.5 which, Radding and Wald point out, is close to that of the imidazole group of histidine. This is the only pH change in the physiological range. At acid and alkaline pH this immediate change is followed by slower changes associated with the irreversible denaturation of opsin, shown by loss of its ability to regenerate rhodopsin.

A well known technique in investigating the functional groups of physiologically active proteins is to use chemical "blocking" agents to react with specific groupings. Substances which are known to prevent the formation of rhodopsin from opsin and 11-*cis*-retinene include (apart from those which react with retinene) *p*-chloromercuribenzoate (*204, 210*), formaldehyde (*209*), and silver ions (*210*). These all attack thiol groups, and formaldehyde reacts with amino groups as well. Although at first sight there appears to be a rich field here for simple experimentation, it would almost certainly be unprofitable owing to the great instability of opsin. Rhodopsin solutions slowly lose their ability to regenerate rhodopsin once they are bleached to opsin; outside the pH range 5.5–7.0 the loss of regenerability is very rapid (*166*) as if the opsin molecule is very readily denatured. Opsin is indeed more labile than intact rhodopsin

(*166*) and the prosthetic group exerts a marked protective effect, as though it is holding the molecule together. Unexpected, however, was the finding (*166*) that on aging, rhodopsin can maintain its absorption spectrum intact, but at the same time lose its regenerability. This was later confirmed by ALBRECHT (*3*) using another method. Rhodopsin was treated with acetic anhydride, a procedure which acetylated most free amino groups and probably also the free sulphydryl and phenolic groups of the protein. The spectrum of rhodopsin was unaffected, but the acetylated rhodopsin was much less stable on storage, and once bleached would not regenerate rhodopsin on addition of 11-*cis*-retinene.

All these results suggest that a large part of the opsin molecule is concerned in the union with retinene to form rhodopsin. It seems plausible that more than one site in the protein molecule is involved in the chromophore which perhaps involves specific folding of the polypeptide chains, held in position by hydrogen bonds.

This work of RADDING and WALD (*165*) shows that it will be difficult to interpret results obtained by "blocking agents", for any observed inhibition of regeneration of rhodopsin might be due either to specific reaction with the sites of attachment of retinene or to an effect on some other part of the rhodopsin molecule, not directly involved with retinene, which could disrupt the molecular architecture necessary for pigment formation.

Much of the difficulty in identifying the points of attachment of retinene to opsin arises from the molecular weight of 40000. If it were possible to obtain a small portion of the rhodopsin molecule with the chromophore intact, investigations would become much simpler; if such a polypeptide could exist, it might even be soluble. The mildest way to break a protein molecule is by the action of proteolytic enzymes. If a large portion of the protein molecule is necessary for the formation of the rhodopsin chromophore, proteolysis might not be selective enough. Nevertheless, an attempt ought to be made to use it. The only work on this known to us is that of KÜHNE (*132*) who reported that trypsin did not bleach rhodopsin in intact retinas and AYRES (*8*) who observed that, although rhodopsin in the retina was not affected, trypsin destroyed rhodopsin in solution. Experiments made with proteolytic enzymes 70 years ago would certainly bear repeating with modern preparations and techniques.

Retinene in aqueous digitonin has λ_{max} 384 mμ; on joining with opsin, the absorption maximum moves to 500 mμ. What change has it undergone? *Table 5* lists some of the chemical and spectroscopic differences between rhodopsin, lumi-rhodopsin, meta-rhodopsin and N-retinylidene-opsin. To account for the different properties of these four retinene-opsin compounds, more than one type of link must exist between retinene and opsin.

Table 5. Retinene-Opsin Compounds.

Name	$\lambda_{\max}$ (mμ)*	Photolability	Thermal stability	Reaction with hydroxylamine
Rhodopsin..........	497–502	Photolabile	Stable up to 50°	None
Lumi-rhodopsin	490–495	Photostable	Unstable above — 30°	Not known
Meta-rhodopsin......	480–485	Photostable	Unstable at room temperature	None
N-Retinylidene-opsin.	440 in acid 365 in alkali	Photostable	Stability depends on pH	Forms retinene oxime

From the evidence given we believe that the carbon-to-nitrogen link of retinylidene-opsin is present in rhodopsin. It is difficult to conceive how the —C=N— grouping could be formed from any other carbon-nitrogen linkage in the conditions in which N-retinylidene-opsin is produced from rhodopsin. The simplest possibility is that it already exists in rhodopsin. Simple azomethine derivatives like this are readily decomposed by hydroxylamine, giving retinene oxime, but rhodopsin and meta-rhodopsin are not affected; the —C=N— link must be shielded in some way. It seems possible that meta-rhodopsin may be a retinylidene ammonium derivative of structure (X, p. 280) where R represents the polypeptide chain involved in N-retinylidene-opsin and R' an unknown grouping (possibly on another polypeptide chain) joined by a link hydrolysed when meta-rhodopsin is converted to N-retinylidene-opsin.

The only known compound of this type, retinylidene-dimethylammonium iodide ($R = R' = CH_3$) (*160*), shows some points of resemblance to meta-rhodopsin. It is unstable in water at room temperature, it is decomposed by alkali, it has its absorption maximum in the same region of the spectrum, and Hubbard and St. George (*116*) have shown that N-retinylidene-opsin binds a proton in forming squid meta-rhodopsin. These comparisons should not be pushed too far, in particular as regards the spectroscopic characteristics for it is obvious that the nature of the substituents R and R' in substances of structure (X) influences the position of $\lambda_{\max}$. Where $R = CH_3$ and $R' = H$, $\lambda_{\max}$ in ethanol is 440 mμ; merely changing R' from H to CH_3 induces a bathochromic shift of 15 mμ to 455 mμ. With R' a grouping chromophorically more effective, $\lambda_{\max}$ would move to even longer wavelengths.

* Figures only approximate. There are species variations (*204*) and the absorption bands change at low temperatures (*217, 182*).

No difference other than in absorption maximum and thermal stability has been detected between lumi- and meta-rhodopsin, but a big change is produced in the conversion of rhodopsin to lumi-rhodopsin. A photolabile compound, stable at room temperature, changes to a photostable, thermolabile substance. Light must break some link joining retinene to opsin, which once split at normal temperatures and neutral pH sets off a series of reactions giving free retinene.

Consideration of the chemical properties of rhodopsin, lumi-rhodopsin, meta-rhodopsin, N-retinylidene-opsin, and retinene suggests that in rhodopsin there are at least three links joining retinene to the protein. One of these is split in the conversion of rhodopsin to lumi-rhodopsin; another is broken in the presence of water when meta-rhodopsin changes to N-retinylidene-opsin; and finally the carbon to nitrogen link is hydrolysed to give retinene.

This interpretation is no more than a working hypothesis couched in general terms, largely because it is difficult to make a plausible suggestion about the nature of the links between retinene and opsin.

Spectroscopic Considerations.

The difficulty lies in the necessity for explaining the shift of λ_{max} of retinene from 384 mμ to near 500 mμ on uniting with opsin. It probably stems from our lack of spectroscopic knowledge of *derivatives* of long-chain polyenes.

Application of the empirical rules of ultraviolet spectroscopy made possible the prediction of the structure of retinene as vitamin A aldehyde. The same "rules" hindered the elucidation of the structure of indicator yellow, for the bathochromic shift found in acid seemed to be too great to be explained by the formation of the conjugate acid from a Schiff's base (*36, 37*). The report of the structure of acid and alkaline indicator yellow (*160*) may seem a somewhat laboured demonstration of an obvious answer, and the description of the investigations given earlier in this article, perhaps too prolonged. This was done deliberately, to emphasize that here is a new phenomenon in the spectroscopic field. Indeed, there is still need for the investigation of the effects of introducing a positively charged nitrogen atom into a polyene chain. The bathochromic effect at the end of a chain has been clearly demonstrated; more work needs to be done on its effect in the middle of a system. Although this problem has not been tackled as such, data can be culled from separate papers on the Schiff's bases formed from retinene and aromatic amines.

These were originally prepared only in acid solution (*10*), and showed λ_{max} between 490 and 535 mμ depending on the amine involved. In the course of other investigations ROBESON et al. (*168*) made the Schiff's base from retinene and *p*-aminobenzene-sulphonamide. They reported λ_{max} as 403 mμ in ethanol. This is presumably in neutral solution as Ball et al. (*10*) found λ_{max} in acid to be 520 mμ. The neutral spectrum is what might have been predicted from the conjugation of the polyene chain through the azomethine link to the aromatic system. The shift of 120 mμ in the "acid" spectrum is not so readily explained. From the work of Pitt et al. (*160*) one would expect the positively charged nitrogen atom to cause a bathochromic shift in the aromatic amine moiety, and also of about 75 mμ in the polyene chain system. Nevertheless, one would not expect these effects to be additive on the grounds that the positively charged nitrogen atom would affect the two systems separately but would tend to diminish "through" conjugation. Manifestly this is not so.

There is a need for investigation of spectroscopic phenomena of this type, not only as problems in their own right, but also to enable more accurate predictions to be made of the effects of auxochromes (e. g. containing sulphur) on retinylidene derivatives.

It has been suggested (e. g. *201*) that the rhodopsin chromophore is some ionized form of retinene, but how this could be formulated so as to account for the absorption band with a maximum at 500 mμ has remained puzzling. When N-retinylidene compounds such as retinylidene-methylamine and retinylidene-dimethylammonium iodide are treated with concentrated sulphuric acid or the Carr-Price antimony trichloride colour reagent, they give red-purple chromogens with λ_{max} between 500 mμ and 520 mμ. Other derivatives of vitamin A similarly give coloured products; those formed with concentrated sulphuric acid (*13*) have not been studied very closely but the antimony-trichloride chromogens are very well known. The colour reaction of antimony trichloride with retinylidene-methylamine differs considerably from what would be expected from a compound with six conjugated double bonds. *Table 6* compares the Carr-Price chromogens of retinylidene-methylamine, retinene, and anhydrovitamin A. All these substances have six conjugated double bonds but the Carr-Price chromogen of retinylidene-methylamine differs from that of the others in that it has λ_{max} at much shorter wavelengths, the molecular extinction coefficient is much lower, its absorption curve is broad with a rounded peak, and it is unusually stable. The red

Table 6. Antimony Trichloride Colour Reactions of Retinylidene-methylamine, Retinene and Anhydrovitamin A.

Substance	λ_{max}	ε_{max}	Half-band width*	Ref.
Retinylidene-methylamine	505	47000	approx. 110 mμ	(*160*)
Retinene	666	108000	—	(*115*)
Anhydrovitamin A	620	145000	56 mμ	(*31*)

* Distance separating two readings of $\varepsilon_{max}/2$.

colour fades very slowly and falls to half its original intensity after about a day.

The precise structure of the chromogens produced by antimony trichloride and polyene compounds is not known, but it is generally agreed that the chromogens are ionized forms of the polyenes (*143, 145 a*). The antimony trichloride and sulphuric acid colour reactions with retinylideneamino derivatives are the ionized derivatives of retinene which approach most nearly the rhodopsin chromophore. They have maxima near 500 mμ with broad absorption curves similar to that of rhodopsin (the half-band width of rhodopsin is 100 mμ) and molecular extinction coefficients of the same order as that of rhodopsin. Whatever the nature of these products may be, it is obvious that the introduction of an azomethine grouping into a polyene has a very great influence on the manner in which the molecule can ionize. Unlike other vitamin A derivatives which in similar conditions give coloured products with λ_{max} at wavelengths near or above 600 mμ, retinylideneamine compounds cannot be induced even in strongly ionizing media to give absorption peaks at wavelengths much longer than 500 mμ.

This line of thought should not be pressed too far until more information is available, firstly, about the validity of ideas on the links between retinene and opsin and secondly, on the structure of the chromogens formed with antimony trichloride.

This exposition of the chemistry of rhodopsin has been made in great detail, for much of it is equally applicable to many visual pigments. Much emphasis has been placed on the difficulties faced by workers on the visual pigments, which, unlike most naturally occurring families of pigments, do not seem to attract many chemists. At least the reason for that should now be clear. Even in rhodopsin the difficulties of obtaining the pure substance, its insolubility and extreme lability handicap progress. Yet, as will be seen in the remainder of this article, rhodopsin is outstandingly the most favourable prospect for investigations in the visual pigments. The others show all the difficulties found with rhodopsin, most in even greater degree, and in addition usually occur in much smaller quantities. The main attack must be concentrated on rhodopsin: unless we can solve the problems of rhodopsin we cannot expect to succeed with any other visual pigment.

V. Porphyropsin.

Kühne (*132*) in his pioneer work noticed that the retinas of most animals appeared red owing to their content of rhodopsin, but those of fish were more purple. Later, Köttgen and Abelsdorff (*131*) confirmed that the absorption spectra of some fish visual pigments were different from those of land animals.

Modern work on fish retinal pigments was initiated by Wald (*196, 198*) when he showed that the retinas of fresh-water fish contained not rhodopsin but another pigment with λ_{max} 522–525 mμ which he called *porphyropsin*. Porphyropsin, when bleached in conditions which yielded retinene from rhodopsin, gave a different product showing λ_{max} above 700 mμ in the antimony trichloride reaction. The retinas would convert this to another substance giving an antimony trichloride chromogen with λ_{max} near 693 mμ, just as other retinas converted retinene to vitamin A (*196*).

It was then possible to explain past observations of a 693 mμ chromogen in fish oils as being characteristic of another type of vitamin A, designated as vitamin A_2 (*65, 66, 134*). The initial product of the bleaching of porphyropsin was called retinene$_2$. Knowledge of the structure of vitamin A_2 and retinene$_2$ lagged behind that of vitamin A_1 and retinene$_1$ (see p. 256) but it was quite clear from Wald's early experiments that porphyropsin was a pigment similar to rhodopsin, but based on retinene$_2$ instead of retinene$_1$.

Visual Pigments of Fish.

After discovering porphyropsin Wald carried out a series of investigations into the visual pigments of many kinds of fish. Summaries of his investigations have been published (*206*). In general, marine fishes have rhodopsin; fresh water fishes porphyropsin. Euryhaline fishes (those which can exist as adults in both fresh and salt water) may have either rhodopsin or porphyropsin or a mixture. Those that spawn in fresh water have solely or predominantly rhodopsin; those spawning in salt water, solely or predominantly porphyropsin. This is not the place to discuss Wald's suggestions regarding the chemical evolution of vision; they are highly interesting generalizations but perhaps they do not command assent [see (*50*)].

In discussing the number of visual pigments, Wald has argued forcibly in favour of simplicity: "in the rods of vertebrates there is substantial evidence for the existence of only two visual pigments, rhodopsin and porphyropsin. The distribution of these pigments has been explored to the point at which it begins to seem probable that vertebrate rods contain no others" (*206*). From subsequent work, particularly by Dartnall, it appears that Wald was wielding Occam's razor a little too vigorously.

According to Wald porphyropsin has three maxima (in digitonin solution) at 522 ± 2 mμ, 378 mμ and about 275–280 mμ, corresponding to the α, β and γ bands of rhodopsin. In a number of publications (*206—208*) he made it clear that "all the measurements from our laboratory find porphyropsin in the neighbourhood of 522 mμ" (*206*).

On the other hand, DARTNALL (54) when he began his series of investigations on the visual pigments found the porphyropsin of tench and pike to have λ_{max} 533 mμ.

Some of these apparent discrepancies arise from the use of different experimental procedures. WALD has relied mainly on gross absorption spectra. Extracts from fish eyes often contain many light-absorbing impurities, which displace the observed absorption peak to shorter wavelengths. CRESCITELLI and DARTNALL (51) show that wide variations can thus be caused; extracts of carp retinas containing the same pigment but of varying "purity" showed values of λ_{max} differing by as much as 20 mμ. Some guide to the effect of impurities on λ_{max} is provided by the ratio of the extinction at the minimum on the short wavelength side to the extinction at the maximum in the observed absorption curve. As this rises, the observed λ_{max} moves to shorter wavelengths away from the true λ_{max} of the visual pigment. Using this procedure to interpret the results of other workers including WALD himself, CRESCITELLI

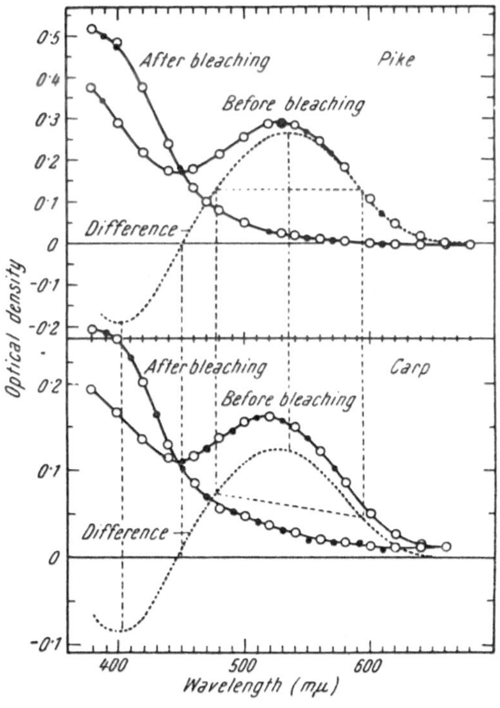

Fig. 10. Comparison of the absorption spectra of pike and carp eye extracts, before and after bleaching by white light, according to CRESCITELLI and DARTNALL (51). The interrupted lines are to facilitate comparison of the two difference spectra (shown by the dotted curves). O, measurements made consecutively from 380 to 680 mμ; ●, return measurements from 610 to 390 mμ. Pike extract, pH 8.24, temp. 20°. Carp extract, pH 8.16, temp. 20°. [From: J. Physiol. 125, 607 (1954).]

and DARTNALL show that results based on gross absorption curves can be most misleading, and that there is strong evidence of two types of porphyropsin: one with λ_{max} 533 mμ $\pm$ 2 mμ, another with λ_{max} 523 mμ $\pm$ 2 mμ.

In contrast to WALD, DARTNALL has relied upon difference spectra (*Figs. 10 and 11*). Early work on solutions of visual pigments using difference spectra was complicated by failure to control pH which affects the products of bleaching. Given a strict control of experimental conditions to ensure a stable photoproduct, which does not absorb appreciably near $\lambda_{\max}$ of the visual pigment, results from difference spectra are much more consistent and reproducible than the gross absorption curves when these show superimposed irrelevant absorption (*51*). The position of maximum density loss is displaced slightly to longer wavelengths relative to $\lambda_{\max}$ of the visual pigment owing to some interference from

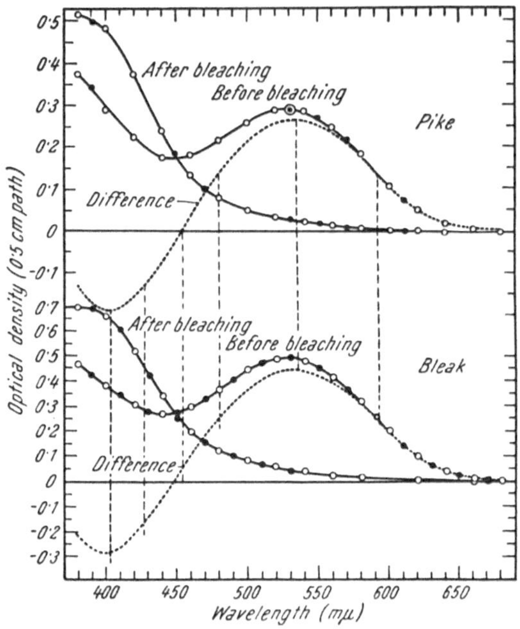

Fig. 11. Comparison of the absorption spectra of pike and bleak extracts, before and after total bleaching by white light, according to DARTNALL (57). The vertical interrupted lines are to facilitate comparison of the two difference spectra (shown by the dotted curves). O, measurements made consecutively from 380 to 680 mμ; ●, return measurements from 670 to 390 mμ. Pike extract, pH 8.24, temp. 20°. Bleak extract, pH 8.15, temp. 20°. [From: J. Physiol. *128*, 131 (1955).]

the products of bleaching. DARTNALL usually corrects for this by subtracting 2 mμ (*54*), a practice which seems reasonable.

Using this technique CRESCITELLI and DARTNALL (*51, 54*) were able quite clearly to demonstrate two different types of porphyropsin: one with $\lambda_{\max}$ 533 mμ found in tench and pike, another with $\lambda_{\max}$ 523 mμ in the carp, both based on retinene$_2$.

DARTNALL has made the technique more selective by introducing partial bleaching. Instead of using white light to break down the pigment completely, he uses monochromatic light to bleach only part of the pigment. Repeated with light of different wavelengths this provides a powerful and as yet the best tool to reveal heterogeneity in extracts of visual pigments.

The interpretation of results is not always simple, however, and some conclusions reached by DARTNALL have been criticized.

Two good contrasting examples which show the usefulness of the technique of partial bleaching are the investigations on the visual pigments of the carp (*51*) and the bleak (*57*). Carp extracts were exposed in turn to violet light (430 mμ), red light (630 mμ) and green light (530 mμ), each bleaching part of the pigment; and finally to white light. All the

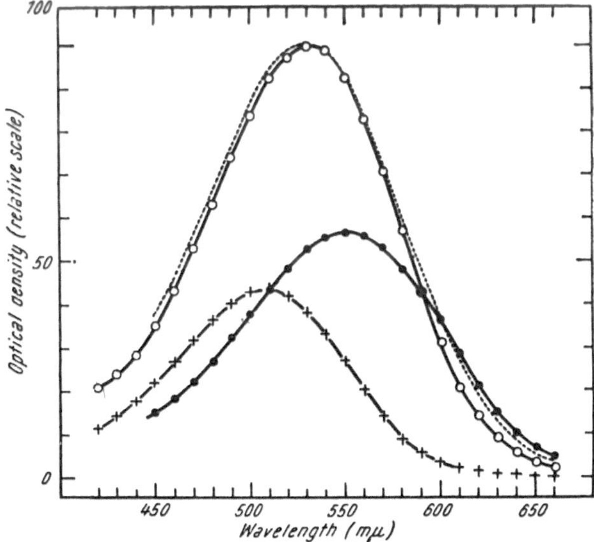

Fig. 12. Absorption spectra of the three visual pigments in bleak retina in the proportions in which they occurred in an extract II according to DARTNALL (57). +, visual pigment 510; O, visual pigment 533; ●, visual pigment 550. The dotted curve is the sum of these three curves brought, for comparison, to the same maximum (100) as that for visual pigment 533. [From: J. Physiol. *128*, 131 (1955).]

difference spectra were of the same shape, showing that only one pigment was removed regardless of the wavelength used. The carp extracts therefore contained a single pigment with λ_{max} 523 mμ.

The gross absorption of bleak extracts *(Fig. 11)* was a smooth curve, which on bleaching with white light gave a difference spectrum similar to that of the pike which has a single pigment with λ_{max} 533 mμ. Some small differences led to experiments on the partial photodecomposition of bleak extracts. "Bleaching" with long wave length light (610 mμ or longer) by stages revealed the existence of two components: one red-sensitive, bleached by this light; the other red-insensitive, not markedly affected. The homogeneity of the red-sensitive component was investigated by partially bleaching the solutions with lights of long wavelength. The difference spectra obtained were not all the same, maxima ranging from 535 to 545 mμ, showing that the red-sensitive component itself was made up of more than one pigment. One of these was the pigment with λ_{max} 533 mμ found in tench and pike; the other had a maximum in the region of 550 mμ.

After these two "red-sensitive" pigments had been bleached out, the homogeneity of the red-insensitive component was studied by irradiating it with light of various shorter wavelengths. All difference spectra were substantially similar, indicating that the red-insensitive component was a single pigment, with λ_{max} 510 $\pm$ 3 mμ.

These results with the bleak show clearly that what appears from the gross spectrum to be an extract containing only porphyropsin with λ_{max} 533 mμ, could be resolved into three component pigments with λ_{max} near 510, 533 and 550 mμ (*Fig. 12*). Dartnall emphasizes the need for testing the homogeneity of all retinal extracts by partial bleaching using light of various wavelengths.

With the aid of this technique, Dartnall and his collaborators have been able to report the presence of other pigments in fish eyes. In the tench Dartnall (*54*) found porphyropsin with λ_{max} 533 mμ, and a pigment with λ_{max} 467 mμ. Bridges (*25*) has investigated the rainbow trout, which Wald (*199*) reported as possessing a mixture of rhodopsin and porphyropsin. The rainbow trout had two pigments: porphyropsin with λ_{max} 533 mμ and a red-insensitive pigment with λ_{max} 507 $\pm$ 2 mμ, which from the absorption of the photoproduct appears to be based on retinene$_1$, and is therefore a rhodopsin-type pigment. This work from Dartnall's laboratory leaves little doubt, firstly, that at least two types of pigment exist, based on retinene$_2$, with λ_{max} 523 and 533 mμ, respectively, which in the past have both been called porphyropsin. The exact status of the other pigments detected is not yet clear. The 550 mμ pigment of the bleak appears to be based on retinene$_2$ and bears a strong resemblance to a pigment absorbing near 550 mμ reported by Wald, Brown and Smith (*214*) in some other fresh water fish (there is the possibility that this could be a cone pigment).

The two pigments with λ_{max} 510 mμ and 507 mμ in the bleak and rainbow trout, respectively, resemble each other strongly. The difference in absorption maximum is within experimental error; they are possibly the same pigment. The rainbow trout pigment is probably based on retinene$_1$. The same would apply to the 510 mμ bleak pigment, were it not for a regeneration experiment [Fig. 7 in Dartnall's paper (*57*)] which is not readily interpreted.

Criticism has been levelled against Dartnall's 467 mμ pigment in the tench (*37, 46, 118, 149*).

It is possible to obtain difference spectra by isomerization of the initial photoproducts. Crescitelli (*50*) found a difference spectrum with

λ_{max} 423 mμ in a retinene$_1$-pigment preparation from the gecko by irradiating with white light after bleaching the visual pigment with red light. As this effect was largely abolished by the addition of hydroxylamine to trap retinene, CRESCITELLI ascribed it, probably correctly, to a photo-isomerization of retinene$_1$. Retinene$_2$ could conceivably give rise to a similar effect, shifted to longer wavelengths. It is difficult to be sure that DARTNALL's 467 mμ pigment is not due to some secondary photo-isomerization (perhaps catalysed by retinene isomerase). Unfortunately, the difference spectrum of this pigment gives little information about the photo-product. It certainly is not retinene$_2$ as would be expected in a tench pigment. In favour of DARTNALL's interpretation, it should be said that the carp unambiguously showed only one visual pigment when examined by his method (*51*) indicating that the technique is fundamentally sound. The 467 mμ pigment also bears some resemblance to KAMPA's *euphausiopsin*, a "visual pigment" found in shrimp eyes with λ_{max} near 462 mμ (*123*) but the existence of this latter pigment is regarded by some with scepticism.

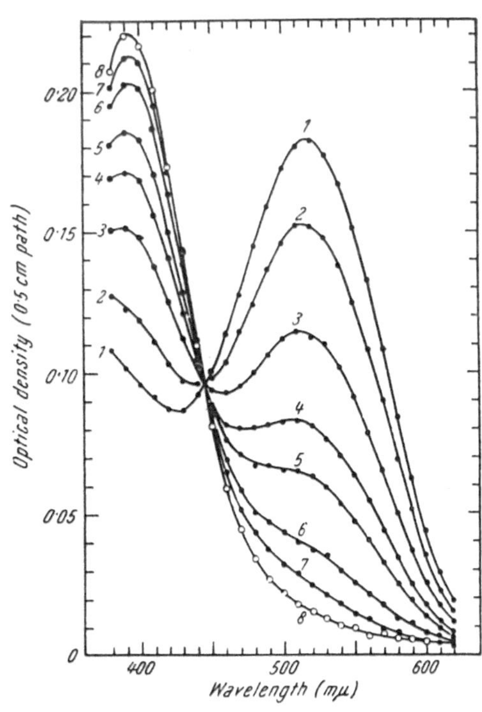

Fig. 13. A typical partial bleaching experiment, according to DARTNALL (*58*). Curve 1, original density spectrum of the *Xenopus* extract; curves 2, 3 and 4, after successive exposures to 700 mμ light; curves 5, 6 and 7, after further successive exposures to 650 mμ light; curve 8, after terminal exposure to white light; pH 8.1, temp. 20°. [From: J. Physiol. *134*, 327 (1956).]

Visual Pigments of *Xenopus*.

The technique of partial bleaching is by no means easy. Its pitfalls, even for the wary, are well shown in the study of the pigment of *Xenopus*, the South African clawed toad. DENTON and PIRENNE (*61*) first observed responses ("seeking of shade") to monochromatic light which corresponded with an unusual action spectrum. This led DARTNALL to undertake a detailed investigation of the retinal pigments (*56*). Partial bleaching experiments *(Fig. 13)* gave difference spectra consistent with the notion that *Xenopus* retinas were dominated by a new pigment with its absorption maximum at 519 mμ. In addition a small amount of a further pigment with λ_{max} 570 mμ which could have been a cone pigment was suspected from deviations on the long wavelength side of the difference spectrum.

Wald (*207*) preferred to interpret Dartnall's curves as due to a mixture of rhodopsin (λ_{max} 500 mμ) and porphyropsin (λ_{max} 522 mμ). By means of the antimony trichloride colour reaction, he estimated that the vitamin A_2/A_1 ratios in *Xenopus* tissues were: liver 32/68, pigment layer of eye 88/12, and retina 95/5. Dartnall (*58*) then extended his previous work by very careful partial bleaches and showed that the photosensitive material extracted from *Xenopus* eyes was in fact a mixture of about 92% porphyropsin (λ_{max} 523 mμ) and 8% rhodopsin (λ_{max} 502). The "bulge" on the difference spectrum of the earlier bleaches, which suggested a 570 mμ pigment was now explained as merely a function of the differences between the spectra of porphyropsin and rhodopsin.

The observation of what was at first sight merely an error in interpretation of difference spectra has led Dartnall (*58*) to a very interesting hypothesis. The spectral sensitivity of *Xenopus* (determined by "the seeking of shade" or by the expansion of skin melanophores) showed peaks at 560 mμ and 470 mμ, with a minimum at 512 mμ (*61*). This bears no obvious relationship to the curves of rhodopsin or porphyropsin either singly or added together in various proportions. But the difference curve obtained by *subtracting* the curve for rhodopsin from that for porphyropsin (all differences being counted as positive) also shows maxima at 560 and 470 mμ and a minimum at 512 mμ. Dartnall outlines a possible receptor mechanism, which, although it rests on some insecure assumptions, offers an opportunity for experiments on the behaviour of *Xenopus* to test the hypothesis. Dartnall had earlier suggested (*55*) that Granit's modulators "might be mediated by differencing mechanisms". It is possible that other visual responses work in the same way; if so, the number of pigments often thought to be necessary for colour vision could be reduced.

The earlier work by Dartnall (*56*) on *Xenopus* failed to detect rhodopsin partly because he relied solely on difference spectra. Not knowing of the existence of vitamin A_1 in the retina, he failed to make the very difficult search necessary to detect the small proportion of rhodopsin present in his extracts. The defect in Dartnall's results, from the chemists' point of view, is the lack of information regarding the nature of the material liberated from these visual pigments. When combined with chemical tests (e. g. *151*) partial bleaching is a very penetrating technique.

Dartnall has in this work developed an elegant experimental approach and has exploited the method with skill. His results, sometimes hastily criticised, have nevertheless revealed a new level of complexity in visual pigments derived from retinene$_2$.

VI. Other Retinene$_1$ Pigments.

Ten years ago, it could be asserted that there were only two visual pigments in rods: rhodopsin, based on retinene$_1$, with λ_{max} at 500 ± 3 mμ; and porphyropsin, based on retinene$_2$, with λ_{max} 522 ± 3 mμ. It must now be accepted that the porphyropsin picture was oversimplified: what of rhodopsin?

Systematic investigations of retinene$_1$ eyes are now revealing unexpected variants. The first of these was a squid retinal pigment with λ_{max} 490 mμ, which BLISS (*21*) named *cephalopsin*; ST. GEORGE and WALD later showed in more detailed investigations that it was very similar to vertebrate rhodopsin and so called it *squid rhodopsin* (*184, 204*).

Recently DENTON (*59*) determined the spectral sensitivity of the gecko, a kind of lizard, which would have been thought to possess rhodopsin, the typical rod pigment of terrestial animals. He found that the spectral sensitivity curve was displaced about 20 mμ to longer wavelengths (from 500 mμ). CRESCITELLI (*49*) extracted the visual pigments from several species of gecko; all showed a maximum in the region 518–528 mμ, consistent with DENTON's findings. CRESCITELLI carried out a detailed investigation of the Australian gecko, *Phyllurus milii*, which had a pigment with λ_{max} 524 mμ. Partial bleaching showed it to be homogeneous and the spectrum of the photoproduct was unmistakably that of retinene$_1$; no vitamin A$_2$ was found in geckos. Here is a pigment which would have been identified as porphyropsin from the position of its absorption maximum, which is nevertheless based on retinene$_1$.

MUNZ (*151*) examined the visual pigment of the mudsucker, a fish common in tidal mudflats and salt marshes on the Californian coast. Difference spectra indicated that the pigment had λ_{max} 512 ± 1 mμ. Very careful differential bleaching showed that it was homogeneous; the adequacy of the method was checked by partial bleaching of an artificial mixture of rhodopsin and porphyropsin, which was clearly shown to be heterogeneous. Extraction of bleached retinas gave retinene$_1$ (λ_{max} 664 mμ in the SbCl$_3$ colour test); if one hour was allowed to elapse between bleaching and extracting with a fat solvent, retinene$_1$ was converted to vitamin A$_1$ (by retinene reductase) detected by the colour test peak at 620 mμ. The pigment of the mudsucker is clearly a retinene$_1$ pigment with λ_{max} near 512 mμ.

Another pigment containing retinene$_1$ with its absorption maximum displaced as far as 525–530 mμ has been mentioned in a brief report by WALD, BROWN and SMITH (*214*) as occurring in the eye of the marine scup. No detailed supporting evidence has yet been reported, but the pigment would appear to be similar to that of the gecko. Clearly, retinene$_1$ pigments can have λ_{max} at wavelengths above 520 mμ.

Denton and Warren (62) have recently reported a new type of pigment in the retinas of several species of deep sea fish caught at depths around 500 metres. Only difference spectra (in a short preliminary publication) are given, but the pigments appear to be very similar to that found in the conger eel, previously investigated by Denton (60), which has λ_{max} 487 mμ (220). These pigments impart a golden colour to the retinas so Denton and Warren (62) designate them *chrysopsins* or *visual golds*. No information is yet available about their prosthetic group; as λ_{max} of the pigments is near that of squid rhodopsin, it may well be retinene$_1$. Until this is clear, it is better to refrain from classifying the pigment or pigments.

The task of *naming* visual pigments becomes progressively more difficult. The early workers classified them by means of their colour, and thereby caused much confusion. Boll called rhodopsin, *Sehrot*; Kühne named it *Sehpurpur*, so it became visual *purple* in English usage, although some consider it to be red. When the fresh water fish pigment was discovered, it was called *visual violet*, although it was clearly purple. Faced with this difficulty, Wald stopped using colours of pigments prefixed by "visual", and adopted Kühne's alternate name for visual purple — rhodopsin (Greek *rodon* = rose). Wald has since used opsin with a Greek prefix to denote the colour of the pigment: porphyropsin (purple), iodopsin (violet) and cyanopsin (blue). The visual purple, visual violet, etc. nomenclature scheme leads to an impasse (206) and is falling into disuse. Wald's opsin usage, however, has its faults as it depends on a subjective description of colour. It seems doubtful to us if the chrysopsins of Denton and Warren would appear golden in solution. Dartnall (54) has avoided the element of personal judgement by numbering pigments from the wavelength of maximum absorption in mμ, e. g. visual pigment, 533 in the pike, visual pigment 467 in the tench, etc. While specific, it fails to bring out the essential similarity of pigments, e. g. human and frog rhodopsin are called visual pigments 497 and 502, respectively; and on the other hand fails to distinguish between the retinene$_1$ pigment of the gecko (visual pigment 524) and the retinene$_2$ pigment of the carp (visual pigment 523). A judicious use of both conventions will be helpful [see Crescitelli (49)]; in the present state of research, flexibility has advantages over uniformity.

VII. Cone Pigments.

Research on visual pigments has been concentrated upon the rods, despite the probably greater importance of the cones, which are concerned with normal daylight vision and, in those species which possess it, the perception of colour. This apparent neglect is largely due to the difficulty of extracting and detecting cone pigments. Many animal retinas have no rods, but only cones, and would seem to provide good material from which to extract cone pigments. A number of attempts have been made to do this. Most have failed completely; the rest have given indecisive results [see KIMURA and HOSOYA (*126*)].

The usual explanation of these repeated failures to extract adequate quantities of cone pigments is that the cones contain them in only very small amounts (*215*). It is true that rods seem to possess rhodopsin stores vastly in excess of physiological needs, so that cones could well operate with much lower amounts of pigment. WEALE (*222*) however has worked on the eye of the grey squirrel, which has a pure cone retina (*7*), by the method of *in vivo* bleaching. The magnitude of the maximum density change was similar to that observed in other species containing rods and cones, and RUSHTON (*173*) has found that the density of pigment in human cones registered by his method of ophthalmoscopic densitometry is about the same as the density of rhodopsin in human rods. These reports seem to be at

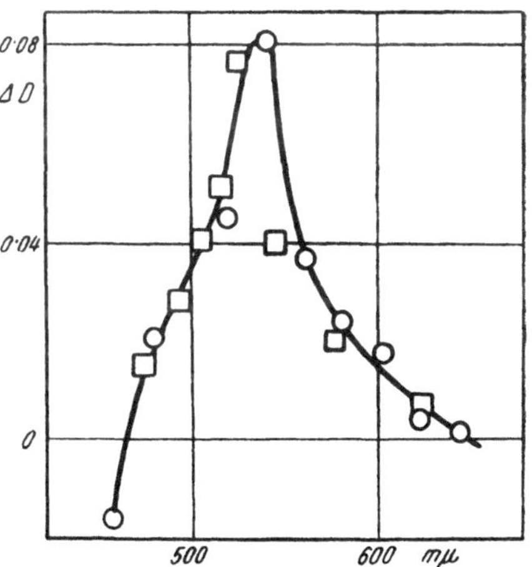

Fig. 14. Density changes after bleaching squirrel eye with white light, according to WEALE (*222*): O; and sensitivity by electroretinogram, according to ARDEN and TANSLEY (*7*): □. [From: J. Physiol. *127*, 587 (1955); adapted.]

variance with the fact that rods always appear coloured owing to their rhodopsin or porphyropsin, whereas cones look colourless. The discrepancy between these observations may be explained by the finding that cones can condense light passing through them, probably by total internal reflexion [TANSLEY and JOHNSON (*189*); see also RUSHTON (*172, 173*)].

It is important that this point be settled as most attempts to extract pigments from cones have failed. If there is very little pigment, this is understandable. Alternatively the extraction procedures may be at fault, in which case improvements could probably be made.

Certainly it is desirable to attempt to extract pigments from squirrel eyes, for very interesting results have been obtained with them. ARDEN and TANSLEY (*7*) determined electroretinograms in both the dark-adapted and the light-adapted state. The threshold of response was high and fell little as a result of dark adaptation. The spectral sensitivity curve (obtained as the intensities of monochromatic light needed to elicit a minimum response, *Fig. 14*) was narrower than any so far obtained on the whole eye. The maximum occurred near 530 mμ and there was no Purkinje shift. These data are consistent with an all-cone retina, but the new 530 mμ absorbing entity has no counterpart in any digitonin extract of retinas.

Weale (*222*) obtained a narrow curve for this species by *in vivo* bleaching, and his results agreed very well with the electroretinograms.

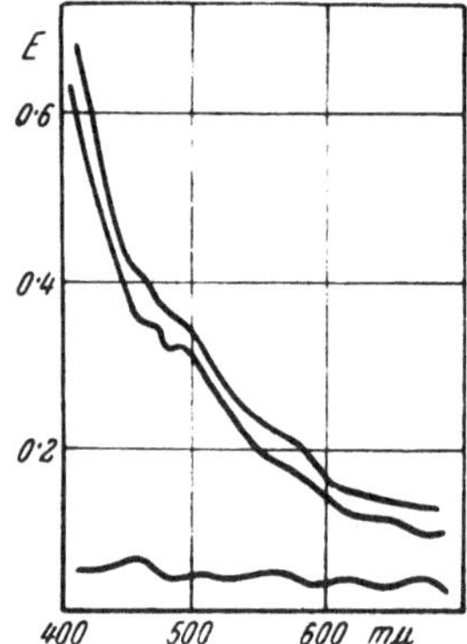
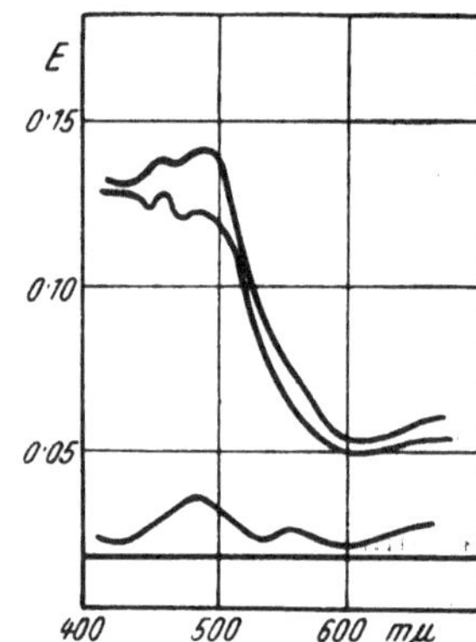

Fig. 15. Tortoise retina, according to Kimura and Hosoya (*126*). Digitonin extract from whole retina (left); digitonin extract from isolated cone cells (right). Upper curves: before illumination (white light); middle curves: after illumination; lower curves: difference spectra. [From: Japan. J. Physiol. *6*, 1 (1956).]

The squirrel eye plainly deserves further investigation, even though past attempts to extract pigments from all-cone eyes have not met with much success.

One of the most recent and determined efforts of this type was made by Kimura and Hosoya (*126*) with the all-cone retina of the Japanese tortoise *Geoclymys reevesii*. This animal, like many others, has in its cones oil globules containing pigments. These are believed to act as light filters and to aid in the perception of colour. The globules in *Geoclymys* were of three kinds, coloured red, golden yellow and pale blue, each cone cell containing one globule. Kimura and Hosoya (*126*) used 50–100 tortoises in each batch and worked in very dim red or blue light under conditions which made dissection very difficult.

The retinas were removed and crushed; the cone cells were separated by centrifugation in a tube containing layers of sucrose solution of different densities, and the pigments of the oil droplets extracted with petrol.

The droplet pigments, which were decolorized by intense light, were separated by chromatography. Three fractions were obtained which in light petroleum showed (a) a broad band with λ_{max} 472 mμ (said to be due to astaxanthin), (b) a fraction with peaks at 474 mμ and 444 mμ (max.) with an inflexion near 430 mμ (lutein) and (c) peaks at 469 mμ and 440 mμ (?). Obviously none of these alone can account for the pale blue globules; the pigment concerned has either been lost or might possibly be a complex of a protein with one of these carotenoids.

WALD (*200*) and WALD and ZUSSMAN (*219*) similarly found carotenoids in the oil globule pigments of chick retinas: astaxanthin, xanthophylls and a very pale yellow galloxanthin, with λ_{max} near 400 mμ, apparently related to the carotenoids [see GOODWIN (*75*)].

The separated cone cells were extracted with digitonin. On exposure of the solution to light, slight changes were seen (*Fig. 15*). The difference spectrum had three peaks near 650 mμ, 560 mμ, and 480 mμ. These were not very reproducible as the changes were small relative to the original extinction and the extracts were photometrically somewhat unstable. No photoproducts were detected; illumination caused a drop over the entire wavelength range observed (410–670 mμ). The lack of visual pigment was not caused by loss during the procedure used for separating the cone cells, for digitonin extracts of freeze-dried intact retinas were even less informative (Fig. 15).

The difficulty of research with cone pigments is here well exemplified. Batches of 50–100 tortoises could be obtained and the work was obviously executed with skill but the difference spectra were disappointingly weak and in consequence unconvincing.

Iodopsin.

The main success with a cone pigment has been the study of *iodopsin* from chicken retinas, chiefly by WALD and his collaborators.

It ought perhaps to be noted that, although there is much indirect evidence in favour of the assumption that iodopsin is a cone pigment, and no real reason to doubt it, there is no direct proof, for the chicken retina contains both cones and rods. The cones greatly outnumber the rods, but the high concentration of rhodopsin in the rods hampers the study of iodopsin. It says much for the ingenuity and skill of the workers concerned that part at least of the story can now be told.

WALD (*197*) first found that chicken retinal extracts contained rhodopsin (which is unaffected by exposure to red light) mixed with another pigment decomposed on illumination by bright light of wavelengths greater than 650 mμ. The fall in extinction was maximal around 560 to 575 mμ. The spectroscopic properties inferred for this second pigment, presumably derived from the cones, indicate that it must be violet in colour, hence the name iodopsin (Greek *ion* = violet). After irradiation with red light, the extract was exposed to white light; the fall in extinction now being greatest at 505–510 mμ, indicating rhodopsin. These pioneer experiments using selective bleachings were confirmed by BLISS (*19*) who showed that iodopsin was most sensitive to light at about 560 mμ, close to its apparent maximum. BLISS also reported that iodopsin was based on a lipid similar to retinene (*20*), which could not however be identified unequivocally. The fact that in man both scotopic and photopic vision are impaired in vitamin A deficiency, together with the evidence of recovery when the vitamin is given (*101, 218*), make it probable that vitamin A is indispensable for cone pigments just as it is for rhodopsin.

Clear proof was provided by WALD, BROWN and SMITH (*215*). Rod and cone fragments were isolated by a modification of the usual method

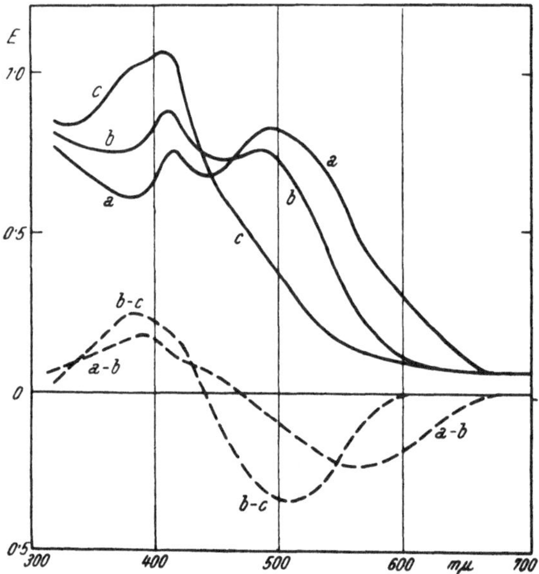

Fig. 16. Bleaching of an aqueous digitonin extract of dark adapted chicken retinas in red and white light, according to WALD, BROWN and SMITH (*215*). The original extract *a* was exposed to red light until this had no further effect (curve *b*). On subsequent exposure to white light the absorption changed to curve *c* (pH 6.2, temp. 25°). Difference spectra are plotted to show the products *formed* above the zero line and the products disappearing below the zero line. [From: J. Gen. Physiol. *38*, 623 (1955); adapted.]

for preparing rhodopsin. They could not be hardened by alum, as it destroys iodopsin, but were extracted by digitonin to give a mixture of rhodopsin and iodopsin.

Fig. 16, curve *a* displays the absorption spectrum of a good preparation of mixed visual pigments from chicken retinas. The maximum near 412 mμ is clearly the SORET band of an iron-porphyrin compound, presumably haemoglobin, and the main peak is near 500 mμ [WALD, BROWN and SMITH (*215*)]. Curve *b* was obtained after exposure to intense red light (screened by water to withhold heat) until no further decrease in intensity of absorption at 560 mμ was noticeable. The solution was now exposed to bright white light and the absorption measured again (curve *c*). By subtracting from the readings on curve *a* those on curve *b*, a difference spectrum is obtained. This shows the spectrum in the visible region of the material destroyed by red light and in the ultraviolet the spectrum of the product of the change. By subtracting curve c the difference spectrum in the visible region corresponds with the material destroyed in the second irradiation (white light) and the increased absorption in the ultraviolet corresponds with the substance produced.

It is clear that the substance destroyed by red light shows λ_{max} near 562 mμ and that the resultant shows λ_{max} near 391 mμ. Similarly, the residual pigment destroyed in the second irradiation (λ_{max} 509 mμ) is mainly rhodopsin and the resultant (λ_{max} 385 mμ) is retinene$_1$. The difference between 391 mμ and 385 mμ is probably significant and can be interpreted by suggesting that 391 mμ is the absorption peak of all-*trans*-retinene (in digitonin solution) as it is set free from either pigment, but that on exposure to violet or ultraviolet light this material is converted to a mixture of *cis-trans* isomers (λ_{max} 385 mμ).

Not only was retinene$_1$ formed by bleaching iodopsin but also iodopsin was reformed in the dark from retinene and the specific protein, just as rhodopsin is formed from opsin and 11-*cis*-retinene. Similarly, the 11-*cis* isomer is required for iodopsin; all-*trans*- and 13-*cis*-retinene were inactive.

An elegant further experiment was based on irradiation with orange light of an extract of chicken retinas so as to destroy both iodopsin and rhodopsin. 11-*cis*-Retinene was then added in an amount just sufficient to regenerate iodopsin alone, and in fact the reformed pigment showed λ_{max} at 561 mμ indicating that iodopsin is completely regenerated in preference to rhodopsin. 11-*cis*-Retinene was then added in small excess, and the absorption spectrum of the additional product fitted closely that of rhodopsin. The kinetics of these regeneration processes showed that the velocity constant for iodopsin formation was over 500 times that for rhodopsin synthesis. Both appeared to be bimolecular reactions. Rhodopsin has only one molecule of retinene to one of protein and it appears probable that the iodopsin chromophore also contains only one molecule of retinene. If this is so, a calculation based on the amount of retinene released from iodopsin shows that the molecular extinction coefficient of iodopsin must be in the region of that of rhodopsin viz. 40 000.

The affinity of 11-*cis*-retinene for the protein portion of iodopsin is so great that the regeneration cannot be inhibited by hydroxylamine. (Hydroxylamine prevents rhodopsin synthesis by combining with retinene to inhibit competitively its union with opsin.) Yet hydroxylamine slowly breaks down the iodopsin chromophore, whereas it has no effect on rhodopsin. This must be because it bleaches it to all-*trans*-retinene which unlike the 11-*cis* isomer will have no great affinity for the protein of iodopsin.

Iodopsin is much less stable to chemical reagents than rhodopsin. It is bleached not only by hydroxylamine but also by *p*-chloro-mercuri-benzoate irreversibly. It is not certain if this denotes that —SH groups are directly concerned in the linkage of retinene to the protein, or if this is a secondary effect consequent upon some reaction elsewhere in the protein. Iodopsin is rapidly destroyed outside the pH range 5–7. Wald (*205*) refers to the protein part of iodopsin as photopsin, to distinguish it from the opsin part of rhodopsin, which he calls scotopsin. This usage

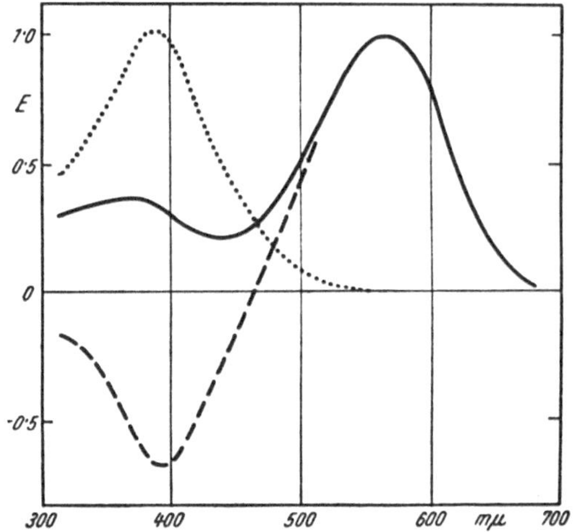

Fig. 17. Absorption spectrum of iodopsin, according to Wald, Brown and Smith (*215*). - - - - - - -, difference spectrum of iodopsin (i. e. difference between absorption spectrum of iodopsin and the products of bleaching, namely photopsin and all-*trans*-retinene). ⋯⋯⋯⋯, absorption curve of all-*trans*-retinene in a chicken retinal extract containing photopsin. The sum of the two curves gives the continuous line which is therefore the absorption spectrum of iodopsin. [From: J. Gen. Physiol. *38*, 623 (1955).]

is serviceable, provided one remembers that "scotopsin", at least, includes a number of species-specific scotopsins. The nature of the distinction between the two proteins, scotopsin and photopsin, is obviously a matter of prime importance, but there is nothing useful to report about it. No search yet appears to have been made for any intermediates formed during the bleaching of iodopsin to retinene.

In spite of the fact that iodopsin has not been prepared free from other selectively absorbing substances, Wald, Brown and Smith (*215*) have been able to determine its absorption spectrum by two indirect methods: in one the iodopsin was reformed from photopsin and 11-*cis*-retinene; and in the other the difference spectrum was corrected for the all-*trans*-retinene produced. *Fig. 17* shows the result with λ_{max} near 562 mμ and a small subsidiary peak near 370 mμ, reminiscent of the x- and β-peaks of rhodopsin and porphyropsin.

There seems little doubt that in the chicken the pigment involved in photopic vision is iodopsin. HONIGMANN (*109*) ingeniously determined the spectral sensitivity of the chicken by measuring the intensity of light necessary at various wavelengths for the birds to see food. The maximum sensitivity for rod vision was at 515 mμ and for cone vision at 575 mμ. The curves approximately resemble the absorption spectra of rhodopsin and iodopsin but the carotenoid "filter" pigments in the oil globules of the cones clearly interfere with any rigorous comparison. The spectral sensitivity curves of many animals have been determined

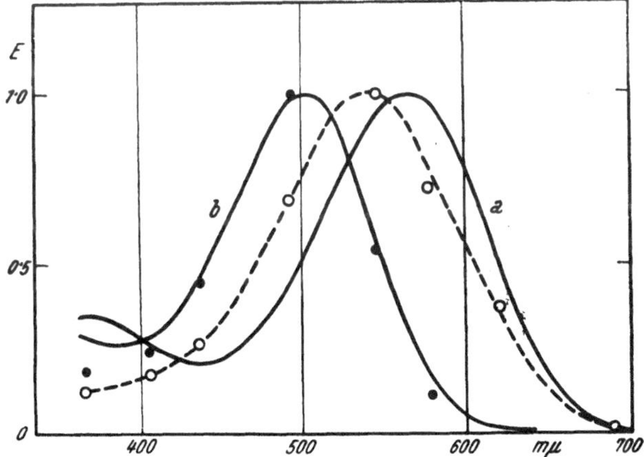

Fig. 18. a = Absorption spectrum of iodopsin (chicken); b = absorption spectrum of rhodopsin (chicken); O = human lensless peripheral vision, cones; and ● = human lensless peripheral vision, rods; according to WALD, BROWN and SMITH (*215*). [From: J. Gen. Physiol. *38*, 623 (1955).]

by GRANIT by measuring the electrical responses to illumination with known intensities of monochromatic light. In species which do not possess "filters" in oil globules of cones, e. g. frog (*79*) and cat (*80*), the agreement is reasonably good between the absorption curve of iodopsin and the photopic sensitivity curves (*215*). It seems probable that iodopsin is the main cone pigment of many animals.

The existence of some form of colour vision in animals which possess coloured oil globules is understandable, but the problem remains of explaining colour vision in other species. The human scotopic sensitivity curve agrees excellently with the absorption spectrum of rhodopsin (*41, 215*) but the photopic curve for lenseless peripheral vision, i. e. with no distortion caused by irrelevant pigments of lens or macula, is displaced some 20 mμ towards shorter wavelengths from that of iodopsin (*215*) (*Fig. 18*). This is not surprising, for iodopsin alone cannot account for colour vision. But colour vision in man is a complex and debatable subject, which cannot be discussed in this article in anything like adequate detail. Nevertheless, it seems likely that iodopsin may be one of the factors involved.

Cyanopsin.

The animals which appear to have iodopsin in their cones, have rhodopsin in their rods, that is they are animals which have their visual system based on vitamin A_1. Those that contain porphyropsin in their rods would be expected to have another retinene₂ pigment in their cones. Wald, Brown and Smith (*213*) found that retinene₂ would unite with chicken photopsin to give a new photolabile pigment with λ_{max} 620 mμ. It is therefore blue in colour and has been given the name *cyanopsin*. Although it has not been found in the digitonin extract from any retina, Granit by electrophysiological methods has found a maximum near 620 mμ in the sensitivity curve of the tench (*78*) and the all cone retina of the European tortoise, *Testudo graeca* (*77*). The tench is known to be an A_2 fish. Wald, Brown and Smith (*213*) have found that two American turtle species, *Pseudemys scripta* and *P. modiliensis*, contain vitamin A_2 in their retinas and assume that the retina of *Testudo graeca* will similarly have A_2. This seems a reasonable deduction but it should be verified. Some years ago in this laboratory Love (*135*) tested the liver of *Testudo graeca* and found no vitamin A_2 detectable by the antimony trichloride test; the entire liver store seemed to be vitamin A_1. Nevertheless, it seems logical to predict that the cones of "retinene₂" eyes will contain cyanopsin. The absorption of true cyanopsin might differ slightly from that prepared by Wald et. al. from chicken photopsin. [Cattle scotopsin with retinene₂ gives "cattle porphyropsin" with λ_{max} 517 mμ, i. e. displaced to shorter wavelengths relative to natural porphyropsin (*205*)]. The discrepancy is likely to be small, and although the existence of cyanopsin has not been proved in the eye of an animal dependent on vitamin A_2, indirect evidence points to its being a genuine pigment of physiological importance.

VIII. Iso-pigments.

Rhodopsin and iodopsin are formed from 11-*cis*-retinene and the specific opsins. 9-*cis*-Retinene also unites with scotopsin to give an iso-rhodopsin with λ_{max} displaced about 10 mμ to shorter wavelengths (see p. 276). Similarly, 9-*cis*-retinene and photopsin give iso-iodopsin with λ_{max} 510 mμ, a displacement from iodopsin of 52 mμ (*215*) (*Fig. 19*).

Porphyropsin and cyanopsin also require a specific isomer of retinene₂ (*205*, *213*) and there is some reason to think that this, too, is the 11-*cis* isomer. A second isomer of retinene₂, presumably 9-*cis*, will unite with the proteins to give iso-porphyropsin and iso-cyanopsin (*205*, *208*, *213*). Iso-porphyropsin formed from the opsin of a fresh water fish *Lepomis* has λ_{max} 507 mμ, a displacement of 16 mμ from 523 mμ, the absorption maximum of porphyropsin in this fish (208). Iso-cyanopsin has λ_{max} 575 mμ, i. e. — 45 mμ relative to cyanopsin.

It is believed that these iso-pigments are in general artifacts of no physiological importance. WALD (208) reports that 9-*cis*-vitamin A$_1$ is found in the liver and plasma of some animals, but that no iso-pigment formed from it has yet been found in a retina. The number of less well-defined pigments reported to occur in retinal extracts has increased

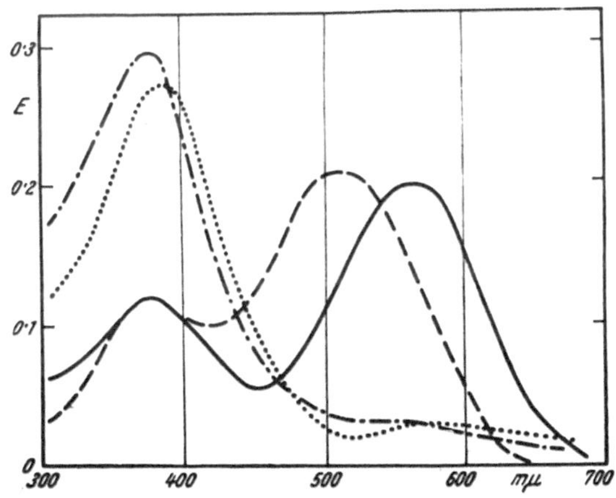

Fig. 19. Synthesis of iodopsin and iso-iodopsin in solution, according to WALD, BROWN and SMITH (215). In chicken retinal extract the iodopsin alone was bleached with deep red light to a mixture of all-*trans*-retinene and photopsin. Separate portions of the product were incubated in the dark with four retinene isomers and the absorption spectra were measured against that of the red-bleached solutions as compensating solution. — • — •, 13-*cis*-retinene, no pigment formed; ·············, all-*trans*-retinene, no pigment formed; — — —, 9-*cis*-retinene. iso-iodopsin formed; and ————, 11-*cis*-retinene, iodopsin formed, λ_{max} 562 mμ.
[From: J. Gen. Physiol. *38*, 623 (1955).]

greatly in recent years, and some of them might be iso-pigments. It is very important that in experiments using the method of partial bleaching the possibility of forming iso-pigments should be borne in mind.

The spectroscopic properties of the iso-pigments raise further problems *(Fig. 19)*. 11-*cis-Retinene* has the low molecular extinction coefficient expected in a "hindered" *cis* isomer, but rather surprisingly, has λ_{max} at *longer* wavelengths than 9-*cis*, an "unhindered" isomer (see Table 3, p. 264). When it forms pigments with opsins, the products from the 9-*cis* isomer have λ_{max} at markedly shorter wavelengths than the corresponding pigments from the 11-*cis* isomer (a difference of 52 mμ in iso-iodopsin) but the extinction coefficients are very similar (118, 215). If an explanation of this apparent anomaly can be found, it may provide a much needed clue to the nature of the chromophores of both iso- and true visual pigments.

IX. Visual Pigment Chromophores.

This article has been concerned chiefly with those visual pigments of which we have some chemical knowledge and with related pigments presumed to be similar. In recent years new pigments have been reported in surprising numbers (*149*), sometimes on the basis of evidence that is not wholly convincing. One of the most interesting of these is *euphausiopsin* with λ_{max} 462 mμ reported by Kampa (*123*) in shrimp eyes. It was detected only by a difference spectrum measured on an extract containing the carotenoid astaxanthin, which interferes considerably. If euphausiopsin is a true visual pigment it is apparently not based on retinene. It is as yet difficult to assess its status, as some workers have had difficulty in repeating the findings.

All the visual pigments so far elucidated are based on the retinenes. In the light of present knowledge, this may be true for all other visual pigments. Admittedly many animals, e. g. insects, have eyes which have not been shown to contain vitamin A or retinene but even in larger all-cone eyes (e. g. tortoise) the amounts present were too small to be detected (*126*).

The *overall pattern* of visual pigments requires at least four components: two vitamin A aldehydes, retinene$_1$ and retinene$_2$, and two proteins— scotopsin and photopsin. Combinations of these result in pigments with maxima ranging from 490 mμ to 620 mμ. The cardinal problem here is plainly chemical, a matter of colour and constitution. Any explanation must account for the formation of more than one pigment from each retinene (e. g. porphyropsin and cyanopsin from retinene$_2$) and in particular for the displacement of the absorption peak (in this example by about 100 mμ).

Two different approaches can be made. First, there may be some as yet unidentified substance or substances other than retinene and amino acid residues (from opsin) within the visual pigment chromophores. Alternatively, the opsin proteins may have a specific auxochromic effect on the retinene residue. Neither suggestion at the present time provides a serviceable working hypothesis. This is a difficult field in which to look for a hypothetical "missing piece" without a clue to its nature. The suggestion of a novel auxochromic effect produced by specific polypeptides does little more than to make a "missing link" unnecessary. There is something in its favour in that all the opsins investigated in any detail show the common characteristic that they will form pigments only with 11-*cis*- or 9-*cis*-retinenes. Some portion of all these protein molecules must be the same but among the scotopsins, at least, there are species differences in the rest of the molecule. [The iso-electric point of frog rhodopsin is about 4.5 (*29, 198*), that of cattle rhodopsin nearly 1 pH unit higher (*165*).]

The small variations in λ_{max} of similar pigments are commonly ascribed to minor difference in the opsins, e. g. frog rhodopsin 502 mμ, cattle rhodopsin 498 mμ. This seems reasonable but it is difficult to dismiss as species variations some of the larger displacements found. For example, the difference between squid rhodopsin (λ_{max} 490 mμ) and gecko "rhodopsin" (λ_{max} 523 mμ) warrants a more definite explanation. We are then back to the original problem.

Both these suggested factors — the "missing piece" and a unique auxochromic power of opsins — could be involved in a convincing explanation of the visual pigment chromophores. There are of course two interrelated but probably separable problems: (1) why do the retinenes on combining with these special proteins show absorption *where they do* in the visible region of the spectrum? and (2) what accounts for the *difference* between the rod and cone pigments?

It will thus be seen that, although real progress has been made towards elucidating the chemical aspects of vision, some very fundamental problems remain quite baffling.

References.

1. ABDULLAH, M. M., S. R. MORCOS, and M. K. SALAH: Content of Vitamin A$_2$ in some Nile Fishes. Biochemic. J. **56**, 569 (1954).

2. ADRIAN, E. D.: The Basis of Sensation: The Action of Sense Organs. London: Christophers. 1928.

3. ALBRECHT, G.: Acetylrhodopsin. Science (Washington) **125**, 70 (1957).

4. AMES, S. R., W. J. SWANSON, and P. L. HARRIS: Biochemical Studies on Vitamin A. XIV. Biopotencies of Geometric Isomers of Vitamin A Acetate in the Rat. J. Amer. Chem. Soc. **77**, 4134 (1955).

5. — — — Biochemical Studies on Vitamin A. XV. Biopotencies of Geometric Isomers of Vitamin A Aldehyde in the Rat. J. Amer. Chem. Soc. **77**, 4136 (1955).

6. ARDEN, G. B.: Light Sensitive Pigment in the Visual Cells of the Frog. J. Physiol. **123**, 377 (1954).

6a. — A Narrow-band Pigment Present in Visual Cell Suspensions. J. Physiol. **123**, 396 (1954).

7. ARDEN, G. B. and K. TANSLEY: The Spectral Sensitivity of the Pure-cone Retina of the Grey Squirrel (*Sciurus carolinensis leucotis*). J. Physiol. **127**, 592 (1955).

8. AYRES, W. C.: Zum chemischen Verhalten des Sehpurpurs. Untersuch. physiol. Inst., Heidelberg **2**, 444 (1878).

9. BALASUNDARAM, S., H. R. CAMA, P. R. SUNDARESAN, and T. N. R. VARMA: Vitamin A$_2$ in Indian Fresh-water Fish-liver Oils. Biochemic. J. **64**, 150 (1956).

10. BALL, S., F. D. COLLINS, P. D. DALVI, and R. A. MORTON: Studies in Vitamin A. 11. Reactions of Retinene with Amino Compounds. Biochemic. J. **45**, 304 (1949).

11. BALL, S., F. D. COLLINS, R. A. MORTON, and A. L. STUBBS: Chemistry of Visual Processes. Nature (London) **161**, 424 (1948).

12. Ball, S., T. W. Goodwin, and R. A. Morton: Studies on Vitamin A. 5. The Preparation of Retinene$_1$ — Vitamin A Aldehyde. Biochemic. J. **42**, 516 (1948).

13. Ball, S. and R. A. Morton: Studies in Vitamin A. 10. Vitamin A$_1$ and Retinene$_1$ in Relation to Photopic Vision. Biochemic. J. **45**, 298 (1949).

14. Barer, R. and R. L. Sidman: The Absorption Spectrum of Rhodopsin in Solution and in Intact Rods. J. Physiol. **129**, 60 P (1955).

15. Barlow, H. B.: Purkinje Shift and Retinal Noise. Nature (London) **179**, 255 (1957).

16. Baxter, J. G.: Synthesis and Properties of Vitamin A and Some Related Compounds. Fortschr. Chem. organ. Naturstoffe **9**, 41 (1952).

17. Berger, P. et J. Segal: Le spectre d'absorption de l'orangé transitoire rétinien. C. R. Séances Soc. Biol. **144**, 478 (1950).

18. — — La sensibilité du pourpre rétinien régénéré à partir de l'orangé transitoire. C. R. hebd. Séances Acad. Sci. **232**, 1136 (1951).

19. Bliss, A. F.: The Chemistry of Daylight Vision. J. Gen. Physiol. **29**, 277 (1946).

20. — Photolytic Lipids from Visual Pigments. J. Gen. Physiol. **29**, 299 (1946).

21. — The Absorption Spectra of Visual Purple of the Squid and its Bleaching Products. J. Biol. Chem. **176**, 563 (1948).

22. Boll, F.: Zur Anatomie und Physiologie der Retina. Monatsber. Akad. Wiss., Berlin **41**, 783 (1876).

23. Bridges, C. D. B.: Bleaching of Visual Purple in Solutions of Inorganic Salts. Nature (London) **178**, 860 (1956).

24. — Visual Purple; some Notes on the Mechanism of Extractants. J. Physiol. **128**, 53 P (1955).

25. — The Visual Pigments of the Rainbow Trout *(Salmo irideus)*. J. Physiol. **134**, 620 (1956).

26. Brindley, G. S. and E. N. Willmer: The Reflexion of Light from the Macular and the Peripheral Fundus Oculi in Man. J. Physiol. **116**, 350 (1952).

27. Broda, E. E.: The Role of the Phospholipin in Visual Purple Solutions. Biochemic. J. **35**, 960 (1941).

28. Broda, E. E. and C. F. Goodeve: The Behaviour of Visual Purple at Low Temperature. Proc. Roy. Soc. (London) **130 B**, 217 (1941).

29. Broda, E. E. and E. Victor: The Cataphoretic Mobility of Visual Purple. Biochemic. J. **34**, 1501 (1940).

30. Brown, P. K. and G. Wald: The Neo-b Isomer of Vitamin A and Retinene. J. Biol. Chem. **222**, 865 (1956).

31. Cama, H. R., F. D. Collins, and R. A. Morton: Studies in Vitamin A. 17. Spectroscopic Properties of all-*trans* Vitamin A and Vitamin A Acetate. Analysis of Liver Oils. Biochemic. J. **50**, 48 (1951).

32. Cama, H. R., P. D. Dalvi, R. A. Morton, and M. K. Salah: Studies in Vitamin A. 21. Retinene$_2$ and Vitamin A$_2$. Biochemic. J. **52**, 542 (1952).

33. Cama, H. R., P. D. Dalvi, R. A. Morton, M. K. Salah, G. R. Steinberg, and A. L. Stubbs: Studies in Vitamin A. 19. Preparation and Properties of Retinene$_2$. Biochemic. J. **52**, 535 (1952).

34. Chase, A. M.: Anomalies in the Absorption Spectrum and Bleaching Kinetics of Visual Purple. J. Gen. Physiol. **19**, 577 (1936).

35. Chase, A. M. and C. Haig: The Absorption Spectrum of Visual Purple. J. Gen. Physiol. **21**, 411 (1938).

36. Collins, F. D.: Rhodopsin and Indicator Yellow. Nature (London) **171**, 469 (1953).

37. — The Chemistry of Vision. Biol. Rev. **29**, 453 (1954).

38. COLLINS, F. D., J. N. GREEN, and R. A. MORTON: Studies in Rhodopsin. 6. Regeneration of Rhodopsin. Biochemic. J. **53**, 152 (1953).

39. — — — Studies in Rhodopsin. 7. Regeneration of Rhodopsin by Comminuted Ox Retina. Biochemic. J. **56**, 493 (1954).

40. COLLINS, F. D., R. M. LOVE, and R. A. MORTON: The Preparation of Rhodopsin and the Chemical Composition of Rod Outer Segments. Biochemic. J. **48**, XXXV (1951).

41. — — — Studies in Rhodopsin. 4. Preparation of Rhodopsin. Biochemic. J. **51**, 292 (1952).

42. — — — Studies in Rhodopsin. 5. Chemical Analysis of Retinal Material. Biochemic. J. **51**, 669 (1952).

43. COLLINS, F. D. and R. A. MORTON: Studies on Rhodopsin. 1. Methods of Extraction and the Absorption Spectrum. Biochemic. J. **47**, 3 (1950).

44. — — Studies on Rhodopsin. 2. Indicator Yellow. Biochemic. J. **47**, 10 (1950).

45. — — Studies in Rhodopsin. 3. Rhodopsin and Transient Orange. Biochemic. J. **47**, 18 (1950).

46. — — Retinal Receptors. Nature (London) **167**, 673 (1951).

47. COURTOIS, J. E.: La nomenclature des vitamines et des steroïdes. Bull. soc. chim. biol. (Paris) **38**, 295 (1956).

48. CRAWFORD, B. H.: The Scotopic Visibility Function. Proc. Physic. Soc. (London) **B 62**, 321 (1949).

49. CRESCITELLI, F.: The Nature of the Lamprey Visual Pigment. J. Gen. Physiol. **39**, 423 (1956).

50. — The Nature of the Gecko Visual Pigment. J. Gen. Physiol. **40**, 217 (1956).

51. CRESCITELLI, F. and H. J. A. DARTNALL: A Photosensitive Pigment of the Carp Retina. J. Physiol. **125**, 607 (1954).

52. — — Human Visual Purple. Nature (London) **172**, 195 (1953).

53. DALVI, P. D. and R. A. MORTON: Studies in Vitamin A. 16. Preparation of Neovitamin A Esters and Neoretinene$_1$. Biochemic. J. **50**, 43 (1951).

54. DARTNALL, H. J. A.: Visual Pigment 467, a Photosensitive Pigment present in Tench Retinae. J. Physiol. **116**, 257 (1952).

55. — The Interpretation of Spectral Sensitivity Curves. Brit. med. Bull. **9**, 24 (1953).

56. — A Study of the Visual Pigments of the Clawed Toad. J. Physiol. **125**, 25 (1954).

57. — Visual Pigments of the Bleak *(Alburnus lucidus)*. J. Physiol. **128**, 131 (1955).

58. — Further Observations on the Visual Pigments of the Clawed Toad, *Xenopus laevis.* J. Physiol. **134**, 327 (1956).

59. DENTON, E. J.: The Responses of the Pupil of *Gekko gekko* to External Light Stimulus. J. Gen. Physiol. **40**, 201 (1956).

60. — On the Vision of the Conger Eel. J. Physiol. **133**, 56 P (1956).

61. DENTON, E. J. and M. H. PIRENNE: The Visual Sensitivity of the Toad *Xenopus Laevis.* J. Physiol. **125**, 181 (1954).

62. DENTON, E. J. and F. J. WARREN: Visual Pigments of Deep-sea Fish. Nature (London) **178**, 1059 (1956).

63. DETWILER, S. R.: Vertebrate Photoreceptors. New York: Macmillan. 1943.

64. DIETERLE, J. M. and C. D. ROBESON: Crystalline Neoretinene b. Science (Washington) **120**, 219 (1954).

65. EDISBURY, J. R., R. A. MORTON, and G. W. SIMPKINS: A Possible Vitamin A$_2$. Nature (London) **140**, 234 (1937).

66. EDISBURY, J. R., R. A. MORTON, G. W. SIMPKINS, and J. A. LOVERN: The Distribution of Vitamin A and Factor A$_2$. Biochemic. J. **32**, 118 (1938).

67. FARRAR, K. R., J. C. HAMLET, H. B. HENBEST, and E. R. H. JONES: Studies in the Polyene Series. Part XLIII. The Structure and Synthesis of Vitamin A_2 and Related Compounds. J. Chem. Soc. (London) **1952**, 2657.

68. FRIDERICIA, L. S. and E. HOLM: Experimental Contribution to the Study of the Relation between Night Blindness and Malnutrition. Influence of Deficiency of Fat-soluble A-Vitamin in the Diet on the Visual Purple in the Eyes of Rats. Amer. J. Physiol. **73**, 63 (1925).

69. GARBERS, C. F., C. H. EUGSTER und P. KARRER: Carotinoidsynthesen. X. Weitere stereoisomere 1,18-Diphenyl-3,7,12,16-tetramethyl-octadecanonaene. Zugleich ein Beitrag zu L. PAULINGS Theorie der sterischen Hinderung bei cis-trans-isomeren Polyenen. Helv. Chim. Acta **35**, 1850 (1952).

70. — — — Carotinoidsynthesen. XI. Weitere, mit 1,18-Diphenyl-3,7,12,16-tetramethyl-octadecanonaen verwandte Polyene. Helv. Chim. Acta **36**, 562 (1953).

71. GARBERS, C. F. und P. KARRER: Carotinoidsynthesen. XII. Bis-dehydrolycopine und totalsynthetische cis-Lycopine. Helv. Chim. Acta **36**, 828 (1953).

72. GERNANDT, B.: Colour Sensitivity, Contrast and Polarity of the Retinal Elements. Nature (London) **159**, 806 (1947).

73. — Polarity of Dark-adapted Retinal on/off-Elements as a Function of Wavelength. Acta Physiol. Scand. **15**, 286 (1948).

74. GOODEVE, C. F., R. J. LYTHGOE, and E. E. SCHNEIDER: The Photosensitivity of Visual Purple Solutions and the Scotopic Sensitivity of the Eye in the Ultra Violet. Proc. Roy. Soc. (London) **130 B**, 380 (1942).

75. GOODWIN, T. W.: The Comparative Biochemistry of the Carotenoids. London: Chapman and Hall. 1952.

76. GRAHAM, W., D. A. VAN DORP, and J. F. ARENS: Synthesis of a cis Isomer of Vitamin A Aldehyde. Rec. trav. chim. Pays-Bas **68**, 609 (1949).

77. GRANIT, R.: The "Red" Receptor of Testudo. Acta Physiol. Scand. **1**, 386 (1941).

78. — A Relation between Rod and Cone Substances, Based on Scotopic and Photopic Spectra of Cyprinus, Tinca, Anguilla and Testudo. Acta Physiol. Scand. **2**, 334 (1941).

79. — Colour Receptors of the Frog's Retina. Acta Physiol. Scand. **3**, 137 (1942).

80. — The Spectral Properties of the Visual Receptors of the Cat. Acta Physiol. Scand. **5**, 219 (1943).

81. — Sensory Mechanisms of the Retina. London: Oxford Univ. Press. 1947.

81 a. — Neural Organization of the Retinal Elements, as Revealed by Polarization. J. Neurophysiol. **11**, 239 (1948).

82. — Receptors and Sensory Perception. Yale Univ. Press. 1955.

83. GRANIT, R. and G. SVAETICHIN: Principles and Technique of the Electrophysiological Analysis of Colour Reception with the Aid of Micro-electrodes. Upsala Läkaref. Förh. **65**, 161 (1939).

84. GRANIT, R. and K. TANSLEY: Rods, Cones and the Localization of Pre-excitatory Inhibition in the Mammalian Retina. J. Physiol. **107**, 54 (1948).

85. GRANIT, R., P. O. THERMAN, and C. M. WREDE: Selective Effects of Different Adapting Wave-lengths on the Dark-adapted Frog's Retina. Skand. Arch. Physiol. **80**, 142 (1938).

86. HAAS, H. K. DE: Lichtprikkel en retinastroomen in hun quantitatief verband. Dissert., Univ. Leiden, 1903.

87. HARTLINE, H. K.: Impulses in Single Optic Nerve Fibres of the Vertebrate Retina. Amer. J. Physiol. **113**, 59 (1935).

88. — The Response of Single Optic Nerve Fibres of the Vertebrate Eye to Illumination of the Retina. Amer. J. Physiol. **121**, 400 (1938).

89. HARTLINE, H. K. and C. H. GRAHAM: Nerve Impulses from Single Receptors in the Eye. J. Cellul. Comp. Physiol. **1**, 277 (1932).

90. HARTRIDGE, H.: Recent Advances in the Physiology of Vision. London: Churchill. 1950.

91. HECHT, S.: The Photic Sensitivity of *Ciona intestinalis*. J. Gen. Physiol. **1**, 147 (1918).

92. — Sensory Equilibrium and Dark Adaptation in *Mya arenaria*. J. Gen. Physiol. **1**, 545 (1919).

93. — The Photochemical Nature of the Photosensory Process. J. Gen. Physiol. **2**, 229 (1920).

94. — Photochemistry of Visual Purple. I. The Kinetics of Decomposition of Visual Purple by Light. J. Gen. Physiol. **3**, 1 (1920).

95. — Photochemistry of Visual Purple. II. The Effect of Temperature on the Bleaching of Visual Purple by Light. J. Gen. Physiol. **3**, 285 (1921).

96. — Photochemistry of Visual Purple. III. The Relation between the Intensity of Light and the Rate of Bleaching of Visual Purple. J. Gen. Physiol. **6**, 731 (1924).

97. — A Theory of Visual Intensity Discrimination. J. Gen. Physiol. **18**, 767 (1935).

98. — Rods, Cones, and the Chemical Basis of Vision. Physiol. Rev. **17**, 239 (1937).

99. — The Photochemical Basis of Vision. J. Appl. Physics **9**, 156 (1938).

100. — The Chemistry of Visual Substances. Annu. Rev. Biochem. **11**, 465 (1942).

101. HECHT, S. and J. MANDELBAUM: Rod-Cone Dark Adaptation and Vitamin A. Science (Washington) **88**, 219 (1938).

102. HECHT, S. and E. G. PICKELS: The Sedimentation Constant of Visual Purple. Proc. Nat. Acad. Sci. (USA) **24**, 172 (1938).

103. HECHT, S. and S. SHLAER: Intermittent Stimulation by Light. V. The Relation between Intensity and Critical Frequency for Different Parts of the Spectrum. J. Gen. Physiol. **19**, 965 (1936).

104. HECHT, S. and R. E. WILLIAMS: The Visibility of Monochromatic Radiation and the Absorption Spectrum of Visual Purple. J. Gen. Physiol. **5**, 1 (1922).

105. HEILBRON, I. M., A. E. GILLAM, and R. A. MORTON: Specificity in Tests for Vitamin A. A New Conception of the Chromogenic Constituents of Fresh and Aged Liver Oils. Biochemic. J. **25**, 1352 (1931).

106. HENBEST, H. B., E. R. H. JONES, and T. C. OWEN: Studies in the Polyene Series. Part LI. Conversion of Vitamin A_1 into Vitamin A_2. J. Chem. Soc. (London) **1955**, 2765.

107. HJARDE, W., F. BRO-RASMUSSEN, and O. POROTNIKOFF: Chromatographic Separation of Vitamin-A-Active Compounds in Cod-liver Oil. Analyst **80**, 418 (1955).

108. HOLM, E.: Demonstration of Hemeralopia in Rats Nourished on Food devoid of Fat-soluble-A-Vitamin. Amer. J. Physiol. **73**, 79 (1925).

109. HONIGMANN, H.: Untersuchungen über Lichtempfindlichkeit und Adaptierung des Vogelauges. Arch. ges. Physiol. **189**, 1 (1921).

110. HOSOYA, Y. und V. BAYERL: Spektrale Absorption des Sehpurpurs vor und nach der Belichtung. Arch. ges. Physiol. **231**, 563 (1933).

111. HUBBARD, R.: *Cis-trans* Isomers of Vitamin A and Retinene in the Rhodopsin System. Federat. Proc. (Amer. Soc. exp. Biol.) **11**, 233 (1952).

112. — The Molecular Weight of Rhodopsin and the Nature of the Rhodopsin-Digitonin Complex. J. Gen. Physiol. **37**, 381 (1954).

113. — Geometrical Isomerization of Vitamin A, Retinene and Retinene Oxime. J. Amer. Chem. Soc. **78**, 4662 (1956).

114. — Retinene Isomerase. J. Gen. Physiol. **39**, 935 (1956).

115. Hubbard, R., R. I. Gregerman, and G. Wald: Geometrical Isomers of Retinene. J. Gen. Physiol. **36**, 415 (1953).

116. Hubbard, R. and R. C. C. St. George: Squid Rhodopsin. Federat. Proc. (Amer. Soc. exp. Biol.) **15**, 277 (1956).

117. Hubbard, R. and G. Wald: *Cis-trans* Isomers of Vitamin A and Retinene in Vision. Science (Washington) **115**, 60 (1952).

118. — — *Cis-trans* Isomers of Vitamin A and Retinene in the Rhodopsin System. J. Gen. Physiol. **36**, 269 (1952).

119. Hunter, R. F. and E. G. E. Hawkins: Vitamin A Aldehyde. Nature (London) **153**, 194 (1944).

120. Hyde, E. P., W. E. Forsythe, and F. E. Cady: The Visibility of Radiation. Astrophys. J. **48**, 65 (1918).

121. Ishimoto, M. and G. Wald: Phospholipids in the Visual Cycle. Federat. Proc. (Amer. Soc. exp. Biol.) **5**, 50 (1946).

122. Isler, O., A. Ronco, W. Guex, N. C. Hindley, W. Huber, K. Dialer und M. Kofler: Über die Ester und Äther des synthetischen Vitamins A. Helv. Chim. Acta **32**, 489 (1949).

123. Kampa, E. M.: Euphausiopsin, a New Photosensitive Pigment from the Eyes of Euphausiid Crustaceans. Nature (London) **175**, 996 (1955).

124. Karrer, P., A. Geiger und E. Bretscher: Über das sog. Vitamin A_2. Helv. Chim. Acta **24**, 161 E (1941).

125. Karrer, P. und P. Schneider: Beitrag zur Konstitution des Vitamins A_2. Helv. Chim. Acta **33**, 38 (1950).

126. Kimura, E. and Y. Hosoya: Further Studies on Cone Substances. Japan. J. Physiol. **6**, 1 (1956).

127. Kimura, E., H. Nukada, and Y. Hosoya: A Method for the Measurement of Rhodopsin in Separated Outer Segments of Rods. Japan. J. Physiol. **5**, 349 (1956).

128. King, H. K. and H. Alexander: The Mechanical Destruction of Bacteria. J. Gen. Microbiol. **2**, 315 (1948).

129. Kon, S. K.: Vitamine A des invertébrés marins et métabolisme des caroténoïdes du plancton. Bull. soc. chim. biol. (Paris) **36**, 209 (1954).

130. König, A.: Über den menschlichen Sehpurpur und seine Bedeutung für das Sehen. Sitzungsber. preuß. Akad. Wiss. **1894,** 577.

131. Köttgen, E. und G. Abelsdorff: Absorption und Zersetzung des Sehpurpurs bei den Wirbeltieren. Z. Psychol. Physiol. Sinnesorgane **12**, 161 (1896).

132. Kühne, W.: On the Photochemistry of the Retina and on Visual Purple (Edited and translated by M. Foster). London: Macmillan. 1878.

133. Lambertsen, G. and O. R. Braekkan: A Possible New Vitamin A_1 Isomer in the Eyes of Crustaceans. Nature (London) **176**, 553 (1955).

134. Lederer, E., V. Rosanova, A. E. Gillam, and I. M. Heilbron: Differences in the Chromogenic Properties of Fresh-water and Marine Fish Liver Oils. Nature (London) **140**, 233 (1937).

135. Love, R. M.: The Biochemistry of Visual Pigments. Thesis, Univ. Liverpool. 1951.

136. Lowe, J. S. and R. A. Morton: Some Aspects of Vitamin A Metabolism. Vitamins and Horm. **14**, 97 (1956).

137. Lythgoe, R. J.: The Absorption Spectra of Visual Purple and of Indicator Yellow. J. Physiol. **89**, 331 (1937).

138. — The Mechanism of Dark Adaptation. A Critical Resumé. Brit. J. Ophthal. **24**, 21 (1940).

139. LYTHGOE, R. J. and J. P. QUILLIAM: The Thermal Decomposition of Visual Purple. J. Physiol. **93**, 24 (1938).

140. — — The Relation of Transient Orange to Visual Purple and Indicator Yellow. J. Physiol. **94**, 399 (1938).

141. McILWAIN, H.: Preparation of Cell-free Bacterial Extracts with Powdered Alumina. J. Gen. Microbiol. **2**, 288 (1948).

142. MEDICAL RESEARCH COUNCIL: Vitamin A Requirement of Human Adults. (Ed. E. M. HUME and H. A. KREBS). Special Report Series 264 (1949).

143. MEUNIER, P.: De l'action des argiles montmorillonites sur la vitamine A et les phénomènes de mésomérie dans le groupe des caroténoïdes. C. R. hebd. Séances Acad. Sci. **215**, 470 (1942).

144. — Des carotènes aux rétinènes. Revue intern. vitaminologie **23**, 21 (1951).

145. MEUNIER, P. et J. JOUANNETEAU: Recherches sur l'isomérie *cis-trans* dans la série de la vitamine A (axérophtol). Bull. soc. chim. biol. (Paris) **30**, 260 (1948).

145a. MEUNIER, P. et A. VINET: Chromatographie et mésomérie. Adsorption et résonance. Paris: Masson et Cie. 1947.

146. MORTON, R. A.: Chemical Aspects of the Visual Process. Nature (London) **153**, 69 (1944).

147. MORTON, R. A. and T. W. GOODWIN: Preparation of Retinene *in vitro*. Nature (London) **153**, 405 (1944).

148. MORTON, R. A. and G. A. J. PITT: Studies on Rhodopsin. 9. pH and the Hydrolysis of Indicator Yellow. Biochemic. J. **59**, 128 (1955).

149. — — Visual Pigments. Indian Soc. Biol. Chemists, Silver Jubilee Souvenir, p. 27 (1955).

150. MORTON, R. A., M. K. SALAH, and A. L. STUBBS: Retinene$_2$ and Vitamin A$_2$. Nature (London) **159**, 744 (1947).

151. MUNZ, F. W.: A new Photosensitive Pigment of the Euryhaline Teleost, *Gillichthys mirabilis*. J. Gen. Physiol. **40**, 233 (1956).

152. OROSHNIK, W.: The Synthesis and Configuration of Neo-b Vitamin A and Neoretinene b. J. Amer. Chem. Soc. **78**, 2651 (1956).

153. OROSHNIK, W., P. K. BROWN, R. HUBBARD, and G. WALD: Hindered *cis* Isomers of Vitamin A and Retinene: the Structure of the Neo-b Isomer. Proc. Nat. Acad. Sci. (USA) **42**, 578 (1956).

154. OROSHNIK, W., G. KARMAS, and A. D. MEBANE: Synthesis of Polyenes. I. *Retro*vitamin A Methyl Ether. Spectral Relationships between the β-Ionylidene and *Retro*ionylidene Series. J. Amer. Chem. Soc. **74**, 295 (1952).

155. OROSHNIK, W. and A. D. MEBANE: Synthesis of Polyenes. VI. Isoprenoid Polyenes Containing Sterically Hindered *cis* Configurations. J. Amer. Chem. Soc. **76**, 5719 (1954).

156. PAINTER, R. H. and J. GLOVER: Metabolism of Carotenoids in the Rat: Lycopene. Biochemic. J. **60**, XVI (1955).

157. PAULING, L.: Recent Work on the Configuration and Electronic Structure of Molecules; with some Applications to Natural Products. Fortschr. Chem. organ. Naturstoffe **3**, 203 (1939).

158. — Zur *cis-trans* Isomerisierung von Carotinoiden. Helv. Chim. Acta **32**, 2241 (1949).

158a. PESKIN, J. C.: Concentration of Visual Purple in a Retinal Rod of *Rana pipiens*. Science (Washington) **125**, 68 (1957).

159. PIRIE, A. and R. VAN HEYNINGEN: Biochemistry of the Eye. Oxford: Blackwell. 1956.

160. PITT, G. A. J., F. D. COLLINS, R. A. MORTON, and P. STOK: Studies on Rhodopsin. 8. Retinylidenemethylamine, an Indicator Yellow Analogue. Biochemic. J. **59**, 122 (1955).

161. PITT, G. A. J. and M. TINKHAM: Lumi- and Meta-Rhodopsin. Nature (London) **176**, 220 (1955).

162. PLACK, P. A., L. R. FISHER, K. M. HENRY, and S. K. KON: *cis*-Isomers of Vitamin A in some Marine Crustacea. Biochemic. J. **64**, 17 P (1956).

163. POLYAK, S.: Retinal Structure and Colour Vision. Documenta Ophthalmologica **3**, 24 (1949).

164. PURKINJE, J. E.: Beobachtungen und Versuche zur Physiologie der Sinne. Beiträge zur Kenntnis des Sehens in subjektiver Hinsicht. II. Prague. 1823.

165. RADDING, C. M. and G. WALD: Acid-base Properties of Rhodopsin and Opsin. J. Gen. Physiol. **39**, 909 (1956).

166. — — The Stability of Rhodopsin and Opsin. Effects of pH and Aging. J. Gen. Physiol. **39**, 923 (1956).

167. ROBESON, C. D. and J. G. BAXTER: Neovitamin A. J. Amer. Chem. Soc. **69**, 136 (1947).

168. ROBESON, C. D., W. P. BLUM, J. M. DIETERLE, J. D. CAWLEY, and J. G. BAXTER: Chemistry of Vitamin A. XXV. Geometrical Isomers of Vitamin A Aldehyde and an Isomer of its α-Ionone Analog. J. Amer. Chem. Soc. **77**, 4120 (1955).

169. ROBESON, C. D., J. D. CAWLEY, L. WEISLER, M. H. STERN, C. C. EDDINGER, and A. J. CHECHAK: Chemistry of Vitamin A. XXIV. The Synthesis of Geometric Isomers of Vitamin A *via* Methyl β-Methylglutaconate. J. Amer. Chem. Soc. **77**, 4111 (1955).

170. RUSHTON, W. A. H.: The Structure responsible for Action Potential Spikes in the Cat's Retina. Nature (London) **164**, 743 (1949).

171. — Apparatus for Analysing the Light reflected from the Eye of the Cat. J. Physiol. **117**, 47 P (1952).

172. — The Difference Spectrum and the Photosensitivity of Rhodopsin in the Living Human Eye. J. Physiol. **134**, 11 (1956).

173. — Physical Measurement of Cone Pigment in the Living Human Eye. Nature (London) **179**, 571 (1957).

174. RUSHTON, W. A. H., F. W. CAMPBELL, W. A. HAGINS, and G. S. BRINDLEY: The Bleaching and Regeneration of Rhodopsin in the Living Eye of the Albino Rabbit and of Man. Optica Acta **1**, 183 (1955).

175. SAITO, Z.: Isolierung der Stäbchenaußenglieder und spektrale Untersuchung des daraus hergestellten Sehpurpurextraktes. Tôhoku J. exp. Med. **32**, 432 (1938).

176. SCHMIDT, W. J.: Polarisationsoptische Analyse eines Eiweiß-Lipoid-Systems, erläutert am Außenglied der Sehzellen. Kolloid-Z. **85**, 137 (1938).

177. — Polarisationsoptische Analyse der Verknüpfung von Protein- und Lipoid-molekeln, erläutert am Außenglied der Sehzellen der Wirbeltiere. Publ. stazione zool. Napoli **23**, suppl. 158 (1951).

178. SCHULTZE, M.: Zur Anatomie und Physiologie der Retina. Arch. mikr. Anat. **2**, 175 (1866).

179. — Über Stäbchen und Zapfen in der Retina. Arch. mikr. Anat. **3**, 215 (1867).

180. SJÖSTRAND, F. S.: An Electron Microscope Study of the Retinal Rods of the Guinea Pig Eye. J. Cellul. Comp. Physiol. **33**, 383 (1949).

181. — Ultra Structure of the Outer Segments of Rods and Cones of the Eye as revealed by the Electron Microscope. J. Cellul. Comp. Physiol. **42**, 15 (1953).

182. ST. GEORGE, R. C. C.: The Interplay of Light and Heat in Bleaching Rhodopsin. J. Gen. Physiol. **35**, 495 (1952).

183. ST. GEORGE, R. C. C., J. M. GOLDSTONE, and G. WALD: Squid Rhodopsin. Federat. Proc. (Amer. Soc. exp. Biol.) **11**, 153 (1952).

184. St. George, R. C. C. and G. Wald: The Photosensitive Pigment of the Squid Retina. Biol. Bull. **97**, 248 (1949).

185. Tansley, K.: The Regeneration of Visual Purple: its Relation to Dark Adaptation and Night Blindness. J. Physiol. **71**, 442 (1931).

186. — Factors affecting the Development and Regeneration of Visual Purple in the Mammalian Retina. Proc. Roy. Soc. (London) **114 B**, 79 (1933).

187. — Visual Purple. Documenta Ophthalmalogica **4**, 116 (1950).

188. — Vision. Symposia Soc. exp. Biology **4**, 19 (1950).

189. Tansley, K. and B. K. Johnson: The Cones of a Grass Snake's Eye. Nature (London) **178**, 1285 (1956).

190. Trendelenburg, W.: Quantitative Untersuchungen über die Bleichung des Sehpurpurs in monochromatischem Licht. Z. Psychol. Physiol. Sinnesorg. **37**, 1 (1904).

191. Wald, G.: Vitamin A in the Retina. Nature (London) **132**, 316 (1933).

192. — Carotenoids and the Vitamin A Cycle in Vision. Nature (London) **134**, 65 (1934).

193. — Vitamin A in Eye Tissues. J. Gen. Physiol. **18**, 905 (1935).

194. — Carotenoids and the Visual Cycle. J. Gen. Physiol. **19**, 351 (1935).

195. — Pigments of the Retina. I. The Bull Frog. J. Gen. Physiol. **19**, 781 (1936).

196. — Visual Purple System in Fresh-water Fishes. Nature (London) **139**, 1017 (1937).

197. — Photo-labile Pigments of the Chicken Retina. Nature (London) **140**, 545 (1937).

198. — The Porphyropsin Visual System. J. Gen. Physiol. **22**, 775 (1939).

199. — The Visual Systems of Euryhaline Fishes. J. Gen. Physiol. **25**, 235 (1941).

200. — Galloxanthin, a Carotenoid from the Chicken Retina. J. Gen. Physiol. **31**, 377 (1948).

201. — The Synthesis from Vitamin A_1 of "Retinene$_1$" and of a new 545·mμ Chromogen yielding Light-sensitive Products. J. Gen. Physiol. **31**, 489 (1948).

202. — The Enzymatic Reduction of the Retinenes to the Vitamins A. Science (Washington) **109**, 482 (1949).

203. — The Interconversion of the Retinenes and Vitamins A *in vitro*. Biochim. Biophys. Acta **4**, 215 (1950).

204. — The Chemistry of Rod Vision. Science (Washington) **113**, 287 (1951).

205. — Vision. Federat. Proc. (Amer. Soc. exp. Biol.) **12**, 606 (1953).

206. — The Biochemistry of Vision. Annu. Rev. Biochem. **22**, 497 (1953).

207. — Visual Pigments and Vitamins A of the Clawed Toad, *Xenopus laevis*. Nature (London) **175**, 390 (1955).

208. — The Chemistry of Visual Excitation. Modern Problems in Ophthalmoolgy **1**, 173 (1957).

209. Wald, G. and P. K. Brown: The Synthesis of Rhodopsin from Retinene$_1$. Proc. Nat. Acad. Sci. (USA) **36**, 84 (1950).

210. — — The Role of Sulfhydryl Groups in the Bleaching and Synthesis of Rhodopsin. J. Gen. Physiol. **35**, 797 (1952).

211. — — The Molar Extinction of Rhodopsin. J. Gen. Physiol. **37**, 189 (1953).

212. Wald, G., P. K. Brown, R. Hubbard, and W. Oroshnik: Hindered *cis* Isomers of Vitamin A and Retinene: the Structure of the Neo-b Isomer. Proc. Nat. Acad. Sci. (USA) **41**, 438 (1955).

213. Wald, G., P. K. Brown, and P. H. Smith: Cyanopsin, a New Pigment of Cone Vision. Science (Washington) **118**, 505 (1953).

214. — — — Red-sensitive Pigments of the Fish Retina. Federat. Proc. (Amer. Soc. exp. Biol.) **13**, 316 (1954).

215. — — — Iodopsin. J. Gen. Physiol. **38**, 623 (1955).

216. Wald, G. and S. P. Burg: Crustacean Vitamin A. Federat. Proc. (Amer. Soc. exp. Biol.) **14**, 300 (1955).

217. Wald, G., J. Durell, and R. C. C. St. George: The Light Reaction in the Bleaching of Rhodopsin. Science (Washington) **111**, 179 (1950).

218. Wald, G., H. Jeghers, and J. Arminio: An Experiment in Human Dietary Night-blindness. Amer. J. Physiol. **123**, 732 (1938).

219. Wald, G. and H. Zussman: Carotenoids of the Chicken Retina. J. Biol. Chem. **122**, 449 (1938).

220. Walker, M. A.: Homogeneity Tests on Visual Pigment Solutions from Two Sea Fish. J. Physiol. **133**, 56 P (1956).

221. Weale, R. A.: Photochemical Reactions in the Living Cat's Retina. J. Physiol. **122**, 322 (1953).

222. — Bleaching Experiments on Eyes of Living Grey Squirrels *(Sciurus carolinensis leucotis).* J. Physiol. **127**, 587 (1955).

223. Willmer, E. N.: Comment on Reference *163.* Documenta Ophthalmologica **3**, 47 (1949).

224. — The Physiology of Vision. Annu. Rev. Physiology **17**, 339 (1955).

225. Zechmeister, L.: *Cis-trans* Isomerization and Stereochemistry of Carotenoids and Diphenylpolyenes. Chem. Rev. **34**, 267 (1944).

226. — Some Stereochemical Aspects of Polyenes. Experientia **10**, 1 (1954).

(Received, March 11, 1957.)

The Carbon Cycle in Nature.

By **Harrison Brown**, Pasadena, California.

Contents.

I. Introduction.

Primarily as the result of living processes the carbon which is contained in the oceans, in the atmosphere and in living matter is cycled at a rate which is extremely rapid, particularly when viewed in the perspective of the geologic time scale. The chemical processes which are of greatest concern to us in this respect are:

a) Photosynthesis:

$$CO_2 + H_2O + \text{energy from the sun} \xrightarrow{\text{plants}} \text{organic matter} + O_2$$

b) Oxidation of organic matter:

$$\text{organic matter} + O_2 \longrightarrow CO_2 + H_2O + \text{energy}$$

This can be either as respiration of living organisms or as direct combustion.

c) Equilibration of CO_2 with water:

$$CO_2 + H_2O \rightleftharpoons H_2CO_3 \rightleftharpoons H^+ + HCO_3^-$$
$$HCO_3^- \rightleftharpoons H^+ + CO_3^=$$

d) Precipitation (and dissolution) of calcium carbonate:

$$Ca^{++} + CO_3^= \rightleftharpoons CaCO_3$$

e) Interaction between carbon dioxide and silicate rocks:

$$CO_2 + MgSiO_3 \xrightarrow{H_2O} MgCO_3 + SiO_2$$

An understanding of the carbon cycle in nature requires knowledge of the quantities of water, carbon dioxide and organic matter which are involved in these reactions and of the rates at which the various processes take place.

II. Quantities of Reacting Substances.

The quantities of materials which are involved in biogeochemical processes on the earth are so vast that it has become conventional to express both the quantities and the rates in terms of kilograms, grams or milligrams per square centimeter of the earth's surface. Following Kuenen (*14*) and Hutchinson (*11*), the symbol cm_e^2 will denote that we are speaking in terms of the area of the earth as a whole. The values most commonly used for the areas of land, ocean and the earth as a whole have been given by Kalle (*12*):

$$
\begin{aligned}
\text{Land area} &\ldots\ldots\ldots 1.489 \times 10^{18}\,cm^2 \\
\text{Ocean area} &\ldots\ldots\ldots 3.612 \times 10^{18}\,cm^2 \\
\hline
\text{Total area} &\ldots\ldots\ldots 5.101 \times 10^{18}\,cm^2
\end{aligned}
$$

1. Water.

Most of the water on the earth's surface exists in the oceans. Knowing the total area and mean depth of the oceans and seas, the mass of the oceans is estimated to be 1.37×10^{24} grams (*12*). Dividing by the surface area of the earth we obtain 278 kilograms of water per cm_e^2.

The amount of water in lakes and rivers and as ground water is estimated as being about 2.5×10^{20} grams (see *23*, there p. 264), corresponding to about 50 grams per cm_e^2. An additional amount of water, roughly estimated to be about 4.5 kg per cm_e^2, is tied up in the polar ice caps, but this is not at present involved to any great extent in the carbon cycle (*23*, there p. 264). The amount of water vapor in the air is highly variable and has been roughly estimated to average about 6 gm/cm_e^2 (*11*, there p. 373).

2. Carbon.

The concentration of carbon dioxide in the atmosphere is variable, and is affected by biological activity as well as by the temperatures of ocean masses. Both diurnal and seasonal variations are observed and will be discussed later. The normal concentration of carbon dioxide in the temperate latitudes of the Northern Hemisphere appears to lie between about 310 and 320 parts-per-million by volume (cf. *11*, there p. 375; and *13*), corresponding to about 0.46 gm/cm_e^2.

Seawater contains 140 parts-per-million HCO_3^- corresponding to 28 grams of CO_2 per cm_e^2. Both $CO_3^=$ and free dissolved CO_2 are small compared with this.

Most of the free oxygen which takes part in biological activity exists in the atmosphere (232 gm/cm_e^2) with the quantity dissolved in the oceans amounting to little more than one percent of the total.

Estimates of the total amount of carbon in living matter vary widely. RUBEY (*26*) estimates that there are 9.8×10^{15} grams of carbon as living matter in the oceans and 7.9×10^{15} grams on the lands. These values are equivalent to 7.1 mg of CO_2/cm_e^2 and 5.1 mg of CO_2/cm_e^2, respectively, or a total of 12.2 mg of CO_2/cm_e^2. HUTCHINSON (*11*) believes that the figure for living matter on land might be too low by a factor of perhaps three.

RUBEY estimates further that undecayed particulate organic debris in the oceans amounts to the equivalent of 2.3 grams of CO_2/cm_e^2. He estimates that the corresponding debris on the land might amount to about 0.5 grams of CO_2/cm_e^2.

Table 1 summarizes the above estimates of the quantities of water, carbon dioxide and oxygen which are involved in the cycle of carbon in nature.

Table 1. Amounts of Water, Carbon (as Carbon Dioxide) and Free Oxygen involved in the Carbon Cycle in Nature.

	Grams per cm² of earth surface		
	H_2O	C as CO_2	O_2
Atmosphere	6	0.46	232
Oceans....................	278,000	28	2.6
Living matter	—	0.012	—
Dead organic debris........	—	2.8	—

III. Rates of Photosynthesis and of Oxidation.

1. Photosynthesis on Land.

Rates of photosynthesis over the land areas of the world were estimated by SCHROEDER (27) about forty years ago. He assumed that the average world-wide rate of photosynthesis per unit of forest area is approximately 80% of that which was then observed in good Bavarian forest. His estimate of the average yield of cultivated land was based upon careful analysis of observed agricultural production but his estimates for grass-lands and for desert were little better than informed guesses. In 1937 NODDACK (22) modified SCHROEDER's individual estimates and arrived at very nearly the same figure for the total world-wide rate over the land area. These estimates have been discussed by RILEY (24) and are sum-marized in *Table 2*.

Table 2. The Magnitude of Photosynthesis on the Land Areas of the World.

Type of Land	Area (10^6 km^2)	Metric tons of carbon fixed per km^2/year		Total annual carbon fixed (10^{15} grams)	
		SCHROEDER (27)	NODDACK (22)	SCHROEDER (27)	NODDACK (22)
Forest......	44	250	200	11.0	8.8
Cultivated ..	27	160	160	4.3	4.3
Grassland ...	31	36	60	1.1	1.9
Desert......	24	7	5	0.2	0.1
Total.......				16.6	15.1

These figures have been corrected by RILEY (24) for respiratory losses in plant metabolism; adopting the estimates of TRANSEAU (31) of about 25% respiratory loss and assuming SCHROEDER's estimate of the errors involved, he arrives at the figure of $20 \pm 5 \times 10^{15}$ grams for the total amount of carbon fixed annually over the land areas of the world. This corresponds to the annual photosynthetic reduction of $73 \pm 18 \times 10^{15}$ grams of CO_2.

2. Photosynthesis in the Oceans.

The most widely used figure for the total world-wide rate of photo-synthesis in the oceans is that of RILEY (24) who, in 1941, summarized the measurements of marine photosynthesis rates and phytoplankton production which had been made up to that time. The admittedly small sampling (almost entirely in the Atlantic) and the wide range of values which they yielded, led RILEY to the conclusion that the rate of carbon fixation in the oceans is about 340 ± 220 tons per km^2 of ocean per year. He then computed the total rate of oceanic metabolism on this basis to be $126 \pm 82 \times 10^{15}$ grams of carbon per year. This is more than 6 times the amount of fixation which is estimated to take place on the land each year.

In recent years serious doubt has been cast upon these early estimates of rates of marine photosynthesis and it now aeems likely that the world-wide average might be appreciably lower than has been thought. Investigations conducted by NIELSEN (*19–21*) during the Danish *Galathea* Expedition have shown that the amount of organic production on tropical and sub-tropical parts of the oceans is generally speaking quite low and very much dependent upon the extent to which hydrographic conditions bring fresh inorganic nutrients into the photosynthetic level (generally the top layer of water down to 60–80 meters). In the open sea there must be a pronounced movement of water from deeper layers to the surface if there is to be a high rate of fixation of carbon.

NIELSEN studied the rates at which C^{14} is assimilated by plankton in numerous regions of the oceans and at various depths. He found that high rates of photosynthesis occur in coastal regions, as given, for example, in *Table 3*.

Table 3. Rates of Fixation of Carbon Dioxide in Some Coastal Regions.

Location	Rate of fixation (tons of C/km^2 of ocean/year)
Hauraki Gulf, New Zealand...........	230
Coast outside San Francisco	200
Mouth of English Channel...........	170
Benguela Current off S. Africa........	170–900
Walvis Bay, S. Africa...............	1,400

By contrast, the rates of fixation in most tropical and subtropical waters were very low, ranging from about 35 to 70 tons of C/km^2/year. Rates in the North Atlantic current, which is typically subtropical, were found to vary from 40 to 55 tons of C/km^2/year. The lowest rate of

Table 4. Total Photosynthetic Activity of the Earth
(in units of 10^{15} grams per year).

	Carbon fixed	CO_2 consumed	O_2 produced
In oceans (RILEY)	45–210	165–770	120–560
In oceans (NIELSEN)	15	55	40
On land	20 ± 5	73 ± 18	53 ± 13
On whole earth (using the RILEY lower limit and NIELSEN values)	35–65	130–240	93–170

fixation, 16 to 21 tons of C/km²/year, was found in the Sargasso Sea. NIELSEN estimates from his data that the world-wide rate of marine photosynthesis is about 55 tons of C/km²/year—a value which is some six-fold smaller than RILEY'S estimate and two-fold smaller than RILEY'S lower

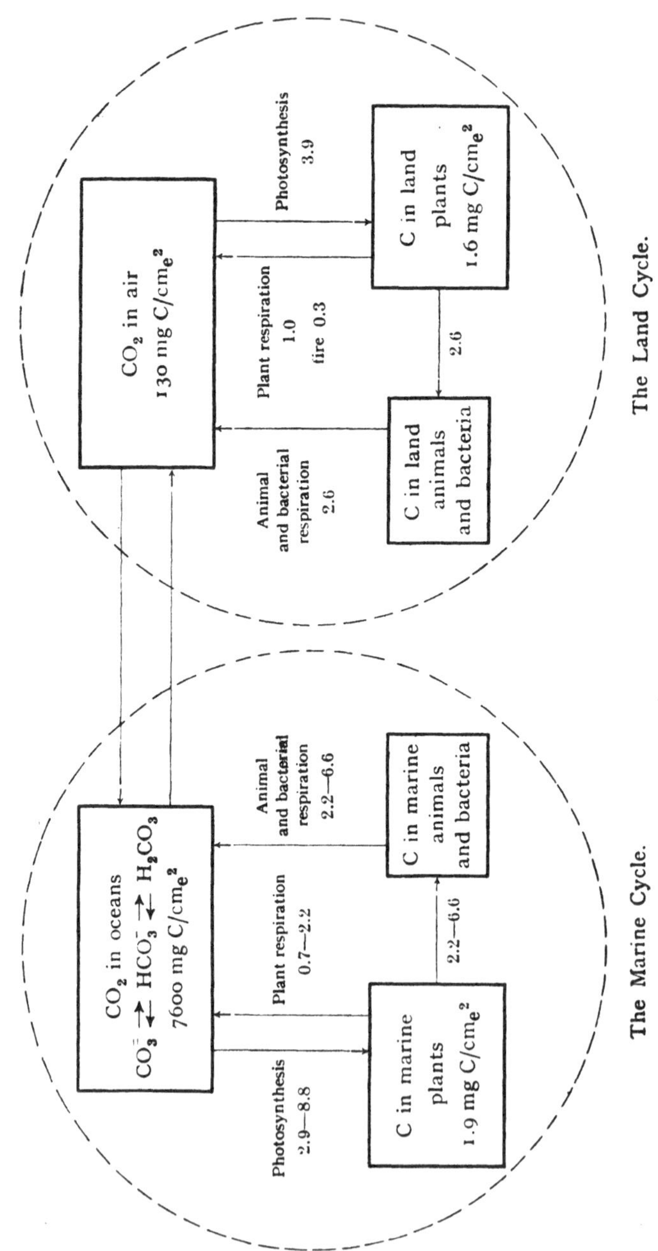

Chart 1. Photosynthesis and Respiration in the Carbon Cycle. (All rates are given as milligrams carbon/cm_e²/year.)

limit. A higher rate than that estimated by NIELSEN has been defended both by RILEY (*25*) and by HUTCHINSON (*11*). Nevertheless, it seems likely that the estimate of the total world-wide rate of marine photosynthesis should be lowered perhaps to a level which is not much greater than the world-wide rate of photosynthesis on land.

The estimates of photosynthesis rates which we have discussed thus far are summarized in *Table 4*. It is assumed that the most probable value for marine photosynthesis lies somewhere between NIELSEN's estimate and RILEY's lower limit.

3. Respiration and Oxidation.

If we assume that plant respiration amounts to about 25% of the total metabolism of both marine and land plants, we obtain for land plant respiration a figure of about 5×10^{15} grams of C per year and for marine plants between 3.7×10^{15} and 11×10^{15} grams per year. The carbon which is not respired by marine plants presumably is returned to the oceans through the path of animal and bacterial metabolism. In the case of land plants another route is also available, i. e. direct oxidation as for example in forest and grass fires. KALLE (*12*) and HUTCHINSON (*11*) quote an earlier estimate of W. KNOCHE of 5.75×10^{15} grams of carbon dioxide produced per year as the result of forest and grass fires. This is less than but of the same order of magnitude as the carbon dioxide which results from terrestrial plant respiration.

The various rates with which carbon moves through the carbon cycle on land and in the sea are summarized in *Chart 1*.

It is of interest that the rates with which the carbon dioxide of the air and of the oceans are turned over as the result of life processes is very rapid compared with the geologic time scale. The carbon dioxide of the air is turned over about once every 33 years as the result of photosynthesis on land. The bicarbonate of the oceans is turned over about once every 2600 years if we assume NIELSEN's value for the world-wide rate of marine photosynthesis and every 430 years if we assume RILEY's estimate.

IV. The Cycling of Carbon as Carbonate.

A second major feature of the cycle of carbon in nature involves the following sequence of steps (cf. *Chart 2*, p. 324):

a) The uplifting of carbonate sediments.

b) The gradual dissolution of these sediments by the combined action of rain and the carbon dioxide of the air:

$$CaCO_3 + H_2O + CO_2 \longrightarrow Ca^{++} + 2\,HCO_3^-$$

c) The transport of the bicarbonate in rivers to the oceans.

d) The precipitation of calcium carbonate in the waters of the continental shelves, accompanied by the return of carbon dioxide to the atmosphere.

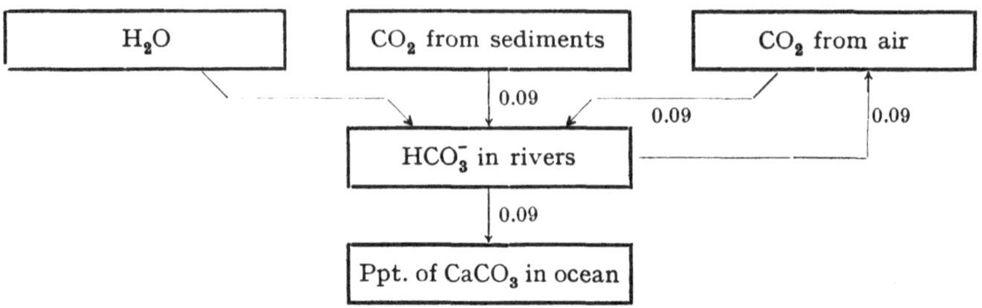

Chart 2. The Cycling of CO_2 as Carbonate.
(All rates are mg CO_2/cm_e^2/year.)

In order to estimate the transport of carbon in this manner, it is necessary for us to know some quantitative aspects of the cycling of water. Each year about a meter of water is evaporated from the oceans. A part of this is returned to the oceans directly as precipitation. A smaller portion falls upon the land. Of that which falls on the land a portion becomes incorporated in streams and is eventually returned to the oceans. HUTCHINSON (*11*) has surveyed the available information and concludes that a reasonable figure for the total stream-flow of the world is about 20×10^{18} grams corresponding to about 4 grams of water cm_e^2/year.

CONWAY (*3*) estimates that the dry residue from a ton of average river water contains 22.4 grams of CO_2 derived from pre-existing carbonate in sedimentary rock. This must have associated with it in solution an equal amount of CO_2 derived from the air in order to form bicarbonate. Thus, per cm_e^2 there is transported each year:

0.090 mg of CO_2 derived from pre-existing carbonate in sedimentary rock, and
0.090 mg of CO_2 derived from the atmosphere.

When the river water reaches the sea, about one-half of the carbon is precipitated largely by organisms, as $CaCO_3$. The balance of the CO_2 is returned to the atmosphere. Thus roughly we can say that each year per cm_e^2 we have about:

0.2 mg $CaCO_3$ dissolved on the land area, and
0.2 mg $CaCO_3$ precipitated in the sea, primarily in the off-shore areas.

This process provides one mechanism for the interchange between the atmosphere and ocean, but it is a slow process. About 5000 years are required to turn over the carbon dioxide of the atmosphere in this manner.

V. Carbon Deposited in the Sediments.

The carbon which is associated with the atmosphere, with the oceans, and with living matter is only a small fraction of the amount of carbon that lies buried in sediments in the form of carbonates, as disseminated organic carbon, and as coal and petroleum. We can obtain some idea of the actual amount·of carbon that lies buried by measuring the volumes and compositions of the sediments themselves. Also we can apply the method of geochemical balances, which has been used by many authors, notably CLARKE (2), GOLDSCHMIDT (9), KUENEN (14), and more recently by RUBEY (26). In this method ideally one balances the material which has been eroded from crystalline rocks and which has entered the sedimentary cycle as volcanic gases and hot springs, against the proportions and the compositions of the various types of sediments, of sedimentary rocks, and of the oceans. When one does this, it is possible to evaluate the relative proportions of the various types of sediments and of seawater. Knowing the total volume of seawater it is then possible to determine the total amount of each type of sedimentary deposit. Knowing the proportion of carbon in each type of sediment, one can then determine the total amount and the distribution of the carbon that lies buried.

RUBEY (26), who has made a careful study of the method of geochemical balances as applied to this problem, gives the following estimates for the distribution of carbon in the sediments (*Table 5*).

Table 5. Distribution of Carbon on the Earth.

	C in grams/cm_e^2	C as CO_2 (grams/cm_e^2)
Atmosphere	0.13	0.46
Oceans	7.6	28
Living matter	0.0032	0.012
Dead organic debris..................	0.76	2.8
Total "labile" carbon	8.5	31
Sedimentary carbonates	3,500	13,000
Organic carbon in sediments..........	1,300	4,900
Coal, oil, etc.	1.4	5.3
Total in sediments...................	4,800	17,900

It can be seen that the amount of carbon in the sediments is very much greater than the amount which is involved in life processes. Indeed, were all of the carbon that lies buried in the sediments to exist in our atmosphere in the form of carbon dioxide, the pressure of the gas would be about 18 atmospheres.

The amount of carbon dioxide which exists in the form of carbonate sediments (about $13000 \, gm/cm_e^2$) is smaller than the amount which would exist, had the present rate of carbonate precipitation existed for 4.5×10^9 years (the age of the earth) and had there been no recycling. Actually it appears that practically all carbon has been through the sedimentary cycle at least once. Assuming the present rate of carbonate dissolution and precipitation, the mean lifetime of CO_2 in the sedimentary cycle is about 140 million years.

It is much more difficult to estimate the mean lifetime of organic carbon in the sedimentary cycle. In order to obtain a minimum value for the rate of burial of organic carbon, we can divide the total amount buried by the age of the earth, thus obtaining about 0.3 microgram of carbon/cm_e^2/year. In view of the fact that most buried organic carbon is found associated with shales, which are much more resistant to weathering than are carbonate rocks, the cycling time for carbonate rocks would appear to provide a reasonable upper limit for the rate of organic carbon burial. This upper limit corresponds to a burial rate of about 10 micrograms of carbon/cm_e^2/year and should be considerably higher than the actual burial rate. A reasonable guess for the actual rate would be 2 micrograms of carbon/cm_e^2/year.

VI. The Evolution of the Present Carbon System.

1. Carbon in the Universe.

On the basis of our present knowledge it seems unlikely that carbon has always existed on the earth in the form of carbon dioxide. When we look away from the earth we find that our universe is composed predominantly of hydrogen. Certainly, a mixture of elements in their cosmic proportions would be, chemically speaking, a highly reduced system in which carbon dioxide could not exist. And most of the available evidence suggests that the solar system was formed under such a reducing condition —one which would necessitate that carbon be in a chemical form other than carbon dioxide.

The Jovian planets fit this picture nicely, for in their atmospheres we can see spectrographically huge quantities of methane [see KUIPER (*15*)]. On Jupiter we see, in addition, quantities of ammonia and hydrogen. These giant planets are clearly highly reduced chemical systems. Yet, when we look at the atmospheres of the smaller planets—Venus, Earth and Mars—we find that in all cases carbon is in the form of carbon dioxide. We must ask why is it, if the planets were formed under chemically reducing conditions, that the atmospheres of the smaller ones are now oxidized? And why are the atmospheres of the larger ones not oxidized?

2. Carbon on the Primitive Earth.

We also know that the carbon which now exists on earth could not have been present initially in the form of methane. Examination of the abundances of the rare gases in the Earth's atmosphere, relative to their cosmic abundances, shows that no element or compound which existed as a gas at the time of solar system formation could have been incorporated in the Earth to an appreciable extent [see BROWN (*1*) and SUESS (*29*)]. This means, for example, that water must have been bound in some way in solid form. And it means that carbon must likewise have been bound as a solid. Further, as pointed out by UREY (*32*), it means that the initial stage of Earth formation must have taken place at a relatively low temperature, *i. e.* at a temperature at which water could still have been bound securely in hydrated silicates.

3. Carbonaceous Chondritic Meteorites.

In the carbonaceous chondritic meteorites, which fall upon the earth from time to time, we see remarkable examples of both carbon and water in high concentration bound in solid objects which must have been formed at fairly low temperatures and which could not have been subjected to a very high temperature during the lifetimes of the objects. WIIK (*35*) has recently subjected a number of carbonaceous chondrites to careful chemical scrutiny and has confirmed the fact that some of these objects have water contents which lie in the range of 10–20% and carbon contents which approach 5%. In some of these meteorites the carbon exists in the form of complex carbon organic compounds. For example, MUELLER (*18*) has found that over 1% of the Cold Bokevelt carbonaceous meteorite is composed of organic substances which are extractable by organic solvents. The extracts are composed of C, H, O, N, S and Cl and are apparently extremely complex.

As pointed out by UREY (*32*) and others, once the Earth possessed a substantial gravitational field it undoubtedly went through a hot stage during the course of which gases such as water and methane were liberated and a variety of chemical transformations took place. But the system was still chemically a highly reduced one.

4. The Production of Oxygen.

The most likely mechanism for the production of oxygen in the atmosphere, and for the gradual oxidation of the Earth's outer regions was suggested by HARTECK and JENSEN (*10*). They pointed out that hydrogen can undoubtedly escape from the earth's atmosphere. We know this because we know that helium escapes from the Earth quite rapidly. Further, water vapor is undoubtedly being decomposed in the upper atmosphere by solar radiation, leading to the production of hydrogen atoms, hydroxyl radicals, and oxygen atoms and molecules. Many of the hydrogen atoms escape from the atmosphere giving rise to the production of oxygen. This in turn gives rise to the oxidation of carbon to carbon dioxide, of sulfide to sulfate, of ferrous iron to ferric iron and to the production of a substantial concentration of free oxygen in the atmosphere.

This process of planetary oxidation *via* the escape of hydrogen has been discussed by a number of authors, among them UREY (*32*), KUIPER (*15*) and HUTCHINSON (*11*), and although there is considerable question concerning the rate of the process as a function of geologic time, there is general agreement that this process is responsible for the observed surface oxidation. In order to explain the present observed state of oxidation, primarily in the sediments, it is necessary for us to assume that approximately 15 kg of water have been decomposed per cm_e^2 during the course of geologic time. This amounts to about 5% of the present volume of the oceans.

Thus, we can imagine the Earth being born as a highly reduced object.

As time went by, the photodecomposition of water followed by the escape of hydrogen, led to the progressive oxidation of carbon to carbon dioxide. When the concentration of CO_2 reached a level close to the level observed today, a steady state condition was reached governed by the equilibrium pressure of CO_2 over silicate rocks, exemplified by the reaction,

$$MgSiO_3 + CO_2 \longrightarrow MgCO_3 + SiO_2$$

as pointed out by UREY (*32*). From this time on the additional CO_2 was consumed in the formation of carbonate deposits on a large scale.

It seems likely that considerable time was required for the greater part of the carbon to become oxidized—perhaps as long as 1,500 to 2,000 million years. Under the circumstances it seems reasonable to suppose that the Earth's atmosphere was in a reduced condition for a substantial length of time. It may well have been that the primitive organic material of which the first life was formed came into existence during that period.

5. Early Production of Organic Chemical Compounds.

MILLER (*16, 17*) has shown that electrical discharges produced in mixtures of hydrogen, ammonia and methane give rise to the formation of complex organic compounds including amino acids. He ran a high-frequency discharge in a tube which contained water vapor, 10 cm pressure of H_2, 20 cm of CH_4 and 20 cm of NH_3 and from which the reaction products were constantly washed and collected. He found that at the end of a few days about one-half of the carbon had been converted to organic material including glycine, alanine, sarcosine, β-alanine, α-amino-butyric acid, and α-aminoisobutyric acid, etc. He concluded that if the conditions which he used represented to any degree the conditions on the primitive earth, the formation of organic compounds would have been easy. Indeed, a large part of the carbon on the surface of the earth might well have been in the form of organic compounds.

Once life had emerged, once the bulk of the carbon had become oxidized and once photosynthesis had evolved, the combination of life processes and of inorganic chemical equilibria probably gave rise to a steady state condition such like that we see today. Unfortunately, however, we do not as yet know the point in time which marks the transition between our having a reducing atmosphere and an oxidizing one.

VII. Variations in the Isotopic Composition of Carbon.

Elemental carbon is composed of two stable isotopes, C^{12} and C^{13}. The chemical properties of these isotopes are not identical, with the result that in most processes in which carbon is involved in nature the carbon isotopes are fractionated. In the process of photosynthesis, for example, the lighter isotope is taken up by the plant preferentially, with the result that the carbon in plant material is on the average nearly 2% lighter than carbon in the carbon dioxide of the air:

$$\frac{(C^{13}/C^{12})_{\text{plants}} - (C^{13}/C^{12})_{\text{air}}}{(C^{13}/C^{12})_{\text{air}}} \times 100 = -1.7\%.$$

Variations in the isotopic composition of carbon in terrestrial plants have been studied by a number of workers, among them WICKMAN $(33, 34)$ and CRAIG $(4, 5)$, and in most cases plants have been found to contain between 1.3 and 2.3$\%$ less C^{13} than the carbon in carbon dioxide from the air. The variations among plants depend in part upon the meteorological and ecological conditions under which the plants grow. KEELING (13) has shown, for example, that the isotopic composition of the carbon dioxide of the air varies appreciably, largely as the result of biological activity. This variation is reflected in turn by the plants which are exposed to the carbon dioxide.

The most comprehensive survey of the variations of the isotopic composition of carbon in nature has been made by CRAIG $(4, 5)$. Ocean bicarbonate has been found to contain about 0.5$\%$ more C^{13} than does the carbon dioxide of the air. When calcium carbonate is precipitated from seawater, the heavy isotope of carbon is enriched by an additional 0.2$\%$. Marine plants contain about 1.1$\%$ less C^{13} than does ocean bicarbonate and the carbon in the organic parts of marine animals is similar in isotopic composition to marine plants. Plants restricted to marine environments have higher C^{13}/C^{12} ratios than do terrestrial plants. SILVERMAN and EPSTEIN (28) have shown that oils and natural gas derived from non-marine sources have lower C^{13}/C^{12} ratios than those arising from marine sources. These differences may well be reflections of the initial differences in the source materials.

The ranges in the isotopic composition of carbon found in various natural substances are shown in *Table 6*. In this Table the carbon ratios are compared with that found in average limestone. Variations are expressed in terms of the function δ (*Table 6*).

Table 6. Average Isotopic Composition of Carbon in Various Carbonaceous Samples Relative to Average Marine Limestone.

$$\delta = \frac{(C^{23}/C^{12})_{sample} - (C^{13}/C^{12})_{limestone}}{(C^{13}/C^{12})_{sample}} \times 1000$$

Sample	δ
Limestone	0.0
Ocean bicarbonate	— 1.9
Air carbon dioxide	— 6.6
Marine plants and animals	— 12.8
Organic mud (Florida Keys)	— 14.6
Fresh water plants	— 20.8
Typical marine oil (Southern California)	— 22.3
Coal and wood	— 23.2
Land plants	— 25.8
Non-marine oil (Uinta Basin)	— 27.8

It is evident that knowledge of the numerous factors which bring about fractionation among carbon compounds can shed considerable information concerning the origin of a wide range of natural carbonaceous materials.

VIII. Variations in the Carbon Dioxide of the Air.

It has long been known that the carbon dioxide content of atmospheric air varies night and day, between winter and summer, and geographically (11). Concentrations near the ground are greater than those at higher altitude and concentrations at night are greater than those during the day. These differences are undoubtedly in large measure reflections of changes in biological activity. During the daytime carbon dioxide is absorbed as a result of photosynthesis. At night there is no photosynthesis but the processes of plant, animal, and bacterial respiration continue. Seasonal variations in carbon dioxide concentration presumably result in large part also from variations in biological activity.

The recent work of KEELING (*13*) illustrates some of these variations nicely. He studied the concentrations of carbon dioxide in the air of virgin forests, grasslands, deserts, high mountains, and oceans, and found characteristic differences between the various environments.

In a forest where there was higher than average rainfall, the concentration of carbon dioxide was found to vary during 24 hours from about 308 parts-per-million (ppm., by volume) to 404 ppm. In a redwood forest the concentration was found to vary from 314 ppm. to 389 ppm. On a plateau grassland the variations during 24 hours were from 309 to 336 ppm. Over a desert in Arizona the concentration varied only from 314 ppm. to 320 ppm. On a Southern California beach the variations were still less, viz. 313 ppm. to 315 ppm. Likewise, the variations at high altitude (2500 to 3000 meters in the Sierra Nevada) were nearly as small, viz. 314 ppm. to 318 ppm. Samples of equatorial ocean air varied from 303 to 317 ppm. and averaged about 309 ppm.

KEELING (*13*) also examined the isotopic composition of the carbon dioxide in the various air samples and found a direct correlation between the carbon isotope ratios and the concentration of the carbon dioxide. The variations in isotope ratio at individual stations were found to be nearly always directly proportional to the variations in concentration of carbon dioxide. Practically all carbon dioxide samples could be depicted as mixtures of carbon dioxide from ocean air and carbon dioxide from plant and animal respiration in varying proportions which depend both upon the extent and nature of the biological activity and upon the meteorological conditions.

In addition to the daily and seasonal changes of carbon dioxide concentration, there is a possibility that the carbon dioxide concentration in atmospheric air varies on a longer time scale. Carbon is being added to the atmosphere at an appreciable rate as a result of the combustion of coal and of petroleum. About 75 billion tons of carbon have been added to the Earth's atmosphere since 1890 from these sources, corresponding to about 0.015 gm/cm_e^2. If all of this had remained in the atmosphere (*i. e.* were the rate for equilibration with the oceans slow) the carbon dioxide concentration in the atmosphere would be about 12% higher today than it was in 1890.

Analysis of numerous measurements that have been made over the years indicates that there has been an increase in carbon dioxide but not as large as 12% [see HUTCHINSON (*11*)]. In addition, studies of the C^{14} activity in modern and old wood by SUESS (*30*) and others, and measurements of C^{13}/C^{12} ratios in tree rings by EPSTEIN, SCHULMAN and BROWN (*6*), indicate that there may have been an increase of the order of 2%. Such measurements can eventually tell us something about the rate of equilibration between the atmosphere and the oceans.

IX. Miscellaneous Aspects.

1. Carbon from the Depths.

The rate at which the reservoir of carbon in the sedimentary cycle is being increased is not known. Some writers [see RUBEY (26)] believe that new carbon is being added at an appreciable rate, but the evidence is by no means clear-cut. There is rather good evidence to the effect that a large part of the carbon dioxide which is associated with volcanic activity has its origin in sedimentary carbonates.

2. Atmospheric Methane.

Methane exists in the atmosphere to the extent of 8.4×10^{-4} gm/cm$_e^2$. HUTCHINSON (11) proposes that the observed concentration probably represents a steady state balance between formation from sources which are primarily of a biological nature, and atmospheric oxidation. He believes that the greater part of the methane observed results from enteric fermentation in land animals.

The mean lifetime of methane in the atmosphere appears to lie between 50 and 100 years.

3. Organic Material in Rainwater.

A number of organic constituents have been observed in rainwater [see ERIKSSON (7)]. Perhaps the most startling development has been the discovery by FONSELIUS (8) of the occurrence of trace concentrations of amino acids, notably glycine and β-alanine, in rain. It is perhaps significant that these were the two most abundant amino acids found by MILLER (17) in his experiments with the electrical discharge (p. 328).

References.

1. BROWN, H.: Rare Gases and the Formation of the Earth's Atmosphere. In: The Atmospheres of the Earth and Planets. Chicago: Univ. of Chicago Press. 1952.
2. CLARKE, F. W.: The Data of Geochemistry. U. S. Geol. Survey, Bull. 770 (1924).
3. CONWAY, E. J.: Mean Geochemical Data in Relation to Oceanic Evolution. Proc. Royal Irish Acad. **48 B**, No. 8, p. 119 (1942).
4. CRAIG, H.: The Geochemistry of the Stable Isotopes of Carbon. Geochim. Cosmochim. Acta **3**, 53 (1953).
5. — Carbon 13 in Plants and the Relationships between Carbon 13 and Carbon 14 Variations in Nature. J. Geol. **62**, 115 (1954).
6. EPSTEIN, S., E. SCHULMAN and H. BROWN: Unpublished work. (To be submitted to Geochim. Cosmochim. Acta.)
7. ERIKSSON, E.: Composition of Atmospheric Precipitation. Tellus **4**, 225 (1952).
8. FONSELIUS, S.: Amino Acids in Rainwater. Tellus **6**, 90 (1954).
9. GOLDSCHMIDT, V. M.: Grundlagen der quantitativen Geochemie. Fortschr. Mineral. Krist. Petrog. **17**, 112 (1933).
10. HARTECK, P. and J. H. D. JENSEN: Über den Sauerstoffgehalt der Atmosphäre. Z. Naturforsch. **3 a**, 591 (1948).

11. HUTCHINSON, G. E.: The Biochemistry of the Terrestrial Atmosphere. In: The Solar System, Vol. II: The Earth as a Planet, Chapter 8. Chicago: Univ. of Chicago Press. 1954.

12. KALLE, K.: Der Stoffhaushalt des Meeres. In: Probleme der kosmischen Physik, Bd. XXIII. Leipzig: Becker und Erler. 1945.

13. KEELING, C. D.: Unpublished work. (To be submitted to Geochim. Cosmochim. Acta.)

14. KUENEN, P. H.: Rate and Mass of Deep Sea Sedimentation. Amer. J. Sci. **244**, 563 (1946).

15. KUIPER, G. P. (editor): The Atmospheres of the Earth and Planets. 2nd ed., Chicago: Univ. of Chicago Press. 1952.

16. MILLER, S. L.: A Production of Amino Acids under Possible Primitive Earth Conditions. Science (Washington) **117**, 528 (1953).

17. — Production of Some Organic Compounds under Possible Primitive Earth Conditions. J. Amer. Chem. Soc. **77**, 2351 (1955).

18. MUELLER, G.: The Properties and Theory of Genesis of the Carbonaceous Complex within the Cold Bokevelt Meteorite. Geochim. Cosmochim. Acta **4**, 1 (1953).

19. NIELSEN, E. S.: The Use of Radioactive Carbon (C^{14}) for Measuring Organic Production in the Sea. J. conseil internat. explor. mer **18**, 117 (1952).

20. — On Organic Production in the Oceans. J. conseil internat. explor. mer **19**, 309 (1954).

21. — Production of Organic Matter in the Oceans. J. Marine Research **14**, 374 (1955).

22. NODDACK, W.: Der Kohlenstoff im Haushalt der Natur. Z. angew. Chem. **50**, 505 (1937).

23. RANKAMA, K. and TH. G. SAHAMA: Geochemistry. Chicago: Univ. of Chicago Press. 1950.

24. RILEY, G. A.: The Carbon Metabolism and Photosynthetic Efficiency of the Earth as a Whole. Amer. Scientist **32**, 129 (1944).

25. — J. conseil internat. explor. mer **19**, 85 (1953).

26. RUBEY, W. W.: Geologic History of Sea Water. Bull. Geol. Soc. America **62**, 1111 (1951).

27. SCHROEDER, H.: Die jährliche Gesamtproduktion der grünen Pflanzendecke der Erde. Naturwiss. **7**, 8 (1919).

28. SILVERMAN, S. R. and S. EPSTEIN: Variations in Carbon Isotopic Composition of Petroleums and other Sedimentary Organic Materials. Bull. Amer. Assoc. Petroleum Geologists (in press).

29. SUESS, H. E.: Die Häufigkeit der Edelgase auf der Erde und im Kosmos. J. Geol. **57**, 600 (1949).

30. — Natural Radiocarbon and the Rate of Exchange of Carbon Dioxide between the Atmosphere and the Sea. In: Nuclear Processes in Geological Settings. Chicago: Univ. of Chicago Press. 1953.

31. TRANSEAU, E. N.: The Accumulation of Energy by Plants. Ohio J. Sci. **26**, 1 (1926).

32. UREY, H. C.: The Planets; their Origin and Development. New Haven: Yale Univ. Press. 1952.

33. WICKMAN, F. E.: Variations in the Relative Abundance of the Carbon Isotopes in Plants. Geochim. Cosmochim. Acta **2**, 243 (1952).

34. — The Cycle of Carbon and the Stable Carbon Isotopes. Geochim. Cosmochim. Acta **9**, 136 (1956).

35. WIIK, H. B.: The Chemical Composition of Some Stony Meteorites. Geochim. Cosmochim. Acta **9**, 279 (1956).

(Received, March 1, 1957.)

Namenverzeichnis. Index of Names. Index des Auteurs.

Sachverzeichnis. Index of Subjects. Index des Matières.

3,4,3′,4′-Tetrahydroxy-*meso*-naphtho-
dianthron 151.
3,4,3′,4′-Tetrahydroxy-*meso*-naphtho-
dianthron, reduzierende Acetylierung
152.
Tetrain-dien aus Compositen 23.
Tetraen-diin aus *Coreopsis*, Spektrum 23.
Therapeutic use of adrenochrome deriva-
tives 238.
Thevefolin 108, 120.
Theverneriin 110, 120.
Thevetia-Arten, Digitoxygenin 93.
Thevetia-Arten, Tanghinigenin 93.
Thevetia-Arten, *L*-Thevetose 93.
Thevetia neriifolia 108, 110, 120.
Thevetia neriifolia, Totalgehalt an Herz-
glykosiden 92.
Thevetia ycottli 120.
Thevetin 115, 120.
Thevetin, Acetolyse 77.
Thevetose 89, 113.
D-Thevetose 73, 102, 104.
L-Thevetose 73, 102, 107, 109, 111.
L-Thevetose in *Tanghinia* und *Thevetia* 93.
Thevetose-acetat 89.
D-Thevetose-osazon 103.
D-Thevetose-α-triacetat 103.
D-Thevetose-β-triacetat 103.
L-Thevetose-triacetat 103.
Thujaplicins, biosynthesis 211.
Tiere, sensibilisiert durch fluoreszierende
Verbindungen 142.
Tiliaceae, herzaktive Glykoside und
Aglykone 125.
α- and β-Tocopherols 211.
Tocopherols, biosynthesis 211.
Tortoise, visual pigment 298, 304.
Townsendia-Arten, Matricariaester 13.
Tränkvorrichtung für Papierpack-
Chromatographie 168.
Transient orange 273, 275, 276.
Transient orange from rhodopsin 273.
Transient orange, structure 275.
trans-Ringe, Coroglaucigenin 94.
trans-Ringe, Corotoxigenin 94.
trans-Ringe, Uzarigenin 94.
Transvaalin 88.
Triacetic acid 197.
1,4,5-Triacetoxy-anthracen, Spektrum
149.
2,2′,10-Triacetoxy-*meso*-naphtodianthren
155.

2,2′,10-Triacetoxy-*meso*-naphtodianthren,
Spektrum 155.
3,5,6-Triacetoxy-1-methylindole from
adrenochrome 229.
Tribulus-Arten (Geldikkopp) 182.
Trichromatic theory (color vision) 249.
Tridecanolacetat 20.
n-Tridecansäure 46.
Triglykoside, Wirksamkeit 90.
1,4,5-Trihydroxy-anthrachinon 148.
3,5,6-Trihydroxy-1-methyl-2,3-dihydro-
indole 233.
Trihydroxy-N-methylindole 237, 238.
3,5,6-Trihydroxy-1-methylindole 230, 232.
3,5,6-Trihydroxy-1-methylindole, reduc-
tion to 5,6-dihydroxy-1-methylindole
233.
Triin-dien aus *Artemisia vulgaris* 24.
Trimorphaea, Matricaria- und Lachno-
phyllumester 13.
Trinitro-phloroglucinol 207.
Triose aus i-Strophanthosid 104.
Tripleurospermum 61.
Trypaflavin, Lichtsensibilisierung 142.
Trypsin and rhodopsin 283.
Tryptophan 143.
Tryptophan, biosynthesis 203.
Turtle retina, vitamin A_2 304.
Tyramine, enzymatic oxidation 218, 219.
Tyrosinase 219.
Tyrosine 143, 221.
Tyrosine, biosynthesis 203.
Tyrosine, conversion to melanin 229.
Tyrosine, enzymatic oxidation 218, 219.

Ultrarot-Spektrum, Acetylenverbindun-
gen 8.
Ultrasonis disintegration of rods or retinas
267.
Ultraviolettspektrum, Acetylenver-
bindungen 6.
Ultraviolettspektrum, Polyin-ene 7.
Umbelliferen, Acetylenverbindungen 33.
Urechites lutea 110, 120.
Urechites suberecta 120.
Urechitoxin 120.
Urezigenin 88, 121.
Urezin 121.
Urginea, Bufadienolide 92.
Urginea Burkei 88, 122.
Urginea indica 122.
Urginea maritima 122.

Manzsche Buchdruckerei, Wien IX.

Fortsetzung von vorhergehender Seite

Achter Band: Mit 47 Abbildungen. XI, 400 Seiten. Gr.-8⁰. 1951.
S 406.—, DM 67.—, sfr. 68.80, $ 16.—
Ganzleinen S 427.—, DM 70.50, sfr. 72.20, $ 16.80

Inhalt: **Frey-Wyssling, A.** and **K. Mühlethaler.** The Fine Structure of Cellulose. — **Stacey, M.** and **C. R. Ricketts.** Bacterial Dextrans. — **Leloir, L. F.** Sugar Phosphates. — **Kenner, G. W.** The Chemistry of Nucleotides. — **Schinz, H.** Die Veilchenriechstoffe. — **Asahina, Y.** Neuere Entwicklungen auf dem Gebiete der Flechtenstoffe. — **Galinovsky, F.** Lupinen-Alkaloide und verwandte Verbindungen. — **Pailer, M.** Brechwurzel-Alkaloide. — **Corey, R. B.** X-Ray Diffraction Studies of Crystalline Amino Acids and Peptides. — **Zechmeister, L.** and **M. Rohdewald.** Some Aspects of Enzyme Chromatography.

Neunter Band: Mit 20 Abbildungen. XI, 535 Seiten. Gr.-8⁰. 1952.
S 478.—, DM 79.—, sfr. 81.—, $ 18.80
Ganzleinen S 498.—, DM 82.50, sfr. 84.50, $ 19.60

Inhalt: **Inhoffen, H. H.** und **H. Siemer.** Synthetische Chemie der Carotinoide. — **Baxter, J. G.** Synthesis and Properties of Vitamin A and Some Related Compounds. — **Meunier, P.** Les Antivitamines. — **Stoll, A.** Recent Investigations on Ergot Alkaloids. — **Tomita, M.** Die Alkaloide der Menispermaceae-Pflanzen. — **Dean, F. M.** Naturally Occurring Coumarins. — **Borsook, H.** The Biosynthesis of Proteins and Peptides, including Isotopic Tracer Studies. — **Kalckar, H. M.** The Enzymes of Nucleoside Metabolism. — **McNutt, W. S.** Nucleosides and Nucleotides as Growth Substances for Microorganisms. — **Campbell, D. H.** and **N. Bulman.** Some Current Concepts of the Chemical Nature of Antigens and Antibodies.

Zehnter Band: Mit 19 Abbildungen. IX, 529 Seiten. Gr.-8⁰. 1953.
S 480.—, DM 80.—, sfr. 81.70, $ 19.—
Ganzleinen S 498.—, DM 83.—, sfr. 85.—, $ 19.80

Inhalt: **Alder, K.** und **Marianne Schumacher.** Anwendungen der Dien-Synthese für die Erforschung von Naturstoffen. — **Mark, H.** Physical Chemistry of Rubbers. — **Asselineau, J.** et **E. Lederer.** Chimie des lipides bactériens. — **Rosenkranz, G.** and **F. Sondheimer.** Syntheses of Cortisone. — **Chatterjee, A.** Rauwolfia Alkaloids. — **Feinstein, L.** and **M. Jacobson.** Insecticides Occurring in Higher Plants.

Elfter Band: Mit 67 Abbildungen. VIII, 457 Seiten. Gr.-8⁰. 1954.
S 430.—, DM 71.80, sfr. 74.—, $ 17.20
Ganzleinen S 448.—, DM 74.80, sfr. 77.40, $ 18.—

Inhalt: **Peat, S.** Starch: Its Constitution, Enzymic Synthesis and Degradation. — **Freudenberg, K.** Neuere Ergebnisse auf dem Gebiete des Lignins und der Verholzung. — **Inhoffen, H. H.** und **K. Brückner.** Probleme und neuere Ergebnisse in der Vitamin D-Chemie. — **Schmid, H.** Natürlich vorkommende Chromone. — **Pauling, L.** and **R. B. Corey.** The Configuration of Polypeptide Chains in Proteins. — **Schroeder, W. A.** Column Chromatography in the Study of the Structure of Peptides and Proteins. — **Lemberg, R.** Porphyrins in Nature. — **Albert, A.** The Pteridines.

Zwölfter Band: Mit 15 Abbildungen. X, 550 Seiten. Gr.-8⁰. 1955.
S 479.—, DM 79.80, sfr. 81.70, $ 19.—
Ganzleinen S 497.—, DM 82.80, sfr. 85.10, $ 19.80

Inhalt: **Haagen-Smit, A. J.** Sesquiterpenes and Diterpenes. — **Jones, E. R. H.** and **T. G. Halsall.** Tetracyclic Triterpenes. — **Tschesche, R.** Neuere Vorstellungen auf dem Gebiete der Biosynthese der Steroide und verwandter Naturstoffe. — **Haxo, F. T.** Some Biochemical Aspects of Fungal Carotenoids. — **Warren, F. L.** The Pyrrolizidine Alkaloids. — **Thompson, E. O. P.** and **A. R. Thompson.** Paper Chromatography in the Study of the Structure of Peptides and Proteins. — **Roche, J.** et **R. Michel.** Acides aminés iodés et iodoprotéines. — **Slotta, K.** Chemistry and Biochemistry of Snake Venoms. — **Beadle, G. W.** Gene Structure and Gene Action.

Dreizehnter Band: Mit 48 Abbildungen. XII, 624 Seiten. Gr.-8⁰. 1956.
S 624.—, DM 104.—, sfr. 106.50, $ 24.75
Ganzleinen S 645.—, DM 107.50, sfr. 110.10, $ 25.60

Inhalt: **Cole, A. R. H.** Infrared Spectra of Natural Products. — **Schmidt, O. Th.** Gallotannine und Ellagen-Gerbstoffe. — **Tamm, Ch.** Neuere Ergebnisse auf dem Gebiete der glykosidischen Herzgifte: Grundlagen und die Aglykone. — **Nozoe, T.** Natural Tropolones and Some Related Troponoids. — **Price, J. R.** Alkaloids Related to Anthranilic Acid. — **Chatterjee, A., S. C. Pakrashi** and **G. Werner.** Recent Developments in the Chemistry and Pharmacology of Rauwolfia Alkaloids. — **Graßmann, W.** und **E. Wünsch.** Synthese von Peptiden.